高等职业教育畜牧兽医类专业系列教材

动物生物化学

主　编◎李冬梅

副主编◎石　锐

DONGWU
SHENGWU HUAXUE

北京师范大学出版集团
BEIJING NORMAL UNIVERSITY PUBLISHING GROUP
北京师范大学出版社

图书在版编目（CIP）数据

动物生物化学 / 李冬梅主编. -- 北京：北京师范
大学出版社，2025.9
　　ISBN 978-7-303-29902-7

Ⅰ. ①动⋯　Ⅱ. ①李⋯　Ⅲ. ①动物学－生物化学
Ⅳ. ①Q5

中国国家版本馆 CIP 数据核字（2024）第 084864 号

出版发行：北京师范大学出版社 https://www.bnupg.com
　　　　　北京市西城区新街口外大街 12-3 号
　　　　　邮政编码：100088
印　　刷：北京虎彩文化传播有限公司
经　　销：全国新华书店
开　　本：787 mm×1092 mm　1/16
印　　张：18
字　　数：420 千字
版 印 次：2025 年 9 月第 1 版第 2 次印刷
定　　价：45.00 元

策划编辑：周光明　　　　　　责任编辑：周光明
美术编辑：焦　丽　　　　　　装帧设计：焦　丽
责任校对：陈　民　　　　　　责任印制：赵　龙

前　言

　　动物生物化学是动物医学和宠物医疗专业开设的重要的专业核心课，是畜牧兽医专业的基础课，也是其他专业课的桥梁课程。

　　本教材以高职动物医学相关专业教学要求和培养目标为依据，满足专业领域工作任务和理论知识需求，以案例引导，工作任务为导向，引申必备理论知识，拓展阅读行业热点和学科前沿为体例编写，并融入时代元素和"立德树人"基本要求。

　　本教材从实际工作和案例出发，增加动物生化指标及其临床意义，通过任务咨询、案例内容等先提出问题，引导学生思考，再结合工作任务和基础理论讲解，将生化基础知识融入实践，使枯燥的生化知识变得灵动。在必备知识中内容讲解详细，并结合执业兽医考试和专升本考试，丰富动物生物化学理论知识。一方面，让学习者明确知识的实用性，提高学习动力和兴趣；另一方面，加强对基本理论的深入理解和掌握，满足不同学习目标人群的需求。

　　全书共分 10 个学习情境，分别是：认识蛋白质、认识核酸、认识酶和维生素、生物氧化、糖代谢、脂类代谢、含氮小分子的代谢、核酸与蛋白质的生物合成、物质代谢的调节、血液生化与肝脏生化。根据不同的学习情境，以一个或多个典型或代表性案例为载体，工作任务为导向，通过对案例的解析和工作任务原理及操作过程，理解生物大分子的结构和功能，掌握物质代谢的过程和生化指标的意义。

　　本教材由黑龙江职业学院李冬梅主编，黑龙江省民族职业学院石锐副主编，参加编写的还有黑龙江职业学院王姝、邓小芸，哈尔滨维科生物技术有限公司王玉君，黑龙江省农垦科学院畜牧兽医研究所刁彩霞。其中李冬梅负责学习情境 5、学习情境 7 和学习情境 8 的编写；石锐负责学习情境 2、学习情境 3 和学习情境 6 的编写；王姝负责学习情境 1 和学习情境 4 的编写；邓小芸负责学习情境 9 和学习情境 10 的编写；王玉君和刁彩霞在案例信息和行业热点上提供了资料并给予一定的指导，全书由李冬梅统稿。

　　本教材是工学结合改革的工作手册式教材，尚有很多不成熟之处，真诚希望读者提出意见和建议。由于时间仓促，编者水平有限，书中疏漏和不妥之处在所难免，恳请广大读者提出批评指正。

编　者

本书资源

目 录

学习情境 1

认识蛋白质

● ● ● ● ●　**学习任务单**

学习情境 1	认识蛋白质	学　时	8
布置任务			
学习目标	【知识目标】 1. 了解蛋白质的分类；掌握蛋白质的元素组成。 2. 掌握氨基酸的结构特点及分类；掌握氨基酸的理化性质。 3. 掌握蛋白质的分子结构、蛋白质的结构与功能的关系；掌握蛋白质的理化性质。 【技能目标】 　熟练操作蛋白质等电点的测定和双缩脲法测定蛋白质的含量；了解实验基本原理。 【素养目标】 1. 培养细致耐心、刻苦钻研的学习和工作作风；培养学生安全生产和公共卫生意识，做好自身安全防护。 2. 能够独立或在教师的引导下设计工作方案，分析、解决工作中出现的一般性问题。 3. 具有崇高的理想信念、强烈的社会责任感和团队奉献精神，理解并坚守职业道德规范，具备健康的身心和良好的人文素养。 4. 适应社会经济和现代农业发展需要，面向国家和行业需求，能及时跟踪动物医学及相关领域国内外发展现状和趋势。		
任务描述	利用所学动物生物化学专业知识，解决临床工作和生活中的实际问题，具体任务如下。 1. 能测定蛋白质的等电点；能用比色法测定蛋白质含量；能熟练使用分光光度法测定蛋白质含量。 2. 利用蛋白质的结构和性质解释实际问题，如煮熟的食物更容易消化；牛奶煮沸或者加入食盐会凝固；指甲和毛发坚韧又有弹性；蚕丝柔软但不具有弹性等。		
提供资料	1. 学习任务单、任务资讯单、案例单、工作任务单、必备知识等。 2. 学期使用教材。 3. SPOC：		

对学生 要求	1. 具有生物学基础知识；课前按任务资讯单认真准备，课上能认真完成各项工作任务，课后能总结提升。 2. 以学习小组为单位，展示学习成果，有团队协作能力，有创新意识，有一定的知识拓展能力。 3. 有良好的职业素养和服务畜牧业的理想。

●●●●● 任务资讯单

学习情境 1	认识蛋白质
资讯方式	阅读学习任务单、任务资讯单和教材；进入相关网站，观看 PPT 课件、视频；图书馆查询；向指导教师咨询等。
资讯问题	1. 名词解释：氨基酸的等电点；肽键；氨基酸残基；肽键平面；蛋白质的亚基；蛋白质的变性。 2. 组成蛋白质的基本单位是什么？其结构特点如何？ 3. 构成蛋白质的氨基酸中酸性氨基酸和碱性氨基酸分别有哪些？ 4. 按营养分，属于必需氨基酸的有哪些？ 5. 氨基酸的紫外吸收性质是怎样的？ 6. 利用氨基酸的两性电解质及等电点的性质，如何分离制备氨基酸？ 7. 多肽链的方向是如何定义的？ 8. 什么是蛋白质的一级结构及其生物学意义？ 9. 天然蛋白质的二级结构的类型包括哪些？维持蛋白质二级结构的化学键主要是什么？ 10. 叙述蛋白质二级结构 α-螺旋结构的特点。 11. 叙述蛋白质二级结构 β-折叠结构的特点。 12. 蛋白质三级结构的特点及维持蛋白质三级结构的化学键有哪些？ 13. 叙述蛋白质四级结构的特点，如何理解蛋白质的亚基？ 14. 举例说明蛋白质的一级结构与蛋白质功能的关系。 15. 举例说明蛋白质的高级结构与蛋白质功能的关系。 16. 常用的分离纯化蛋白质的方法有哪几种？其作用原理是什么？ 17. 沉淀蛋白质的方法有哪些？各有何特点？ 18. 何谓蛋白质的变性作用？哪些因素容易导致蛋白质变性？
资讯引导	1. 邹思湘．动物生物化学[M]．第五版．北京：中国农业出版社，2013 2. 朱圣庚，徐长法．生物化学[M]．第 4 版．北京：高等教育出版社，2016 3. 叶非，冯世德．有机化学[M]．第 2 版．北京：中国农业出版社，2007 4. 中国大学 MOOC 网：

●●●●　**案例单**

学习情境 1	认识蛋白质	学时	8
序号	案例内容		案例分析
1.1	1. 基本信息：比熊犬，12 岁，雌性，因持续性腹泻、严重低蛋白血症、腹水前来就诊。 2. 病史：2 个月前该病例开始出现腹泻症状，生化检查血清白蛋白和球蛋白均下降，静脉补充蛋白无效，持续腹泻，并发展为腹水，严重脱毛。 3. 体格检查：精神不振、腹围增大、被毛稀疏，体温、呼吸、心率均正常。 4. 血常规检查：初诊红细胞像未见明显异常，白细胞像未见明显异常；后续治疗监测中白细胞总数升高，分类计数显示淋巴细胞轻度下降；血小板计数升高。 5. 血清生化检查：表现为严重的低蛋白血症；谷丙转氨酶(ALT)有轻度升高。 6. 粪便检查：粪便胰弹性蛋白酶含量较高，其他未见明显异常。 7. 影像学检查：消化道超声检查显示其空肠黏膜广泛性乳糜管扩张；胰腺无明显变化。 试分析动物低蛋白血症的原因。 (该病例引自宠物医师网)		该病例血液生化检测显示严重的低白蛋白血症，临床表现为长期慢性腹泻，所以怀疑肠道丢失蛋白引起的低蛋白血症。 引起蛋白丢失性肠病的疾病也有很多种，包括肠道寄生虫感染、炎性肠病、各种吸收障碍性肠病等。该病例在检查中排除了急慢性失血，粪便检查排除了肠道寄生虫感染和胰腺外分泌不全，再结合消化道超声检查提示乳糜管扩张，怀疑炎性肠病或弥散性肿瘤浸润，需进行活组织检查确定病因。
1.2	1. 基本情况：布偶猫，雌性，2 岁，体重 5 kg，主食为干粮拌冻干鸡胸肉，按时驱虫打疫苗。 2. 病史：2 个月前接种疫苗后出现呕吐腹泻症状，并且厌食，胃肠道症状两天后自行缓解，但食欲一直未恢复如常，精神沉郁；半个月后，呕吐腹泻复发以及食欲精神进一步下降，在他院就诊发现动物存在氮质血症、急性炎症反应、贫血、低白蛋白血症以及腹水，未能明确病因；治疗期间动物出现全身外周水肿以及发现严重蛋白尿，治疗未见好转，转诊至我院做进一步会诊。 3. 体格检查：体温 39.2 ℃，脉搏 140 次/min，收缩压 110 mmHg，呼吸频率 30 次/min，其他未见明显异常。 4. 血常规检查：轻度再生性贫血，其他无异常。 5. 血液生化检查：尿素氮升高，总蛋白和白蛋白都降低，SDMA 正常范围内，其他无异常。		该病例血液生化和尿液分析表明，蛋白丢失性肾病继发低蛋白血症，导致外周水肿、漏出性胸腹水以及再生性贫血。 关于蛋白尿，通常需要进一步区分产生蛋白尿是肾前性、肾性的还是肾后性的原因。该病例为猫肾性蛋白尿，初步怀疑可能与后天免疫介导引起肾小球肾炎相关。

| 1.2 | 6. 尿液检查：尿比重 1.035；尿沉渣可见颗粒管型，未见明显微生物；尿蛋白明显升高。
7. 影像检查：显示有少量腹水，其他未见明显异常。
试分析动物低蛋白血症的原因。
（该病例引自 IDBIVET 犬猫肾病病例大赛） | |

● ● ● ● ● **工作任务单**

学习情境 1	认识蛋白质
项目 1	蛋白质等电点测定

任务 1   配制试剂

1. 1 mol/L 醋酸溶液；0.1 mol/L 醋酸溶液；0.01 mol/L 醋酸溶液。

2. 1 mol/L 氢氧化钠溶液。

3. 酪蛋白醋酸钠溶液：称取纯酪蛋白 0.25 g，加蒸馏水 20 mL 及 1 mol/L 氢氧化钠溶液 5 mL，摇荡使酪蛋白完全溶解，然后加 1 mol/L 醋酸溶液 5 mL，倒入 50 mL 容量瓶内，用蒸馏水稀释至刻度并混匀，此为 0.5% 的酪蛋白醋酸钠溶液。

任务 2   测定蛋白质等电点

【工序 1】取同样规格的试管 7 支，按下表精确地加入试剂。

试剂	管　号						
	1	2	3	4	5	6	7
1.0 mol/L 醋酸(mL)	1.6	0.8	0	0	0	0	0
0.1 mol/L 醋酸(mL)	0	0	4.0	1.0	0	0	0
0.01 mol/L 醋酸(mL)	0	0	0	0	2.5	1.25	0.62
H_2O(mL)	2.4	3.2	0	3.0	1.5	2.75	3.38
溶液的 pH	3.5	4.1	4.1	4.7	5.3	5.6	5.9

【工序 2】充分摇匀，然后向以上各试管依次加入 0.5% 酪蛋白醋酸钠溶液 1 mL，边加边摇，摇匀后静置 5 min，观察各管的浑浊度。

【工序 3】结果处理：用 −、+、++、+++ 等符号表示各管的浑浊度。根据浑浊度判断酪蛋白的等电点，用 pH 计测定最浑浊的一管的 pH 即为酪蛋白的等电点。

●注意事项

该实验要求各种试剂的浓度和加入量必须相当准确，除使用精心配制的试剂外，实验中应严格按照定量分析的操作进行。

●实验原理

蛋白质由许多氨基酸组成，虽然绝大多数的氨基与羧基结合成肽键，但总有一定数量的自由氨基与羧基，以及酚基、硫基、胍基、咪唑基等酸碱基团，因此蛋白质和氨基酸一样是两性电解质，调节溶液的酸碱度达到一定的 pH 时，蛋白质分子所带的正电荷和负电荷相等，以两性离子状态存在，在电场内该蛋白质分子既不向阴极移动，也不向阳极移动，这时溶液的 pH 称为该蛋白质的等电点(pI)。

项目 2	双缩脲法测定蛋白质的含量

任务 1　配制试剂

1. 双缩脲试剂：溶解 1.5 g 硫酸铜($CuSO_4 \cdot 5H_2O$)和 6.0 g 酒石酸钾钠($NaC_4H_4O_6 \cdot 4H_2O$)于 500 mL 蒸馏水中，一边搅拌一边加入 10％氢氧化钠溶液 300 mL，用水稀释至 1000 mL，储存于内壁涂以石蜡的容器瓶内，此试剂可长期保存。

2. 标准酪蛋白溶液(10 mg/mL)：准确称取一定量已定氮的酪蛋白(干酪素)或试剂级冻干牛血清蛋白，用 0.05 mol/L 氢氧化钠溶液溶解成浓度为 10 mg/mL 的标准溶液，放冰箱存放备用。

3. 样品血清：动物血清用蒸馏水稀释 10 倍，置于冰箱保存备用。

任务 2　测定蛋白质含量

【工序 1】取同样规格试管 3 支，按下表操作。

试剂	空白管	标准管	测定管
血清(mL)	0	0	1.0
标准酪蛋白溶液(mL)	0	1.0	0
蒸馏水(mL)	2.0	1.0	1.0
双缩脲试剂(mL)	4.0	4.0	4.0

【工序 2】上述 3 支试管摇匀，37℃水浴，20 min 后用分光光度计于 540 nm 波长处比色，以空白管调零点，测得各管光密度，记录数据。

【工序 3】结果计算

$$样品蛋白质(g/100\ mL)=\frac{测定管光密度}{标准管光密度}\times 0.005\times 10$$

●注意事项

1. 所用酪蛋白需经凯氏定氮法确定蛋白质的含量。

2. 此法最常用于需要快速但不要求十分精确的测定。

●实验原理

在碱性溶液中双缩脲与硫酸铜反应生成紫红色络合物，此反应即为双缩脲反应。含有 2 个或 2 个以上肽键的化合物都具有双缩脲反应。蛋白质含有多个肽键，在碱性溶液中能与 Cu^{2+} 络合成紫红色化合物，其颜色深浅与蛋白质的浓度成正比，可以用比色法进行测定。

必备知识

在自然界中，蛋白质的种类很多，整个生物界约有 100 亿种蛋白质，人体内有十万余种蛋白质。蛋白质是生物机体内最重要的生物大分子之一，具有广泛的生物学功能，参与生命活动的几乎每一个过程。因此说，生命活动是由蛋白质来体现的。机体缺乏某种蛋白质会引起疾病，如人和动物胰岛素分泌不足会导致糖尿病；蛋白质结构的异常变化也会导致疾病的发生，如血红蛋白变异可引起镰刀形红细胞贫血病。对蛋白质等生物大分子结构的研究已成为当前生命科学的前沿学科，并已经形成了一门独立的学科即结构生物学。研究蛋白质结构及其与功能的关系，不仅有助于我们从分子水平上认识生命的本质，而且对于疾病的诊断和治疗、新药的研发等具有实际指导意义。

本部分主要介绍蛋白质分子组成，并重点阐述蛋白质的结构特点以及结构与功能的关系。

第一部分　认识蛋白质

一、蛋白质在生命活动中的重要作用

蛋白质是生命活动的物质基础，没有蛋白质就没有生命。蛋白质是生物体含量丰富、功能复杂、种类繁多的生物大分子，约占人体干重的 45%，在人体内发挥重要的生物学作用。

蛋白质在体内可以分为结构蛋白质和功能蛋白质。结构蛋白质在体内起支持的作用，如皮肤、骨骼、肌腱中的胶原蛋白，韧带中的弹性蛋白，毛发、指甲中的角蛋白等。功能蛋白具有重要的生理作用，例如，酶是具有催化活性的蛋白质；运输蛋白质执行各种运输功能，如血红蛋白、脂蛋白、运铁蛋白等；运动蛋白质是机体各种机械运动的物质基础，如肌动蛋白、肌球蛋白等；防御蛋白质具有免疫保护作用，如免疫球蛋白、补体结合蛋白；凝血酶原、纤维蛋白原等凝血因子可防止血管损伤时血液的流失；调控蛋白质具有调节控制机体代谢的作用，如某些激素、细胞受体以及与细胞生长、分化、基因表达密切相关的蛋白等。此外，蛋白质还有许多其他功能，例如，血浆清蛋白除具有物质运输、营养作用外，还是维持血浆胶体渗透压的重要物质；肌红蛋白贮氧，铁蛋白贮铁等。

二、蛋白质的分类

蛋白质的结构复杂，种类繁多，分类方法也有多样，通常分类的方法有两种。

根据蛋白质的分子组成特点，可将蛋白质分为单纯蛋白质和结合蛋白质两大类。在单纯蛋白质中，蛋白质分子仅由氨基酸组成，如清蛋白、球蛋白、精蛋白、组蛋白、硬蛋白等。在结合蛋白质的分子组成中，除蛋白质部分外还包含非蛋白部分，通常称为辅基。根据辅基的不同，结合蛋白又可分为核蛋白、糖蛋白、脂蛋白、色蛋白以及金属蛋白等。

根据蛋白质分子形状不同，可将蛋白质分为球状蛋白质和纤维蛋白质两大类。球状蛋白质分子外形似球状，较易溶解，酶及免疫球蛋白等功能蛋白质均属此类。纤维蛋白质形状似纤维或细棒状，包括皮肤和结缔组织中的主要蛋白以及毛发等动物纤维，有很好的物理稳定性，为细胞和机体提供机械支持和保护。纤维蛋白多不溶于水，如毛发、指甲的主要成分 α 角蛋白，肌腱、皮肤、骨、牙齿中的胶原蛋白都不溶于水，而血液中的纤维蛋白原是可溶性的。

需要指出的是，不同的蛋白质分布于不同的组织以及细胞的不同部位，这是蛋白质的

空间特性；同时，细胞中蛋白质的种类和含量还随着生物个体的发育及生理病理状态而变化，这是蛋白质具有的时间特性。

第二部分 蛋白质的分子组成

一、蛋白质的元素组成

蛋白质主要由 C、H、O、N、S 组成，有些蛋白质含有 P 元素，少数蛋白质含有 Fe、Cu、Mn、Zn 等金属元素，个别蛋白质含有 I 元素。各种蛋白质的含氮量十分接近且恒定，平均为 16%，即 1 g 蛋白氮相当于 6.25 g 蛋白质。由于在生物体内，氮元素主要存在于蛋白质中，因此可以通过测定生物样品内氮的含量来计算出样品中蛋白质的含量，这就是经典的蛋白质定量测定的方法之一，称为凯氏定氮法。

二、蛋白质的基本结构单位——氨基酸

在酸碱或者酶的作用下，蛋白质可水解生成氨基酸，因此，氨基酸是构成蛋白质的基本结构单位。

（一）氨基酸的结构特点

天然氨基酸有 300 多种，而构成蛋白质的氨基酸有 20 种，它们在结构上有一些共性，氨基酸的结构通式如图 1-1 所示。

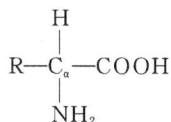

$$R-\overset{\overset{\displaystyle H}{|}}{\underset{\underset{\displaystyle NH_2}{|}}{C_\alpha}}-COOH$$

图 1-1 氨基酸的结构通式

由图 1-1 可以看出，所有氨基酸的氨基（—NH$_2$）都连在 α 碳原子（用 C$_\alpha$ 表示）上，故组成蛋白质的氨基酸均为 α-氨基酸（脯氨酸为 α-亚氨基酸）。另外，α 碳原子上还有一个氢原子和一个侧链（称为 R 侧链或 R 基团），各种氨基酸之间的区别在于 R 基团的不同。由于 R 基团的结构不同，也造成氨基酸在性质上的差异。

氨基酸存在 L 型和 D 型两种同分异构体（图 1-2）。凡氨基在 α 碳原子右侧者为 D 型，在左侧者为 L 型。组成蛋白质的氨基酸都是 L 型，其原因尚不清楚。与 D 型氨基酸相比，L 型氨基酸在生物功能上并无明显的优势。事实上，D 型氨基酸在生物体中也是存在的，有些还有重要的功能，但不存在于蛋白质中，如细菌细胞壁中含有 D-谷氨酸，短杆菌肽中含有 D-苯丙氨酸。

$$H_2N-\overset{\overset{\displaystyle COOH}{|}}{\underset{\underset{\displaystyle R}{|}}{C}}-H \qquad\qquad H-\overset{\overset{\displaystyle COOH}{|}}{\underset{\underset{\displaystyle R}{|}}{C}}-NH_2$$

L-α- 氨基酸　　　　　　　D-α- 氨基酸

图 1-2 氨基酸的同分异构体

除甘氨酸（R 基团为氢原子）外，其余 19 种氨基酸的 C$_\alpha$ 碳原子都是不对称（手性）碳原子，故它们都具有旋光异构现象。

目前，在原核和真核生物的少数蛋白质中发现了第 21 种氨基酸——硒代半胱氨酸（即半胱氨酸中的硫被硒取代），在微生物中发现了第 22 种氨基酸——吡咯赖氨酸。这两种氨基酸也是编码氨基酸，但在大多数蛋白质中少见。

（二）氨基酸的分类

组成蛋白质的 20 种氨基酸的区别在于 R 基团的不同。因此可以按 R 基团的性质、大小、酸碱性、极性（在生物内环境 pH 下与水相互作用的倾向性）进行分类。20 种常见氨基酸的结构如表 1-1 所示。

表 1-1　常见氨基酸的名称、结构及分类

分类	氨基酸名称	符号	简称	R 基团化学结构	等电点
非极性氨基酸	甘氨酸	Gly	甘	H—	5.97
	丙氨酸	Ala	丙	H_3C—	6.02
	缬氨酸	Val	缬	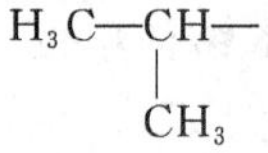 H_3C—CH— / CH_3	5.97
	亮氨酸	Leu	亮	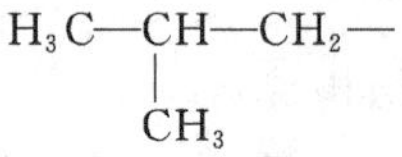 H_3C—CH—CH_2— / CH_3	5.98
	异亮氨酸	Ile	异亮	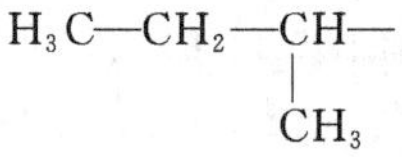 H_3C—CH_2—CH— / CH_3	6.02
	苯丙氨酸	Phe	苯丙	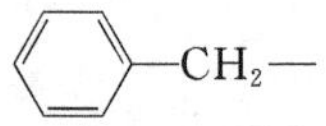 C6H5—CH_2—	5.48
	色氨酸	Trp	色	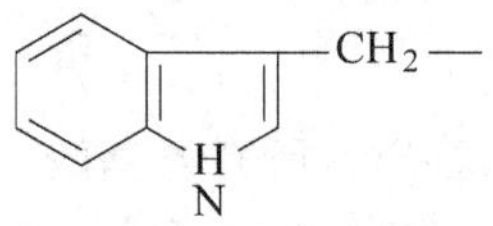 吲哚—CH_2—	5.89
	甲硫氨酸	Met	甲硫	H_3C—S—CH_2—CH_2—	5.75
	脯氨酸	Pro	脯	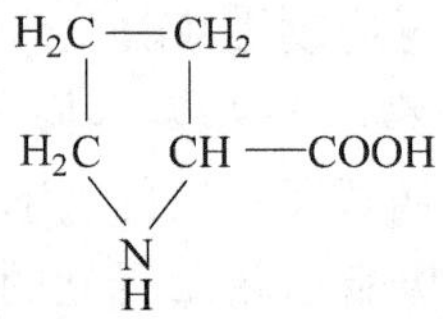 吡咯烷环 CH—COOH	6.30
不带电荷极性氨基酸	丝氨酸	Ser	丝	HO—CH_2—	5.68
	苏氨酸	Thr	苏	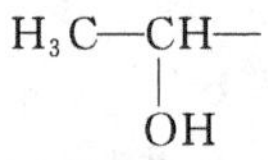 H_3C—CH— / OH	6.53
	半胱氨酸	Cys	半胱	HS—CH_2—	5.02
	酪氨酸	Tyr	酪	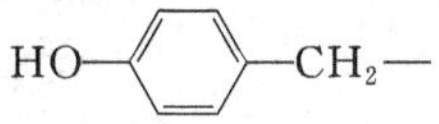 HO—C6H4—CH_2—	5.66
	天冬酰胺	Asn	天冬酰	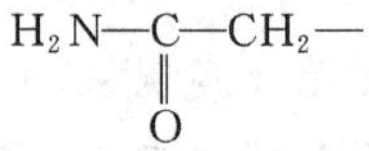 H_2N—C(O)—CH_2—	5.41

续表

分类	氨基酸名称	符号	简称	R 基团化学结构	等电点
不带电荷极性氨基酸	谷氨酰胺	Gln	谷氨酰	$H_2N-\overset{\displaystyle O}{\underset{\displaystyle \parallel}{C}}-CH_2CH_2-$	5.65
带正电荷极性氨基酸	组氨酸	His	组	$\underset{H}{\overset{N}{\diagdown}}\diagup^{CH_2-}$	7.59
	赖氨酸	Lys	赖	$H_3N^+-CH_2-CH_2-CH_2-CH_2-$	9.74
	精氨酸	Arg	精	$H_2N-\overset{\displaystyle NH_2}{\underset{\displaystyle +}{C}}-NH-CH_2-CH_2-CH_2-$	10.76
带负电荷极性氨基酸	天冬氨酸	Asp	天冬	$^-OOC-CH_2-$	2.97
	谷氨酸	Glu	谷	$^-OOC-CH_2-CH_2-$	3.22

　　根据不同的分类标准，可将氨基酸分成不同的种类。

　　1. 按营养需求分类

　　机体不能自身合成，必须从食物中摄取的氨基酸称为必需氨基酸。组成蛋白质的氨基酸中，甲硫氨酸、色氨酸、赖氨酸、缬氨酸、亮氨酸、异亮氨酸、苯丙氨酸、苏氨酸 8 种在体内不能合成或合成量很少，不能满足机体需要，故这些氨基酸为必需氨基酸。机体可以自身合成的氨基酸称为非必需氨基酸。除以上 8 种必需氨基酸以外，其余 12 种均为非必需氨基酸。

　　2. 按照氨基酸 R 基团结构分类

　　根据氨基酸 R 基团结构的差异，可以把氨基酸按如下方式进行分类。

　　(1)脂肪族侧链氨基酸：有甘氨酸、丙氨酸、缬氨酸、亮氨酸、异亮氨酸和脯氨酸。甘氨酸是 20 种氨基酸中结构最简单的，这一独特的结构使其能存在于蛋白质立体结构中十分"拥挤"的部位。脯氨酸与其他标准氨基酸在结构上有很大不同，为 α-亚氨基酸，具有环化的侧链，该侧链对蛋白质的立体结构有很大制约。

　　(2)芳香族侧链氨基酸：包括苯丙氨酸、酪氨酸和色氨酸，它们的 R 基团中都有苯环结构。

　　(3)含硫侧链氨基酸：包括甲硫氨酸和半胱氨酸。两个半胱氨酸的侧链巯基(—SH)可以氧化形成二硫键(—S—S—)。

　　(4)含醇羟基侧链氨基酸：包括丝氨酸和苏氨酸，它们具有 β 羟基，易被酯化和糖基化。

（5）碱性侧链氨基酸：包括组氨酸、赖氨酸、精氨酸。在 pH 为 7 时侧链带有正电荷。精氨酸是 20 种标准氨基酸中碱性最强的氨基酸。

（6）酸性侧链氨基酸及其衍生物：天冬氨酸和谷氨酸具有两个羧基，在 pH 为 7 时带负电荷，能使蛋白质带有负电荷。谷氨酸的钠盐——谷氨酸钠就是食用味精。

除组成蛋白质的 20 种氨基酸外，机体中还有些氨基酸是以游离形式存在的，它们不作为蛋白质的组成分子。例如，L-鸟氨酸、L-瓜氨酸是合成精氨酸的前体，而 γ-氨基丁酸是谷氨酸脱羧基的产物，是一种神经递质。它们的分子式如图 1-3 所示。

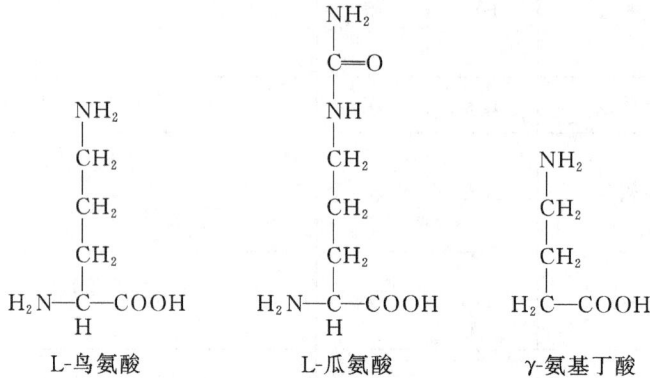

图 1-3　几种氨基酸分子式

三、氨基酸的理化性质

（一）氨基酸的解离及等电点

氨基酸分子既含有氨基、胍基、咪唑基等碱性基团，能电离成为阳离子；又含有羧基等酸性基团，能电离成为阴离子，所以是两性电解质。

氨基酸在溶液中以何种离子形式存在，取决于分子中酸性基团与碱性基团的数量、比例以及溶液的 pH。氨基酸在某 pH 溶液中所带正、负电荷的量相等时，被称为兼性离子或两性离子。氨基酸以兼性离子状态存在时的溶液 pH 称为该氨基酸的等电点，用 pI 表示。兼性离子静电荷为零，在电场中不向正极或负极移动。氨基酸在酸性（pH＜pI）环境中，酸性基团电离受抑制，氨基酸分子电离成为阳离子，在电场中可向负极移动；在碱性（pH＞pI）环境中，碱性基团电离受到抑制，则电离成为阴离子，在电场中可向正极移动。例如，甘氨酸在 pH 为 5.97 的水溶液中主要呈两性离子（图 1-4）。

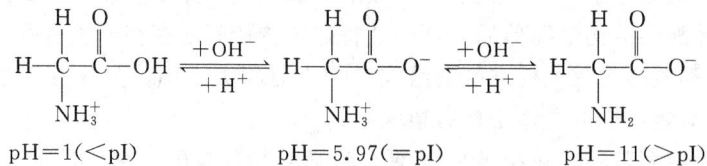

图 1-4　甘氨酸在不同 pH 条件下的解离

（二）氨基酸的紫外吸收性质

在紫外光区，含苯环的色氨酸、酪氨酸和苯丙氨酸均有光吸收，其最大吸收波长分别为 279 nm、278 nm 和 259 nm。许多蛋白质中色氨酸和酪氨酸的总量大体相近，因此可以通过测定蛋白质溶液在 280 nm 的紫外吸收值，方便、快速地估测其中的蛋白质含量。

（三）氨基酸的显色反应

氨基酸能与某些化学试剂发生反应。如与茚三酮反应生成蓝紫色物质，可用于氨基酸的定性和定量分析，法医常用茚三酮溶液分析纸张等表面上的潜指纹；α-氨基与 2,4-二硝基氟苯反应生成黄色化合物，可用于蛋白质末端氨基酸分析；半胱氨酸的巯基十分活泼，能与 Hg^{2+}、Ag^+ 等金属离子结合。

第三部分　肽与多肽化合物

一、肽、肽键和多肽链

蛋白质分子中不同氨基酸之间通过相同的化学键连接，即一个氨基酸的 α-氨基与另一个氨基酸的 α-羧基脱去一分子水缩合形成的共价键（—CONH—）称为肽键，又称酰胺键。肽键是蛋白质多肽链中的主要化学键。

不同的氨基酸通过肽键连接起来的化合物称为肽。由两个氨基酸形成的肽称为二肽（图 1-5），三个氨基酸形成的肽称三肽，依此类推。通常把含有十个以内氨基酸的肽称为寡肽，含十个以上氨基酸的肽称为多肽。多肽是链状化合物，因此也称为多肽链。

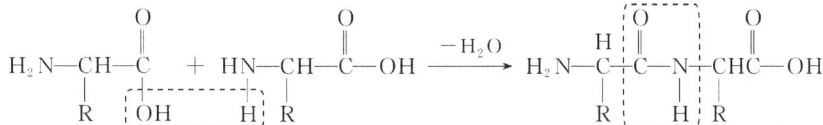

图 1-5　两个氨基酸形成二肽

氨基酸在形成肽链后，因有部分基团参加肽键的形成，已经不是完整的氨基酸分子，故将蛋白质肽链中的每个氨基酸部分称为氨基酸残基。

虽然"蛋白质"和"多肽"这两个术语可以交互使用，但是称为多肽分子的相对分子量小，一般少于 100 个氨基酸残基，而称为蛋白质的可以是几千个氨基酸残基，相对分子量很大。

在蛋白质和多肽链分子中连接氨基酸残基的共价键除肽键外，还有一种较常见的是在两个半胱氨酸残基侧链之间形成的二硫键。它可以使两条单独的肽链共价交联起来，或者使一条肽链的某一部分形成环。

在一条多肽链的主链中，一端具有游离的 α-氨基称为氨基末端（或 N 末端），另一端具有游离的 α-羧基，称为羧基末端（或 C 末端）。多肽链的方向是从 N 端到 C 端，多肽链也是从 N 端到 C 端按氨基酸残基的顺序来阅读和命名的。

如图 1-6 所示的五肽结构，从 N 端到 C 端依次由甘氨酸、丙氨酸、丝氨酸、酪氨酸、亮氨酸缩合形成的五肽，其化学名称为"甘氨酰丙氨酰丝氨酰酪氨酰亮氨酸"，简写为"甘·丙·丝·酪·亮"或"Gly·Ala·Ser·Tyr·Leu"。按惯例总是把氨基端即 N 末端写在多肽链的左边，羧基端即 C 末端写在多肽链的右边。

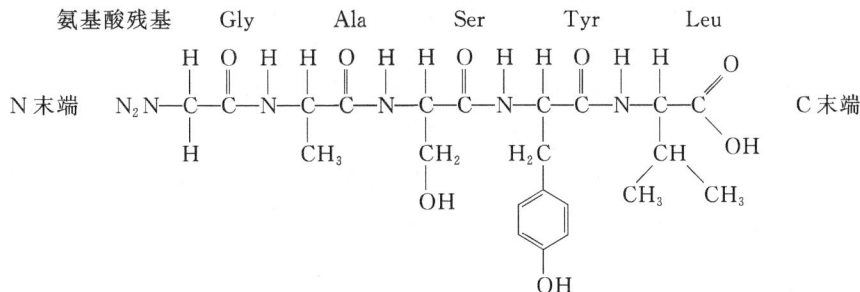

图 1-6　五肽结构

二、重要的多肽化合物

氨基酸通过肽键相连形成长短不一的肽，许多小分子肽和部分多肽在医学上具有极其重要的生理功能，在细胞内发挥着一定的生物学作用，常把这类肽称为生物活性肽。

1. 谷胱甘肽（GSH）

GSH 是由谷氨酸、半胱氨酸和甘氨酸组成的三肽（图 1-7）。它的结构中有一个由谷氨酸的 γ-羧基和半胱氨酸的 α-氨基缩合成的 γ-肽键；半胱氨酸上有一个活泼的巯基，易氧化成二硫键，是该化合物的主要功能基团。

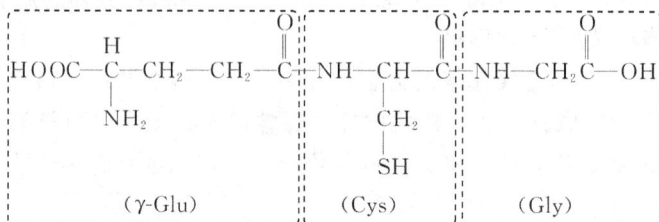

图 1-7　谷胱甘肽的结构

GSH 在体内的主要功能如下。

一是参与细胞内氧化还原反应。作为氧化还原酶的辅酶，是一种重要的还原剂。它保护蛋白质、巯基酶中的巯基团免遭氧化，以免失去该蛋白质或酶的生物活性。同时，GSH 上的氢在谷胱甘肽过氧化物酶的催化下，能使细胞内产生的 H_2O_2 还原成 H_2O，还原型 GSH 则变成氧化型 GSSG，这就防止了过氧化物在体内的堆积。

二是解毒功能。谷胱甘肽分子中的巯基可与一些卤化有机物、环氧化物等毒物组合，避免这些毒物和 DNA、RNA、蛋白质结合，从而保证它们的正常功能。催化这一反应的酶是谷胱甘肽-S-转移酶，此酶在肝中活性最高。

2. 多肽类抗生素

多肽类抗生素是一类具有抑制或杀灭细菌作用的肽类药物，如短杆菌肽是一种环状十肽，在氨基酸的组成上，除了正常的 L-α-氨基酸外，还有 D-α-氨基酸和鸟氨酸。

第四部分　蛋白质的分子结构

一、蛋白质的一级结构

构成蛋白质的各种氨基酸在多肽链中的排列顺序称为蛋白质的一级结构。一级结构是蛋白质的基本结构，是蛋白质空间结构的基础。组成蛋白质的 20 种氨基酸通过不同的排列方式组成多种多样的蛋白质，并具有不同的生物学功能。

维持蛋白质一级结构的主要化学键是肽键，有的蛋白质还含有二硫键。

蛋白质一级结构中氨基酸排列顺序由遗传密码决定，氨基酸发生改变最根本的原因是DNA 碱基顺序的改变，因此研究蛋白质的一级结构有助于从分子水平上诊断和治疗遗传病。许多先天性疾病是由于体内某种重要蛋白质一级结构发生改变而引起的。例如，镰刀状红细胞性贫血是由于血红蛋白 β 亚基的第 6 位缬氨酸被谷氨酸取代所致。一个氨基酸的改变就使得血红蛋白在低氧状态溶解性降低，聚集成丝，相互黏着，导致红细胞形成镰刀状而易碎裂。

二、蛋白质的空间结构

天然蛋白质具有一定的空间结构或构象，它决定着蛋白质的分子形状、化学特性和生物学活性。蛋白质构象分为主链构象和侧链构象，主链构象指肽键与 α 碳原子形成的多肽链骨架所形成的空间构象；侧链构象是指各氨基酸侧链基团中原子的排布及彼此关系。主链构象决定侧链基团的排布，侧链构象影响主链构象的卷曲折叠，二者相互依存，相互影响。

蛋白质的空间结构包括二级结构、三级结构和四级结构。

（一）蛋白质的二级结构

蛋白质的二级结构是指多肽链主链盘旋、折叠形成的主链构象，即多肽链主链各原子在空间的排列方式。

形成蛋白质二级结构的基础是肽键平面，肽键中的 C、O、N、H 四个原子和与它们相邻的两个 α 碳原子都处于同一个平面上，此平面称为肽键平面（图 1-8）。

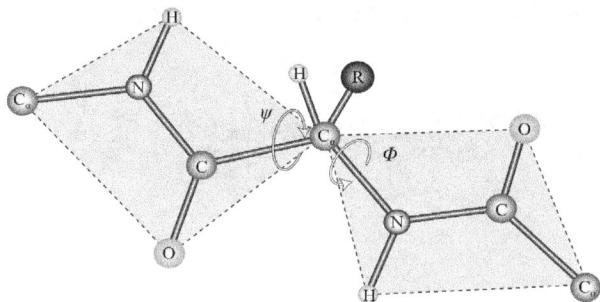

图 1-8　肽键平面

X 射线衍射分析证明，肽键平面肽键长为 0.132 nm。如果 C—N 间是单键，则键长为 0.149 nm，如果是双键则为 0.127 nm，所以肽键介于两者之间，故有一定程度的双键性能，C 与 N 不能以 C—N 为轴心旋转，于是肽键及其相关的 6 个原子形成平面，而与肽键相连的 α 碳原子两侧单键都可以自由旋转，肽平面就可以围绕 α 碳原子旋转、折叠或卷曲。

蛋白质二级结构的形式有 α-螺旋、β-折叠、β-转角、不规则卷曲等几种，维持蛋白质二级结构稳定的化学键是主链原子形成的氢键。

1. α-螺旋

α-螺旋是指蛋白质分子中多个肽平面通过氨基酸的 α 碳原子沿长轴方向旋转，按一定规律形成稳定的 α-螺旋构象（图 1-9）。α-螺旋是蛋白质中最常见、最典型和含量最丰富的二级结构形式。

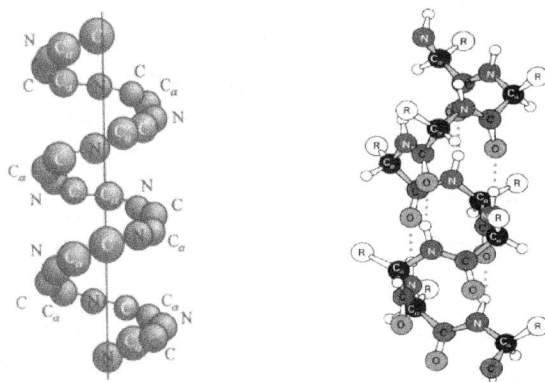

图 1-9　α-螺旋结构示意图

α-螺旋主要特征如下。

(1)一般为右手螺旋,仅个别蛋白质分子中存在左手螺旋。

(2)每一螺旋圈含有 3.6 个氨基酸残基,每个残基高度 0.15 nm,因此螺距为 0.54 nm (0.15 nm×3.6)。

(3)螺旋圈之间通过肽键上的 CO 与 NH 形成氢键,是维持 α 螺旋结构稳定的主要次级键。

(4)肽链中氨基酸残基的 R 基团均伸向螺旋的外侧,其空间形状、大小及电荷对 α 螺旋的形成和稳定有重要的影响。各种蛋白质的结构和功能差异很大,其中 α 螺旋的百分含量也有较大的差异,如肌红蛋白 α 螺旋含量为 77%,而胰凝乳蛋白酶仅为 9%。

2. β-折叠

β-折叠使蛋白质肽链主链的肽平面周期性折叠呈锯齿状,又称片层结构(图 1-10)。

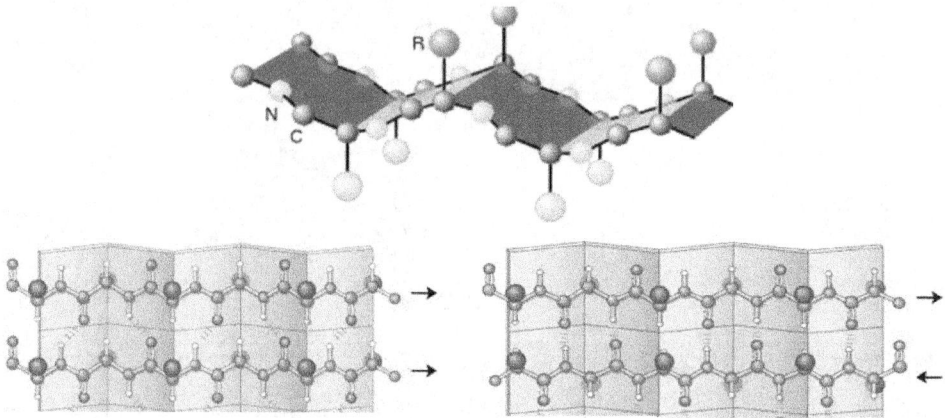

图 1-10　β-折叠结构示意图

β-折叠的特点如下。

(1)肽链延伸,肽平面之间折叠成锯齿状。

(2)若干条多肽链或一条多肽链迂回,形成的若干肽段互相靠拢,平行排列,通过氢键连接。

(3)相邻排列两条 β-折叠结构走向相同时,称为顺向平行;反之,称为逆向平行。

β-折叠的形成也有一定的条件,肽链上的氨基酸残基的 R 较小,才能容许 2 条肽段彼此靠近。蚕丝蛋白是典型的 β-折叠,该蛋白含有大量甘氨酸与丙氨酸残基。

3. β-转角

β-转角也称为 β-回折,它由第一个氨基酸残基的羧基与第四个氨基酸残基的亚氨基之间形成氢键,多肽链形成 180°回折。β-转角中常存在甘氨酸和脯氨酸。

4. 无规则卷曲

多肽链呈现无确定规律的卷曲。这些区域也是蛋白质中稳定的、有序的二级结构,使蛋白质的构象显示出丰富多彩的特性。

(二)蛋白质的三级结构

蛋白质的三级结构是指整条多肽链所有原子的排布方式,包括多肽链分子主链及侧链的构象,即蛋白质的多肽链在二级结构的基础上,通过 R 侧链之间的非共价键作用再进一步盘曲、折叠,形成一定规律的空间结构。具有三级结构的蛋白质才有生物学活性,如肌红蛋白(图 1-11)。

稳定三级结构主要是通过次级键的作用，侧链基团起着重要的作用。蛋白质三级结构中各种次级键如图 1-12 所示。

1. 氢键

除多肽链二级结构中主链之间的氢键外，在多肽链主链与极性侧链之间以及在极性侧链之间都可形成氢键。

2. 二硫键

二硫键由 2 个半胱氨酸残基的侧链巯基脱氢缩合而成。

3. 离子键

离子键又称盐键，是在蛋白质带正电荷的基团和带负电荷的基团之间形成的。

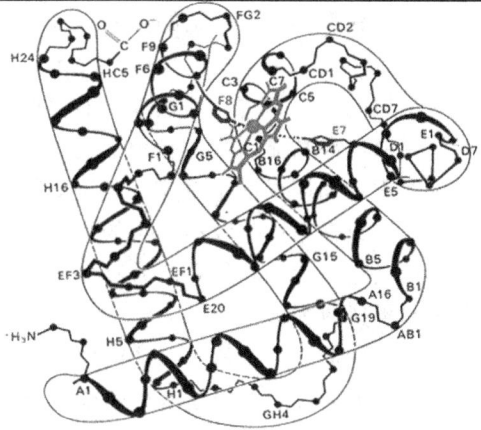

图 1-11 肌红蛋白三级结构示意图

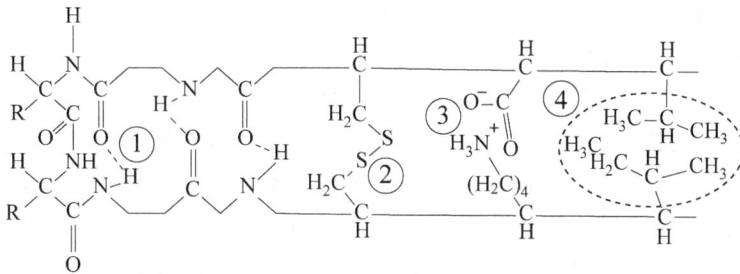

图 1-12 蛋白质分子中的次级键
①氢键 ②二硫键 ③离子键 ④疏水键

4. 疏水键

疏水键又称为疏水作用力。缬氨酸、亮氨酸、异亮氨酸、苯丙氨酸等非极性疏水侧链之间的吸引力形成疏水区，从而产生疏水作用。蛋白质三级结构中疏水键的数量最多，且往往居于球状蛋白质分子结构的内部。

（三）蛋白质的四级结构

蛋白质的四级结构是指两个或两个以上具有独立三级结构的多肽链通过氢键、疏水键、盐键等非共价键结合而形成的复杂结构。

蛋白质四级结构中的每条具有独立三级结构的多肽链称为蛋白质亚基。在四级结构中的各亚基可以是相同的，也可以是不同的。由相同类型的蛋白质亚基构成的四级结构称均一四级结构，如过氧化氢酶是由 4 个相同的亚基构成的。由不同类型的蛋白质亚基构成的四级结构称非均一四级结构，如血红蛋白是由 2 个 α 亚基和 2 个 β 亚基构成(图 1-13)。具有四级结构的蛋白质有复杂的生物学功能，而结构中的亚基解聚后，蛋白质就不能执行其正常的功能。

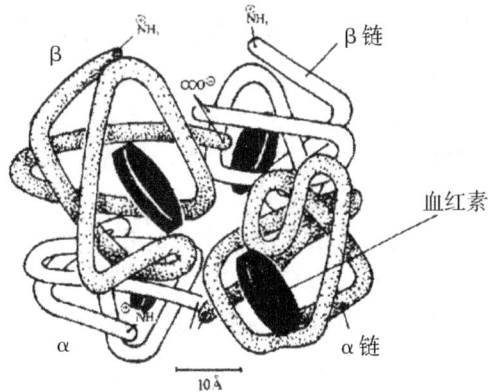

图 1-13 血红蛋白四级结构示意图

三、蛋白质结构与功能的关系

(一)蛋白质一级结构与功能的关系

蛋白质的一级结构，即氨基酸的种类和排列方式，决定蛋白质的空间结构。一级结构相似的蛋白质在功能上往往有相似之处，但也存在不同程度的差异。

催产素和加压素都是由人和高等动物的垂体后叶所分泌的九肽激素，二者的一级结构非常相似，只在第三位和第八位的氨基酸残基不同，因此它们的生理活性又存在显著的差异。加压素主要生理功能是起升高血压和抗利尿的作用，而催产素的生理功能是促进子宫和乳腺平滑肌收缩。

(二)蛋白质空间结构与功能的关系

蛋白质的空间结构决定其生物学功能。例如，酶是具有催化作用的蛋白质，若用一定方法处理，保留酶蛋白多肽链的一级结构，破坏其正常空间结构，酶的催化活性将丧失。

有些蛋白质的功能发挥仅与其某部位的特定构象有关，通常将这特定构象称为蛋白质的功能区，只要蛋白质功能区的结构完整，分子其他部位改变也不影响蛋白质的功能。例如，血红蛋白质与 O_2 结合时，其亚基处于某种空间紧密构象(T 型)，与 O_2 的亲和力小，在需氧的组织中，血红蛋白为 T 型构象，致使血红蛋白可以快速脱氧，供组织利用。在氧丰富的肺里，血红蛋白转变成疏松构象(R 型)，此时与 O_2 的亲和力变大，利于携带 O_2，将 O_2 运输给组织。因此，血红蛋白是通过其构象变化调节与氧的结合，这对氧气的运输有重要的作用。

对于维持蛋白质功能区的结构完整，一级结构中某些氨基酸残基是必需的，如果这些必需的氨基酸残基发生改变，蛋白质特定构象即被破坏，蛋白质生物学活性也将丧失。因此，一级结构与空间结构对维持蛋白质的生物学活性均有重要的作用。

第五部分　蛋白质的理化性质

一、蛋白质的两性解离和等电点

构成蛋白质的基本结构单位是氨基酸，因此，蛋白质同氨基酸一样均为两性电解质，都具有两性解离的特性。

蛋白质分子中肽链的两个末端，有解离出正离子的 α-氨基和解离出负离子的 α-羧基。更重要的是，侧链上有很多基团，也可以解离出正离子或负离子。例如，赖氨酸残基中的 ε-氨基、精氨酸残基的胍基、组氨酸残基的咪唑基都是可以解离出正离子的基团，而谷氨酸残基的 γ-羧基和天冬氨酸残基的 β-羧基都可解离出带负离子的基团。

当蛋白质处于某一 pH 溶液时，蛋白质分子上正、负电荷相等，净电荷为零，蛋白质为兼性离子，此时溶液的 pH 称为该蛋白质的等电点(pI)。

等电点是蛋白质特征性常数。含碱性氨基酸较多的蛋白质，等电点偏高，如组蛋白、鱼精蛋白等；相反，含酸性氨基酸较多的蛋白质，等电点偏低，如酪蛋白、胃蛋白酶等。当溶液的 pH＞pI 时，蛋白质分子中的酸性基团解离，带负电荷；当溶液的 pH＜pI 时，蛋白质分子中的碱性基团解离，带正电荷。血浆中绝大部分蛋白质的等电点在 pH 为 5 左右，故在血浆 pH 为 7.4 的生理情况下，血浆蛋白质以负离子形式存在(图 1-14)。

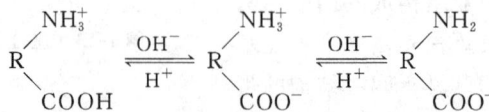

$$R{-}^{NH_3^+}_{COOH} \underset{H^+}{\overset{OH^-}{\rightleftharpoons}} R{-}^{NH_3^+}_{COO^-} \underset{H^+}{\overset{OH^-}{\rightleftharpoons}} R{-}^{NH_2}_{COO^-}$$

图 1-14　血浆蛋白质以负离子形式存在

蛋白质等电点的大小由蛋白质分子中可解离基团的种类和数量决定。蛋白质分子在其等电点时净电荷为零，因此容易碰撞而聚集沉淀，可以利用等电点沉淀法分离不同的蛋白质。另外，在同一 pH 溶液中，各种蛋白质所带电荷的性质和数量不同，加上蛋白质分子大小和形状不同，在电场中移动速率会有差别，因此可以通过电泳的方法，对蛋白质进行分离、纯化和鉴定。

二、蛋白质的胶体性质

蛋白质是生物大分子，在其溶液中形成的颗粒直径一般为 1～100 nm，属于胶体颗粒的范围，所以蛋白质是胶体物质，溶液是亲水胶体溶液。

蛋白质形成亲水胶体溶液的稳定因素主要是分子表面的水化层和电荷层。在蛋白质分子表面有不少的亲水基团，能与水发生水合作用，水分子受蛋白质极性基团的影响，定向排列在蛋白质分子的周围，形成水化层，将蛋白质颗粒分开不致聚集而沉淀。蛋白质在偏离等电点的溶液中，形成电荷层，同性电荷相斥，这也防止蛋白质颗粒相聚沉淀。因此蛋白质的水溶液是稳定的亲水胶体溶液。如果通过一定的方法破坏水化层和电荷层，蛋白质则因分子间引力聚集而沉淀(图 1-15)。

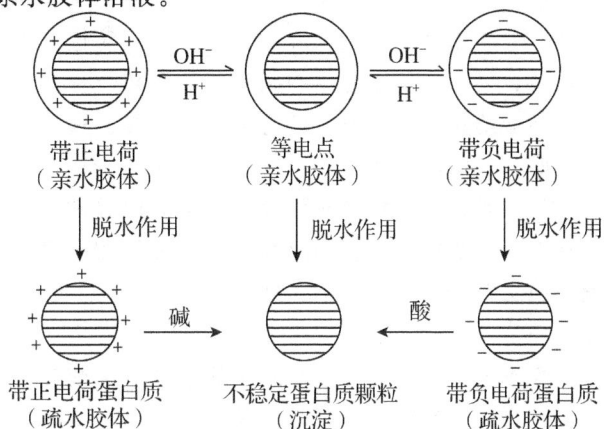

图 1-15　蛋白质颗粒的稳定因素与沉淀

蛋白质溶液具有胶体溶液的性质，如溶液扩散慢，黏度大，不能透过半透膜。蛋白质的胶体性质是某些蛋白质分离、纯化方法的基础。最简单的纯化蛋白质方法是将蛋白质放入半透膜内，小分子物质可透过半透膜，蛋白质分子保留在半透膜内，这种方法称透析法。透析法可除去混杂在蛋白质溶液中的无机盐等小分子物质。

蛋白质分子不易透过半透膜的性质，决定了它在维持生物体内体液的平衡中起着重要的作用。例如，血浆胶体渗透压主要是血浆中的蛋白质在起作用等。

三、蛋白质的变性

在某些理化因素作用下，蛋白质特定空间结构被破坏而导致理化性质改变和生物学活性丧失，这种现象称为蛋白质的变性。

使蛋白质变性的物理因素有高温、高压、超声波、紫外线、X 射线等，化学因素有强酸、强碱、浓乙醇、重金属、尿素、去污剂等。蛋白质变性时，空间结构剧烈变化，但不涉及肽键的断裂，故一级结构并未被破坏。蛋白质变性的实质是维系蛋白质空间结构的非共价键破坏。

蛋白质空间结构被破坏，多肽链变成松散的链状，原本隐藏在分子内部的疏水基团暴露，而促使蛋白质的溶解度降低，因此变性的蛋白质易沉淀。但是维系蛋白质胶体溶液的因素除表面水化层外还有表面的同种电荷，变性蛋白质溶液的 pH 远离其 pI，此时蛋白质仍不易沉淀；变性蛋白质溶液的 pH 接近等电点时易聚集而沉淀。

天然蛋白质结构紧凑不易被酶水解，而变性蛋白质因肽键暴露易被酶水解，这就是熟食比生食易消化的原因。变性蛋白质除溶解度降低极易被消化外，最主要的特点是其生物学活性的丧失，如酶的催化活性、抗原－抗体的特异性反应、血红蛋白运输 O_2 和 CO_2 的功能、毒素的致毒作用等均可丧失。

大多数蛋白质变性后，不能恢复其天然状态，有些蛋白质变性后，如设法将变性剂除去，该变性蛋白质尚能恢复其活性，这称为蛋白质的复性。例如，用尿素和 β-巯基乙醇作用于核糖核酸酶，可使该酶的天然构象被破坏，失去生物学活性，去除尿素和 β-巯基乙醇，该酶的活性又逐渐恢复。

蛋白质的变性在临床医学上具有重要意义。例如，采用高压、高温、紫外线、乙醇等措施可使病原微生物蛋白质变性，失去致病性和繁殖能力，以达到消毒灭菌的效果；在保存血清、疫苗、抗体等生物制品时，为防止蛋白质变性失活，应当保存在低温条件下，防止剧烈振荡及强光照射，避免强酸、强碱、重金属的污染。

四、蛋白质的沉淀

蛋白质分子聚集并从溶液中析出的现象称蛋白质的沉淀。沉淀出来的蛋白质大多数是变性的，但在低温和使用温和的沉淀剂等的条件下，便可以使沉淀的蛋白质不变性。沉淀蛋白质主要的方法有以下几种。

1. 盐析法

在蛋白质溶液中加入高浓度的中性盐，使蛋白质从溶液中析出的现象，称蛋白质的盐析。常用的中性盐有硫酸铵、硫酸钠、氯化钠等。

中性盐在水中溶解性及亲水性大，与蛋白质争夺与水结合，破坏蛋白质的水化层，另外中性盐又是强电解质，解离作用强，能中和蛋白质的电荷，破坏蛋白质的电荷层。因此，稳定蛋白质溶液的因素遭到破坏，蛋白质分子聚集，溶解度下降而从溶液中析出。

盐析法沉淀蛋白质并未破坏蛋白质的天然空间构象，沉淀出的蛋白质不变性，所以盐析法是分离制备有活性的酶或激素的常用方法。例如，用饱和硫酸铵可使血浆中清蛋白沉淀出来，而球蛋白则在半饱和硫酸铵溶液中沉淀。

2. 有机溶剂沉淀法

乙醇、甲醇、丙酮等能破坏蛋白质的水化膜而使蛋白质沉淀，在等电点时沉淀的效果较好。在常温下，有机溶剂沉淀蛋白质可引起蛋白质变性，乙醇消毒灭菌就是根据这一原理。在低温下，蛋白质变性速度减慢，因此，用有机溶剂沉淀蛋白质，常需在低温条件下快速进行，可以防止蛋白质的变性。

3. 重金属盐沉淀法

重金属离子如 Cu^{2+}、Hg^{2+}、Pb^{2+}、Ag^+ 等可与蛋白质结合形成不溶于水的蛋白质盐沉淀，引起蛋白质变性。

重金属离子（M^+）带正电荷，当蛋白质溶液 pH＞pI 而带负电荷时，可与金属离子结合成蛋白质盐（图 1-16）。

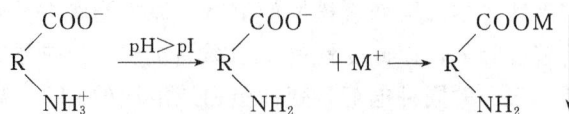

图 1-16 蛋白质与重金属离子结合

临床急救重金属盐中毒，早期可以服用大量新鲜牛奶或鸡蛋清，使重金属离子在消化道内被蛋白质结合成不溶性物质，以阻止该金属离子吸收入血液，随后再用催吐剂或洗胃方法将蛋白质重金属复合物排出体内。

4. 生物碱试剂沉淀法

生物碱试剂如苦味酸、三氯乙酸、钨酸等，可与蛋白质阳离子结合，形成不溶性盐而沉淀。当蛋白质在小于 pI 的 pH 溶液中解离成阳离子时，易与酸根阴离子（X^-）结合成盐（图 1-17）。临床检验常用这类方法沉淀蛋白质，制备无蛋白血滤液，或用这类酸作为尿蛋白的检查试剂。

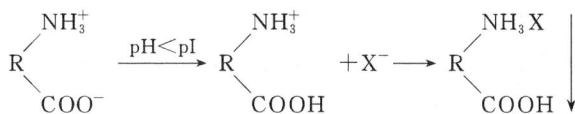

$$R\begin{array}{c} NH_3^+ \\ \\ COO^- \end{array} \xrightarrow{pH<pI} R\begin{array}{c} NH_3^+ \\ \\ COOH \end{array} \xrightarrow{+X^-} R\begin{array}{c} NH_3X \\ \\ COOH \end{array} \downarrow$$

图 1-17　生物碱试剂沉淀法

5. 加热凝固

加热可使蛋白质变性，使蛋白质凝集成凝块。此凝块不易再溶于强酸和强碱中，这种现象称为蛋白质凝固。凡凝固的蛋白质都发生变性，其变化是不可逆的。

五、蛋白质的呈色反应

在蛋白质分子中，肽键及某些氨基酸残基的化学基团，可与某些化学试剂反应显色，称为蛋白质呈色反应。利用这些呈色反应可以对蛋白质进行定性、定量测定。

常用的呈色反应有双缩脲反应，该反应是蛋白质分子的肽键与碱性铜试剂生成紫红色化合物；酚试剂反应，是蛋白质分子中酪氨酸的酚基与酚试剂（磷钼酸－磷钨酸化合物）作用，生成蓝色化合物；茚三酮反应，该反应是蛋白质分子的 α-游离氨基与茚三酮反应产生蓝紫色化合物。

第六部分　离心分离技术和分光光度法检测技术

一、离心分离技术

离心技术是利用物体高速旋转时产生强大的离心力，使置于旋转体中的悬浮颗粒发生沉降或漂浮，从而使某些颗粒达到浓缩或与其他颗粒分离之目的。离心技术，是蛋白质、酶、核酸及细胞亚组分分离的最常用的方法之一，也是生化实验室中常用的分离、纯化或澄清的方法。常用的离心机有多种类型，一般低速离心机的最高转速不超过 6 000 rpm，高速离心机在 25 000 rpm 以下，超速离心机的最高速度达 30 000 rpm 以上。下面介绍几种常用的离心方法。

1. 沉淀离心法

按一定离心速度和时间进行离心，使溶液中的大颗粒固形物与液体分离，从而获得沉淀或上清液。适用蛋白质盐析沉淀、粗酶液制备、血浆制备等。

2. 差速离心法

差速离心是根据颗粒大小和密度不同造成沉降速度的差异，通过分级提高离心转速或高速与低速离心交替进行，使具有不同质量的颗粒样品或大分子从混合液中分批沉降至管底，从而实现分离的目的。该方法适用于混合样品中各沉降系数差别较大的组分之间的分离，更准确地说是沉降系数差别在 1 至几个数量级的混合样品的分离，差别越大，分离效果越好。

差速离心技术的应用十分普遍，尤其是针对有生物活性的物质，如动植物病毒、核酸和蛋白质等生物大分子的分离、粗提和浓缩。

3. 密度梯度离心法

密度梯度离心是使待分离样品在密度梯度介质中进行离心沉降或沉降平衡，最终分配到梯度中某些特定位置上，形成不同区带的分离方法，又称区带离心。密度梯度离心不仅可依据样品颗粒的重量及沉降系数进行分离，还可根据样品颗粒的密度、形状等特征进行分离。

密度梯度离心在整个离心过程中只使用一种转速，中途无需变更实验参数，而差速离心则需要进行调整转速、重悬反复离心等操作。密度梯度离心适宜分离密度有一定差异的样品，而差速离心则适用于分离混合样品中各沉降系数差别较大的组分。

密度梯度离心的优点是：分离效果好，可一次性获得较纯的样品颗粒；适应范围广，既可像差速离心法一样分离具有沉降系数差异的颗粒，又能分离有一定浮力密度差的颗粒；颗粒会悬浮在相应的位置上形成区带，而不会形成沉淀被挤压变形，故能最大限度保持样品的生物活性；样品处理量大，且可同时处理多个样品；对温度变化及加减速引起的扰动不敏感。密度梯度离心法的缺点是：离心时间长、需制备密度梯度介质溶液、对操作者的技能要求较高。

二、分光光度法检测技术

分光光度法是生化分析中常用的技术，是根据物质的吸收光谱而进行定性、定量分析的方法。这里介绍可见光分光光度法。

(一)分光光度法的基本原理

物质的颜色是由于物质吸收某种波长的光线后，通过或反射出某种颜色的结果。当一定波长的单色光通过该物质的溶液时，该物质都有一定程度的吸收，单位体积溶液该种物质的质点数越多，对光线吸收就越多。因此利用物质对一定波长光线吸收的程度测定物质含量的方法称为分光光度法。

(二)测定方法

1. 标准曲线法

先配制一系列浓度由小到大的标准溶液，测出它们的吸光度，在标准溶液的一定浓度范围内，溶液的浓度与其吸光度之间呈直线关系。以各管的吸光度为纵坐标，相应的各管浓度为横坐标，在坐标纸上作图得出标准曲线。测定待测溶液时，操作条件应与制作标准曲线时相同，测出吸光度后，在标准曲线上即可直接查出其浓度。这种方法对于大量样品分析或例行测定是比较方便的。

2. 标准比较法

将标准品与样品分别用相同条件处理，测定其吸光度，按下式计算样品的浓度。

$$待测样品溶液的浓度 = \frac{标准溶液的浓度 \times 待测样品溶液的吸光度}{标准溶液的吸光度}$$

为减少误差，所用标准溶液的浓度应尽可能地与样品液的浓度相接近。

3. 标准系数法

将多次测定标准溶液的吸光度算出平均值后，按下式求出标准系数。

$$标准系数 = \frac{标准溶液的浓度}{标准溶液平均吸光度}$$

用同样方法测出待测溶液的吸光度，代入下式即可。

$$待测溶液的吸光度 \times 标准系数 = 待测溶液浓度$$

● ● ● ● ● 拓展阅读

一、三聚氰胺事件与食品安全

2009年轰动全国的三聚氰胺事件，不法分子将三聚氰胺添加到原料乳中，钻的就是凯氏定氮法测定奶粉蛋白质含量的漏洞。凯氏定氮法在分析过程中，所有的含氮物质均被统计成蛋白质总量。三聚氰胺含氮量高达66%，一旦被掺入乳制品中，就可以提高氮的含量，造成原料乳蛋白质含量虚高。该事件引起了全国范围内的广泛关注，也给中国的食品安全问题敲响了警钟。尽管经过多年的努力和改革，食品安全状况已经得到了显著提升，但仍然存在很多需要改善的地方。

在食品安全问题的解决过程中，执法、检疫等部门的作用至关重要。执法部门是保障食品安全的重要力量。作为国家行政机关，执法部门的任务就是制定和执行相关法律法规，加强对食品生产、流通和消费的监管，保障人民的饮食安全。同时，检疫部门也是保障食品安全的另一支重要力量。在食品生产和流通过程中，很容易出现各种人为和自然的因素导致食品的污染和变质。检疫部门的任务就是对进口和发往国内的食品进行严格的检查和把关，保障食品的质量和安全。

食品安全责任不仅在任何一个部门或企业，而且也在每一个人身上。每个人都应该有自己的食品安全意识，时刻关注自己、家人和身边人的饮食安全。只有每个人都成为食品安全监管的参与者，形成全社会共同的食品安全意识和责任，食品安全才能得到有效的保障。

作为畜牧兽医专业人员，我们有责任和义务宣传、监督原料乳的质量安全，严格检疫制度，保障人民群众乳制品安全。

二、朊病毒

19世纪，欧洲的绵羊和山羊群中曾经大面积暴发一种奇怪的病症：全身瘙痒、走路不稳、平衡失调、烦躁不安。从症状出现到最后死亡的时间在十几天到几十天不等，当时的兽医将这种病称为羊瘙痒症。

20世纪二三十年代，科学家们发现巴布亚新几内亚的山地雨林中的土著人，会莫名其妙患上一种疾病。在身体看起来健康的情况下，他们偶尔会发抖、呆滞，最后还会狂笑不止，经历痛苦的死亡过程，科学家们将其命名为库鲁病，俗称"笑病"。

1958年，在英国东南部的一个小城里，当地农户饲养的奶牛患了一种不常见的病。病牛最开始只是没有精神，食欲不振，接下来它的症状和羊瘙痒症的症状差不多，开始站立不稳，身体失去协调性，倒在地上，口吐白沫，不久后死去。之后，人们发现越来越多的牛也出现相同的症状，而且有一些牛还出现了精神恍惚的表现，当有人靠近它们时还会出现攻击性的行为，人们把这样的病称为"疯牛病"。

当时，人类对羊瘙痒症、库鲁病和疯牛病的病因一无所知，直到1982年朊病毒被发现，证实它就是引起上述疾病的罪魁祸首。

朊病毒的发现，颠覆了医学界对致病病原体的认知，因为它是一类不含核酸的蛋白质颗粒，比已知的最小的常规病毒还小很多，朊病毒30～50 nm，分子量在2.7万～3万，电子显微镜下观察不到朊病毒粒子的结构。

朊病毒对传统的物理和化学消毒具有惊人的抵抗力，它耐高温，加热到360℃仍然有致病力，连蛋白酶也无法将它消化分解，而且不呈现免疫效应，不诱发干扰素产生，也不受干扰作用。

同时，朊病毒与其他引起传染性疾病的常规病毒一样，有可滤过性、传染性、致病性、对宿主范围的特异性，对人类最大的威胁是可以导致人类患中枢神经系统退化性病变，包括库鲁病、克雅氏综合征、格斯特曼综合征及致死性家族性失眠症。朊病毒特殊的结构赋予了人体的免疫系统对朊病毒根本无法杀灭，导致感染朊病毒后的死亡率达到100%，区别只是潜伏期长短不同而已。

那些患上羊瘙痒症、疯牛病的动物是因为食用了患病动物制成的动物蛋白饲料而感染上朊病毒后发病的。除此之外，如硬脑膜移植、角膜移植、输血等也会造成朊病毒传播。

由于朊病毒病尚无有效的治疗方法，只能通过诸如消灭已知的感染牲畜、对神经外科的操作及器械进行消毒、严格排查移植器官供体来源等手段预防。相信随着科技的不断发展，我们总有一天能够找到合理的解决方案，消除朊病毒对人类的危害。

三、牛胰岛素的人工合成

牛胰岛素是一种用于治疗糖尿病的药物，它来源于牛的胰腺。然而，在过去，糖尿病患者需要通过提取生物胰岛素才能得到治疗，这个过程非常不方便并且存在感染等安全问题。因此，科学家们通过人工合成的方式制造出了牛胰岛素，这项技术的成功应用也引发了人们对于生命科学领域的重视和探索。

牛胰岛素是一种蛋白质分子，分子是一条由21个氨基酸组成的A链和另一条由30个氨基酸组成的B链，通过两对二硫链联结而成的一个双链分子，而且A链本身还有一对二硫键(图1-18)。以后，科学家们又陆续测定了不同生物来源的胰岛素，发现与桑格首次确定的牛胰岛素的化学结构大体相同。

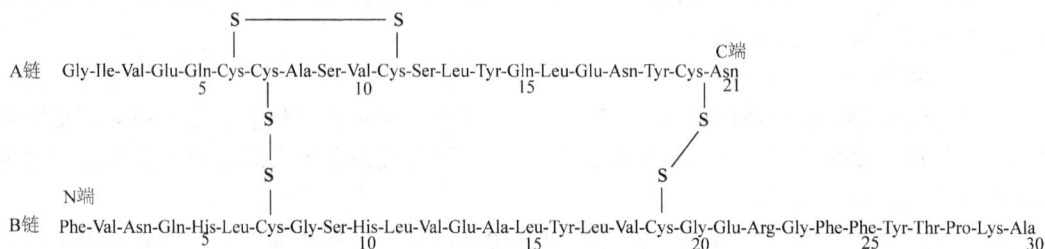

图 1-18 牛胰岛素的一级结构

1958年12月中国科学院上海生物化学研究所等单位组成一支强有力的科研队伍，联合攻关。经历六百多次失败、经过近二百步合成，世界上首批用人工方法合成的牛胰岛素晶体，在新中国生物化学家手中诞生了。国家先后两次组织著名科学家进行科学鉴定，证明人工合成牛胰岛素具有与天然牛胰岛素相同的生物活力和结晶形状。

1965年9月17日，经过一系列的检测，最终证明中国在世界上首次用人工方法合成的结晶牛胰岛素与天然胰岛素分子化学结构相同并具有完整生物活性。人工合成牛胰岛素是人类有史以来第一次人工合成的蛋白质。过去世界普遍认为生命体是天然的，大都认为人工合成生命体是不可能的，是中国人首次让它变成可能。人工牛胰岛素的合成，是生命科学领域的重大突破，对于人类探索生命奥秘的影响是巨大的。

人工合成牛胰岛素的成功应用不仅为糖尿病患者带来了福音，更是展现了我国在生命科学领域的突出研究成果。这项技术的成功应用体现了我国在基因工程和生物制药方面的强大实力，也为我国生命科学的未来发展提供了新的思路和方向。我们应当更加重视这一领域的研究和探索，并且在此基础上进一步提高自身的创新能力和核心竞争力，加强对于生物医学领域的投入和支持。

　　在未来的研究中，我们应当努力继承和发扬这种精神，进一步推动生命科学领域的研究和探索。同时，我们也应该注重文化意义和内涵的传承，将这种科学精神融入到国家文化自信之中，为我国的发展注入更多的动力和活力。

●●●●● 材料设备清单

学习情境 1			认识蛋白质		学时	8
项目	序号	名称	作用	数量	使用前	使用后
所用设备、器具和材料	1	分光光度计	测定样本光吸收值	1～2 台		
	2	恒温水浴锅	加热	1～2 个		
	3	低速离心机	分离样本成分	1 个		
	4	试管及试管架	放置试管，盛装溶液	1 套/组		
	5	容量瓶	盛装溶液	2～3 个/组		
	6	吸管	定量吸取溶液	2～3 个/组		
	7	滴管	吸取溶液	2～3 个/组		
	8	静脉血	实验样本	2 mL		

●●●●● 作业单

学习情境 1	认识蛋白质
作业完成方式	以学习小组为单位，课余时间独立完成，在规定时间内提交作业。
作业题 1	举例说明蛋白质分子结构特点。
作业解答	
作业题 2	叙述蛋白质的结构与功能的关系。
作业解答	
作业题 3	理解并阐述血红蛋白分子结构特点及其携氧的变构机制。
作业解答	

<table>
<tr><td rowspan="5">作业评价</td><td>班级</td><td></td><td colspan="2">第　　组</td><td colspan="2">组长签字</td><td></td></tr>
<tr><td>学号</td><td></td><td colspan="2">姓名</td><td colspan="3"></td></tr>
<tr><td>教师签字</td><td></td><td colspan="2">教师评分</td><td></td><td>日期</td><td></td></tr>
<tr><td colspan="7">评语：</td></tr>
<tr><td colspan="7"></td></tr>
</table>

●●●●● 学习反馈单

学习情境 1			认识蛋白质	
评价内容			评价方式及标准	
知识目标达成度	评价项目	评价方式	评价标准	
	任务点评量（60%）	学生自评与互评；教师评价	A. 任务点完成度 100%，正确率 95% 以上、笔记内容完整，书写清晰。	
			B. 任务点完成度 90%，正确率 85% 以上、笔记内容基本完整，书写较清晰。	
			C. 任务点完成度 80%，正确率 75% 以上、笔记内容较完整，书写较清晰。	
			D. 任务点完成度 70%，正确率 65% 以上、笔记内容欠完整，书写欠清晰。	
			E. 任务点完成度 60%，正确率 50% 以上、笔记内容不完整，书写不清晰。	
	撰写小论文（20%）	学生自评与互评；教师评价	A. 论文中专业知识运用、分析、拓展全面，表述合理，结论正确。	
			B. 论文中专业知识运用、分析、拓展基本全面，表述基本合理，结论正确。	
			C. 论文中专业知识运用、分析、拓展较全面，表述较合理，结论正确。	
			D. 论文中专业知识运用、分析、拓展欠全面，表述欠合理，结论基本正确。	
			E. 论文中专业知识运用、分析、拓展不全面，表述模糊，结论不完整。	
	考试评量（20%）	纸笔测试	以试卷形式评量，试卷满分 100 分，按比例乘系数。	

			A. 实验操作熟练且规范，方法正确。
技能目标达成度	实验基本操作能力（30%）	学生自评与互评；教师评价	B. 实验操作基本熟练且规范，方法正确。
			C. 实验操作较熟练且规范，方法正确。
			D. 实验操作欠熟练欠规范，方法基本正确。
			E. 实验操作不熟练，规范度欠佳，方法不准确。
	实验原理掌握（30%）	学生自评与互评；教师评价	A. 实验原理清晰，解释合理。
			B. 实验原理基本清晰，解释基本合理。
			C. 实验原理较清晰，解释较合理。
			D. 实验原理欠清晰，解释欠合理。
			E. 实验原理模糊，解释牵强。
	技能拓展与创新能力（40%）	学生自评与互评；教师评价	A. 能正确完成临床案例分析和处理，能根据实际情况灵活变通。
			B. 基本能完成临床案例的分析和处理，能根据实际情况灵活变通。
			C. 能完成临床案例的分析和处理，但缺少完整性和统一性。
			D. 能完成临床案例的分析和处理，但需要教师指导。
			E. 不能完成临床案例的分析和处理，不能灵活变通。
素养目标达成度	学习态度及表现（50%）	学生自评与互评；教师评价	A. 学习态度端正、积极参与课堂，小组合作意识强。
			B. 学习态度基本端正、积极参与课堂，小组合作意识强。
			C. 学习态度较端正、积极参与课堂，小组合作意识较强。
			D. 学习态度欠端正、不积极参与课堂，小组合作主动意识不强。
			E. 学习态度不端正、不积极参与课堂，小组合作主动意识不强。
	职业素养（20%）	学生自评与互评；教师评价	A. 具有生物安全和动物福利意识，以畜牧业发展为目标。
			B. 基本具有生物安全和动物福利意识，基本以畜牧业发展为目标。

	职业素养 （20%）	学生自评 与互评； 教师评价	C. 生物安全和动物福利意识一般，基本以畜牧业发展为目标。
			D. 生物安全和动物福利意识不强，以畜牧业发展为目标不明确。
			E. 生物安全和动物福利意识差，不能以畜牧业发展为目标。
素养目标 达成度	综合素养 （30%）	学生自评 与互评； 教师评价	A. 身心健康，有服务三农理念，有民族责任感和使命担当。
			B. 身心基本健康，有服务三农理念，有民族责任感和使命担当。
			C. 身心较健康，服务三农理念一般，有民族责任感和使命担当。
			D. 身心欠健康，服务三农理念欠佳，民族责任感和使命担当一般。
			E. 身心不健康，服务三农理念差，民族责任感和使命担当差。

综合评价				
评量内容及 评量分配	自评、组评及教师复评			合计得分
	学生自评（占10%）	小组互评（占20%）	教师评价（占70%）	
知识目标评价 （50%）	满分：5 实得分：	满分：10 实得分：	满分：35 实得分：	满分：50 实得分：
技能目标评价 （30%）	满分：3 实得分：	满分：6 实得分：	满分：21 实得分：	满分：30 实得分：
素养目标评价 （20%）	满分：2 实得分：	满分：4 实得分：	满分：14 实得分：	满分：20 实得分：
反馈及改进				

●思政拓展阅读 　　　　　●线上答题

学习情境 2

认识核酸

● ● ● ● ● **学习任务单**

学习情境 2	认识核酸	学　时	8
布置任务			
学习目标	【知识目标】 　　1. 了解核酸的分类；掌握核酸的元素组成；掌握核酸基本结构单位——核苷酸的构成。 　　2. 理解并掌握 DNA 的二级结构和功能，三种不同 RNA 的结构和功能。 　　3. 掌握核酸的变性、复性、紫外吸收性质等。 【技能目标】 　　1. 熟练掌握动物组织中 DNA 的制备。 　　2. 能够利用核酸的理化性质来鉴别、分离提纯 DNA 和 RNA。 　　3. 熟练操作紫外分光光度计。 【素养目标】 　　1. 培养细致耐心、刻苦钻研的学习和工作作风；培养学生安全生产和公共卫生意识，做好自身安全防护。 　　2. 能够独立或在教师的引导下设计工作方案，分析、解决工作中出现的一般性问题。 　　3. 具有崇高的理想信念、强烈的社会责任感和团队奉献精神，理解并坚守职业道德规范，具备健康的身心和良好的人文素养。 　　4. 适应社会经济和现代农业发展需要，面向国家和行业需求，能及时跟踪动物医学及相关领域国内外发展现状和趋势。		
任务描述	利用所学生化专业知识，解决临床工作和生活中的实际问题，具体任务如下。 1. 能从不同组织中分离、提取、纯化 DNA。 2. 掌握紫外分光光度法直接测定核酸含量的原理及操作技术。 3. 能解释分子杂交的理论；能设计核酸检测方案。		
提供资料	1. 学习任务单、任务资讯单、案例单、工作任务单、必备知识等。 2. 学期使用教材。 3. SPOC：		

对学生要求	1. 具有生物学基础知识；课前按任务资讯单认真准备，课上能认真完成各项工作任务，课后能总结提升。 2. 以学习小组为单位，展示学习成果，有团队协作能力，有创新意识，有一定的知识拓展能力。 3. 有生物安全意识、良好的职业素养和服务畜牧业的理想。

●●●●● 任务资讯单

学习情境 2	认识核酸
资讯方式	阅读学习任务单、任务资讯单和教材；进入相关网站，观看 PPT 课件、视频；图书馆查询；向指导教师咨询等。
资讯问题	1. 名词解释：单核苷酸；碱基互补原则；DNA 二级结构；反密码子；增色效应；分子杂交。 2. DNA 和 RNA 在化学组成上、分子结构上、生物学功能上各有何特点？ 3. 叙述碱基、戊糖、磷酸在形成核苷酸时的连接方式。 4. 举例说明体内构成核酸的核苷酸以外的游离核苷酸及其作用。 5. 多核苷酸链的方向是如何规定的？其书写原则是什么？ 6. 何谓核酸的碱基互补规律？有何生物学意义？ 7. 简述 DNA 双螺旋结构模型的基本要点。 8. 叙述真核生物染色体结构组成。 9. RNA 有哪些主要类型？其主要功能是什么？ 10. 叙述 tRNA 三叶草结构的特点。 11. mRNA 的结构有何特点？ 12. 如何理解核酸的变性与复性？ 13. 变性后的核酸在理化性质上有哪些变化？ 14. 什么是增色效应？试述变性后出现增色效应的原因。 15. 核酸杂交的技术基础是什么？有哪些应用价值？
资讯引导	1. 邹思湘. 动物生物化学[M]. 第五版. 北京：中国农业出版社，2013 2. 朱圣庚，徐长法. 生物化学[M]. 第 4 版. 北京：高等教育出版社，2016 3. 叶非，冯世德. 有机化学[M]. 第 2 版. 北京：中国农业出版社，2007 4. 中国大学 MOOC 网：

● ● ● ● ● **案例单**

学习情境 2	认识核酸	学时	
序号	案例内容		案例分析
2.1	某奶牛场新引进的一批荷斯坦奶牛在 3 周后陆续出现食欲减退、共济失调、走路摇晃、心率失常等症状，严重者甚至死亡。牧场兽医初步排除了传染病可能，怀疑与营养代谢有关。生化检查发现，血液中丙酮酸含量显著升高（正常值 0.4～1.2 mg/dL，实测 3.8 mg/dL）。尿液检测显示维生素 B_1（硫胺素）排泄量低于正常范围。经调查，牧场近期改用高碳水化合物饲料。试从酶学角度分析：为什么改用高碳水化合物饲料会导致丙酮酸积累？维生素 B_1 在代谢中起到什么作用？		维生素 B_1 的衍生物 TPP 是糖代谢过程中重要的酶丙酮酸脱氢酶复合体的辅酶之一，丙酮酸脱氢酶复合体催化丙酮酸氧化生成乙酰 CoA 进入三羧酸循环，完成糖的彻底氧化分解。牧场近期改用高碳水化合物饲料，糖代谢增加，对维生素 B_1 依赖性增强。维生素 B_1 消耗过多，影响丙酮酸脱氢酶复合体的活性，故丙酮酸在体内堆积。

● ● ● ● ● **工作任务单**

学习情境 2	认识核酸
项目 1	动物组织中 DNA 的提取

任务 1　准备试剂

1. TE：10 mmol/L Tris-HCl(pH 7.8)和 1 mmol/L EDTA(pH 8.0)混匀备用。

2. 20%（W/V）十二烷基硫酸钠（SDS）溶液：称取 20 g SDS 溶于 45%（V/V）100 mL 的乙醇中。

3. 酚/氯仿：等体积酚和氯仿混匀备用。

4. 其他试剂：2 mg/mL 蛋白酶 K、Tris 饱和酚(pH 8.0)、氯仿、3 mol/L 醋酸钠(pH 5.2)、无水乙醇、75%乙醇。

任务 2　提取动物组织中的 DNA

【工序 1】处理新鲜或冰冻组织

1. 取组织块 0.3～0.5 cm³，剪碎，加 TE 0.5 mL，转移到匀浆器中匀浆。

2. 将匀浆液转移到 1.5 mL 离心管中，加 20% SDS 溶液 25 μL，蛋白酶 K(2 mg/mL) 25 μL，混匀。60 ℃水浴 1～3 h。

【工序 2】提取 DNA

1. 加等体积 Tris 饱和酚至上述样品处理液中，温和、充分混匀 3 min，5 000 r/min 离心 10 min，取上层水相到另一个 1.5 mL 离心管中；重复一次。

2. 加等体积酚/氯仿，轻轻混匀，5 000 r/min 离心 10 min，取上层水相到另一个离心管中。如水相仍不澄清，可重复此步骤数次。

3. 加等体积氯仿，轻轻混匀，5 000 r/min 离心 10 min，取上层水相到另一个离心管中。

4. 加 1/10 体积的 3 mol/L 醋酸钠(pH 5.2)和 2.5 倍体积的无水乙醇，轻轻倒置混匀，待絮状物出现后，5 000 r/min 离心 5 min，弃上清液。

5. 沉淀用 75％乙醇洗涤，5 000 r/min 离心 3 min，弃上清液。

6. 室温下挥发乙醇，待沉淀将近透明后加 50～100μL TE 溶解，即获得 DNA。

●注意事项

1. 所有用品均需要高温高压，以灭活残余的 DNA 酶。

2. 所有试剂均用高压灭菌双蒸水配制。

3. 用大口滴管或吸头操作，尽量减少 DNA 断裂的可能性。

4. 用上述方法提取的 DNA 纯度可以满足一般实验（如 Southern 杂交、PCR 等）目的。如要求更高，可参考有关资料进行 DNA 纯化。

●实验原理

DNA 是所有生物体的基本组成物质。真核生物 DNA 主要存在于细胞核中。制备 DNA 时应将细胞核膜打破方能释放出来。

细胞中的 DNA 和 RNA 分别与蛋白质相结合，形成脱氧核糖核蛋白及核糖核蛋白。在细胞破碎后，这两种核蛋白将混杂在一起。因此，要制备 DNA 首先要将这两种核蛋白分开。已知这两种核蛋白在不同浓度的盐溶液中具有不同的溶解度，如在稀盐溶液中核糖核蛋白的溶解度最大，脱氧核糖核蛋白的溶解度则最小（仅约为在纯水中的 1％）；而在浓盐溶液中，脱氧核糖核蛋白的溶解度增大，至少是在纯水中的 2 倍，核糖核蛋白的溶解度则明显降低。根据这种特性，调整盐浓度即可把这两种核蛋白分开。因此，在细胞破碎后，用稀盐溶液，反复清洗，所得沉淀即为脱氧核糖核蛋白成分。

分离得到的脱氧核糖核蛋白，用十二烷基硫酸钠（SDS）使蛋白质成分变性，让 DNA 游离出来，再用含有异戊醇的氯仿沉淀除去变性蛋白质。最后根据核酸只溶于水而不溶于有机溶剂的特点，加入 95％的乙醇即可从除去蛋白质的溶液中把 DNA 沉淀出来，获得 DNA。

项目 2	琼脂糖凝胶电泳分离 DNA

任务 1　配制试剂

1. TBE×10 缓冲溶液（0.89 mol/L Tris-0.89 mol/L 硼酸-0.025 mol/L EDTA 缓冲溶液）：取 108 g Tris、55 g 硼酸和 9.3 g EDTA 溶于水，定容至 1 000 mL，pH8.3。作为电泳缓冲溶液时应稀释 10 倍使用。

2. 溴酚蓝-甘油指示剂：0.05 g 溴酚蓝溶于 100 mL 50％甘油中。

3. 0.5 mg/L 溴化乙啶染色液：取 5 mg 溴化乙啶，用少量去离子水溶解，定容至 10 mL。取 1 mL 稀释至 1 000 mL。

4. 样品 DNA：2.5 mg DNA 溶于 100 mL TBE 缓冲溶液中。

5. 其他试剂：50％甘油；琼脂糖；标准相对分子质量 DNA。

任务 2　电泳分离 DNA

【工序 1】制备凝胶

取琼脂糖 1 g，加 pH8.3 的 TBE 缓冲溶液 100 mL，在微波炉中熔化，冷却至 60℃左右，滴加溴化乙啶，制成 1％的琼脂糖胶液，将胶液倒入制胶模具中，放入梳子，冷却后即可用于电泳。此胶液可立即使用，或置于冰箱中保存，临用前在沸水浴中熔化即可。

【工序 2】加样

取样品 DNA 10 μL，加 3 μL 溴酚蓝－甘油指示剂，混匀，用移液器上样。

【工序 3】电泳

电压 50 V，电泳 0.5～1 h。

【工序 4】紫外观察结果

电泳完毕后，将凝胶从电泳槽中取出。将凝胶放在紫外灯下观察，有 DNA 的位置会呈现出橙黄色的荧光，可在紫外灯下进行拍照记录。

●注意事项

1. 天然双链 DNA 电泳所采用的缓冲溶液有：Tris-乙酸-EDTA(TAE)、Tris-硼酸-EDTA(TBE)或 Tris-磷酸-EDTA(TPE)等。TAE 缓冲容量较 TBE 和 TPE 低，长时间电泳易导致其缓冲能力丧失。在电泳分辨率上三者差不多，只是超螺旋 DNA 在 TAE 缓冲体系中分辨率更好一些。

2. 电泳中，溴酚蓝和约 200 bp 大小的 DNA 一起移动，这可给泳动最快的 DNA 片段提供一个指征。但在不同浓度的凝胶中，溴酚蓝相对应的 DNA 片段的大小是不同的。

3. 溴化乙啶是一种强致突变剂，在操作和配制试剂时应戴手套。含溴化乙啶的溶液不能直接倒入下水道，应进行如下处理。

方法Ⅰ：(1)每 100 mL 溶液中加非离子型多聚吸附剂 Amberlite XAD－16.29 g；(2)室温下放置 12 h，不时摇动；(3)用滤纸过滤，弃滤液；(4)用塑料袋封装滤纸和 Amberlite 树脂，作为有害废物丢弃。

方法Ⅱ：(1)每 100 mL 溶液中加入 100 mg 粉状活性炭；(2)室温条件下放置 1 h，不时摇动；(3)用滤纸过滤，弃滤液；(4)用塑料袋封装滤纸和活性炭，作为有害废物丢弃。

方法Ⅲ：溴化乙啶在 260 ℃分解，在标准条件下进行焚化后不会有危险性。

●实验原理

所谓"凝胶"是指在一定形状的制胶容器中所形成的包含电解质的多孔支持介质。当核酸分子位于凝胶的某个部位，在电场中核酸分子将向正极移动。DNA 分子由于两条链相互配对形成双螺旋结构，随着 DNA 链长度的增加，来自电场的驱动力和来自凝胶的阻力之间的比率就会降低，这样，不同长度的 DNA 片段表现出不同的迁移率，因而可依据 DNA 分子的大小将它们分开。通过染色和与标准相对分子质量的 DNA 的对照来进行检测。

电泳时，用溴酚蓝示踪 DNA 样品在凝胶中所处的大致位置，但每种 DNA 样品所处的确切位置需要用溴化乙啶(EB)对 DNA 分子进行染色才能确定。溴化乙啶可插入 DNA 双螺旋结构的两个碱基之间，与 DNA 分子形成一种荧光络合物，在紫外光的激发下发出橙黄色的荧光。溴化乙啶可加入凝胶中，也可以在电泳后，将凝胶放在含 EB 的溶液中浸泡，但小分子 DNA 浸泡时间过长容易引起扩散，故可根据被分离 DNA 分子的大小选择不同的染色方法。溴化乙啶检测 DNA 的灵敏度很高，可检出 10 ng 甚至更少的 DNA。

项目 3	紫外分光光度法测定核酸的含量

任务 1　配制试剂

1. 钼酸铵-过氯酸沉淀剂(0.25％钼酸铵-2.5％过氯酸溶液)：取 70％过氯酸 3.6 mL 和 0.25 g 钼酸铵溶于 96.4 mL 蒸馏水中。

2. 样品 RNA 或 DNA 干粉。

任务 2　测定溶液中核酸的含量

将样品配制成每毫升含 5～50 μg 核酸的溶液，于紫外分光光度计上测定 260 nm 和 280 nm 吸收值，计算核酸浓度和两者吸收比值。

$$RNA 浓度(\mu g/mL) = \frac{OD_{260}}{0.024L} \times 稀释倍数$$

$$\text{DNA 浓度}(\mu g/mL) = \frac{OD_{260}}{0.020L} \times \text{稀释倍数}$$

式中 OD_{260}——260 nm 波长处光密度读数；

L——比色杯的厚度；

0.024——每毫升溶液内含 1 μg RNA 的光密度；

0.020——每毫升溶液内含 1 μg DNA 钠盐时的光密度。

任务 3   核酸样品纯度测定

如果待测的核酸样品中含有酸溶性核苷酸或可透析的低聚多核苷酸，则在测定时需加钼酸铵－过氯酸沉淀剂，沉淀除去大分子核酸，测定上清液 260 nm 处吸收值作为对照。具体操作如下：取两支小离心管，甲管加入 0.5 mL 样品和 0.5 mL 蒸馏水；乙管加入 0.5 mL 样品和 0.5 mL 钼酸铵－过氯酸沉淀剂，摇匀，在冰浴中放置 30 min，以 3 000r/ min 离心 10 min。从甲、乙两管中分别吸取 0.4 mL 上清液到两个 50 mL 容量瓶内，定容到刻度。于紫外分光光度计上测定 260 nm 处吸收值。计算结果。

$$\text{RNA(或 DNA)浓度}(\mu g/mL) = \frac{\Delta OD_{260}}{0.024(\text{或 } 0.020)L} \times \text{稀释倍数}$$

式中 ΔOD_{260}——甲管稀释液在 260 nm 波长处吸收值减去乙管稀释液在 260 nm 波长处吸收值。

$$\text{核酸含量} = \frac{\text{待测液中测得的核酸质量}}{\text{待测液中制品的质量}} \times 100\%$$

●实验原理

核酸、核苷酸及其衍生物都具有吸收紫外光的性质，这是由它们含有的嘌呤环和嘧啶环的共轭双键系统的特性所决定的。核酸(DNA 和 RNA)的紫外吸收高峰在 260 nm 波长处。

核酸的光密度通常以 OD 来表示，即每升含有 1 g 原子核酸磷的溶液在 260 nm 波长处的光密度，或称为消光度。核酸的光密度不是一个常数，它和材料的前处理、溶液的 pH 和离子强度有关，通常 DNA 的 OD_{260} = 6 000~8 000 L·mol^{-1}·cm^{-1}，RNA 的 OD_{260} = 7 000~10 000 L·mol^{-1}·cm^{-1}。

小牛胸腺钠盐(pH7)的 OD_{260} = 6 600 L·mol^{-1}·cm^{-1}，含磷量为 9.2%。所以，每毫升含有 1μg DNA 钠盐溶液的光密度为 0.020。另外，每毫升含 1μg RNA 溶液的光密度一般为 0.022。因此，采用紫外分光光度法测定核酸含量时，通常规定：在 260 nm 波长下，1 μg/mL 的 DNA 溶液吸光度(即 OD_{260})为 0.020，而 1 μg/mL 的 RNA 溶液的 OD_{260} 为 0.022。故测定未知浓度的 RNA(或 DNA)溶液的 OD_{260} 值，即可计算出其中核酸的含量。

必备知识

核酸是以核苷酸为基本单位的体内十分重要的生物大分子。在 1868 年由瑞士科学家米歇尔从脓细胞的细胞核中分离出来，最初称为核素，后来发现它含磷很高，又具有酸性，故称为核酸。核酸分为脱氧核糖核酸(DNA)和核糖核酸(RNA)两大类。在真核生物中，DNA 主要存在于细胞核中，为遗传信息的贮存和携带者；RNA 则主要存在于细胞质中，参与遗传信息表达的各个过程。病毒中核酸的分布比较特殊，一种病毒只含有一种核酸，或是 DNA，或是 RNA，据此划分为 DNA 病毒和 RNA 病毒，所以 RNA 也可以作为遗传信息的载体。

第一部分　核酸的分子组成

一、核酸元素组成

组成核酸的元素有 C、H、O、N、P 等，核酸中 P 元素的含量比较恒定，RNA 中的平均含量为 9.4%，DNA 中的平均含量为 9.9%，因此在核酸定量分析中可以通过磷的含量测定来估算核酸的含量。

二、核酸的基本结构单位——核苷酸

核酸经水解可得到多个核苷酸，因此核苷酸是核酸的基本结构单位。核苷酸可被水解产生核苷和磷酸，核苷还可进一步水解，产生戊糖和碱基。因此，核酸是由碱基、戊糖、磷酸三种成分组成。其组成关系表示如下：

$$核酸 \longrightarrow 核苷酸 \longrightarrow \begin{cases} 磷酸 \\ 核苷 \begin{cases} 戊糖 \\ 碱基 \end{cases} \end{cases}$$

(一)戊糖

RNA 中所含的戊糖是核糖，DNA 中所含的戊糖是脱氧核糖。核酸分子中的戊糖都是 β-D 型的，糖环上的碳原子往往以 1′、2′、3′、4′、5′ 来表示，以区别于碱基杂环上的碳原子编号。

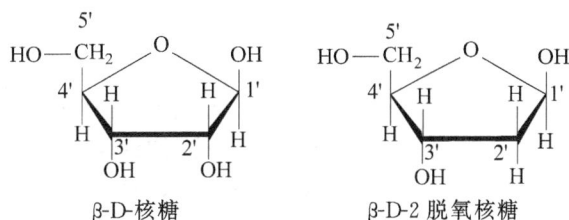

图 2-1　核糖与脱氧核糖

(二)碱基

构成核酸的碱基有嘌呤碱和嘧啶碱两类。

1. 嘌呤碱

在 RNA 和 DNA 中含有相同的嘌呤碱，即腺嘌呤(A)和鸟嘌呤(G)。其结构式如图 2-2 所示。

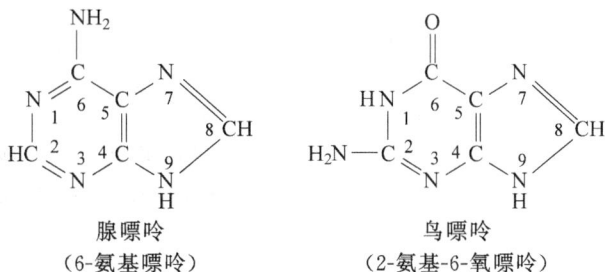

图 2-2　嘌呤碱

核酸中还含有一些修饰的嘌呤碱，又称稀有嘌呤碱，如次黄嘌呤、1-甲基次黄嘌呤、2,2-二甲基鸟嘌呤等。

2. 嘧啶碱

在 RNA 和 DNA 中均含有胞嘧啶(C)，但另一种嘧啶碱是不同的，在 RNA 中含尿嘧啶(U)，在 DNA 中含胸腺嘧啶(T)。其结构式如图 2-3 所示。

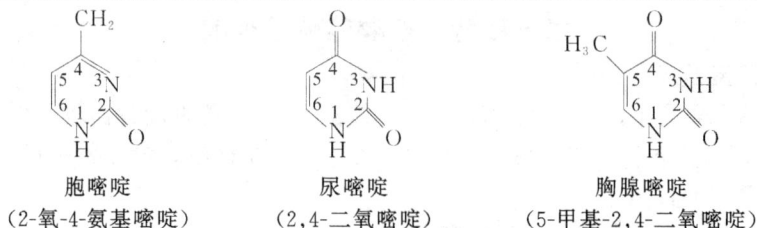

图 2-3　嘧啶碱

同样，核酸中也含有一些修饰的嘧啶碱，也称稀有嘧啶碱，如 5-甲基胞嘧啶、二氢尿嘧啶等。

（三）磷酸

RNA 和 DNA 中都含有磷酸（图 2-4）。磷酸是中等强度的三元酸。磷酸和戊糖以酯键结合，形成戊糖的磷酸酯。

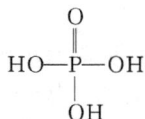

磷酸（Pi）

图 2-4　磷酸

（四）核苷

戊糖与嘧啶碱或嘌呤碱以 N-C 糖苷键连接形成的糖苷就称为核苷，通常是戊糖的 $C_{1'}$ 与嘧啶碱的 N_1 或嘌呤碱的 N_9 相连接。戊糖上的 $C_{1'}$ 是不对称碳原子，所以有 α 和 β 两种构型，核酸分子中的糖苷键均为 β-糖苷键。对核苷命名时，要先冠以碱基的命名，如胞嘧啶脱氧核苷（简称脱氧胞苷）、腺嘌呤核苷（简称腺苷）以及鸟嘌呤核苷（简称鸟苷）和腺嘌呤脱氧核苷（简称脱氧腺苷）（图 2-5）。

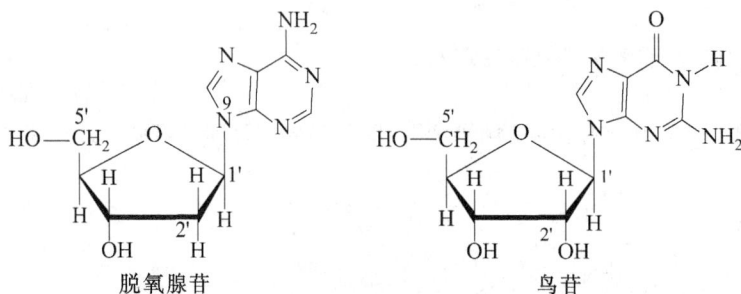

图 2-5　脱氧腺苷与鸟苷

核苷按其所含戊糖不同，分为核糖核苷和脱氧核糖核苷两类。核糖核苷是 RNA 的组成成分，脱氧核糖核苷是 DNA 的组成成分。核酸中常见的核苷的全称、简称及缩写符号如表 2-1 所示。

表 2-1　核酸中常见的核苷

核糖核苷			脱氧核糖核苷		
全称	简称	缩写符号	全称	简称	缩写符号
腺嘌呤核糖核苷	腺苷	A	腺嘌呤脱氧核糖核苷	脱氧腺苷	dA
鸟嘌呤核糖核苷	鸟苷	G	鸟嘌呤脱氧核糖核苷	脱氧鸟苷	dG
胞嘧啶核糖核苷	胞苷	C	胞嘧啶脱氧核糖核苷	脱氧胞苷	dC
尿嘧啶核糖核苷	尿苷	U	胸腺嘧啶脱氧核糖核苷	脱氧胸苷	dT

（五）核苷酸

核苷与磷酸通过酯键缩合，即构成核苷酸，分核糖核苷酸和脱氧核糖核苷酸（图 2-6）。由核糖核苷形成的磷酸酯称为核糖核苷酸（简称核苷酸），由脱氧核糖核苷形成的磷酸酯称为脱氧核糖核苷酸（简称脱氧核苷酸）。虽然核苷戊糖上的羟基都有可能与磷酸酯化形成核苷酸，但在自然界中以 $5'$ 位上的羟基与磷酸缩合脱水形成的 $5'$-核苷酸为主。

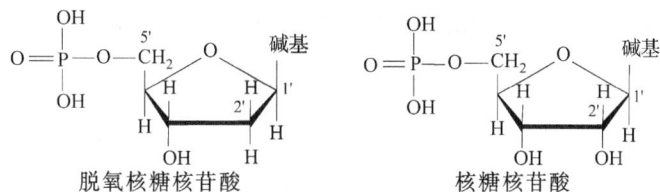

图 2-6 核苷酸

下面是几种核苷酸的结构式（图 2-7），常见的核苷酸列于表 2-2 中。

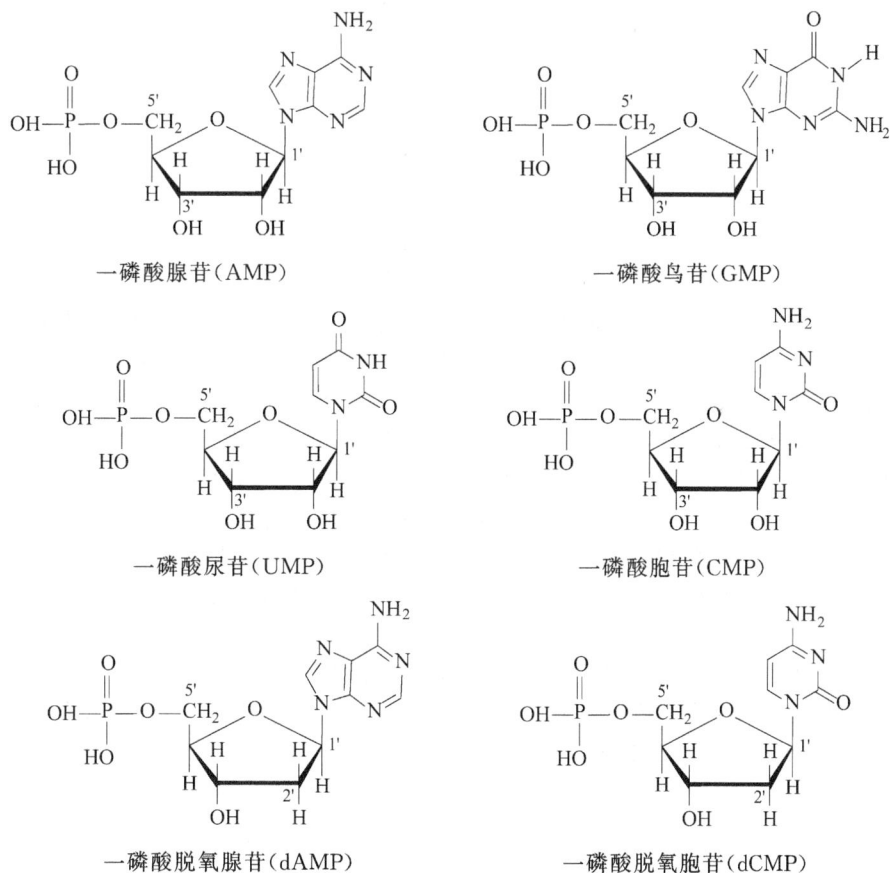

一磷酸腺苷（AMP）

一磷酸鸟苷（GMP）

一磷酸尿苷（UMP）

一磷酸胞苷（CMP）

一磷酸脱氧腺苷（dAMP）

一磷酸脱氧胞苷（dCMP）

图 2-7 几种核苷酸的结构式

表 2-2 常见的核苷酸

碱基	核糖核苷酸	脱氧核糖核苷酸
腺嘌呤 A	腺嘌呤核苷酸（腺苷酸，AMP）	腺嘌呤脱氧核苷酸（脱氧腺苷酸，dAMP）
鸟嘌呤 G	鸟嘌呤核苷酸（鸟苷酸，GMP）	鸟嘌呤脱氧核苷酸（脱氧鸟苷酸，dGMP）
胞嘧啶 C	胞嘧啶核苷酸（胞苷酸，CMP）	胞嘧啶脱氧核苷酸（脱氧胞苷酸，dCMP）
尿嘧啶 U	尿嘧啶核苷酸（尿苷酸，UMP）	
胸腺嘧啶 T		胸腺嘧啶脱氧核苷酸（脱氧胸苷酸，dTMP）

含有一个磷酸基团的核苷酸称为一磷酸核苷(NMP)；含有两个磷酸基团的核苷酸称为二磷酸核苷(NDP)；含有三个磷酸基团的核苷酸称为三磷酸核苷(NTP)。比如，5′-腺苷酸(AMP)可进一步磷酸化形成腺嘌呤核苷二磷酸(简称 ADP)和腺嘌呤核苷三磷酸(简称 ATP)(图 2-8)。含有两个及两个以上磷酸基团的核苷酸称为多磷酸核苷酸。

在 ADP 和 ATP 分子中，磷酸和磷酸之间以焦磷酸键相连。当焦磷酸键水解时，可释放出大量的能量供机体利用。这种由于水解而释放能量的焦磷酸键称为高能磷酸键，简称高能键，用"～"表示。

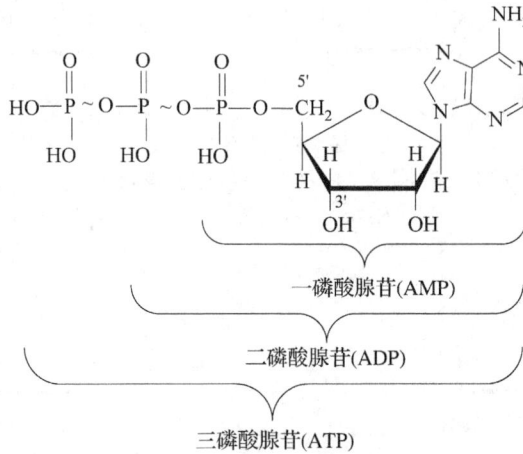

图 2-8   磷酸化为 ADP 和 ATP

ATP 在细胞能量代谢过程中起着非常重要的作用，是生物体内能量的直接利用形式。

除此以外，生物体内其他的 5′-核苷酸也可进一步形成另外几种二磷酸核苷和三磷酸核苷，即 GDP、CDP、UDP 和 GTP、CTP、UTP。5′-脱氧核苷酸也可形成另外几种二磷酸脱氧核苷和三磷酸脱氧核苷，即 dGDP、dCDP、dTDP 和 dGTP、dCTP、dTTP。4 种三磷酸核苷(ATP、GTP、CTP、UTP)是合成 RNA 的重要原料，4 种三磷酸脱氧核苷(dATP、dGTP、dCTP、dTTP)是合成 DNA 的重要原料。细胞内的三磷酸核苷都是高能磷酸化合物，在物质代谢过程中的能量贮存、转移和利用以及生物合成方面起着重要作用。

在细胞内还发现有环化核苷酸的存在。重要的环化核苷酸有 3′,5′-环腺苷酸(cAMP)和 3′,5′-环鸟苷酸(cGMP)(图 2-9)。此结构的形成是由 5′-核苷酸的磷酸基与戊糖环上的 3′-OH 脱水缩合而成。环化核苷酸在细胞内代谢的调节和跨细胞膜信号传递中起着十分重要的作用。

cAMP 和 cGMP 不是核酸的组成成分，在细胞中含量很少，但在组织细胞中起着传递信息的作用，因此被称为"第二信使"。

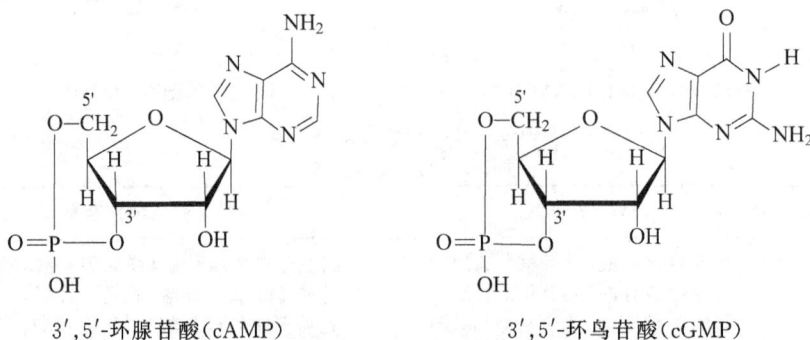

3′,5′-环腺苷酸(cAMP)   3′,5′-环鸟苷酸(cGMP)

图 2-9   重要的环化核苷酸

第二部分　核酸的分子结构

　　一个核苷酸分子戊糖的 $3'$-羟基和另一个核苷酸分子戊糖的 $5'$-磷酸基可脱水缩合形成 $3',5'$-磷酸二酯键。许多核苷酸借助于磷酸二酯键相连形成的化合物称为多聚核苷酸。多聚核苷酸呈线状展开，称为多聚核苷酸链，它是核酸的基本结构形式。

　　DNA 和 RNA 都是由核苷酸通过 $3',5'$-磷酸二酯键连接起来形成的多聚核苷酸链，如图 2-10 所示。核酸链具有方向性，戊糖 $5'$ 位带有游离磷酸基的称为 $5'$ 末端，戊糖 $3'$ 位带有游离羟基的一端称为 $3'$ 末端。

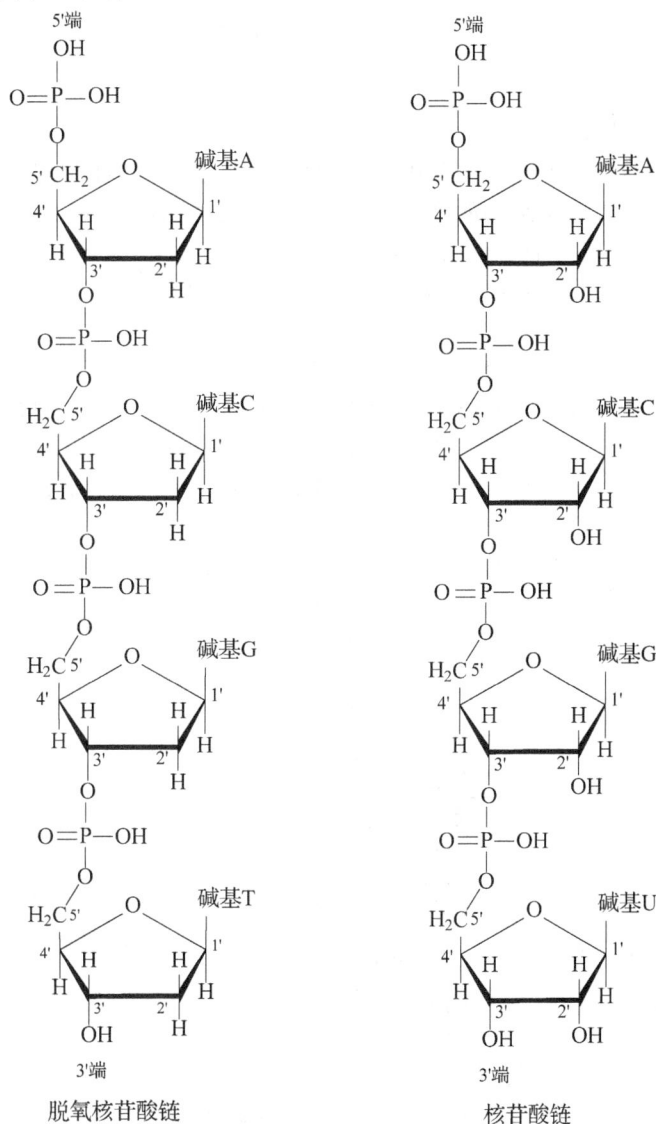

图 2-10　脱氧核苷酸链与核苷酸链片段

　　多聚核苷酸链可以用简化式表示，用垂直竖线代表戊糖，碱基写在竖线的上端，P 代表磷酰基，竖线间含 P 的斜线代表 $3',5'$-磷酸二酯键。

　　由于多聚核苷酸链中只有碱基排列顺序不同，所以多聚核苷酸链也可以进一步简化，只写出碱基的顺序。多聚核苷酸链的书写顺序为从 $5'$ 到 $3'$ 方向，阅读方向从左到右。多聚核苷酸链的简写形式如图 2-11 所示。

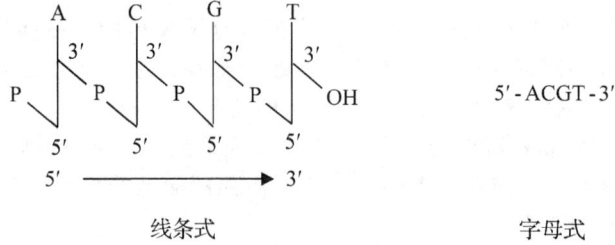

线条式   字母式

图 2-11 DNA 多聚核苷酸链的简写形式

一、DNA 的一级结构

DNA 的一级结构是指 DNA 分子中脱氧核糖核苷酸的排列顺序。它是形成二级结构和三级结构的基础。DNA 一级结构的维系力主要是磷酸二酯键。

DNA 的碱基组成具有生物物种的特异性，不同物种的 DNA 由其独特碱基组成，而同一物种的不同器官，DNA 的碱基组成是相同的，不受营养情况、环境条件、发育阶段等的影响。

DNA 的碱基组成有如下特点：①具有种的特异性。②没有器官和组织的特异性。③在同种 DNA 中腺嘌呤与胸腺嘧啶的物质的量相等，即 $n(A)=n(T)$；鸟嘌呤与胞嘧啶的物质的量相等，即 $n(G)=n(C)$；因此嘌呤碱基的总物质的量等于嘧啶碱基的总物质的量，即 $n(A+G)=n(T+C)$。④年龄、营养状况、环境的改变不影响 DNA 的碱基组成。

二、DNA 的二级结构

DNA 的二级结构(图 2-12)是由两条脱氧核苷酸链形成的双螺旋结构，是 Watson 和 Crick 于 1953 年根据 X 射线衍射图样及各种化学分析数据提出的。

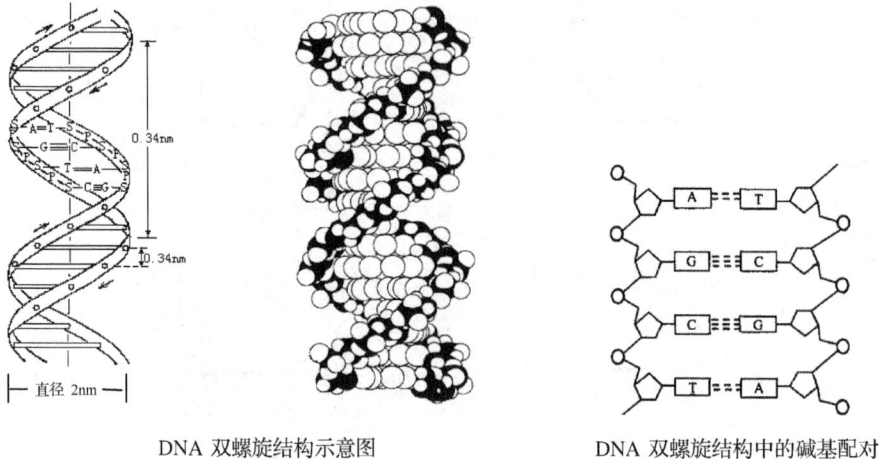

DNA 双螺旋结构示意图   DNA 双螺旋结构中的碱基配对

图 2-12 DNA 的二级结构

DNA 的双螺旋结构具有如下特征。

(1)DNA 分子由两条平行的脱氧核苷酸链组成，这两条链围绕中心轴形成右手螺旋。两条链行走方向相反，一条链为 $5'\rightarrow3'$ 走向，另一条链为 $3'\rightarrow5'$ 走向。磷酸基和脱氧核糖基构成链的骨架，位于双螺旋的外侧；碱基位于双螺旋的内侧。碱基平面与中轴垂直。

(2)两条脱氧多聚核苷酸链通过碱基之间形成氢键连接在一起。碱基之间有严格的配对规律：A 与 T 配对，其间形成两个氢键；G 与 C 配对，其间形成三个氢键。这种配对规律，称为碱基互补配对原则。每一碱基对的两个碱基称为互补碱基，同一 DNA 分子的两条脱氧多聚核苷酸链称为互补链。

(3)DNA 双螺旋的平均直径为 2 nm，两个相邻碱基平面间的轴向距离为 0.34 nm，双螺旋绕中心轴一圈含 10 个碱基对，故旋转一周螺旋高度(即螺距)为 3.4 nm。

(4)双螺旋表面存在着两条凹沟，与脱氧核糖—磷酸骨架平行。较深的沟称为大沟，较浅的称为小沟。这些沟状结构与蛋白质和 DNA 的识别及结合有关。

DNA 双螺旋结构是稳定的，维持 DNA 双螺旋结构稳定的作用力主要有三种。第一种作用力是两条脱氧核苷酸链间互补碱基形成的氢键，但氢键并不是 DNA 双螺旋结构稳定的主要作用力，因为氢键的能量很小。第二种作用力是碱基堆积力，碱基堆积力是由于杂环碱基之间的相互作用所引起的。DNA 分子中碱基层层堆积，在 DNA 分子内部形成一个疏水核心。疏水核心内几乎没有游离的水分子，这更有利于互补碱基间形成氢键。这是使 DNA 双螺旋结构稳定的主要作用力。第三种作用力是使 DNA 分子稳定的力，是磷酸基的负电荷与介质中的阳离子的正电荷之间形成的离子键。所以，横向稳定主要依靠互补碱基间的氢键维系；而纵向稳定则主要靠碱基平面间的疏水性堆积力维系。

三、DNA 的三级结构

DNA 在二级结构的基础上，进一步扭曲、折叠，螺旋所形成的更加复杂的结构，称为 DNA 的三级结构。绝大部分原核生物的 DNA 都是共价封闭的环状双螺旋分子，这种双螺旋分子还需再次螺旋化形成超螺旋结构。超螺旋是 DNA 三级结构的最常见的形式。超螺旋方向与双螺旋方向相反，使螺旋变松者，叫作负超螺旋；超螺旋方向与双螺旋方向相同，使螺旋变紧者，叫作正超螺旋。(图 2-13)

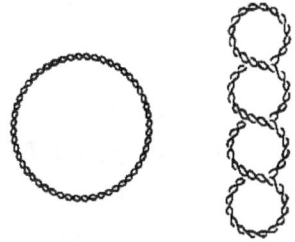
图 2-13　环状 DNA 及其超螺旋

真核生物内，DNA 在细胞生活周期的大部分时间内是以染色质的形式存在。在细胞分裂期，则形成高度致密的染色体，可以在光学显微镜下观察到。染色质与染色体都是 DNA 的高级结构形式，并且基本上是同一物质，只不过是不同时期(一个是间期，一个是分裂期)的不同形态而已。它们的基本结构单位都是核小体。

核小体由核小体核心和连接区组成。核小体核心由组蛋白八聚体(由 H_{2A}、H_{2B}、H_3、H_4 各两分子组成)和盘绕其上 1.75 圈的一段约含 150 个碱基对的 DNA 双链组成；连接区含有组蛋白 H_1 和一小段 DNA 双链(约 60 个碱基对)。这是 DNA 在核内形成致密结构的第一层次折叠，使 DNA 的体积压缩了 6~7 倍。核小体彼此相连成串珠状染色质细丝，染色质细丝螺旋化形成染色质纤维，后者进一步卷曲、折叠形成染色单体。这样，DNA 的长度被压缩近万倍。图 2-14 为核小体结构示意图。

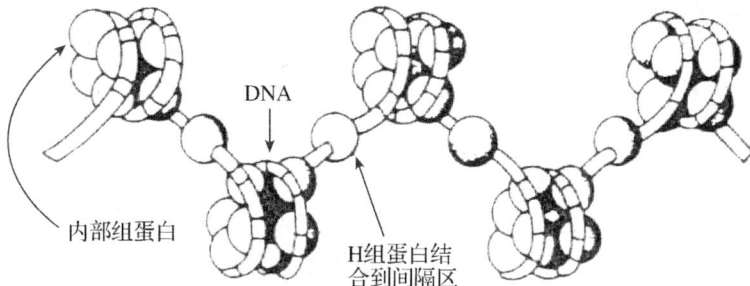
内部组蛋白　DNA　H组蛋白结合到间隔区
图 2-14　核小体结构示意图

四、RNA 的结构与功能

(一)RNA 的分类

生物细胞中的 RNA 包括信使 RNA(mRNA)、转运 RNA(tRNA)、核糖体 RNA(rRNA)三大类。

mRNA 是单链线状分子,约占细胞中 RNA 总量的 5%。mRNA 是蛋白质生物合成的模板。在蛋白质生物合成过程中,mRNA 分子中每 3 个相邻的核苷酸可以决定多肽链上的一个氨基酸。核苷酸序列不同,多肽链的氨基酸序列也不同,而 mRNA 的核苷酸序列由 DNA 决定,因此,mRNA 在蛋白质合成过程中,起着传递遗传信息的作用,因此称为信使 RNA。细胞内 mRNA 的种类很多,分子大小不一,由几百至几千个核苷酸组成。mRNA 一般都不稳定,代谢活跃,更新迅速,半衰期短。

tRNA 由 70~90 个核苷酸组成,是分子量最小的 RNA,约占 RNA 总量的 15%,现已发现有 100 多种。tRNA 的主要功能是在蛋白质合成过程中,识别 mRNA 上的密码子,转运相应的活化的氨基酸到核糖体中参与多肽链的合成。

rRNA 是细胞中含量最多的 RNA,约占细胞中 RNA 总量的 80%。rRNA 与蛋白质结合成核糖核蛋白体,简称核糖体,核糖体是蛋白质合成的主要场所。

(二)RNA 的分子结构

RNA 的基本组成单位是 AMP、GMP、CMP 和 UMP 四种核苷酸。和 DNA 一样,RNA 分子中相邻的两个核糖核苷酸也是以 $3',5'$-磷酸二酯键连接形成多聚核糖核苷酸链。RNA 的一级结构是指多聚核糖核苷酸链中核糖核苷酸的排列顺序。RNA 的缩写式与 DNA 相同,通常从 $5'$ 端向 $3'$ 端延伸。

RNA 分子是单链结构,其核苷酸残基数目在数十至数千之间,分子量一般在数百至数百万之间。单链结构的 RNA 分子能自身回折,使一些碱基彼此靠近,于是在折叠区域中按碱基配对原则,A 与 U、G 与 C 之间通过氢键连接形成互补碱基对,从而使回折部位构成所谓"发卡"结构,进而再扭曲形成局部性的双螺旋区,不配对的部分形成突环,被排斥在双螺旋区之外,这样的结构称为 RNA 的二级结构,不同的 RNA 分子的双螺旋区所占比例不同。RNA 在二级结构的基础上还可进一步折叠扭曲形成三级结构。

1. mRNA 的结构特点

真核生物 mRNA 的二级结构有如下特点。

(1)mRNA 的 $3'$-末端有一段含 30~200 个核苷酸残基组成的多聚腺苷酸(polyA)。此段 polyA 不是直接从 DNA 转录而来,而是转录后逐个添加上去的。原核生物一般无 polyA 的结构。此结构与 mRNA 由细胞核转位到细胞质及维持 mRNA 的结构稳定有关,它的长度决定 mRNA 的半衰期。

(2)mRNA 的 $5'$-末端有一个 7-甲基鸟嘌呤核苷三磷酸(m7Gppp)的"帽"式结构。此结构在蛋白质的生物合成过程中可促进核蛋白体与 mRNA 的结合,加速翻译起始速度,并增强 mRNA 的稳定性,防止 mRNA 从头水解。

(3)mRNA 分子内有信息区(编码区)和非信息区(非编码区),如图 2-15 所示。信息区内每三个核苷酸组成一个密码,称遗传密码或三联密码,每个密码代表一个氨基酸。因此,信息区是 RNA 分子的主要结构部分,在蛋白质生物合成中决定蛋白质的一级结构。

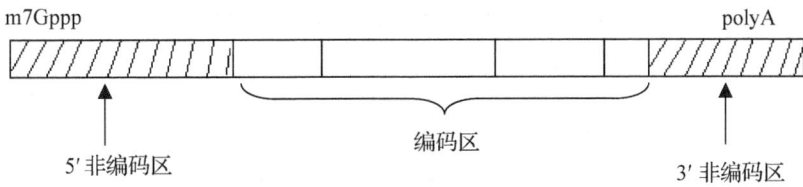

图 2-15　成熟的真核生物 mRNA 结构示意图

2. tRNA 的结构特点

各种 tRNA 的一级结构互不相同，但它们的二级结构都呈三叶草形（图 2-16）。这种三叶草形结构的主要特征是，含有四个螺旋区、三个环和一个附加叉。四个螺旋区构成四个臂，其中含有 3′末端的螺旋区称为氨基酸臂，因为此臂的 3′-末端都是 C—C—A—OH 序列，可与氨基酸连接。三个环分别用 Ⅰ、Ⅱ、Ⅲ表示。环 Ⅰ 含有 5,6 二氢尿嘧啶，称为二氢尿嘧啶环（DHU 环）。环 Ⅱ 顶端含有由三个碱基组成的反密码子，称为反密码环，反密码子可识别 mRNA 分子上的密码子，在蛋白质生物合成中起重要的翻译作用。环 Ⅲ 含有胸苷（T）、假尿苷（ψ）、胞苷（C），称为 TψC 环，此环可能与结合核糖体有关。

tRNA 在二级结构的基础上进一步折叠成为倒"L"字母形的三级结构。

tRNA 分子中稀有碱基的数量是所有核酸分子中比例最高的，这些稀有碱基的来源是转录之后经过加工修饰形成的。

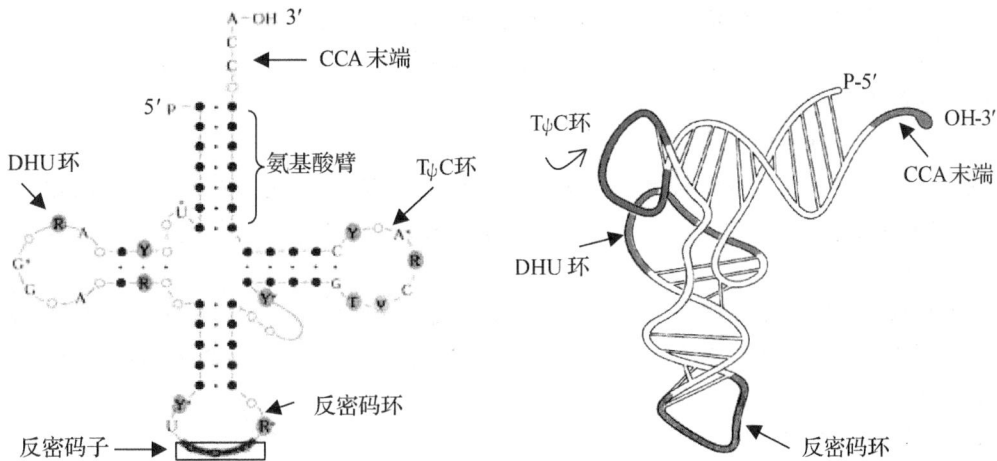

图 2-16　tRNA 的二级结构和三级结构

3. rRNA 的结构特点

rRNA 的分子量较大，结构相当复杂，目前虽已测出不少 rRNA 分子的一级结构，但对其二级、三级结构及其功能的研究还需进一步的深入。原核生物的 rRNA 分三类：5S rRNA、16S rRNA 和 23S rRNA。真核生物的 rRNA 分四类：5S rRNA、5.8S rRNA、18S rRNA 和 28S rRNA。S 为大分子物质在超速离心沉降中的一个物理学单位，可间接反映分子量的大小。原核生物和真核生物的核糖体均由大、小两种亚基组成。以大肠杆菌和小鼠肝为例，各亚基所含 rRNA 和蛋白质的种类和数目如表 2-3 所示。

表 2-3　核糖体中包含的 rRNA 和蛋白质

来源	亚基	rRNA 种类	蛋白质种类数
原核生物 (大肠杆菌)	小亚基(30S)	16S	21
	大亚基(50S)	5S、23S	31
真核生物 (小鼠肝)	小亚基(40S)	18S	33
	大亚基(60S)	5S、5.8S、28S	49

第三部分　核酸的理化性质

一、核酸的一般理化性质

核酸是生物大分子，DNA 相对分子质量为 $10^6 \sim 10^{10}$ 范围内。RNA 虽小些，但也在 1×10^4 以上。

(一)核酸的溶解度与黏度

核酸都是白色固体物质，都微溶于水，而不溶于乙醇、乙醚、三氯甲烷等有机溶剂。核酸溶于 10% 左右的氯化钠溶液，但在乙醇溶液中溶解度差异很大，当乙醇浓度达到 50% 时，DNA 就沉淀出来，当乙醇浓度达到 75% 时，RNA 也沉淀出来。因此常用无水乙醇从溶液中沉淀核酸。

核酸分子结构细长，其直径与长度之比达 1∶107，所以核酸的水溶液有一定的黏度，DNA 溶液的黏度比 RNA 溶液的黏度大。当 DNA 被加热或在其他因素作用下，其螺旋结构转为无规则线团结构时，其黏度大为降低。所以黏度变小，可作为 DNA 变性的指标之一。

(二)核酸的酸碱性质

核酸分子中含有酸性的磷酸基和碱性的含氮碱基，决定了核酸是两性化合物。因磷酸基比碱基更易解离，所以核酸通常表现为酸性。核酸的等电点(pI)较低，酵母 RNA 在游离状态下的 pI 在 pH2.0～2.8。在人体正常生理状态下，核酸一般带负电荷。

(三)核酸的水解

核酸可被酸、碱或酶水解成各种组分，其水解程度因水解条件而异。RNA 能在室温条件下被稀碱水解成核苷酸，而 DNA 对碱较稳定，常利用此性质测定 RNA 的碱基组成或除去溶液中的 RNA 杂质。

二、核酸的紫外吸收性质

核酸组成中含有嘌呤碱基和嘧啶碱基，这些环状结构中带有共轭双键，形成共轭体系，使得核酸具有了紫外吸收性质，在波长 240～290nm 处有强烈的紫外吸收，其最大吸收值在波长 260 nm 处(图 2-17)。利用这一性质，可鉴别核酸中的蛋白质杂质，也可对核酸进行定量测定。

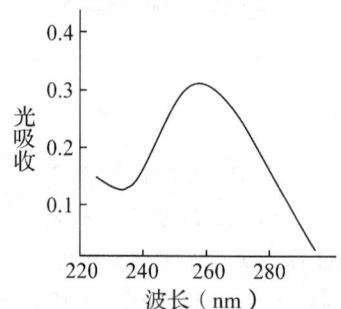

图 2-17　核酸的紫外吸收曲线

三、DNA 的变性和复性

在某些理化因素作用下，DNA 双螺旋结构中碱基对之间的氢键断裂，空间结构被破坏，两条互补链松散而分开成为单链，使得 DNA 由有规律的双螺旋结构变为无规律的"线团"结构，从而导致 DNA 的理化性质及生物学性质发生改变，但一级结构不变，这种现象称为 DNA 的变性(图 2-18)。

引起 DNA 变性的因素主要有：高温、强酸、强碱、有机溶剂等。

DNA 变性后，很多理化性质发生了改变，其中最重要的是在 260 nm 处紫外吸收值的变化。由于 DNA 变性后氢键断裂，双螺旋解开，碱基外露，使得 DNA 在 260 nm 处对紫外光的光吸收增加，这种现象称为增色效应（图 2-19）。同时，生物学功能丧失或改变，DNA 分子由线形分子变成无规则的线团状，其黏度降低。

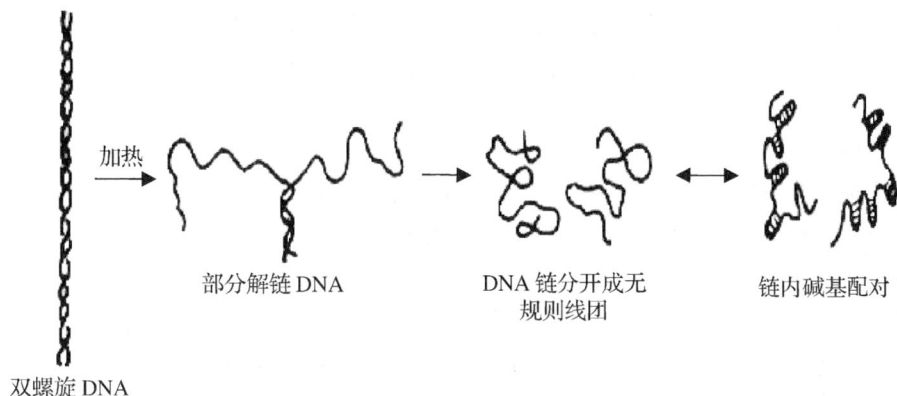

部分解链 DNA   DNA 链分开成无   链内碱基配对
                      规则线团

双螺旋 DNA

图 2-18 DNA 的变性过程

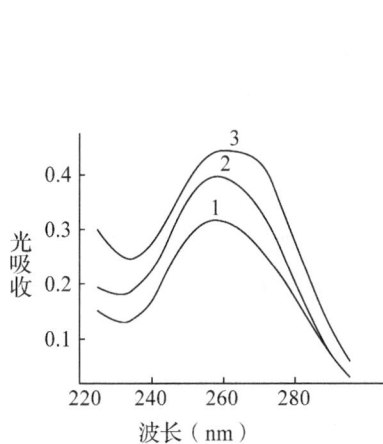

图 2-19 增色效应
1. 天然 DNA 2. 变性 DNA 3. 核苷酸总吸收值

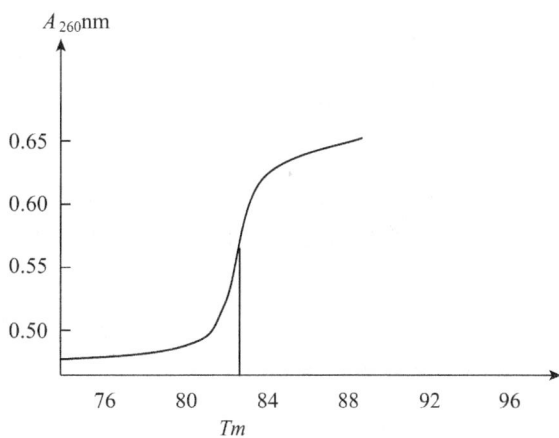

图 2-20 DNA 的熔解曲线

加热引起的 DNA 变性称热变性，这是实验室最常用的 DNA 变性方法。DNA 的热变性是爆发性的，如同结晶的熔解一样，只在很狭窄的温度范围之内完成。加热时，DNA 双螺旋发生解链，如果在连续加热 DNA 的过程中以温度对 A_{260}（在波长 260nm 处的光吸收）的关系作图，所得到的曲线称为熔解曲线（如图 2-20）。通常将熔解曲线的中点，即 DNA 双链解开 50% 时的温度称为 DNA 的解链温度或熔解温度，用 Tm 表示。

Tm 值的大小取决于 DNA 中所含的碱基组成。G—C 碱基对的含量越多，Tm 就越高，这是因为 G—C 碱基对之间形成三个氢键，含 G—C 碱基对越多的 DNA 分子越稳定的缘故。反之，A—T 对越多，Tm 就越低。另外，DNA 的 Tm 值也与 DNA 所处溶液的离子强度有关，离子强度越高，Tm 值也越高。

　　DNA 的变性是可逆的。变性 DNA 在适宜条件下，被解开的两条链可重新互补结合，重新恢复成原来完整的 DNA 双螺旋结构，这一过程称为 DNA 的复性。复性后，DNA 的生物活性和理化性质也得以恢复。

　　因加热变性的 DNA，当温度缓慢下降时，解开的 2 条链又重新以氢键连接，形成双螺旋结构，其在 260 nm 处对紫外线的吸光度降到天然 DNA 的范围内，这就是 DNA 的复性过程，又称为"退火"。如果热变性后温度骤然下降，复性则不能发生。复性快慢受许多因素的影响，如变性 DNA 的复杂度越大，复性越慢；变性 DNA 的浓度越大，则越容易复性等。

四、分子杂交

　　DNA 的变性和复性是分子杂交的基础。两条来源不同的单链核酸(DNA 或 RNA)，只要它们有大致相同的互补碱基序列，经退火处理也可复性，形成新的杂交分子，这一现象称为核酸的分子杂交(图 2-21)。

　　核酸杂交可以是 DNA－DNA，也可以是 DNA－RNA 杂交。不同来源的，具有大致相同互补碱基序列的核酸片段称为同源序列。在核酸杂交过程中，常将已知顺序的或人工合成的核酸片段用放射性同位素或生物素进行标记。这种带有一定标记的已知顺序的核酸片段称为探针。

图 2-21　分子杂交

　　分子杂交技术已广泛应用于研究基因结构、某一基因位置、进行基因定位、测定基因突变、鉴定两种核酸分子间的序列相似性等领域。Southern 印迹、Nortern 印迹、斑点印迹以及基因芯片等核酸检测技术手段都是利用了核酸分子杂交的原理。

第四部分　电泳技术

一、电泳基本原理

　　各种生物大分子在一定 pH 条件下，可以解离成带电荷的颗粒，这种带电颗粒在电场的作用下向相反电极移动的现象称为电泳。电泳技术广泛应用在生化物质的分析检测中。

　　例如，氨基酸、蛋白质、酶、激素、核酸及其衍生物等物质都具有许多可解离的酸性和碱性基团，在一定的 pH 条件下，会解离而带电。通常，当溶液的 pH 等于物质的等电点(pI)时，物质净电荷等于零，此时物质分子在电场中不移动；如果溶液的 pH 大于 pI，则物质分子会解离出 H^+ 而带负电，在电场中向正极移动；如果溶液的 pH 小于 pI，则物质分子结合一部分 H^+ 而带正电，在电场中向负极移动。

二、影响电泳的主要外界因素

　　移动的速率取决于物质净电荷数和分子的大小。不同的分子在同一电场中的净电荷量不同，其泳动速率不同。物质所带净电荷越多，直径越小，越接近于球形，则在电场中的泳动速率越快；反之，则越慢。此外，移动速率还受其他外界因素如 pH、离子强度等的影响。

1. 电场强度

电场强度是指放入电场中某点的电荷受的电场力与它的电荷量的比值，它对泳动速率起着十分重要的作用。电场强度越高，带电质点移动速率越快。根据电场强度的大小，可将电泳分为常压（100～500 V）电泳和高压（500～10000V）电泳。常压电泳多用于分离蛋白质等大分子物质，而高压电泳则用来分离氨基酸、小肽、核苷酸等小分子物质。

2. 溶液的 pH

溶液的 pH 决定带电颗粒解离的程度，即决定物质所带净电荷的多少。对蛋白质、氨基酸等两性电解质而言，pH 距等电点越远，物质所带净电荷越多，泳动速率越快；反之，则越慢。因此，当分离某一蛋白质混合物时，应选择一个合适的 pH，使各种蛋白质所带净电荷的量差异较大，以利于分离。为了使电泳过程中溶液的 pH 恒定，必须采用缓冲溶液。

3. 离子强度

离子强度代表所有类型的离子所产生的静电力，也就是全部的离子效应，它取决于离子电荷的总数，而与溶液中盐类的性质无关。离子强度越高，带电颗粒的泳动速率越慢；溶液的离子强度越低，颗粒泳动的速率越快。

电泳的设备包括电泳槽和电泳仪两部分：电泳槽有水平板式、垂直板式等，是物质电泳分离的场所；电泳仪是提供直流电源的装置，它能控制电压和电流的输出。

三、常用的电泳技术

1. 薄膜电泳

采用醋酸纤维等薄膜作为支持物的电泳技术称为薄膜电泳。醋酸纤维薄膜电泳是近年来推广的一种新技术，广泛应用于生化产品分析、临床化验等，如血清蛋白、血红蛋白、球蛋白、脂蛋白、糖蛋白、类固醇、同工酶等的分离和鉴定以及免疫电泳等方面。

2. 薄层电泳

薄层电泳是将支持物与缓冲液调制成适当厚度的薄层而进行电泳的技术。常用的支持物有淀粉、琼脂、纤维素粉、硅胶等，其中以淀粉最为常用。淀粉板薄层电泳可用于蛋白质、多肽、酶和核酸的分离。

3. 凝胶电泳

凝胶电泳是以多孔凝胶作为支持物的电泳技术。凝胶电泳同时具有电泳和分子筛的双重作用，具有很高的分辨力。例如，人血清通过凝胶电泳可分离出 20 种以上的组分。凝胶电泳所采用的支持物主要有聚丙烯酰胺凝胶、琼脂糖凝胶等，常用的是聚丙烯酰胺凝胶。

●　●　●　●　**拓展阅读：　核酸污染**

由于高度的灵敏性和特异性，PCR 检测技术在临床快速诊断方面具有重要的意义。但在实际操作中，"假阳性"的出现给诊断带来了不小的麻烦。那么，PCR 实验室里到底存在哪些可能导致"假阳性"的风险呢？

实验操作过程中造成污染是假阳性产生的原因之一，主要有 4 个途径：标本间交叉污染、PCR 试剂污染、克隆质粒污染和 PCR 扩增产物污染。

标本间交叉污染主要是采集标本的容器被污染；标本放置时，容器密封不严；还有在不同样本移液时，未更换枪头或未使用带滤芯枪头导致移液器污染等。PCR试剂污染主要是在试剂配置过程中，枪头、移液器、容器、阴性对照等被核酸模板或阳性对照污染而导致的。克隆质粒在单位容积内浓度高，造成污染的可能性也很大。PCR产物拷贝量大，产物污染极容易导致假阳性的发生，这是PCR反应中最常见、最主要的污染问题。在扩增过程中或扩增结束后，PCR管盖未盖严或崩开会导致扩增产物泄漏，形成气溶胶。气溶胶扩散到实验室空气中，可能会落到PCR仪、台面、枪头盒等位置，造成污染。

PCR实验室防污染有很多措施：首先，就是分区设计，严格的PCR实验室应分为①试剂储存和准备区；②标本制备区；③扩增区；④扩增产物分析区。四个区还要单一流向，不能逆行。其次，PCR实验室操作人员严格执行标准化操作程序，试剂单人单管分装，使用全自动分析仪，使用密封性好的试剂管等措施，都能减少核酸的污染问题。

作为新时代专业技能型人才，坚持学思用贯通、知信行统一，用知识武装自己，科学辨析舆论，全面分析问题，树立正确的人生观和价值观。

●●●●● 材料设备清单

学习情境2		认识核酸		学时		8
项目	序号	名称	作用	数量	使用前	使用后
所用设备、器具和材料	1	分光光度计	测定样本光吸收值	1~2台		
	2	恒温水浴锅	加热	1~2个		
	3	低速离心机	离心分离样本	1个		
	4	核酸电泳仪	电泳分离核酸	1套/组		
	5	离心管	盛装溶液	2~3个/组		
	6	微量移液器	定量吸取溶液	2~3个/组		
	7	容量瓶	盛装溶液	2~3个/组		

●●●● 作业单

学习情境 2	认识核酸			
作业完成方式	以学习小组为单位，课余时间独立完成，在规定时间内提交作业。			
作业题 1	叙述核苷酸的各组分及连接方式。			
作业解答				
作业题 2	叙述 DNA 和 RNA 的分子结构特点。			
作业解答				
作业题 3	何为核酸的变性与复性？在实际工作中如何利用核酸的这一特性？			
作业解答				
作业评价	班级		第　　组	组长签字	
	学号		姓名		
	教师签字		教师评分		日期	
	评语：				

●●●● 学习反馈单

学习情境 2			认识核酸
评价内容			评价方式及标准
知识目标达成度	评价项目	评价方式	评价标准
	任务点评量（60%）	学生自评与互评；教师评价	A. 任务点完成度 100%，正确率 95% 以上、笔记内容完整，书写清晰。
			B. 任务点完成度 90%，正确率 85% 以上、笔记内容基本完整，书写较清晰。
			C. 任务点完成度 80%，正确率 75% 以上、笔记内容较完整，书写较清晰。
			D. 任务点完成度 70%，正确率 65% 以上、笔记内容欠完整，书写欠清晰。
			E. 任务点完成度 60%，正确率 50% 以上、笔记内容不完整，书写不清晰。

知识目标达成度	撰写小论文(20%)	学生自评与互评;教师评价	A. 论文中专业知识运用、分析、拓展全面,表述合理,结论正确。
			B. 论文中专业知识运用、分析、拓展基本全面,表述基本合理,结论正确。
			C. 论文中专业知识运用、分析、拓展较全面,表述较合理,结论正确。
			D. 论文中专业知识运用、分析、拓展欠全面,表述欠合理,结论基本正确。
			E. 论文中专业知识运用、分析、拓展不全面,表述模糊,结论不完整。
	考试评量(20%)	纸笔测试	以试卷形式评量,试卷满分100分,按比例乘系数。
技能目标达成度	实验基本操作能力(30%)	学生自评与互评;教师评价	A. 实验操作熟练且规范,方法正确。
			B. 实验操作基本熟练且规范,方法正确。
			C. 实验操作较熟练且规范,方法正确。
			D. 实验操作欠熟练欠规范,方法基本正确。
			E. 实验操作不熟练,规范度欠佳,方法不准确。
	实验原理掌握(30%)	学生自评与互评;教师评价	A. 实验原理清晰,解释合理。
			B. 实验原理基本清晰,解释基本合理。
			C. 实验原理较清晰,解释较合理。
			D. 实验原理欠清晰,解释欠合理。
			E. 实验原理模糊,解释牵强。
	技能拓展与创新能力(40%)	学生自评与互评;教师评价	A. 能正确完成临床案例分析和处理,能根据实际情况灵活变通。
			B. 基本能完成临床案例的分析和处理,能根据实际情况灵活变通。
			C. 能完成临床案例的分析和处理,但缺少完整性和统一性。
			D. 能完成临床案例的分析和处理,但需要教师指导。
			E. 不能完成临床案例的分析和处理,不能灵活变通。

素养目标 达成度	学习态度 及表现 （50%）	学生自评 与互评； 教师评价	A. 学习态度端正、积极参与课堂，小组合作意识强。
			B. 学习态度基本端正、积极参与课堂，小组合作意识强。
			C. 学习态度较端正、积极参与课堂，小组合作意识较强。
			D. 学习态度欠端正、不积极参与课堂，小组合作主动意识不强。
			E. 学习态度不端正、不积极参与课堂，小组合作主动意识不强。
	职业素养 （20%）	学生自评 与互评； 教师评价	A. 具有生物安全和动物福利意识，以畜牧业发展为目标。
			B. 基本具有生物安全和动物福利意识，基本以畜牧业发展为目标。
			C. 生物安全和动物福利意识一般，基本以畜牧业发展为目标。
			D. 生物安全和动物福利意识不强，以畜牧业发展为目标不明确。
			E. 生物安全和动物福利意识差，不能以畜牧业发展为目标。
	综合素养 （30%）	学生自评 与互评； 教师评价	A. 身心健康，有服务三农理念，有民族责任感和使命担当。
			B. 身心基本健康，有服务三农理念，有民族责任感和使命担当。
			C. 身心较健康，服务三农理念一般，有民族责任感和使命担当。
			D. 身心欠健康，服务三农理念欠佳，民族责任感和使命担当一般。
			E. 身心不健康，服务三农理念差，民族责任感和使命担当差。

综合评价				
评量内容及评量分配	自评、组评及教师复评			合计得分
	学生自评（占10%）	小组互评（占20%）	教师评价（占70%）	
知识目标评价（50%）	满分：5 实得分：	满分：10 实得分：	满分：35 实得分：	满分：50 实得分：
技能目标评价（30%）	满分：3 实得分：	满分：6 实得分：	满分：21 实得分：	满分：30 实得分：
素养目标评价（20%）	满分：2 实得分：	满分：4 实得分：	满分：14 实得分：	满分：20 实得分：
反馈及改进				

●思政拓展阅读    ●线上答题

学习情境 3

认识酶和维生素

●●●●● **学习任务单**

学习情境 3	认识酶和维生素	学　时	8
布置任务			
学习目标	【知识目标】 　1. 了解酶概念和分子结构，理解酶的必需基团对于酶活性的重要意义；通过同工酶、酶原激活，理解酶的结构与功能的关系。 　2. 理解酶作为生物催化剂具有的特性；掌握酶催化作用机理；掌握底物浓度、pH、温度、激活剂、抑制剂等对酶活性的影响；能解释磺胺类药物的抑菌机理、有机磷中毒的机理。 　3. 了解维生素对机体健康的重要性，掌握维生素缺乏症并能通过食补解决。 【技能目标】 　1. 能设计实验探索影响酶活性的因素。 　2. 能正确操作生化分析仪测定动物血清酶指标；能正确解读实验室生化检查报告单中血清酶指标的临床意义。 【素养目标】 　1. 树立热爱生命、尊重生命的职业态度。 　2. 培养细致耐心、刻苦钻研的学习和工作作风；培养学生安全生产和公共卫生意识，做好自身安全防护。 　3. 适应社会经济和现代农业发展需要，面向国家和行业需求，能及时跟踪动物医学及相关领域国内外发展现状和趋势。		
任务描述	利用所学生化专业知识，解决临床工作和生活中的实际问题，具体任务如下。 　1. 当动物出现夜盲症、佝偻病、凝血障碍、脚气病、坏血病等维生素缺乏症时，能够甄别并提出解决方案。 　2. 能熟练使用生化分析仪对患畜进行生化检验，并能对血清酶检验结果进行分析。 　3. 因酶的缺乏或失活引起疾病时，能正确说出生化机理，如磺胺类药物的抑菌机理、有机磷中毒的机理等。		
提供资料	1. 学习任务单、任务资讯单、案例单、工作任务单、必备知识等。 　2. 学期使用教材。		

提供资料	3. SPOC：
对学生要求	1. 具有生物学基础知识；课前按任务资讯单认真准备，课上能认真完成各项工作任务，课后能总结提升。 2. 以学习小组为单位，展示学习成果，有团队协作能力，有创新意识，有一定的知识拓展能力。 3. 有良好的职业素养和服务畜牧业的理想。

任务资讯单

学习情境3	认识酶和维生素
资讯方式	阅读学习任务单、任务资讯单和教材；进入相关网站，观看 PPT 课件、视频；图书馆查询；向指导教师咨询等。
资讯问题	1. 名词解释：酶；酶原；酶原激活；全酶；同工酶。 2. 酶作为生物催化剂具有哪些特性？ 3. 表示酶催化能力大小的单位是什么？表示酶纯度的单位呢？ 4. 酶的活性中心与酶的必需基团是一样的吗？ 5. 酶能大大提高化学反应速度的原因是什么？ 6. 发高烧为何危害健康？ 7. 为何动物机体要处于酸碱平衡状态？ 8. 磺胺类药物的抑菌机理是什么？ 9. 有机磷中毒的机理是什么？ 10. 为什么维持血药浓度很重要？ 11. 酶分为哪几类？ 12. 水溶性维生素都包括哪些？ 13. 脂溶性维生素都包括哪些？ 14. 维生素 B_1、维生素 B_2、维生素 B_5、维生素 B_6、维生素 C 的缺乏症有哪些？吃什么食物能补充？ 15. 维生素 A、维生素 D、维生素 E、维生素 K 的缺乏症有哪些？吃什么食物能补充？
资讯引导	1. 邹思湘. 动物生物化学[M]. 第五版. 北京：中国农业出版社，2013 2. 朱圣庚，徐长法. 生物化学[M]. 第 4 版. 北京：高等教育出版社，2016 3. 叶非，冯世德. 有机化学[M]. 第 2 版. 北京：中国农业出版社，2007 4. 中国大学 MOOC 网：

●●●● **案例单**

学习情境 3	认识酶和维生素	学时	8
序号	案例内容		案例分析
3.1	1. 基本情况：未绝育雄性京巴犬，13 岁，体重 11.5 kg，有心脏病、眼底葡萄膜炎病史、双眼失明。自 3 月 14 日流清涕、口服速效感冒胶囊，两天后开始呕吐、无食欲、呼吸急促、精神差、嗜睡。 　　2. 临床检查：精神沉郁、张口呼吸、双侧眼睛角膜浑浊、结膜苍白、有脓性分泌物。体温 38.2℃，呼吸 48 次/min，心跳 108 次/min，胸部听诊呼吸音加重、心律不齐、心杂音，腹部触诊肝肿大。 　　3. 血常规：白细胞总数升高，提示有感染；红细胞像提示有严重的贫血；血细胞形态学检查发现红细胞大小不均、多染性红细胞和有核红细胞，经亚甲蓝染色观察到网织红细胞，提示再生性贫血。 　　4. 血液生化检查结果：碱性磷酸酶、谷丙转氨酶、总胆红素均升高，提示出现了肝损伤和轻微的黄疸。 　　试分析血液生化检查肝酶升高的原因。		该病例经诊断为口服速效感冒胶囊引起的中毒，表现为溶血性贫血，所以总胆红素升高。贫血引起缺氧，进一步导致肝损伤，因此碱性磷酸酶和丙氨酸氨基转移酶升高。 　　正常情况下，碱性磷酸酶和丙氨酸氨基转移酶都在细胞内，当细胞损伤时才释放入血，所以检测血液中某些酶的含量在临床诊断中有重要的意义。

●●●● **工作任务单**

学习情境 3	认识酶和维生素
项目 1	影响酶活性的因素

任务 1　配制试剂

1. 班氏试剂配制：将硫酸铜 1.73 g(无水的为 0.174 g)溶于 10 mL 热蒸馏水中，冷却，稀释至 15 mL。取柠檬酸钠 17.3 g 及无水碳酸钠(Na_2CO_3)10 g，加水 60 mL，加热使之溶解，冷却后稀释至 85 mL。最后把硫酸铜溶液缓缓倒入柠檬酸钠-碳酸钠溶液中，摇匀，用细口瓶贮存。

2. 0.5%淀粉溶液制备：取可溶性淀粉 0.5 g，加水少许拌成糊状，倾入 100 mL 沸水中，搅匀，取上清液备用。临用时配制。

3. 唾液淀粉酶的制备：用水漱口两次，然后含一口蒸馏水约 1 min，吐入小烧杯中，如浑浊可用二层纱布过滤，取滤液 10 mL 加水 1～3 倍，备用。

4. 按下表配制不同 pH 缓冲溶液。

编号	0.2 mol/L 磷酸氢二钠	0.1 mol/L 柠檬酸	缓冲液 pH
1	5.15	4.85	5.0
2	7.72	2.28	6.8
3	9.27	0.28	8.0

5. 碘液配制：称取碘 1 g，碘化钾 2 g，同溶于 100 mL 蒸馏水中，储存于棕色瓶。

任务 2　操作步骤

【工序 1】检测淀粉酶活性

取 2 支试管，按下表加入试剂后，将试管放入 37～40 ℃水浴中，保温 10 min 左右，取出后向各管加入班氏试剂 1 mL，放入沸水中煮沸 5～6 min，观察现象。

管　号	淀粉液（mL）	蔗糖液（mL）	酶液（mL）	现象
1	2	0	1	
2	0	2	1	

【工序 2】检测 pH 对酶活性的影响

取 3 支试管，编号后按下表加入试剂，混匀，置于 37～40 ℃水浴中。每隔 1～2 min 用滴管从 3 种反应液中各取出 1 滴，滴入比色板碘液中，观察 3 种反应液颜色变化的快慢。

管　号	淀粉液（mL）	pH5 缓冲液（mL）	pH6.8 缓冲液（mL）	pH8 缓冲液（mL）	酶液（mL）	反应速度
1	3	1	0	0	1	
2	3	0	1	0	1	
3	3	0	0	1	1	

【工序 3】检测温度对酶活性的影响

取 4 支试管，编号后按下表分别加入淀粉溶液和稀释唾液，立即分别放入下表对应的冰浴和两种水浴中。

管　号	淀粉液（mL）	稀释酶液（mL）	水温（℃）	反应速度
1	3	1	0	
2	3	1	0	
3	3	1	37～40	
4	3	1	90 左右	

在比色板各孔中置碘液 1 滴，每隔 1～2 min 用滴管从第 3 管中取反应液 1 滴，滴入比色板一孔中，观察碘液颜色变化。每次取反应液之前，都应将滴管洗净后方可使用（为什么?）。待检查到碘液颜色不变时，取出第 4 管冷却后，再取出第 1 管，两管同时各加入碘液 1 滴，观察颜色的变化。

取出第 2 管置于 37～40 ℃水浴中，10 min 后，加入 2 滴碘液，其颜色与第 1 管比较，有何变化?

任务 3 结果分析

根据实验操作认真填写上面表格，并对结果进行分析。

●实验原理

淀粉是由葡萄糖分子聚合而成的多糖，分子式为$(C_6H_{10}O_5)_n$。淀粉酶是催化分解淀粉的酶的总称，它存在于动物的唾液和小肠中，催化淀粉水解为麦芽糖，是人和动物利用淀粉供能的基础。淀粉酶活性的观察和分析，对认识酶具有重要意义。

人的唾液淀粉酶水解淀粉的过程及遇碘所呈的颜色如下：

反应过程： 淀粉→紫糊精→红糊精→无色糊精→麦芽糖

遇碘后显色：蓝色 紫色 红色 无色 无色

酶具有高度专一性。淀粉和蔗糖无还原性，唾液淀粉酶只水解淀粉生成有还原性的麦芽糖，但不能催化蔗糖水解。用班氏试剂检查糖的还原性时，麦芽糖使 Cu^{2+} 还原为 Cu_2O 砖红色沉淀，而蔗糖不能使 Cu^{2+} 还原，故无砖红色沉淀。

酶的催化作用受温度、pH、激活剂和抑制剂的影响。通过观察这些因素对人的唾液淀粉酶水解淀粉反应速度的影响，掌握此酶的最适温度为 37～40 ℃，最适 pH 为 6.8，氯离子为激活剂，铜离子为抑制剂。

项目 2	血清丙氨酸氨基转移酶测定

任务 1 血样的采集和制备

【工序 1】采血

准备采血时，需首先确定是进行何种检测。丙氨酸氨基转移酶属于生化检测，血液样本可以是血浆，也可以是血清。常用的采血部位，如下表。

动物	犬	猫	马	牛	鸟类	兔
采血部位	头静脉 颈静脉 隐静脉	头静脉 颈静脉	颈静脉	尾静脉 乳房静脉 颈静脉	翅脉	耳静脉

【工序 2】样本准备

1. 将所采血液转移至肝素锂抗凝管或血清管。不可用 EDTA 抗凝管。

2. 采用抗凝管时，轻柔翻转混匀至少 30 s，将血液与抗凝剂混合均匀。用低速离心机离心，3 000～4 000 r/min 离心 5～10 min。如采用血清管，血液凝固至少 20 min。

3. 将血浆或血清转移至样本杯。

任务 2　使用生化分析仪检测

1. 在主菜单下，根据提示输入病畜的资料信息。输入完成后，根据提示插入检测 ALT 试剂片。

2. 将专用吸头安在滴注管上。

3. 将滴注管保持垂直，并在样本的中央，按一下滴注管按钮后，将有"嘀"的 1 声响。仪器开始吸样。

4. 当听到"嘀嘀"2 声响时，垂直拿开滴注管。

5. 当"嘀嘀嘀"3 声响后，用无尘纸由上到下旋转擦干吸头。

6. 检查吸头，确认未吸到气泡，将滴注管放回仪器，其余步骤由仪器自动完成。

7. 分析打印报告。

任务 3　结果分析

根据报告单上的生化指标数值，对报告单检测结果进行分析，对动物疾病进行诊断。

●实验原理

丙氨酸氨基转移酶（ALT）旧称谷丙转氨酶（GPT），是机体的氨基转移酶之一，在氨基酸代谢中起着重要作用。ALT 广泛分布在犬、猫和灵长目动物的肝、肾、心肌、骨骼肌等组织器官中，尤以肝细胞中的含量最高，约为血清中的 100 倍，故只要有 1% 肝细胞坏死，即可使血清中 ALT 增加 1 倍。当肝细胞受损害，细胞膜通透性增加或细胞破裂，肝细胞内 ALT 大量逸入血液，故血清 ALT 增加是反映肝细胞损害的最敏感指标之一。ALT 是犬、猫和灵长目动物肝脏的特异性酶，测定该酶的活性对于诊断上述动物的肝脏疾患有重要意义，马、反刍动物、猪和鸟等动物肝细胞内 ALT 生成量不足，不能认为它是肝脏特异性的。使用皮质类固醇或抗惊厥药物会导致血清水平升高。

血清 ALT 活性升高见于狗、猫和灵长目动物的急性病毒性肝炎、慢性肝炎、肝硬化、胆道疾病、脂肪肝、中毒性肝炎、黄疸型肝炎及其他原因引起的肝损害，可作为这些动物肝细胞变性或损害的指标。ALT 不能鉴别出具体的肝病类型，只是肝脏疾病筛查的一个检测指标。血液中 ALT 水平升高的程度和受损的肝细胞数量相关，而不是严重程度。

必备知识

第一部分　酶的概述

一、酶的概念

酶是生物体活细胞产生的具有催化活性的生物催化剂，其化学本质主要是蛋白质，少数是 RNA。生物体的新陈代谢过程中几乎所有的化学反应都是在酶的催化下进行的。

人们对酶的认识起源于生产实践。在我国 4 000 多年前的夏禹时代就盛行酿酒，周朝已开始制醋、酱，并用"曲"来治疗消化不良。1833 年法国科学家安塞姆·佩恩（Anselme Payen）和琼·珀索兹（Jean Persoz）从麦芽提取液中分离得到一种可促进淀粉水解成糖的物质，称之为淀粉酶。1876 年德国人库恩（Kuhne）将这类生物催化剂统称为酶。1897 年，德国科学家爱德华·比希纳（Eduard Buchner）开始研究酵母提取液，最终证明发酵过程并不需要完整的活细胞存在。这一发现打开了通向现代酶学与现代生物化学的大门，其本人也因此获得了 1907 年诺贝尔化学奖。

在自然界中大多数的酶是蛋白质，下文有关酶学的内容主要围绕化学本质是蛋白质的酶展开。

二、酶的催化特点

酶是催化剂，能加快化学反应速率而自身不变。酶所催化的化学反应称为酶促反应。在酶促反应中，被酶催化的物质称为底物(S)，催化反应所生成的物质称为产物(P)。

酶具有一般催化剂的共同特征：

(1)用量少而催化效率高，在化学反应前后没有质和量的变化；

(2)只能催化热力学上允许进行的化学反应；

(3)对可逆反应的正反应和逆反应都具有催化作用；

(4)只能缩短化学反应达到平衡所需的时间，而不能改变化学反应的平衡点，即不能改变化学反应的平衡常数；

(5)作用的机理在于降低了反应的活化能。

酶是生物催化剂，与其他催化剂相比还具有较为显著的优点，主要表现为以下几个方面。

(一)催化的高效性

酶的催化活性比化学催化剂的催化活性要高出很多，如过氧化氢酶(含 Fe^{2+})和无机铁离子均可催化过氧化氢发生如下的分解反应：

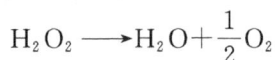

$$H_2O_2 \longrightarrow H_2O + \frac{1}{2}O_2$$

实验得知，1 mol 的过氧化氢酶在一定条件下可催化 5×10^6 mol 的过氧化氢分解。同样条件下，1 mol 的化学催化剂 Fe^{2+} 只能催化 6×10^{-4} mol 的过氧化氢分解。二者相比，过氧化氢酶的催化效率大约是化学催化剂 Fe^{2+} 的 10^{10} 倍。与无机催化剂相比酶的催化效率一般要高 $10^6 \sim 10^{12}$ 倍。

(二)高度的专一性

酶的专一性是指酶对其所作用的物质(底物)具有严格的选择性，即一种酶仅作用于一种底物或一类分子结构相似的底物，使其发生某种特定类型的化学反应，并产生特定的产物。酶的专一性实际是酶分子对底物分子的识别，这种识别作用使酶分子能区分很相似的底物分子。根据酶对底物选择性的严格程度不同，可将酶的专一性分为：绝对专一性、相对专一性和立体异构专一性三种类型。

1. 绝对专一性

有些酶对底物有严格的要求，它只能催化一种底物发生反应，若底物分子有任何细微的变化，便不被作用，酶的这种专一性称为绝对专一性。如脲酶只能催化尿素水解为 NH_3 和 CO_2，对尿素的甲基或氯取代物则完全不起作用，如甲基脲与尿素的结构非常相似，但是脲酶并不催化其水解；琥珀酸脱氢酶只能催化琥珀酸发生氧化还原反应，而不能催化结构相似的丙二酸。

2. 相对专一性

有些酶对底物的选择要求较低，它们能够催化化学结构上相似的一类底物起反应，这类酶的专一性称为相对专一性。在生物体内，大多数酶具有的专一性是相对专一性，包括基团专一性和键专一性。前者指酶只作用于含有特定官能团的分子，如磷酸酶只水解特定底物分子上的磷酸基团。后者指酶只作用于含有特定化学键的分子，而不管底物分子其他部分的结构，如蔗糖酶不仅水解蔗糖，也可水解棉籽糖中相同的糖苷键。

3. 立体异构专一性

有些酶对底物的立体异构具有极其严格的要求，只能作用于一定构型的底物，称为立体异构专一性。立体异构专一性包括几何异构专一性和旋光异构专一性。几何异构专一性是指酶对几何异构体的专一性，如延胡索酸酶只能作用于反-丁烯二酸（延胡索酸），对顺-丁烯二酸（马来酸）则无催化作用；旋光异构专一性指当底物具有旋光异构体时，酶只能作用于其中的一种，如 L-氨基酸氧化酶只能催化 L-氨基酸，对 D-氨基酸无作用。

酶的立体异构专一性在实践中具有重要意义。例如，某些药物只有一种构型有生理效用，另一种构型无效，甚至有害，而有机合成的药物一般是消旋产物，但是用酶来催化就可以进行不对称合成。

（三）反应条件温和

酶所催化的化学反应不需要高温、高压、强酸及强碱等剧烈条件，在常温、常压、近中性条件下即可完成，温度通常是 37℃，压强是 1 个标准大气压，pH 接近 7。

（四）高度的不稳定性

酶是蛋白质，对反应条件极为敏感，任何使蛋白质变性的因素，如高温、高压、强酸、强碱、有机溶剂、重金属盐、超声波、剧烈搅拌等都有可能使酶变性失活。每一种酶都有最佳的反应条件，如最适温度和最适 pH 等，以保证酶活性的稳定，偏离最佳条件均会影响酶的活性。

（五）活性的可调控性

无机催化剂的催化能力一般较稳定，而酶的活性却会受到许多因素的影响。在生物体内，酶活性受多种因素的调控，以适应机体内外复杂多变的环境条件和生命活动的需要，使体内各种化学反应有条不紊地进行。如己糖激酶催化葡萄糖磷酸化为 6-磷酸葡萄糖的反应，当 6-磷酸葡萄糖积累时，会抑制己糖激酶的活性，这样可以避免生物体内葡萄糖和 ATP 的过分消耗。总之，通过底物和产物的浓度、酶结构改变、共价修饰、酶合成与分解调节以及各种激素的浓度等对酶活性进行调节，从而达到对机体的代谢进行调节。

三、酶的命名与分类

（一）酶的命名

1. 习惯命名法

习惯命名法是根据底物的名称、反应的性质及酶的来源来命名。依据所催化的底物命名，如纤维素酶、淀粉酶等。有时会加上酶的来源，区别作用相同、来源不同的酶，如唾液淀粉酶、胰淀粉酶、细菌淀粉酶等。有些酶则是根据其所催化反应的性质和类型命名，如脱氢酶、水解酶等。还有些酶是综合命名，如乳酸脱氢酶、磷酸己糖异构酶等。

习惯命名法简单方便、通俗易懂，但缺乏系统性。随着生物化学的发展，所发现的酶种类数日益增多，这种简单的命名方法就显露出它的不足之处，有时会出现一酶多名或一名数酶的现象，易引起混淆。

2. 系统命名法

为了克服习惯命名法的弊端，国际生物化学协会酶学委员会（EC）于 1961 年提出了一个新的系统命名法，规定一种酶只有一个系统名称。系统命名要求能确切地表明酶的底物及酶催化的反应性质，即酶的系统名包括酶作用的底物名称和该酶的分类名称，并附有一个 4 位数字的分类编号。若底物是两个或多个则通常用":"号把它们分开，作为供体的底物，名字排在前面，而受体的名字在后。如天冬氨酸氨基转移酶催化下列反应：

L-天冬氨酸＋α-酮戊二酸 ⇌ 草酰乙酸＋L-谷氨酸

该酶的系统命名是 L-天冬氨酸：α-酮戊二酸氨基转移酶，它的分类编号是：EC 2.6.1.1。EC 代表按国际酶学委员会规定的命名；第一个数字表示该酶属于 6 个大类中的哪一类；第二个数字表示该酶属于哪一个亚类；第三个数字表示该酶属于哪一个亚亚类；第四个数字表示该酶在亚亚类中的排序。

（二）酶的分类

1961 年国际生物化学协会酶学委员会根据酶催化的反应类型，将酶分为如下 6 大类。

1. 氧化还原酶类

氧化还原酶是催化底物发生氧化还原反应的酶，可用通式表示为：

$$AH_2 + B \rightleftharpoons A + BH_2$$

例如，乳酸：NAD^+ 氧化还原酶（EC1.1.1.27，习惯名为乳酸脱氢酶）为：

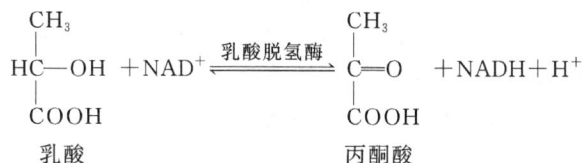

$$\underset{乳酸}{\overset{CH_3}{\underset{COOH}{|}}}HC{-}OH + NAD^+ \xrightarrow{乳酸脱氢酶} \underset{丙酮酸}{\overset{CH_3}{\underset{COOH}{|}}}C{=}O + NADH + H^+$$

2. 转移酶类

转移酶类能催化底物发生功能基团转移或交换反应，可用通式表示为：

$$AB + C \rightleftharpoons A + BC$$

例如，丙氨酸：酮戊二酸氨基转移酶（EC 2.6.1.2，习惯名为谷丙转氨酶或丙氨酸氨基转移酶）；S-腺苷酰蛋氨酸：尼克酰胺甲基转移酶（EC 2.1.1.1，习惯名为尼克酰胺甲基酶）。

3. 水解酶类

水解酶类是一类特殊的基团转移酶，能催化底物发生水解反应，可用通式表示为：

$$AB + H_2O \rightleftharpoons AH + BOH$$

这类酶包括淀粉酶、核酸酶、蛋白酶及脂酶等。例如，亮氨酸氨基肽水解酶（EC 3.4.1.1，习惯名为亮氨酸氨肽酶）。

4. 裂合酶类

裂合酶是催化底物共价键断裂，使一分子底物生成两分子产物的酶，它所催化的反应大多是可逆的。这类酶包括醛缩酶、水化酶、异柠檬酸裂解酶及脱氨酶等。其反应可用通式表示为：

$$AB \rightleftharpoons A + B$$

例如，柠檬酸裂合酶（EC4.1.3.7，习惯名为柠檬酸合成酶）。

5. 异构酶类

异构酶催化各种同分异构体的相互转变，可用通式表示为：

$$A \rightleftharpoons B$$

例如，糖代谢中的磷酸葡萄糖变位酶、磷酸葡萄糖异构酶、磷酸丙糖异构酶等，异构酶所催化的反应都是可逆反应。

6. 合成酶类

合成酶亦称为连接酶，能催化两分子底物合成为一分子底物，同时偶联有 ATP 的磷酸键断裂释放能量，可用通式表示为：

$$A + B + ATP \longrightarrow AB + ADP + Pi$$

例如，谷氨酰胺合成酶、谷胱甘肽合成酶等。

第二部分　酶的分子结构与功能

一、酶的分子结构

(一)酶的分子组成

1. 按酶的组成成分分类

(1)单纯蛋白质酶　有些酶仅含有蛋白质部分，不含有非蛋白质部分，其基本组成单位仅为氨基酸，这样的酶称为单纯蛋白质酶。如淀粉酶、脂肪酶、蛋白酶及脲酶等。

(2)结合蛋白质酶　一些酶的催化活性除需蛋白质部分外，还包括与蛋白质部分结合的非蛋白质成分，故称为结合蛋白质酶。其中蛋白质部分称为酶蛋白，非蛋白质部分称为辅助因子，二者结合的完整分子称为全酶，即，全酶＝酶蛋白＋辅助因子。只有全酶才有催化活性，而酶蛋白或辅助因子单独存在时均无活性。

辅助因子可以是一种或几种无机离子，如 Zn^{2+}、Mg^{2+}、Fe^{2+}(Fe^{3+})、Na^+、K^+等，它们或者是酶活性的组成部分；或者是连接底物和酶分子的桥梁；或者在稳定酶蛋白分子构象方面所必需。辅助因子也可以是复杂的有机分子，其主要作用是在反应中传递电子、质子或一些基团，常可按其与酶蛋白结合的紧密程度不同分成辅酶和辅基两大类。辅酶与酶蛋白结合疏松，可以用透析或超滤方法除去，许多辅酶的前体是维生素；辅基以共价键与酶蛋白结合，透析或超滤方法不能将其除去，如血红蛋白中的血红素辅基。辅酶和辅基的差别仅仅是它们与酶蛋白结合的牢固程度不同，而无严格的界限。

通常一种酶蛋白只能与一种辅酶结合，成为一种特异的酶，但一种辅酶往往能与不同的酶蛋白结合构成许多种特异性酶。酶蛋白在酶促反应中主要起识别底物的作用，酶促反应的特异性、高效性以及酶对一些理化因素的不稳定性均决定于酶蛋白部分。辅助因子决定催化反应的类型。

2. 按酶蛋白的结构和分子大小分类

(1)单体酶。只有一条多肽链组成的酶称为单体酶，它们不能解离为更小的单位。其相对分子质量为 13 000～35 000，具有完整的一、二、三级结构。这类酶为数不多，而且大多是促进底物发生水解反应的酶，如水解酶、溶菌酶、胰蛋白酶等。

(2)寡聚酶。由多个亚基组成的酶称为寡聚酶。寡聚酶中的亚基可以是相同的，也可以是不同的。亚基间以非共价键结合，容易被酸、碱、高浓度的盐或其他的变性剂分离。一般单个亚基无催化活性，聚合成完整四级结构的寡聚酶才具有催化活性，寡聚酶的相对分子质量从 35 000 到几百万。如已糖激酶、苹果酸酶、乳酸脱氢酶等。

(3)多酶复合体系。由催化功能密切相关的几种酶彼此嵌合形成的复合体称为多酶复合体系。多酶复合体系有利于细胞中一系列反应的连续进行，以提高酶的催化效率，同时便于机体对酶的调控。多酶复合体系的相对分子质量都在几百万以上。如丙酮酸脱氢酶系、α-酮戊二酸脱氢酶系和脂肪酸合成酶复合体都是多酶复合体系。

(二)酶的活性中心

不同酶具有不同的一级结构和空间结构，酶分子中的肽链通过折叠、扭曲或缠绕形成酶复杂的空间结构。酶进行催化时，并非整个酶分子与底物结合，而是仅局限在小区域与底物作用。酶分子结合底物并将底物转变为产物的区域，称为酶的活性中心。活性中心有两个功能部位：一个是结合部位（也称为结合基团），一定的底物通过此部位结合到酶分子上，它决定酶的专一性；另一个是催化部位（也称为催化基团），它决定酶的催化能力，底物的敏感键在此处扭曲、断裂而形成新键，从而发生一定的化学变化。两个功能部位相互配合，共同完成整个催化过程。有些酶活性中心的这两个部位本身是统一的，酶的辅助因子通常是活性中心的组成部分。无论是结合基团还是催化基团，都是酶发挥催化作用和与底物结合作用的有效基团，都是必需基团。酶的活性中心示意图如图 3-1 所示。

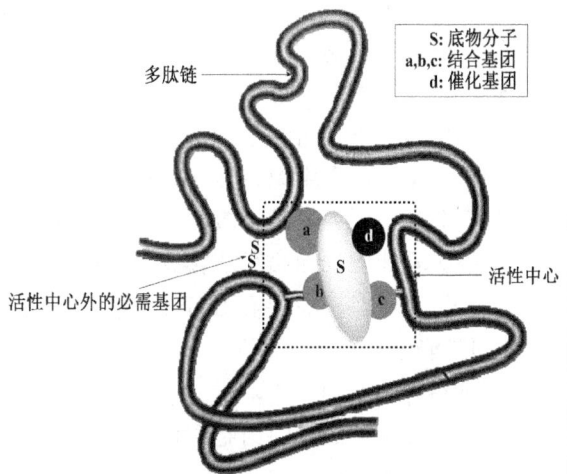

图 3-1 酶的活性中心示意图

酶的活性中心具有一定的三维空间结构，由几个特定的氨基酸残基构成，通常位于酶表面的裂缝或裂隙处，形成促进底物结合的非极性为主的环境。底物以氢键、范德华力、疏水作用力等弱作用力与酶活性中心结合，也可在某些情况下通过可逆性共价键方式结合，形成酶-底物复合物。活性中心具有催化活性的催化基团作用于底物分子，首先形成过渡态复合物，然后生成产物并释放到溶液中。

酶分子中还有一些基团不与底物直接作用，对于酶的催化作用来讲，可能是次要的，但绝不是毫无意义的，它们在维持整个酶分子的空间构象中发挥重要作用，间接地对酶催化作用有着影响。所以当外界的物理化学因素破坏了酶的这些基团时，就可能影响酶活性中心的特定结构，因而必然影响酶的活力。这些基团称为活性中心外的必需基团。

二、酶原与酶原激活

生物体内某些酶在细胞内合成或初分泌时，没有催化活性，这种没有催化活性酶的前体称为酶原，如胃蛋白酶原、胰蛋白酶原、凝血酶原等。酶原是某些暂不表现催化活性的酶的一种特殊存在形式。在一定条件下，酶原分子结构发生变化，暴露或形成活性中心，无活性的酶原转变成具有活性的酶的过程，称为酶原激活。

酶原激活机理主要是在一定条件下酶分子内肽链的一处或多处断裂，致使空间构象发生改变，形成或暴露酶的活性中心，从而表现出酶的活性。如胰蛋白酶原在胰腺细胞内合成或初分泌时，以无活性的胰蛋白酶原形式存在，当它随胰液进入小肠后，在肠激酶的催化下，从氨基末端水解下一个六肽片段，转变为有活性的胰蛋白酶，发挥水解蛋白质的作用。酶原激活的实质就是酶的活性中心形成或暴露的过程。

正常生理条件下，胰蛋白酶初分泌时，以胰蛋白酶原的形式存在，保护了胰腺细胞不受胰蛋白酶的破坏；血管内凝血酶以凝血酶原形式存在，能防止血液在血管内凝固形成血栓；胃蛋白酶初分泌时以胃蛋白酶原形式存在，能防止胃壁被自身胃液所消化形成胃溃疡或胃穿孔。所以酶原激活具有重要的生理意义，可以保证酶在特定的部位及环境发挥其催化作用。

三、同工酶

同工酶是一种酶的不同形式，它们催化相同的反应，具有不同的生理、理化性质或免疫学性能，如等电点、最适 pH、底物亲和力等。某种酶的同工酶通常来源于不同的基因，常存在于机体的不同组织中。

同工酶酶谱具有组织特异性，在医学上可作为重要的诊断指标。例如，乳酸脱氢酶是一个具有两种不同亚基的四聚体，分别称为 H 亚基和 M 亚基。它们的氨基酸序列差异不大，两种亚基能随机地相互结合成四聚体，形成 5 种同工酶，即 H_4、H_3M、H_2M_2、HM_3 和 M_4。其中 M 亚基主要存在于骨骼肌和肝脏中，而 H 亚基主要存在于心肌中。H_4 和 H_3M 同工酶主要存在于心肌和红细胞中；H_2M_2 主要存在于脑中；而 HM_3 和 M_4 主要存在于肝脏和骨骼肌中。正常情况下，血液中乳酸脱氢酶量极少，心肌梗死、传染性肝炎和肌肉病均涉及受累的组织细胞死亡，此时细胞内容物释放到血液中，通过血液中乳酸脱氢酶同工酶酶谱的变化可知道释放该同工酶的组织，用于疾病的诊断和监测治疗效果，如图 3-2 所示。

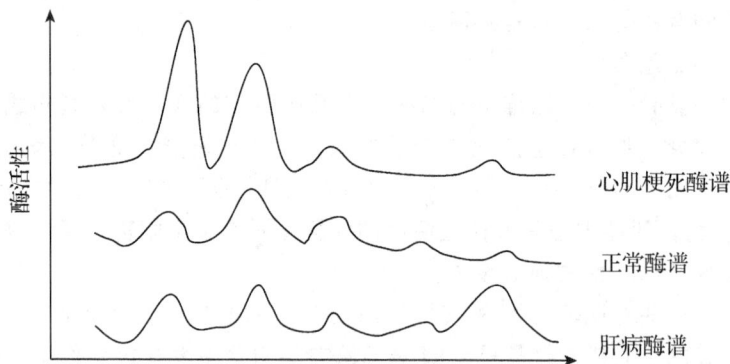

图 3-2   心肌梗死和肝病患者血清乳酸脱氢酶同工酶的变化

四、酶的化学本质

变构酶是一类重要的调节酶，其分子除了含有结合部位和催化部位外，还有调节部位（变构部位）。调节部位可与调节物结合，改变酶分子的构象，并引起酶催化活性的改变。调节物又称效应物或别构剂，变构酶又称别构酶。

若调节物的结合使酶与底物亲和力或催化效率提高，则称为别构激活剂；反之，若使酶与底物的亲和力或催化效率降低的称为别构抑制剂。

当效应物与酶分子上的调节部位结合后，引起酶的构象改变而影响酶的催化活性，这种作用称为变构效应或别构调节作用。

变构酶一般位于反应途径的关键位置，控制整个反应途径的反应速度。通过变构调节可以避免过多的底物积累，也可通过别构抑制的方式，调节整个代谢途径的速度，减少不必要的底物消耗。这种调控对于维持细胞内的代谢平衡起到了重要作用。

第三部分   酶的催化作用原理

一、酶活力的测定

酶活力也称为酶活性，是指酶催化一定化学反应的能力。检查酶的含量及存在，不能直接用质量或体积来表示，常用它催化某一特定化学反应的速度来表示，即用酶的活力来表示。

（一）酶活力与酶反应速度

酶活力通常用最适条件下酶所催化的化学反应速度来衡量。即酶催化的反应速度越快，酶的活力就越高；速度越慢，酶活力就越低。所以测定酶活力就是测定酶促反应的速度。酶促反应速度可用单位时间内底物的减少量或产物的增加量来表示，所以反应速度的单位是：底物浓度/单位时间。

（二）酶活力单位

酶的活力大小可用酶的活力单位来度量。1961 年国际生化学会酶学委员会建议采用统一的国际单位（IU）来表示酶活力。在标准条件（25℃、最适 pH、最适底物浓度）下，1 min 内催 1 μmol 底物转化所需的酶量定义为 1 个酶活力单位（1 IU ＝ 1 μmol 底物/min）。

（三）酶的比活力

酶的比活力是指每毫克酶蛋白所具有的酶活力单位数。有时也用每克酶制剂或每毫升酶制剂含有多少个酶活力单位来表示。比活力是表示酶制剂纯度的一个重要指标，常用于监控酶的分离纯化过程和酶制剂的质量。对同一种酶来说，比活力越高，酶的纯度越高。

二、酶的催化机理

（一）酶能降低化学反应活化能

化学反应是由具有一定能量的活化分子相互碰撞发生的。分子从初态转变为激活态所需的能量称为活化能。反应所需活化能越高，相对活化分子就越少，反应速度就越慢；反之则越快。酶所起的作用就是降低底物分子对活化能的需求。例如，H_2O_2 的分解反应无催化剂时，活化能为 75 kJ/ mol ，用 Pb 作为催化剂，活化能为 50 kJ/ mol ，而用过氧化氢酶来催化，活化能仅需 8 kJ/ mol 。由此可见，酶能极大地降低反应的活化能，提高化学反应速率。催化剂对反应活化能的影响如图 3-3 所示。

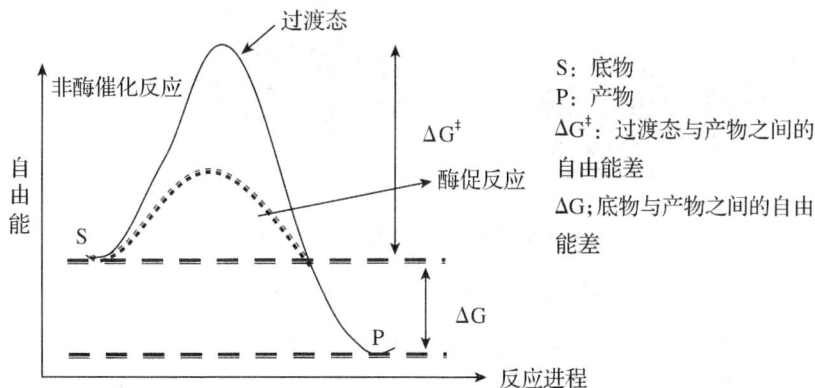

图 3-3　化学反应过程中能量变化

（二）酶的催化作用机理

1. 中间产物学说

酶作用的实质在于降低反应的活化能，目前比较圆满的解释是中间产物学说。1913 年，米凯利斯（Michaelis）和门顿（Menten）在研究底物浓度对酶促反应速率影响时，为了说明酶催化作用的机理，提出了酶促反应的中间产物学说。该学说认为：酶在催化底物发生变化之前，酶首先与底物结合成一个不稳定的中间产物 ES（也称为中间配合物）。由于 S 与 E 的结合导致底物分子内的某些化学键发生不同程度的变化，呈不稳定状态，也就是活化状态，使反应的活化能降低。然后，经过原子间的重新键合，中间产物 ES 便转变为酶与产物。这一过程，可用下面的反应式说明：

$$S+E \Longleftrightarrow SE \longrightarrow P+E$$

式中，S 表示底物，E 表示酶，ES 是中间产物，P 是产物。

近年来获得了大量过渡态中间产物的类似物，从而使酶促反应的中间产物学说得到有力的支持，这些类似物一般为酶的抑制剂，它们与酶的结合能力远大于底物，说明在结构上比底物更接近于反应过程中生成的过渡态中间产物。如烯醇式丙酮酸是乳酸脱氢酶、丙酮酸激酶、丙酮酸羧化酶共同的过渡态中间物。草酸与烯醇式丙酮酸结构类似，因此它作为上述三种酶共同的过渡态中间产物的类似物。

2. 诱导契合学说

大量的试验证明，酶和底物在游离状态时，其形状并不精确互补。但酶的活性中心具有一定的柔性。当底物与酶相遇时，可诱导酶蛋白的构象发生相应变化，使活性中心上有关的结合基团和催化基团达到正确的排列和定向，因而使酶和底物契合而结合成中间配合物，并引起底物发生反应(图 3-4)。这就是 1958 年由科什兰(D．E．Koshland)提出的"诱导契合学说"。在酶和底物的相互作用过程中，诱导是双向的，既有底物对酶的诱导，又有酶对底物的诱导。由于酶是大分子，可以转动的化学键较多，易变形；而底物多是小分子物质，可供选择的构象有限，所以底物对酶的诱导是主要的。酶与底物的结合是包括多种化学键参加的反应。酶蛋白分子中的共价键、氢键、酯键、偶极电荷都能作为酶与底物间的结合力。

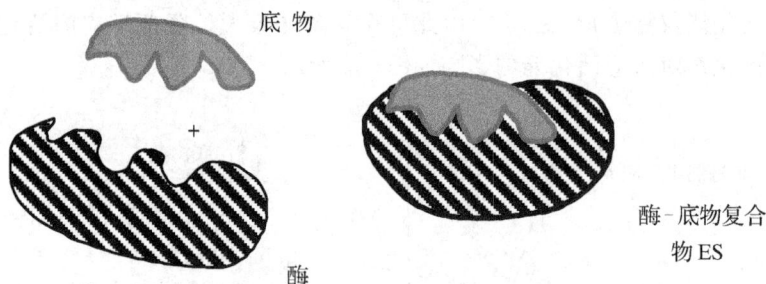

图 3-4   酶与底物诱导契合示意图

第四部分   影响酶促反应速度的因素

生物体进行的生命活动都是在酶的催化下进行的，酶最重要的特征就是具有高效的催化能力，而酶催化的化学反应速度具有重要的生理意义。在活细胞内一个合成反应必须以足够快的速度满足细胞对反应产物的需要，而有毒的代谢产物也必须以足够快的速度进行排除，以免积累到损伤细胞的水平。若需要的物质不能以足够快的速度提供，而有害的代谢产物不能以足够快的速度排走，势必造成代谢紊乱。因此研究酶反应速度不仅可以阐明酶反应本身的性质，了解生物体内正常的和异常的新陈代谢，而且还可以在体外寻找最有利的反应条件来最大限度地发挥酶反应的高效性。酶促反应速度可以用单位时间内底物的消耗量或产物的生成量来表示，并且初速度与酶浓度成正比，其受产物影响及其他因素影响较小。所以，在研究某一因素对酶促反应速度的影响时，必须使酶反应体系中其他因素保持不变，并以反应的初速度来表示酶促反应速度。

生物体内进行的酶促反应，同样也可以用化学动力学的理论和方法进行研究，即在测定酶促反应速度的基础上，研究底物浓度、酶浓度、温度、pH、激活剂和抑制剂等对酶促反应速度的影响。这有利于阐明酶的结构与功能的关系；有利于优化酶促反应的条件，以最大限度地发挥酶的催化效率；有利于了解酶在代谢中的作用和某些药物的作用机理，对于疾病的诊断和治疗都具有指导意义。

一、底物浓度对酶促反应速度的影响

在酶促反应体系中，如酶浓度、pH、温度等条件恒定，则底物浓度增加，反应速度随之增加。酶促反应速度并不是随着底物浓度的增加而直线增加的，而是在高浓度时达到一个极限速度，即达到最大速度（v_{max}）。即底物浓度与酶促反应速度之间呈双曲线关系。

当底物浓度很低时，反应速度与底物浓度成正比关系，表现为一级反应；随着底物浓度的升高，反应速度不再呈正比例加快，反应速度增加幅度变缓，表现为混合级反应；当底物浓度很高时，反应速度达最大速度，底物浓度再增高也不影响反应速度，表现为零级反应。此时所有的酶分子已被底物所饱和，即酶分子与底物结合的部位已被占据，速度不再增加。底物浓度与酶促反应速度的关系如图 3-5 所示。

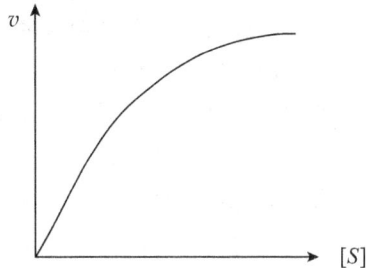

图 3-5　底物浓度对酶促反应速度的影响

（一）米氏方程

Michaelis 和 Menten 于 1913 年，利用中间产物学说，推导出了一个表示底物浓度 $[S]$ 与酶促反应速度 v 之间定量关系的数学方程式，即米氏方程。

$$v=\frac{v_{max}[S]}{[S]+K_m}$$

式中，K_m——米氏常数，它是酶的重要参数，是酶的特征性常数；

　　　v_{max}——该酶促反应的最大速度；

　　　$[S]$——底物浓度；

　　　v——在某一底物浓度时相应的反应速度。

（二）米氏常数（K_m）的意义

（1）K_m 值是酶的特征性常数之一。一般只与酶的性质有关，而与酶的浓度无关。不同的酶 K_m 不同。如果一个酶有几种底物，则该酶对每一种底物都有一个特定的 K_m，并且 K_m 还受 pH 及温度的影响。因此，K_m 作为常数只是对一定的底物、一定的 pH、一定的温度条件而言的。测定酶的 K_m 值可以作为鉴别酶的一种手段，但是必须在指定的实验条件下进行。

（2）K_m 值等于酶促反应速度为最大速度一半时的底物浓度。当反应速度为最大速度一半时（$v=\frac{v_{max}}{2}$），米氏方程可变换为：

$$\frac{v_{max}}{2}=\frac{v_{max}[S]}{K_m+[S]}$$

进一步整理可得到：$K_m=[S]$

(3)$\dfrac{1}{K_m}$近似地表示酶对底物亲和力的大小。$\dfrac{1}{K_m}$越大，表明亲和力越大，因为$\dfrac{1}{K_m}$越大，K_m值就越小，达到最大反应速度一半所需要的底物浓度就越小。显然，最适底物与酶的亲和力最大，不需很高的底物浓度就可以很容易地达到v_{max}。

二、酶浓度对酶促反应速度的影响

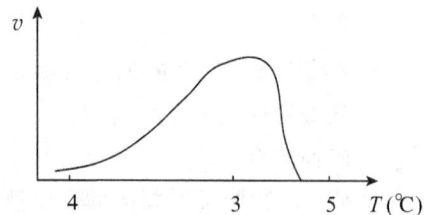

在酶促反应体系中，当其他条件固定不变而底物浓度又足以使所有的酶都能结合为酶-底物复合物时，酶促反应的速度与酶的浓度成正比。因为酶催化反应时，首先要与底物形成中间产物，即酶-底物复合物。当底物浓度大大超过酶浓度时，反应达到最大速度。如果此时增加酶的浓度可增加反应速度，酶促反应速度与酶浓度成正比关系(图 3-6)。

三、温度对酶促反应速度的影响

在一定范围内，酶促反应速度随温度升高而加快，直至达到最大速度。超过这一范围，温度继续升高反而使酶促反应速度下降，使酶促反应速度达到最大时的温度称为酶的最适反应温度。温度从两个方面影响酶促反应的速度。首先升高温度，增加底物分子的热能，反应速度加快，这与一般化学反应一样；同时较高的温度也增加酶蛋白分子的热能，使得维系酶分子空间构象的非共价键断裂机会增多，最终导致酶逐步变性。酶的三维结构中哪怕仅有小的变化都会改变活性部位的结构，导致酶催化活性降低，从而降低酶促反应的速度。而酶促反应的最适温度就是这两种作用平衡的结果(图 3-7)。许多哺乳动物中酶的最适温度在 37℃左右，但也有些生物体的酶适于在相当高或相当低的温度下工作。例如，用于聚合酶链式反应的 Taq 聚合酶就是于生活在温泉高温环境的细菌体内发现的，因此适于在高温时发挥作用。

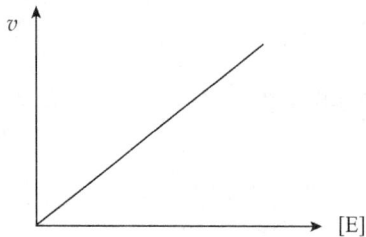

图 3-6　酶浓度对酶促反应速度的影响　　图 3-7　温度对酶促反应速度的影响

但低温一般不破坏酶。温度回升后，酶又恢复活性。临床上低温麻醉就是利用酶的这一性质以减慢组织细胞代谢速度，提高机体对氧和营养物质缺乏的耐受，有利于手术治疗成功。

酶的最适反应温度并非是固定不变的特征常数，它与底物种类、作用时间等因素有关。一般来说，酶可以在短时间内耐受较高的温度，相反，延长反应时间，最适温度便降低。

四、pH 对酶促反应速度的影响

pH 对酶促反应速度的影响非常明显(图 3-8)，每种酶都有它的最适 pH，在此 pH 下催化反应的速度最大。高于或低于此值，反应速度下降，因为酶活性降低。测定酶的活性时，应选用适宜的缓冲液，以保持酶活性的相对恒定。

最适 pH 有时因底物种类、浓度及缓冲液成分不同而不同，而且常与酶的等电点不一致。因此，酶的最适 pH 并不是一个特征性常数，只是在一定条件下才有意义。动物体内的酶，最适 pH 大多在 6.8~8.0；植物及微生物体内的酶，最适 pH 多在 4.5~6.5。但也有例外，如胃蛋白酶 pH 为 1.9，肝脏中的精氨酸酶 pH 为 9.7。

pH 影响酶活力可能有以下几个方面原因。

1. pH 影响酶分子构象的稳定性

酶在最适 pH 时是稳定的，过酸或过碱都能引起酶蛋白质变性而使酶失活。

2. pH 影响酶分子极性基团的解离状态

因为酶是蛋白质，pH 的变化会影响到蛋白质上的许多极性基团（如氨基、羧基、咪唑基、巯基等）的离子特性。在不同 pH 条件下，

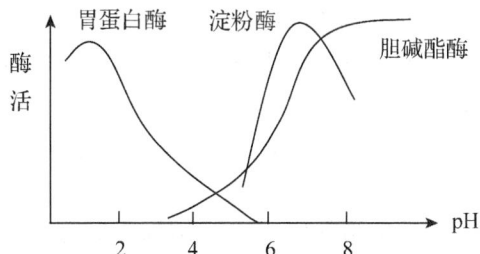

图 3-8　pH 对酶促反应速度的影响

这些基团解离的状态不同，所带电荷也不同，只有在酶蛋白处于一定解离状态下，才能与底物形成中间物，而且酶的解离状态也影响酶的活性。例如，胃蛋白酶在正离子状态下有活性；胰蛋白酶在负离子状态下有活性；而蔗糖酶在两性离子状态下才具有活性。

3. pH 影响底物的解离

许多底物或辅酶也具有离子特性（如 ATP、NAD^+、CoA 等），pH 的变化也影响它们的解离状态。而酶只与某种解离状态的底物才能形成复合物，如在 pH9.0～10.0 时，精氨酸解离成正离子，而精氨酸酶解离成负离子时酶的活性最大。

五、激活剂对酶促反应速度的影响

凡是能提高酶活性或能使酶原激活的物质，都称为激活剂，其中大部分是离子或简单的有机化合物。激活剂按分子大小可分为三类。

1. 无机离子

有阳离子如 K^+、Na^+、Mg^{2+}、Zn^{2+}、Fe^{2+}、Ca^{2+} 等，其中 Mg^{2+} 是多种激酶及合成酶的激活剂。金属离子作为激活剂的作用：一是作为酶的辅助因子，是酶的组成成分，在分离提纯中常被丢失；二是在酶与底物的结合中起桥梁作用，如 Cl^- 是唾液 α-淀粉酶的激活剂，H^+ 是胃蛋白酶的激活剂。

2. 中等大小的有机分子

某些还原剂，如半胱氨酸、还原型谷胱甘肽、抗坏血酸等能激活某些酶，使含巯基酶中被氧化的二硫键还原成巯基，从而提高酶活性。在酶的提取或纯化过程中，某些酶会因活性基团巯基被氧化而活性降低，加入巯基乙醇等还原剂，可以使酶恢复活性。有些金属螯合剂，如 EDTA（乙二胺四乙酸）能除去酶中的重金属杂质，解除重金属离子对酶的抑制作用，从而起到激活酶的作用。

3. 具有蛋白质性质的大分子

这类激活剂专指可对某些无活性的酶原起作用的酶，如胰蛋白酶作为激活剂，使胰凝乳蛋白酶原被激活为胰凝乳蛋白酶。

六、抑制剂对酶促反应速度的影响

有两种情况可导致酶活性的降低或丧失：一种是由酶分子变性引起的，另一种是由抑制剂造成的。酶分子变性引起酶活性丧失的作用称为变性作用，又称失活作用。抑制剂是指通过与酶分子的结合而降低酶的催化活性，甚至使酶催化活性完全丧失的物质，如药物、抗生素、毒物等。抑制剂只能使酶的催化活性降低或丧失，而不引起酶蛋白变性的作用称为抑制作用。所以抑制作用与变性作用是不同的。根据抑制剂与酶的作用方式可将抑制作用分为可逆抑制作用与不可逆抑制作用两大类。

（一）可逆抑制作用

抑制剂与酶非共价地可逆结合，可用透析、超滤等物理方法除去抑制剂而恢复酶的活性，这种抑制作用称为可逆抑制作用。可逆抑制剂与游离状态的酶之间存在着一个平衡。根据抑制剂与底物的关系，可逆抑制作用分为三种类型。

1. 竞争性抑制作用

某些抑制剂（I）的化学结构与底物类似，与底物竞争酶的活性中心，并与酶结合成酶-抑制剂复合物（EI），减少酶与底物的结合，降低酶促反应速度，这种作用称为竞争性抑制作用。可用通式表示为：

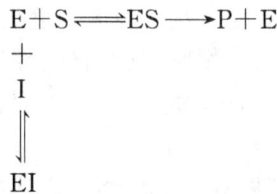

$$
\begin{array}{c}
E+S \rightleftharpoons ES \longrightarrow P+E \\
+ \\
I \\
\updownarrow \\
EI
\end{array}
$$

酶既可以结合底物分子也可以结合抑制剂分子，但不能同时与两者结合。竞争性抑制剂与酶的活性中心可逆结合，底物浓度增高可削弱竞争性抑制剂的作用，因为足够高的底物浓度可将结合在活性部位的抑制剂分子竞争性地排出，使整个反应体系向生成产物（P）的方向移动。因此，竞争性抑制剂存在时，酶的 v_{max} 不变，但酶对其底物的表观亲和力降低，K_m 增加。

琥珀酸脱氢酶以琥珀酸（丁二酸）为底物，它可被丙二酸、草酰乙酸、苹果酸竞争性地抑制，因为它们的化学结构与此酶的底物琥珀酸相似（图 3-9）。琥珀酸脱氢酶的活性被竞争性抑制，从而三羧酸循环被阻断（如图 3-9）。在增加琥珀酸浓度时，可解除或减弱竞争性抑制剂的抑制作用。

图 3-9　琥珀酸脱氢酶竞争性抑制剂

竞争性抑制作用的原理可用来阐明某些药物的作用机制和指导探索合成控制代谢的新药物。磺胺类药物是典型的代表。对磺胺敏感的细菌不能利用环境中的叶酸，只能在体内利用对氨基苯甲酸来合成二氢叶酸（人体能直接利用食物中的叶酸），再进一步合成四氢叶酸，参与核酸和蛋白质的合成。而磺胺类药物和对氨基苯甲酸的结构相似，人服用磺胺药物后，磺胺药物作为二氢叶酸合成酶的竞争性抑制剂，竞争性地与细菌体内二氢叶酸合成酶的活性中心结合，抑制细菌二氢叶酸合成酶，影响二氢叶酸的合成，从而使细菌核酸的合成受阻，生长和繁殖受到抑制，达到抑菌治病的效果（图 3-10）。根据竞争性抑制的特点，服用磺胺类药物时必须保持血液中药物的浓度，以发挥其有效的竞争性抑菌作用。洛伐他丁能竞争性抑制 HMG-CoA 还原酶，使该酶的活性降低，从而使胆固醇生物合成速率降低，因此被用于高胆固醇血症的常规治疗。许多属于抗代谢物的抗癌药物，如 6-氟尿嘧啶、阿拉伯糖胞苷等，都是根据这一原理设计出来的。

$$H_2N\text{—}\bigcirc\text{—}COOH \qquad H_2N\text{—}\bigcirc\text{—}SO_2NHR$$

对氨基苯甲酸　　　　　　　　　　　　磺胺类药物

$$\left.\begin{array}{l}\text{对氨基苯甲酸}\\\text{二氢蝶呤啶}\\\text{谷氨酸}\end{array}\right\}\xrightarrow{\text{二氢叶酸合成酶}}\text{二氢叶酸}\xrightarrow{\text{二氢叶酸还原酶}}\text{四氢叶酸}$$

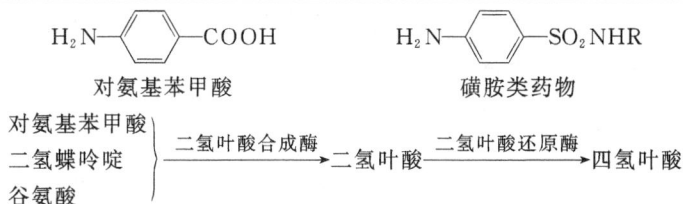

图 3-10　磺胺类药物的作用机理

2. 非竞争性抑制作用

非竞争性抑制剂分子的结构与底物分子的结构通常相差很大。非竞争性抑制剂与酶的活性中心以外的部位可逆地结合，酶分子活性中心处的结合基团依然可与底物继续结合，即酶可以同时与底物及抑制剂结合，两者没有竞争作用。但是结合生成的酶-底物-抑制剂三元复合物(ESI)不能进一步分解为产物，从而降低了酶活性。非竞争性抑制作用，可用反应式表示如下：

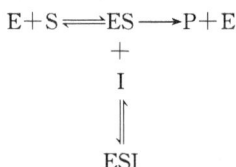

$$\begin{array}{ccc}E+S & \xrightleftharpoons{} ES & \longrightarrow P+E \\ + & & \\ I & & \\ \big\Updownarrow & & \\ ESI & & \end{array}$$

底物和非竞争性抑制剂在与酶分子结合时，互不排斥，无竞争性，因而非竞争性抑制剂的效应不能通过增加底物浓度的方法来减弱或消除，所以 v_{max} 降低。受到非竞争性抑制作用时，酶对底物的亲和力不变，因此 K_m 保持不变。许多酶能被重金属离子如 Ag^+、Hg^{2+} 或 Pb^+ 等抑制，都是非竞争性抑制的例子。

3. 反竞争性抑制作用

有些抑制剂不能与游离酶在活性中心结合，只能与酶-底物复合物(ES)结合形成 ESI，因为底物与酶的结合导致酶构象改变而显现出抑制剂的结合部位，因此抑制剂不与底物分子竞争酶分子的活性中心，但形成的 ESI 不能转变出产物。反竞争性抑制作用可用下式表示：

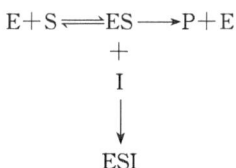

$$\begin{array}{ccc}E+S & \xrightleftharpoons{} ES & \longrightarrow P+E \\ & + & \\ & I & \\ & \big\downarrow & \\ & ESI & \end{array}$$

当反应体系中有此类抑制剂存在时，反应平衡向形成 ES 方向移动，促使 ES 形成，恰恰与竞争性抑制作用相反，故称反竞争性抑制作用。

(二)不可逆抑制作用

抑制剂与酶分子活性中心的某些必需基团以比较牢固的共价键相结合，这种结合很难自发分解，也不能用简单的透析、超滤等物理方法去除抑制剂而恢复酶活性，这种抑制作用称为不可逆抑制作用。根据不同抑制剂对酶的选择性不同，可将不可逆抑制作用分为两种类型，即专一性不可逆抑制作用和非专一性不可逆抑制作用。

1. 专一性不可逆抑制作用

有些抑制剂只作用于酶蛋白的一种氨基酸侧链基团或只作用于一类酶的抑制作用称为专一性不可逆抑制作用。有机磷化合物是酶活性中心上含有丝氨酸残基的酶的专一性不可逆抑制剂。例如，有机磷农药能专一作用于胆碱酯酶活性中心的丝氨酸羟基，使其磷酰化而不可逆抑制酶的活性。当胆碱酯酶被有机磷农药抑制后，胆碱能神经末梢分泌的乙酰胆碱不能及时分解，乙酰胆碱的积蓄会导致胆碱能神经毒性兴奋状态。解磷定等药物可与有机磷结合，使酶和有机磷分离而复活。

2. 非专一性不可逆抑制作用

有些抑制剂可作用于酶分子上的不同基团或作用于几类不同的酶的抑制作用称为非专一性不可逆抑制作用。低浓度的重金属离子 Hg^{2+}、Ag^+ 等可与酶分子的巯基结合，使酶失活，而这些重金属离子结合的巯基不限于必需基团，如下所示：

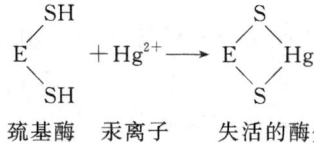

$$\begin{array}{c} SH \\ E \\ SH \end{array} + Hg^{2+} \longrightarrow \begin{array}{c} S \\ E \qquad Hg \\ S \end{array}$$

巯基酶　　汞离子　　失活的酶分子

属于这类抑制剂的有烷化剂、酰化剂等。碘乙酸、2,4-二硝基氟苯(DNFB)等烷化剂可使酶蛋白的氨基、巯基、羧基、硫醚基、咪唑基等烷基化；磺酰氯、酸酐等酰化剂可使酶蛋白的羟基、巯基、氨基、酚基发生酰化反应。例如，碘乙酸与 3-磷酸甘油醛脱氢酶的巯基共价结合而抑制此酶的活性：

$$E—SH+ICH_2COO^- \longrightarrow ES—CH_2COO^- + HI$$

专一性不可逆抑制作用和非专一性不可逆抑制作用的区别也不是绝对的，有些非专一性抑制剂有时也会转化产生专一性抑制作用。

第五部分　酶的实际应用

一、酶在生产生活中的应用

我们的日常生活离不开酶。与生活密切相关的酱油、醋、茶叶的发酵都离不开酶。酶在淀粉加工、乳品加工、果蔬加工、蛋白质加工、面粉的烘烤加工以及酿酒工业中都有所应用。如：以淀粉为原料，通过酶转化法生产低聚麦芽糖，具有原料来源广、价格低、入口香甜、风味独特等优点；耐高温 α-淀粉酶不仅可用于葡萄糖的制造，还广泛地用于啤酒、酒精、发酵工业、制药、纺织、造纸等工业上；乳糖酶可分解乳糖，解决乳糖不耐受；凝乳酶用于制造干酪；果蔬加工中最常用的酶有果胶酶、纤维素酶、半纤维素酶、阿拉伯糖酶等，其中果胶酶可以明显提高果汁澄清度，增加果汁出汁率；蛋白酶改善和提高蛋白质的溶解性、乳化性、黏度、风味等；酶在烘烤食品时增大面包体积、改善面粉质量、提高柔软度、延长保质期。

相较于传统化学催化，酶催化的高效性、少废物等特点都十分突出。过去 40 年，酶工业不断发展崛起，现代生物技术的发展也助力于开发和生产更复杂更高效的酶产品，促进了酶工业的发展进步。在洗衣粉制造业，洗衣粉中加入了蛋白酶、脂肪酶、淀粉酶、纤维素酶等，使洗衣粉降解顽固污渍效果更好；在纺织工业上，早在 20 世纪 80 年代，人们就开始用蛋白酶处理羊毛面料，以防止缩水现象的发生。在食品生产中酶类也起了相当大的作用，如木瓜蛋白酶能增强肌肉酶类的作用，使肉类在烹饪过程中嫩化；从麦芽中提取的植酸酶可有效降低豆科植物和谷类中的植酸；果胶酶、纤维素酶和半纤维素酶可促使细胞分离、细胞壁变软，使原材料易于榨浆等。在食品包装上，葡萄糖氧化酶在食品保鲜及包装中最大的作用是除氧，延长其食品的保鲜保质期，保持色、香、味的稳定性。

酶工程主要是利用物理、化学或分子生物学方法研究酶的生产、纯化、固定化技术、酶分子结构的修饰和改造等。利用酶工程可提取动植物中的各种活性成分，如植物多糖、植物黄酮、生物活性肽等。重要的降血糖药物西格列汀就是由人工改造的酶合成的。

二、酶在医学中的应用

(一)酶与疾病的发生

1. 酶的遗传性缺陷疾病

体内几乎所有代谢反应均需酶的参与，而且对物质代谢的控制也多通过对酶活性的调节来实现。有些先天性或遗传性缺陷可引起某些酶的质和量发生异常，从而使体内相应的代谢途径不能正常进行，称为遗传性酶缺陷。例如，酪氨酸酶遗传性缺陷时，体内黑色素生成障碍而引起白化病，患者皮肤、毛发呈白色；遗传性葡萄糖-6-磷酸脱氢酶缺乏症也是常见的遗传性酶缺陷病，俗称蚕豆病，全世界约 2 亿人罹患此病；卟啉病是血红素合成途径当中，由于缺乏某种酶或酶活性降低，使得中间产物卟啉的产生和排泄异常，引起的一种卟啉代谢障碍性疾病；糖原贮积病、脂质贮积病、苯丙酮酸尿症等也是酶缺陷所致。

2. 中毒性疾病

许多中毒性疾病几乎都是由于某些酶被抑制所引起的。如有机磷农药中毒时，胆碱酯酶活性被抑制，乙酰胆碱不能水解，造成乙酰胆碱堆积，出现一系列中毒症状。此外，氰化物能与细胞色素氧化酶结合，使生物氧化过程中的电子传递中断，严重威胁生命。

由于体内各种物质代谢过程多为酶促反应，因此，不论是遗传性缺陷或外界因素造成的对酶活性的抑制或破坏，均可引起疾病甚至危及生命。

(二)酶与疾病的诊断

临床上常通过测定体液中某些酶的活性来辅助诊断某些疾病、评价疗效和判断预后。例如，转氨酶异常升高时，指示肝脏可能受损。目前临床上以检测血清中的酶应用最广，根据需要也可测定尿液及其他体液(如胸腔积液、腹腔积液、脑脊液)中的酶。

自 19 世纪中叶以来，临床酶学发展迅速。1954 年科学家发现急性心肌梗死患者血清天冬氨酸氨基转移酶(AST)升高。20 世纪 60 年代初，科学家相继证实血清淀粉酶(AMYL)和脂肪酶(LIPA)对急性胰腺炎具有诊断价值。20 世纪 70 年代初，研究人员发现用肌酸激酶(CK)同工酶(CK-MB)诊断急性心肌梗死比 CK 特异性更高，CK-MB 曾一度被公认为诊断急性心肌梗死的"金标准"。与此同时，一些自动化的仪器设备和免疫学技术相继进入临床实验室，使得临床酶学进入了一个崭新的时期。已有百余种酶应用于临床诊断与研究，常用的且有重要临床价值的酶亦有数十种。临床酶学分析已占临床化学实验室常规工作量的 25%～40%。

(三)酶与疾病的治疗

酶在促进新陈代谢和维持体内化学反应方面起着重要作用。随着生物技术的发展和对疾病机理的深入研究，酶类药物成为生物药物的重要组成部分。截至目前，已有 100 种以上的酶类药物广泛用于临床，中国药典收藏了 15 种酶类药物，有 20 多个规格。酶制剂可用于癌症治疗，如 L-天冬酰胺酶、精氨酸酶、精氨酸脱亚胺酶等。L-天冬酰胺酶广泛分布于动物、植物和微生物中，而人体中不存在。L-天冬酰胺酶的作用是催化 L-天冬酰胺降解为 L-天冬氨酸和氨。健康细胞可利用天冬酰胺合成酶合成 L-天冬酰胺，而肿瘤细胞缺乏L-天冬酰胺合成酶，进而需要外源供应 L-天冬酰胺以维持其生长繁殖。L-天冬酰胺酶通过水解 L-天冬酰胺使癌细胞饥饿并最终死亡。近 20 年的临床数据表明，L-天冬酰胺酶还可用于治疗急性粒细胞白血病、慢性淋巴细胞白血病、霍奇金病、结肠肉瘤、非霍奇金淋巴瘤、胰腺癌和牛淋巴肉瘤等。

酶也可用于助消化，如胃蛋白酶、胰蛋白酶、胰脂肪酶等，可缓解消化不良导致的身体不适，维持人体健康。对于乳糖不耐受的患者，由于体内缺乏足够乳糖酶消化乳糖，在食用含乳糖的食物时（如牛奶等）就会出现腹胀、腹泻等症状，可以通过食用含乳糖酶的乳制品减轻乳糖不耐受症状。

链激酶、尿激酶作为溶栓治疗的常用药物，已有数十年的临床应用历史。链激酶是第一个用于临床的溶栓药物蛋白酶，但它在体内的半衰期短，且生产成本高。现在用基因技术改造的重组链激酶，作用时间延长，易于生产且更安全可控。

许多药物可通过抑制生物体内的某些酶来达到治疗目的。凡是能抑制细菌重要代谢途径中的酶活性，便可达到抑菌目的。如磺胺类药物通过竞争性抑制细菌二氢叶酸合成酶而起到抑菌消炎的作用。

遗传性酶缺陷疾病可以通过补充相应的酶缓解症状。如苯丙酮尿症由于缺乏苯丙氨酸羟化酶导致苯丙氨酸及其代谢产物的浓度显著增加，对神经有毒性，会使患者出现严重的智力障碍、自闭症行为、癫痫发作等神经学表现。传统饮食疗法是通过长期严格控制低苯丙氨酸含量饮食，降低血液中的苯丙氨酸浓度至无神经毒性范围内，但这种治疗方式很难坚持且容易出现新生儿营养不良等问题。苯丙氨酸解氨酶有望成为控制苯丙酮尿症中苯丙氨酸水平的酶替代疗法。它可将苯丙氨酸转化为无毒产物——反式肉桂酸和氨，反式肉桂酸再被转化为苯甲酸，在肝脏中与甘氨酸结合并作为马尿酸排泄，而氨在肝脏形成尿素排出体外。

总之，酶制剂已应用于抗肿瘤以及消化系统疾病、心血管疾病、炎症治疗等方面。酶与药物联合用于疾病治疗也得到了快速的发展。

第六部分　维生素与辅酶

一、维生素概述

维生素是维持生物体正常生长、发育及代谢的一类结构各异的生物小分子有机化合物，其不同于糖类、脂类和蛋白质，人体和动物体自身不能合成它们，只能从食物中摄取。在天然食物中维生素含量极少，但维生素对人体和动物的生长和健康却是必需的。维生素在生物体内既不是构成各种组织的主要原料，也不是体内能量的来源，它们的生理功能主要是对物质代谢过程起着非常重要的作用，因为生物机体代谢过程离不开酶，而对结合蛋白酶而言，其中的辅酶或辅基绝大多数都含有维生素的成分。

当机体某种维生素不足或缺乏时，可使物质代谢过程发生障碍。由于各种维生素的生理功能不同，缺乏不同的维生素发生不同的病变，这种因缺乏维生素引起的疾病称为维生素缺乏症。许多因素可导致机体维生素缺乏，如偏食习惯、膳食搭配不合理、食物加工不当等。但人体和动物对维生素的需求量是有一定范围的，如果超过需要量（10 倍以上），就会产生维生素毒性（维生素过多症）。因水溶性维生素容易排出，所以维生素过多症只见于脂溶性维生素。

维生素的种类很多，它们的化学结构差别很大，因此通常按溶解性质将其分为水溶性维生素和脂溶性维生素两大类。水溶性维生素有维生素 B_1、维生素 B_2、泛酸、维生素 PP、维生素 B_6、维生素 B_{12}、生物素、叶酸、维生素 C 等；脂溶性维生素有维生素 A、维生素 D、维生素 E、维生素 K 等。

二、水溶性维生素

水溶性维生素易溶于水，易吸收，能随尿排出，一般不在体内积蓄，容易缺乏。水溶性维生素包括 B 族维生素和维生素 C。B 族维生素在生物体内通过构成辅酶参与体内物质代谢，其代谢产物通过尿排出体外。

（一）维生素 B_1

维生素 B_1 又称硫胺素、抗脚气病维生素，是第一个被发现的 B 族维生素。维生素 B_1 在碱中易被破坏，但在酸中较稳定，加热至 120℃亦不被破坏。

维生素 B_1 在体内经硫胺素激酶催化，可与 ATP 作用转变成硫胺素焦磷酸（TPP）（图 3-11），TPP 作为丙酮酸或 α-酮戊二酸氧化脱羧反应的辅酶，参与糖的中间代谢和氨基酸代谢。

由于维生素 B_1 与糖代谢密切相关，缺乏维生素 B_1 会导致糖代谢障碍，使血液中丙酮酸和乳酸含量增多，影响神经组织供能，产生脚气病。脚气病主要表现为肌肉虚弱、萎缩，下肢水肿，心力衰竭等。

图 3-11　维生素 B_1 代谢

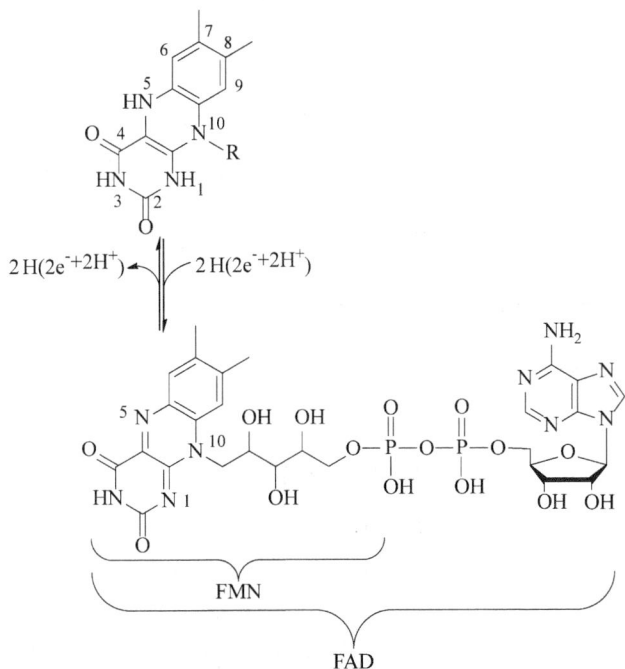

维生素 B_1 主要来源于许多植物种子内，尤其是在谷物种子的外皮中、胚芽中含量丰富，酵母中含量也较多。

（二）维生素 B_2

维生素 B_2 又称核黄素。其微溶于水，呈黄色荧光，在中性或酸性溶液中稳定，光照或碱中加热易被分解。

在生物体内维生素 B_2 以黄素单核苷酸（FMN）和黄素腺嘌呤二核苷酸（FAD）的形式存在（图 3-12），它们是多种氧化还原酶（黄素蛋白）的辅基，一般与酶蛋白结合较紧，不易分开。在生物氧化过程中，FMN 和 FAD 通过分子中异咯嗪环上的第 1 位和第 10 位氮原子的加氢

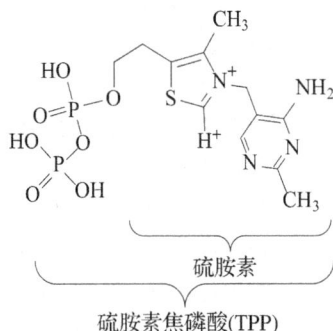

图 3-12　维生素 B_2

和脱氢，把氢从底物传递给受体。FAD 是琥珀酸脱氢酶、3-磷酸甘油脱氢酶等的辅基，FMN 是羟基乙酸氧化酶等的辅基。

维生素 B_2 缺乏时，可引起眼部、皮肤与黏膜交界处炎症损害，表现为口角炎、舌炎、角膜炎、结膜炎等。

维生素 B_2 在动物肝脏、酵母中含量较多，大豆、小麦、青菜、蛋黄、米糠中也含有。

（三）维生素 B_5

维生素 B_5 又称泛酸或遍多酸，因在自然界中广泛存在而得名。

泛酸是辅酶 A（图 3-13）的组成成分。辅酶 A 是酰基转移酶的辅酶。它的巯基与酰基形成硫酯，其重要的生化功能是在代谢过程中作为酰基载体起传递酰基的作用。泛酸也是酰基载体蛋白（ACP）的组成成分，以其巯基形成硫酯而起着酰基载体的作用。ACP 在脂肪酸的生物合成中起重要作用。

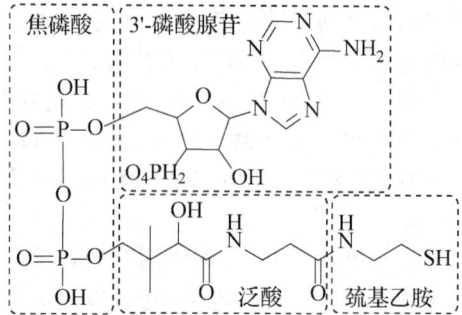

图 3-13　辅酶 A

泛酸在动物和植物细胞中均含有，广泛存在。

（四）维生素 PP

维生素 PP 又称抗糙皮病维生素，化学成分包括尼克酸（又称烟酸）和尼克酰胺（又称烟酰胺）两种物质，它们是吡啶的衍生物。维生素 PP 在体内主要以尼克酰胺形式存在，尼克酸是尼克酰胺的前体。

维生素 PP 在生物体内有烟酰胺腺嘌呤二核苷酸（简称 NAD^+，又称为辅酶Ⅰ）、烟酰胺腺嘌呤二核苷酸磷酸（简称 $NADP^+$，又称为辅酶Ⅱ）两种形式（图 3-14）。NAD^+ 和 $NADP^+$ 都是脱氢酶的辅酶，它们与酶蛋白的结合非常疏松，容易脱离酶蛋白而单独存在。NAD^+ 和 $NADP^+$ 的分子结构中都含有尼克酰胺的吡啶环，通过它可逆地进行氧化还原，在代谢反应中起递氢作用。

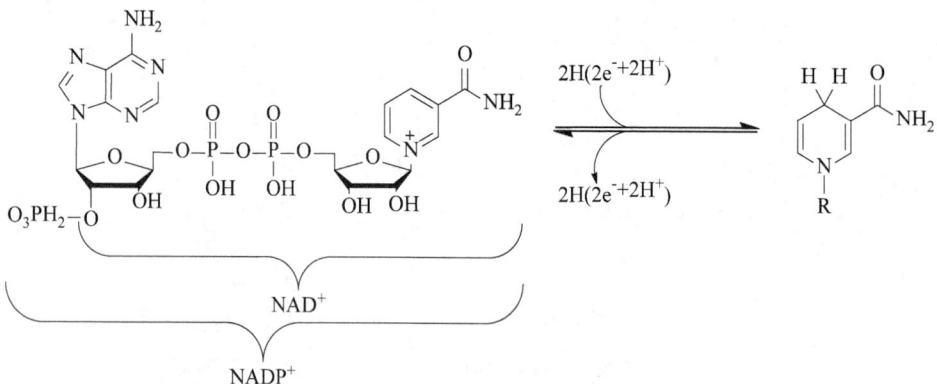

图 3-14　维生素 PP

维生素 PP 缺乏时出现癞皮病、消化道及黏膜损伤等。

维生素 PP 在肉类、谷物、豆类、花生、酵母及动物肝脏中含量丰富。

（五）维生素 B_6

维生素 B_6 包括三种物质，即吡哆醇、吡哆醛和吡哆胺。在体内这三种物质可以互相转化。维生素 B_6 在体内经磷酸化作用转变为相应的磷酸酯，即维生素 B_6 的辅酶形式：磷酸吡哆醛、磷酸吡哆胺(图 3-15)，它们之间也可以相互转变。

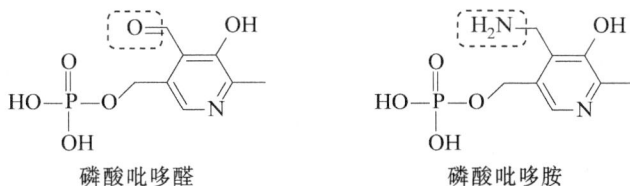

图 3-15　维生素 B_6 的辅酶

磷酸吡哆醛和磷酸吡哆胺在氨基酸代谢中非常重要，它是氨基酸转氨基作用、脱羧基作用及消旋作用的辅酶。在反应中，磷酸吡哆醛的醛基与底物 α-氨基酸的氨基结合成一种复合物，称为醛亚胺，又称席夫碱。醛亚胺再根据不同酶蛋白的特性使氨基酸发生转氨基、脱羧基或消旋作用。

维生素 B_6 在谷类、酵母、蛋黄、肝脏、鱼、肉等中含量丰富，肠道细菌可以合成维生素 B_6。

(六)生物素

维生素 B_7 又称生物素或维生素 H。

生物素与酶蛋白结合催化体内 CO_2 的固定以及羧化反应，它是多种羧化酶的辅酶。首先 CO_2 与尿素环上的一个氮原子结合，然后再将生物素上结合的 CO_2 转给适当的受体，因此生物素在代谢过程中起 CO_2 载体的作用。

生物素在自然界中存在广泛，大豆、蔬菜、鲜奶和蛋黄中含量较多，肝脏和酵母中含量也较丰富。

(七)叶酸

维生素 B_{11} 又称叶酸，是一个在自然界广泛存在的维生素，因为在植物绿叶中含量丰富，故名叶酸，亦称喋酰谷氨酸(图 3-16)。

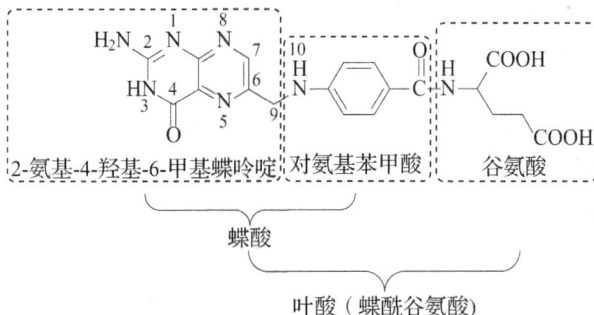

图 3-16　叶酸

叶酸在体内必须转变成四氢叶酸(FH_4)才有活性。叶酸还原反应是由肠壁、肝、骨髓等组织中的叶酸还原酶所催化的。四氢叶酸是转一碳基团酶系的辅酶，它是甲基、亚甲基、甲酰基等的载体，其携带甲酰基等一碳单位的位置在四氢叶酸 N^5 和 N^{10} 上，在嘌呤、嘧啶、丝氨酸、甲硫氨酸的生物合成中起作用。

叶酸能治疗营养障碍性贫血，是许多微生物生长的专一因素。

叶酸在青菜、肝脏和酵母中含量丰富，人体肠道细菌也能合成叶酸。

(八)维生素 B_{12}(图 3-17)

因分子中含有金属元素钴，维生素 B_{12} 又称钴胺素，是一个抗恶性贫血的维生素，又是一些微生物的生长因素。

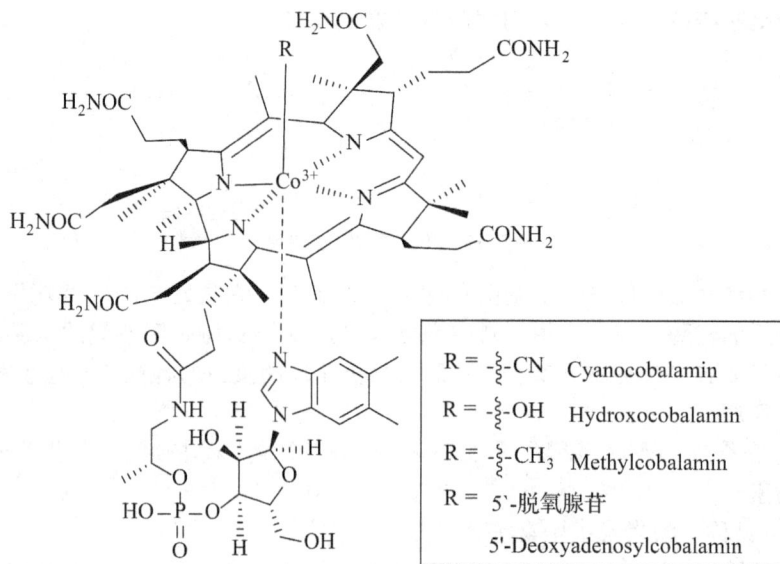

图 3-17   维生素 B_{12} 及其辅酶形式

维生素 B_{12} 参加多种不同的生化反应，包括变位酶反应、甲基活化反应等。维生素 B_{12} 与叶酸的作用常互相关联。

维生素 B_{12} 缺乏时可造成 DNA 合成障碍导致巨幼红细胞性贫血。

维生素 B_{12} 在动物肝脏、肉类和鱼类等动物性食品中含量丰富。

（九）维生素 C

维生素 C 能防治坏血病，故又称抗坏血酸。

抗坏血酸的生化功能是通过它本身的氧化和还原在生物氧化过程中作为氢的载体。此外，抗坏血酸是脯氨酸羟基化酶的辅酶。因为胶原蛋白中含有较多的羟脯氨酸，所以抗坏血酸可促进胶原蛋白的合成，缺乏时造成坏血病。维生素 C 广泛存在于新鲜蔬菜和水果中，番茄、青椒、柑橘、鲜枣和山楂中含量丰富。

三、脂溶性维生素

脂溶性维生素不溶于水，易溶于有机溶剂，在食物中与脂类共存，故在肠道内吸收常与脂类吸收有关，吸收后的脂溶性维生素可以在体内尤其在肝脏内储存。所以脂溶性维生素不易排泄，容易在体内蓄积。脂溶性维生素包括维生素 A、维生素 D、维生素 E、维生素 K。

（一）维生素 A

维生素 A 是多烯一元醇，包括 A_1、A_2 两种（图 3-18）。A_1 分布较广泛，A_2 只存在于淡水鱼中。维生素 A 为黄色片状结晶，通常与脂肪酸形成酯存在于食物中，维生素 A 对光热不稳定，易被氧化破坏。

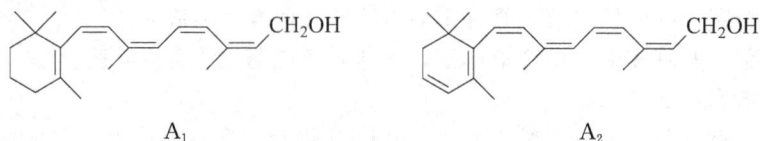

图 3-18   维生素 A

　　维生素 A 的化学名称为视黄醇，跟视觉有关。视网膜中有棒状细胞，含有视紫红质，这是一种糖蛋白，可以分解为视蛋白和视黄醛。棒状细胞能分辨明暗光。视黄醛和视黄醇之间可相互转化，涉及的酶类有脱氢酶和同分异构酶。光明亮时视紫红质分解为视蛋白和视黄醛，光暗时两者联合为视紫红质。胡萝卜素可以转化为维生素 A。

　　维生素 A 缺乏时易造成干眼病，导致夜盲症。维生素 A 可促进生长发育，维持上皮组织如皮肤、结膜、角膜等的正常功能和结构的完整性。维生素 A 缺乏时，则生长减慢，上皮细胞角化，表现为干燥或增生变厚。

　　维生素 A 主要来自动物性食品，肝脏、鸡蛋、牛奶等中含量丰富。植物性食物如胡萝卜、黄玉米、红辣椒及植物绿叶等含有 β-胡萝卜素。β-胡萝卜素在肠壁内能转变为维生素 A。

　　(二)维生素 D

　　维生素 D(图 3-19)也称抗佝偻病维生素，化学上属于类固醇的衍生物，种类繁多，无色针状晶体，易溶于脂肪和有机溶剂，对光敏感，不易被酸、碱或氧化剂破坏。

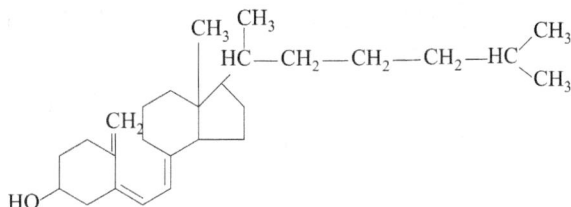

图 3-19　维生素 D

　　维生素 D 在体内生理活性较高，两种存在形式为维生素 D_2 和维生素 D_3。动物皮下的 7-脱氢胆固醇在紫外线的照射下可转化为维生素 D_3。维生素 D 与动物骨骼钙化有关，钙化需要足够的钙和磷，还要有维生素 D 的存在。其可促进小肠细胞中钙结合蛋白的合成，促进小肠对钙、磷的吸收，提高血浆钙、磷的含量，有利于新骨的生成与钙化。

　　当维生素 D 缺乏时，钙磷吸收减少，血中钙磷水平下降，不能沉积于骨组织，成骨作用受阻，甚至骨盐再溶解，在儿童称为佝偻病，在成年人称为软骨病。但吸收过多时，会出现表皮脱屑，内脏有钙盐沉淀，使肾功能受损，儿童钙含量过量，易出现生长缓慢。

　　维生素 D 主要存在于肝脏、奶、蛋黄中，鱼肝油中含量也很丰富。

　　(三)维生素 E(图 3-20)

　　因维生素 E 与维持某些动物的正常生育有关，故又名为生育酚。能使促性腺激素分泌增加，促进精子生成和活动，增加卵泡生长及孕酮的作用。维生素 E 缺乏，影响生育功能，导致女性不育，易发生胚胎死亡或流产，易造成先兆性流产及习惯性流产，男性睾丸萎缩，无生育能力。维生素 E 的抗氧化作用很强，可保护其他易被氧化的物质，维持细胞膜的正常结构和功能。维生素 E 缺乏，生物膜中的脂质易被氧化而受损，导致红细胞破裂而溶血。维生素 E 能清除自由基，可延缓细胞衰老，增强免疫力。

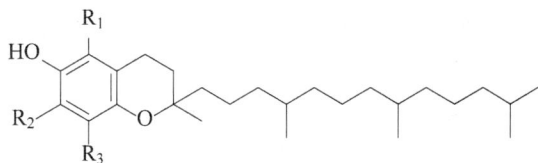

图 3-20　维生素 E

天然的生育酚共有 8 种，化学结构大同小异。它们都是苯并二氢吡喃的衍生物。在生物体内也是由异戊二烯单位合成的。

维生素 E 主要存在于植物油中，豆类及蔬菜中也有维生素 E。

（四）维生素 K

维生素 K 与凝血有关，因此又称为凝血维生素，1929 年由丹麦化学家达姆从动物肝和麻子油中发现。维生素 K 有 3 种：维生素 K_1、维生素 K_2、维生素 K_3，都具有萘醌结构。其中维生素 K_1 和维生素 K_2 是天然存在的，目前临床使用的维生素 K_3 是人工合成的化合物。维生素 K 呈黄色油状或晶体，溶于油脂及有机溶剂，对热稳定，但易被光和碱所破坏。

健康人对维生素 K 的需要量低，膳食中维生素 K 含量比较多，维生素 K 也可依靠肠道细菌合成。故原发性维生素 K 缺乏不常见，但是新生儿初生时，因体内维生素 K 储存量低、母乳中维生素 K 含量也低、体内肠道的无菌状态等，导致新生儿普遍存在维生素 K 缺乏。维生素 K 也有助于骨骼的代谢。

维生素 K 的生理功能与凝血有关，凝血过程中有许多凝血因子的生物合成与维生素 K 有关。缺乏维生素 K 时，凝血时间延长，甚至引起皮下、肌肉以及胃肠道出血。

生物体维生素 K 的来源有食物和肠道微生物合成两种途径。食物中绿色蔬菜、动物肝和鱼等维生素 K 含量较高，牛奶、大豆等也含有维生素 K。肠道中的大肠杆菌、乳酸菌等能合成维生素 K，可被肠壁吸收。

四、其他辅酶

（一）硫辛酸

硫辛酸学名 6,8-二硫辛酸，硫辛酸分子内含二硫键，可通过自身氧化型和还原型的变化传递氢，是一些脱氢酶的辅酶。硫辛酸是酵母和一些微生物的生长因子，其盐可溶于水，也属于水溶性维生素。硫辛酸是糖代谢过程中丙酮酸和 α-酮戊二酸氧化脱羧反应不可缺少的辅助因子。

（二）辅酶 Q

辅酶 Q 又称泛醌，广泛存在于线粒体中，与细胞呼吸链有关。泛醌起传递氢的作用。

●●●● 拓展阅读：维生素 C 的历史

历史上，维生素 C 的发现和困扰世界数百年的坏血病紧密相关。500 多年前，人类进入大航海时代，航海活动规模空前，轮船一般在海上漂泊数月。海上航行时间只要超过几个月就几乎没有不得坏血病的。当时坏血病被称为不治之症，死亡率很高。开始的时候患者四肢无力、烦躁不安、皮肤红肿、肌肉疼痛。然后会出现脸部肿胀、牙龈出血、牙齿脱落、口臭、皮下大面积出血等症状。最后是严重疲惫、腹泻、呼吸困难，最终因器官衰竭而死亡。直到 1747 年，英国海军医官詹姆斯·林德发现，坏血病高发人群是普通士兵，他们日常饮食以粗饼干和咸肉为主，而高级士兵则很少出现。于是他在船上做了一个著名的实验，结果证明柑橘类食物可以对抗坏血病。1930 年，匈牙利生理学家从辣椒中分离出一种物质，它与柠檬中的抗坏血病因子完全一致，于是将其命名为"抗坏血酸"，也就是维生素 C。因此他获得了 1937 年的诺贝尔生理学或医学奖。

　　在人类战胜坏血病的历程中，林德的实验起着关键作用，而且开辟了现代医学的道路。林德在那个时代没什么名气，也不是医学权威，但他不盲从经典和权威，不轻信偏方。他认为疗效是最好的"证明"，无论是权威理论，还是偏方，抑或是传闻都必须通过实践来检验，然后才能推广。林德的实验是有确切记载的第一个真正对照设计的临床试验，他开创性地、科学地设计实验，并取得了巨大的成功。虽然在现代人看来，林德的实验很粗糙，但是他创造性地采用系统科学的方法来检验药效的思路启发了后人，越来越多的科学家完善了这些检验原则，从此医学摆脱了个人感悟时代，走进了科学验证时代。

　　维生素 C 的工业化生产最早是从动植物中提炼出来的，如从橙子、柑橘中提炼。1933年，瑞士化学家莱希斯泰因（Tadeus Reichstein）发明了维生素 C 的合成方法。这是一个 6 步反应。1935 年，这一知识产权被转让给罗氏公司。1942 年，海恩斯（Kurt Heyns）对本技术作了修正，使之成为随后几十年工业生产维生素 C 的主要方法，但这种方法比较复杂，对工序和生产器械的要求很高。瑞士的罗氏公司、德国的巴斯夫和日本的武田制药垄断了维生素 C 的生产，使维生素 C 的商品价格昂贵。20 世纪 60 年代末，北京制药厂与中科院微生物研究所合作，从采集的 670 个土壤试样中分离得到 1615 株细菌，经过培养得到了一株优选菌株，从而开发了"二步发酵法"生产维生素 C。"二步发酵法"生产维生素 C，成本低又环保。据公开资料显示，全球维生素 C 产能已达到 22 万 t，其中我国产能达到 20 万 t 以上，占据全球产能 90% 以上的份额。我们在药店只需花几块钱就可以买到一瓶维生素 C。

　　天然型维生素 C 比合成型维生素 C 更好吗？两者所含维生素 C 的生理作用没有任何区别，都能防治坏血病、清除自由基、支持胶原蛋白的合成、减轻重金属的毒害等。

● ● ● ● ● **材料设备清单**

学习情境3		认识酶和维生素		学时		8
项目	序号	名称	作用	数量	使用前	使用后
所用设备、器具和材料	1	兽用生化分析仪	测定血液生化指标	2～3 台		
	2	恒温水浴锅	加热	1～2 个/班		
	3	低速离心机	分离样本成分	1 个/班		
	4	生化分析仪配套检测试纸	测定血液生化指标	1 个/人		
	5	采血针	采血	2～3 个		
	6	真空 EDTA 采血管	盛抗凝血	2～3 管		
	7	实验犬	采血	2～3 只		

●●●● 作业单

学习情境 3	认识酶和维生素
作业完成方式	以学习小组为单位，课余时间独立完成，在规定时间内提交作业。
作业题 1	举例说明改变哪些条件可以提高或抑制酶的催化活性。
作业解答	
作业题 2	与贫血有关的维生素有哪些？
作业解答	
作业题 3	举例说明以酶的竞争性抑制为其作用机制的常见药物。
作业解答	

作业评价	班级		第　　组	组长签字	
	学号		姓名		
	教师签字		教师评分		日期	
	评语：				

●●●● 学习反馈单

学习情境 3			认识酶和维生素
评价内容			评价方式及标准
	评价项目	评价方式	评价标准
知识目标达成度	任务点评量（60%）	学生自评与互评；教师评价	A. 任务点完成度 100%，正确率 95% 以上、笔记内容完整，书写清晰。
			B. 任务点完成度 90%，正确率 85% 以上、笔记内容基本完整，书写较清晰。
			C. 任务点完成度 80%，正确率 75% 以上、笔记内容较完整，书写较清晰。
			D. 任务点完成度 70%，正确率 65% 以上、笔记内容欠完整，书写欠清晰。
			E. 任务点完成度 60%，正确率 50% 以上、笔记内容不完整，书写不清晰。

知识目标达成度	撰写小论文（20%）	学生自评与互评；教师评价	A. 论文中专业知识运用、分析、拓展全面，表述合理，结论正确。
			B. 论文中专业知识运用、分析、拓展基本全面，表述基本合理，结论正确。
			C. 论文中专业知识运用、分析、拓展较全面，表述较合理，结论正确。
			D. 论文中专业知识运用、分析、拓展欠全面，表述欠合理，结论基本正确。
			E. 论文中专业知识运用、分析、拓展不全面，表述模糊，结论不完整。
	考试评量（20%）	纸笔测试	以试卷形式评量，试卷满分 100 分，按比例乘系数。
技能目标达成度	实验基本操作能力（30%）	学生自评与互评；教师评价	A. 实验操作熟练且规范，方法正确。
			B. 实验操作基本熟练且规范，方法正确。
			C. 实验操作较熟练且规范，方法正确。
			D. 实验操作欠熟练欠规范，方法基本正确。
			E. 实验操作不熟练不规范，方法不准确。
	实验原理掌握（30%）	学生自评与互评；教师评价	A. 实验原理清晰，解释合理。
			B. 实验原理基本清晰，解释基本合理。
			C. 实验原理较清晰，解释较合理。
			D. 实验原理欠清晰，解释欠合理。
			E. 实验原理不清晰，解释不合理。
	技能拓展与创新能力（40%）	学生自评与互评；教师评价	A. 能正确完成临床案例分析和处理，能根据实际情况灵活变通。
			B. 基本能完成临床案例的分析和处理，能根据实际情况灵活变通。
			C. 能完成临床案例的分析和处理，但缺少完整性和统一性。
			D. 能完成临床案例的分析和处理，但需要教师指导。
			E. 不能完成临床案例的分析和处理，不能灵活变通。

			A. 学习态度端正、积极参与课堂，小组合作意识强。
素养目标达成度	学习态度及表现（50%）	学生自评与互评；教师评价	B. 学习态度基本端正、积极参与课堂，小组合作意识强。
			C. 学习态度较端正、积极参与课堂，小组合作意识较强。
			D. 学习态度欠端正、不积极参与课堂，小组合作主动意识不强。
			E. 学习态度不端正、不积极参与课堂，小组合作主动意识不强。
	职业素养（20%）	学生自评与互评；教师评价	A. 具有生物安全和动物福利意识，以畜牧业发展为目标。
			B. 基本具有生物安全和动物福利意识，基本以畜牧业发展为目标。
			C. 生物安全和动物福利意识一般，基本以畜牧业发展为目标。
			D. 生物安全和动物福利意识不强，以畜牧业发展为目标不明确。
			E. 生物安全和动物福利意识差，不能以畜牧业发展为目标。
	综合素养（30%）	学生自评与互评；教师评价	A. 身心健康，有服务三农理念，有民族责任感和使命担当。
			B. 身心基本健康，有服务三农理念，有民族责任感和使命担当。
			C. 身心较健康，服务三农理念一般，有民族责任感和使命担当。
			D. 身心欠健康，服务三农理念欠佳，民族责任感和使命担当一般。
			E. 身心不健康，服务三农理念差，民族责任感和使命担当差。

综合评价				
评量内容及评量分配	自评、组评及教师复评			合计得分
	学生自评（占 10%）	小组互评（占 20%）	教师评价（占 70%）	
知识目标评价（50%）	满分：5 实得分：	满分：10 实得分：	满分：35 实得分：	满分：50 实得分：
技能目标评价（30%）	满分：3 实得分：	满分：6 实得分：	满分：21 实得分：	满分：30 实得分：
素养目标评价（20%）	满分：2 实得分：	满分：4 实得分：	满分：14 实得分：	满分：20 实得分：
反馈及改进				

●思政拓展阅读    ●线上答题

学习情境 4

生物氧化

●●●●● 学习任务单

学习情境 4	生物氧化	学　时	6
布置任务			
学习目标	【知识目标】 1. 掌握生物氧化的概念；了解生物氧化的特点。 2. 掌握生物氧化过程中 CO_2 的生成。 3. 掌握呼吸链的组成及生物氧化中 H_2O 的生成。 4. 掌握生物氧化过程中能量的生成、储存和利用。 【技能目标】 能叙述各种物质代谢过程 CO_2、H_2O 和 ATP 的生成过程。 【素养目标】 　1. 培养细致耐心、刻苦钻研的学习和工作作风；培养学生安全生产和公共卫生意识，做好自身安全防护。 　2. 能够独立或在教师的引导下设计工作方案，分析、解决工作中出现的一般性问题。 　3. 具有崇高的理想信念、强烈的社会责任感和团队奉献精神，理解并坚守职业道德规范，具备健康的身心和良好的人文素养。 　4. 适应社会经济和现代农业发展需要，面向国家和行业需求，能及时跟踪动物医学及相关领域国内外发展现状和趋势。		
任务描述	利用所学生化专业知识，解决临床工作和生活中的实际问题，具体任务如下。 　1. 能根据体内不同氧化体系解释物质代谢的不同，如毒物和营养物质的区别。 　2. 能利用 ATP 生产的方式解释不同生理和病理情况下组织细胞的能量供应方式。		
提供资料	1. 学习任务单、任务资讯单、案例单、工作任务单、必备知识等。 2. 学期使用教材。		

提供资料	3. SPOC：
对学生要求	1. 具有生物学基础知识；课前按任务资讯单认真准备，课上能认真完成各项工作任务，课后能总结提升。 2. 以学习小组为单位，展示学习成果，有团队协作能力，有创新意识，有一定的知识拓展能力。 3. 有良好的职业素养和服务畜牧业的理想。

●●●●● 任务资讯单

学习情境 4	生物氧化
资讯方式	阅读学习任务单、任务资讯单和教材；进入相关网站，观看 PPT 课件、视频；图书馆查询；向指导教师咨询等。
资讯问题	1. 名词解释：生物氧化；底物水平磷酸化；氧化磷酸化；高能化合物；P/O 比值。 2. 什么是生物氧化？生物氧化有哪几种方式？其特点如何？ 3. 请举例说明高能化合物，如何理解高能键的含义？ 4. 什么是呼吸链？呼吸链由哪些复合体组成？ 5. 叙述生物氧化过程中水是如何生成的。 6. 什么是氧化磷酸化和底物水平磷酸化？举例说明。 7. 试述动物体重要的呼吸链及其传递氢和电子的过程。 8. 试述 F_0F_1-ATP 合酶的结构及功能。 9. 糖酵解过程中(胞液中)产生的 NADH 是怎样进入呼吸链氧化的？ 10. 氧化作用与磷酸化作用是怎样偶联的？ 11. 说明生物氧化过程中，CO_2 的产生过程。 12. 为什么说"ATP 是能量货币"？ 13. 动物体内能量的贮存、转移和利用是怎样的？
资讯引导	1. 邹思湘 . 动物生物化学[M]. 第五版 . 北京：中国农业出版社，2013 2. 朱圣庚，徐长法 . 生物化学[M]. 第 4 版 . 北京：高等教育出版社，2016 3. 叶非，冯世德 . 有机化学[M]. 第 2 版 . 北京：中国农业出版社，2007 4. 中国大学 MOOC 网：

●●●●● 案例单

学习情境 4	生物氧化	学时	6
序号	案例内容	案例分析	
4.1	某化工厂电焊工李某操作不当,导致管道中余存的氢氰酸逸出,李某由此而吸入氰化氢气体,出现头晕、乏力,进而呼吸困难、意识丧失,皮肤黏膜呈樱桃红色。经厂内初步急救后送市医院救治,诊断为急性氢氰酸中毒,经较长时间的住院治疗后才逐渐康复。试分析氢氰酸中毒的生化机理。	氰化氢为气体,其水溶液称氢氰酸。氰化物的毒性主要由其在体内释放的氰根而引起。氰根离子在体内能很快与线粒体内膜呼吸链细胞色素氧化酶中的三价铁离子结合,抑制该酶活性。这种抑制阻断了电子传递链,导致细胞不能进行氧化磷酸化,影响ATP 的生成,进而出现中毒症状。	

●●●●● 工作任务单

学习情境 4	生物氧化
项目 1	氰化物中毒的诊断

任务 1　诊断氰化物中毒

根据教师给定的病例资料、图片和视频,完成以下工作。

(1)说出氰化物中毒的生化机理。

(2)根据氰化物中毒的机理,说出中毒后主要的临床表现和诊断依据。

参考答案

1.氰化物中毒的生化机理。

　　氰化物在高粱、玉米的幼苗,木薯,亚麻叶以及蔷薇科植物如杏、桃、枇杷等果实中含量较高,当动物大量采食上述植物饲料时就会造成氰化物中毒。氰化物进入机体后释放出氰离子,这些氰离子能够与体内的细胞色素氧化酶的 Fe^{3+} 结合,从而阻断了呼吸链电子传递给 O_2,细胞无法利用氧气进行有氧呼吸,从而引发组织严重缺氧和 ATP 断绝。

　　2.氰化物中毒的临床表现和诊断依据。

　　氰化物中毒导致细胞无法有效地利用氧气进行有氧呼吸,细胞不能产生足够的能量,细胞的各种生理功能会迅速受到影响,尤其是对能量需求高的器官,如大脑和心脏,损害更为严重。动物临床上会出现神经系统功能障碍,出现头晕、头痛、意识模糊、抽搐甚至昏迷等症状。心脏缺乏能量供应时,可能会出现心律失常、心肌收缩力减弱等现象,最终可能导致心跳骤停。此外,氰化物中毒还会导致皮肤黏膜呈樱桃红色,口中会有苦杏仁味,静脉血呈鲜红色而不是暗红色。

　　氰化物中毒主要引起组织细胞缺氧,临床血氧指标会有一定的变化。动脉血氧分压、氧饱和度、血氧容量、血氧含量基本不发生变化,动静脉氧差变小,可以作为临床诊断的依据。疾病的最终诊断要结合动物的临床症状和病史进行。

项目 2	解偶联现象

任务 2　阐述解偶联现象

根据教师给定的资料、图片和视频，阐述解偶联现象的机制。

参考答案

解偶联剂不抑制呼吸链的电子传递，甚至还加速电子传递，促进糖、脂肪、蛋白质的消耗和刺激线粒体对分子氧的利用，但不产生 ATP。它们通过增大线粒体内膜对质子的通透性，消除质子梯度，从而阻止 ADP 磷酸化为 ATP，使得氧化过程中释放的能量无法用于 ATP 的合成，而是以热的形式散发。

如病毒感染时，病毒毒素使氧化磷酸化解偶联，氧化产生的能量全部变为热使体温升高。又如，冬眠动物、耐寒的哺乳动物和新出生的温血动物通过氧化磷酸化的解偶联作用，呼吸作用可照常进行，但磷酸化受阻，不产生 ATP，产生的热用以维持体温。要说明的是解偶联剂只抑制电子传递链中氧化磷酸化作用的 ATP 生成，不影响底物水平磷酸化。常见的解偶联剂为 2,4-二硝基苯酚。

必备知识

第一部分　生物氧化概述

生物体的一切生命活动皆需要能量，如酶的催化、体内物质的合成和分解、物质的转运、肌肉运动及神经传导等都伴随着能量的变化，并且能量变化的过程都遵循热力学的普遍规律。植物和一些微生物可以直接利用光能，称为光能营养型生物；动物和人则只能通过摄取糖、脂肪和蛋白质等有机物在体内氧化分解而获得能量，称为化能营养型生物。

生物氧化的本质是动物利用吸入的氧，在组织细胞内将糖、脂肪和蛋白质等有机物质氧化分解，释放能量，最终产生二氧化碳和水的过程。由于氧化过程与组织细胞的呼吸有关，所以生物氧化又称为组织呼吸或细胞呼吸、组织氧化或细胞氧化。

一、生物氧化的特点

生物氧化的化学本质与物质在体外的燃烧是相同的，如 1 mol 葡萄糖在体内外彻底氧化，都产生 6 mol 二氧化碳和 6 mol 水，并释放 2 870 kJ 能量，但在表现形式上却有很大的差异。有机物在体外的燃烧需要高温和干燥的条件，同时在氧化过程中能量骤然释放，并产生大量的热和光。而生物氧化则不同，其主要特点如下。

(1)生物氧化是在生物的活细胞内进行的；

(2)生物氧化是在一系列酶的催化下进行的，所以反应条件要求温和，即在体温 37℃、常压、pH 近中性和有水的环境条件下进行；

(3)在生物氧化中，底物是分阶段逐步进行氧化的，能量也是逐步释放的，这样所产生的能量不会使体温升高，并可使释放的能量得以有效利用；

(4)生物氧化所释放出的能量一部分以热的形式散失，一部分贮藏在 ATP 中，当机体需要时，ATP 又可以释放出来供机体利用；

(5)真核生物的生物氧化场所主要在线粒体内膜上，原核生物的生物氧化主要发生在细胞膜上。

二、生物氧化的方式

生物体内的物质氧化方式，与一般化学反应中物质氧化方式在本质上是相同的，即为有机物质在动物体细胞中的一系列氧化还原反应。在动物体内，生物氧化的方式通常有三种，即加氧反应、脱电子反应、脱氢反应，其中以脱氢反应方式为主。

(一)加氧反应

在底物分子中直接加入氧原子或氧分子,如图 4-1 所示。

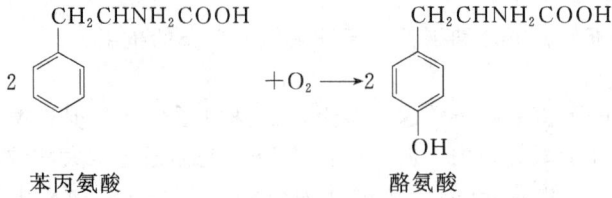

$$2 \quad \text{CH}_2\text{CHNH}_2\text{COOH} \quad +\text{O}_2 \longrightarrow 2 \quad \text{CH}_2\text{CHNH}_2\text{COOH}$$

苯丙氨酸   酪氨酸

图 4-1　加氧反应

(二)脱电子反应

底物(原子或离子)在反应过程中失去电子,使其化合价升高,如图 4-2 所示。

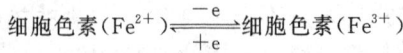

$$\text{细胞色素}(Fe^{2+}) \underset{+e}{\overset{-e}{\rightleftharpoons}} \text{细胞色素}(Fe^{3+})$$

图 4-2　脱电子反应

(三)脱氢反应

在酶催化下,从底物分子中脱下一对氢原子,有加氧脱氢和直接脱氢两种。如乙醛变成乙酸的反应为加氧脱氢,乳酸变成丙酮酸的反应为直接脱氢,如图 4-3 所示。

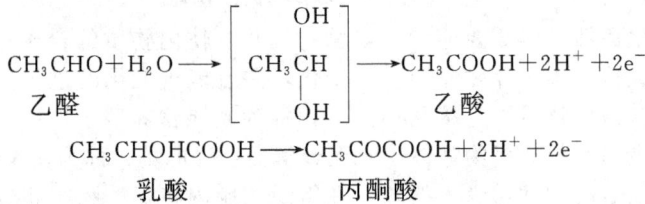

$$\text{CH}_3\text{CHO}+\text{H}_2\text{O} \longrightarrow \left[\begin{array}{c} \text{OH} \\ \text{CH}_3\text{CH} \\ \text{OH} \end{array} \right] \longrightarrow \text{CH}_3\text{COOH}+2\text{H}^++2\text{e}^-$$

乙醛   乙酸

$$\text{CH}_3\text{CHOHCOOH} \longrightarrow \text{CH}_3\text{COCOOH}+2\text{H}^++2\text{e}^-$$

乳酸   丙酮酸

图 4-3　脱氢反应

在氧化还原反应中,通常被氧化的物质叫作供氢体即还原剂;被还原的物质叫作受氢体即氧化剂。生物体内的物质在氧化过程中常和还原反应同时并存,因此体内不存在游离的氢原子或电子。

三、生物氧化的类型

各种代谢物的氧化是在不同的生物氧化体系中进行的。生物氧化体系有线粒体生物氧化体系与非线粒体生物氧化体系两大类。

动物生命活动所需的能量,主要是由线粒体生物氧化体系提供的。线粒体是生物氧化的主要场所,其中含有许多与生物氧化有关的酶类。在酶的作用下,代谢底物脱下的氢原子,经过一系列传递体的传递,最终传递给分子氧而化合成水,同时释放出大量能量供机体利用。线粒体生物氧化体系是普遍存在的最主要的类型,氧化过程伴随 ADP 磷酸化生成 ATP,将在后面重点介绍。

非线粒体生物氧化体系存在于线粒体以外如微粒体与过氧化物体中,代谢底物脱下的氢,在一些氧化酶如需氧脱氢酶、过氧化物酶、过氧化氢酶、超氧化物歧化酶等的作用下,直接与氧化合生成水,一般不伴有能量的生成。这是一类较简单的生物氧化体系,主要存在于动物的肝脏等组织细胞中。非线粒体生物氧化体系的氧化还原反应与 ATP 的生成无关,其主要生理功能是参与非营养物质如药物、毒物、激素等物质的生物转化过程。

(一)需氧脱氢酶催化的生物氧化

这类酶是以 FMN 或 FAD 为辅基的脱氢酶,在有氧条件下才能脱氢,脱下的氢可直接传递给分子氧,生成 H_2O_2 而不是生成 H_2O,如图 4-4 所示。

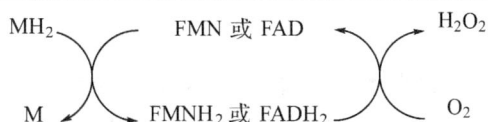

图 4-4　需氧脱氢酶催化的生物氧化

这类酶有 L-氨基酸氧化酶、D-氨基酸氧化酶、黄嘌呤氧化酶等，其特点是不受氰化物及 CO 抑制。

（二）加氧酶催化的生物氧化

加氧酶分为加单氧酶和加双氧酶 2 类，主要存在于微粒体中。

1. 加单氧酶（又称羟化酶）

加单氧酶可催化氧分子中的 1 个氧原子加到底物上，另 1 个氧原子则被 $NADPH+H^+$ 还原生成 H_2O。其反应通式如下。

$$RH+O_2+NADPH+H^+ \longrightarrow ROH+H_2O+NADP^+$$

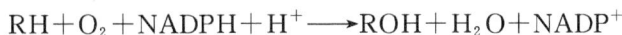

此类酶可使多种脂溶性物质（药物、毒物、类固醇等）氧化，是肝脏生物转化的重要酶。

2. 加双氧酶

加双氧酶催化的是氧分子中的两个氧原子，分别加到底物分子中特定双键的两个碳原子上，如 β-胡萝卜素转变为维生素 A 的反应，如图 4-5 所示。

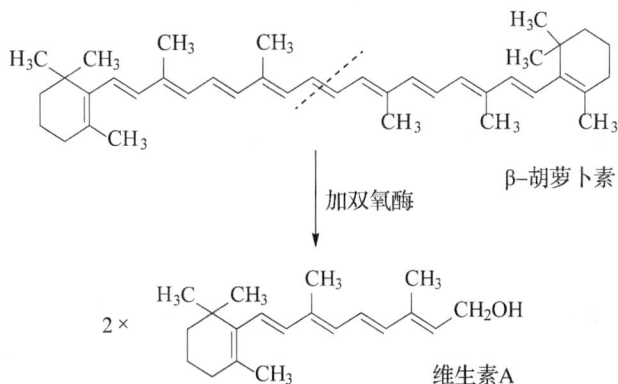

图 4-5　加双氧酶催化的生物氧化

（三）过氧化氢酶和过氧化物酶催化的生物氧化

过氧化氢酶和过氧化物酶都是以铁卟啉为辅基的酶。过氧化氢酶可催化两分子 H_2O_2 生成 H_2O 和 O_2；过氧化物酶能催化 H_2O_2 分解生成 H_2O，同时释放出原子氧使底物氧化为酚类物质。

$$H_2O_2+H_2O_2 \xrightarrow{\text{过氧化氢酶}} 2H_2O+O_2$$

$$RH_2+H_2O_2 \xrightarrow{\text{过氧化物酶}} R+2H_2O$$

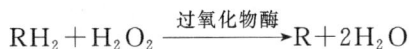

（四）超氧化物歧化酶催化的生物氧化

超氧化物歧化酶，简称 SOD，是一类含金属的酶类，广泛存在于各种生物体内。SOD 按其所含金属离子的不同分为 3 种形式：Cu/Zn-SOD、Mn-SOD、Fe-SOD。在生物体内，SOD 是一种重要的超氧化物阴离子自由基的清除剂，能促使自由基形成过氧化氢，对多种炎症、放射病、自身免疫性疾病有治疗作用，对生物体还有抗衰老作用。生成的过氧化氢再被过氧化氢酶分解。

$$2O_2^- + 2H^+ \xrightarrow{\text{SOD}} H_2O_2 + O_2$$

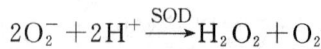

第二部分　生物氧化中 CO₂ 的生成

生物氧化作用中所产生的 CO_2 并不是代谢物中的碳原子与氧直接结合产生的，而是来源于有机酸在酶催化下的脱羧作用。糖、蛋白质、脂肪等物质在体内代谢过程中先形成羧基化合物，然后在脱羧酶的作用下，脱去羧基生成 CO_2。

根据脱去二氧化碳的羧基在有机酸分子中的位置，把脱羧作用分为 α-脱羧和 β-脱羧两种类型。脱羧过程有的伴有氧化过程，称为氧化脱羧；有的没有氧化作用，称为直接脱羧或单纯脱羧。

一、氧化脱羧

氧化脱羧是指脱羧过程中伴随着脱氢氧化的反应。α-氧化脱羧，如丙酮酸氧化脱羧反应；β-氧化脱羧，如苹果酸氧化脱羧反应，如图 4-6 所示。

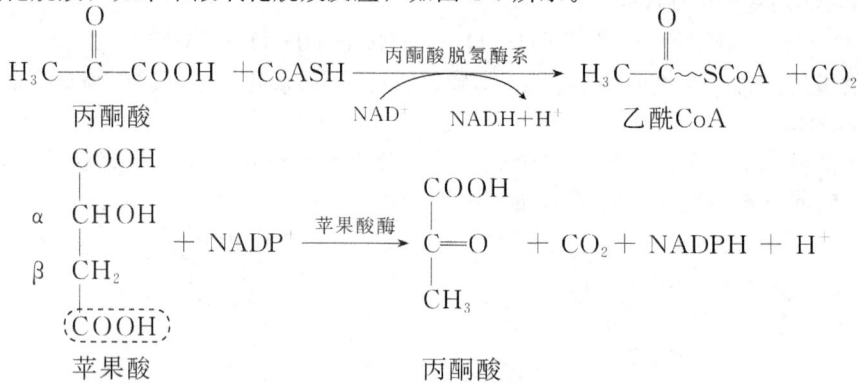

图 4-6　氧化脱羧

二、直接脱羧

直接脱羧是非氧化脱去羧基的反应。α-直接脱羧是非氧化脱去 α 碳位上羧基的反应，如谷氨酸脱羧反应；β-直接脱羧是非氧化脱去 β 碳位上羧基的反应，如草酰乙酸脱羧反应，如图 4-7 所示。

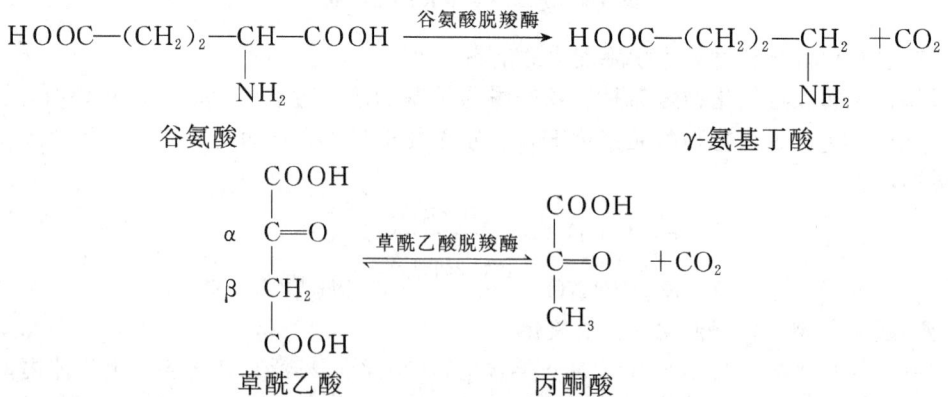

图 4-7　直接脱羧

第三部分　生物氧化中 H₂O 的生成

生物氧化中水的生成方式主要有两种：一是代谢底物在烯醇化酶的作用下直接脱水生

成；二是代谢底物脱掉的氢原子，通过线粒体生物氧化体系，经一系列电子传递过程最终与氧结合生成水，这是水生成的主要方式。本部分主要介绍通过呼吸链生成水的过程。

一、呼吸链的概念与组成

（一）呼吸链的概念

生物氧化中水生成的主要方式是代谢底物脱掉的氢，经过呼吸链的传递最后与氧化合而生成。呼吸链是指存在于线粒体内膜上的一系列的氢与电子传递体系，即在生物氧化过程中，代谢底物脱掉的氢原子，经线粒体内膜上的氢与电子传递体的传递，最终传递给分子氧化合成水，同时释放出大量的能量。由于这种传递体系与细胞的呼吸有关，所以叫作呼吸链，也叫作生物氧化链或者电子传递链。

（二）呼吸链的组成

呼吸链位于线粒体内膜上，形成呼吸酶集合体。这种呼吸酶集合体由 4 种氧化还原酶复合体和 2 个独立成分（泛醌和细胞色素 c）组成。这 4 种氧化还原酶复合体分别是复合体Ⅰ即 NADH-泛醌还原酶，复合体Ⅱ即琥珀酸-泛醌还原酶，复合体Ⅲ即泛醌-细胞色素 c 还原酶，复合体Ⅳ即细胞色素 c 氧化酶。每种复合体都含有几种辅基，呼吸链的组成见表 4-1。

表 4-1　呼吸链的组成

复合体	名称	辅酶或辅基成分
复合体Ⅰ	NADH-泛醌还原酶	FMN、Fe-S
复合体Ⅱ	琥珀酸-泛醌还原酶	FAD、Fe-S
复合体Ⅲ	泛醌-细胞色素 c 还原酶	Cyt b、Cyt c_1、Fe-S
复合体Ⅳ	细胞色素 c 氧化酶	Cyt aa_3、Cu^{2+}

由表可见，FMN、FAD、Fe-S、泛醌、细胞色素（b、c_1、c、aa_3）都是呼吸链中各种氧化还原酶的辅酶、辅基或组成成分，也是呼吸链的电子传递体。各复合体在呼吸链上的排列顺序如图 4-8。

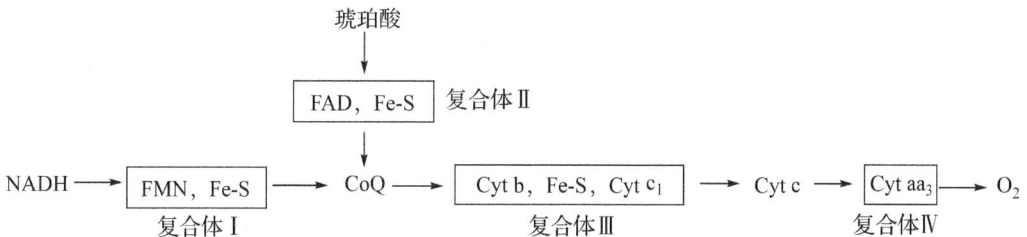

图 4-8　呼吸链中复合体的排列顺序

二、呼吸链各组分的作用和机理

（一）黄素单核苷酸（FMN）与黄素腺嘌呤二核苷酸（FAD）

FMN 在呼吸链中是 NADH-泛醌还原酶的辅基，FAD 是琥珀酸-泛醌还原酶的辅基，它们与酶蛋白常以共价键结合。FMN 和 FAD 通过其氧化型和还原型的变化从代谢物上接受氢，然后再把 2 个 H^+ 和 2 个电子经铁硫蛋白传递给泛醌，完成电子传递。

FMN 与 FAD 能传递氢是由于分子中含有核黄素，并通过核黄素分子上的功能基团——异咯嗪环的 N_1 与 N_{10} 接受两个 H^+，转变成还原型的 $FMNH_2$ 与 $FADH_2$。然后，还原型 $FMNH_2$ 与 $FADH_2$ 再把 2 个 H^+ 释放入溶液中，2 个电子经铁硫蛋白传递给泛醌，又转变为氧化型，FMN 与 FAD 通过这种氧化型与还原型的相互变化在呼吸链中完成传递氢和电子的作用，如图 4-9 所示。

$$MH_2 + 酶\text{-}FMN \Longleftrightarrow M + 酶\text{-}FMNH_2$$

$$MH_2 + 酶\text{-}FAD \Longleftrightarrow M + 酶\text{-}FADH_2$$

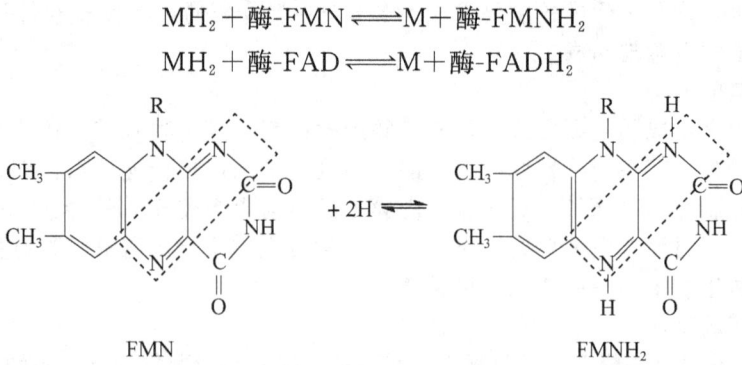

图 4-9　呼吸链氢和电子的传递

(二)铁硫蛋白

铁硫蛋白是 NADH-泛醌还原酶、琥珀酸-泛醌还原酶和泛醌-细胞色素 c 还原酶的辅基，因其分子中含有非血红素铁和对酸不稳定的硫而得名。

铁硫蛋白有多种存在形式，有的铁硫蛋白含有两个铁原子和两个硫原子(Fe_2S_2)，有的含有四个铁原子和四个硫原子(Fe_4S_4)，哺乳动物体内大多数为 Fe_4S_4。铁原子除与硫原子连接外，还与蛋白部分的半胱氨酸的硫连接。铁硫蛋白无论以何种形式连接，分子中只有一个铁原子可作为电子载体，因此是一种单电子传递体。铁原子和硫原子组合的部分，称为铁硫中心(Fe-S)(图 4-10)。铁硫中心常通过三价铁和二价铁的相互转化，将 $FMNH_2$ 或 $FADH_2$ 的电子进行传递。

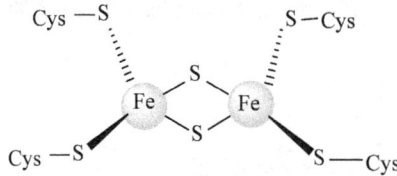

图 4-10　铁硫中心示意图

(三)泛醌(辅酶 Q)

泛醌是一种醌类物质，也叫辅酶 Q(CoQ)，广泛存在于生物细胞中。泛醌分子中的苯醌结构可接受两个 H^+，被还原为对苯二酚，然后 2 个 H^+ 释放入线粒体基质内，2 个电子传递给细胞色素，泛醌又转变成氧化型，如图 4-11 所示。

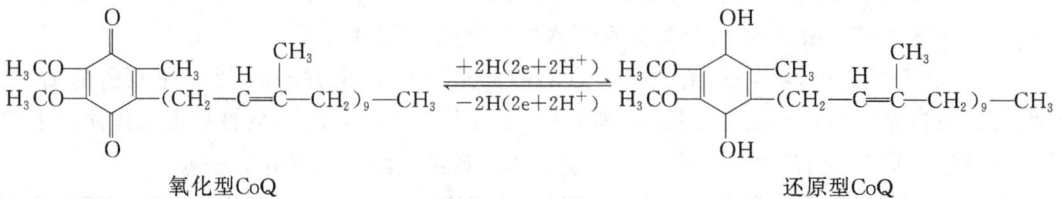

图 4-11　CoQ 的递氢作用

在线粒体中泛醌是唯一不与蛋白质结合的电子载体，由于它具有很长的疏水侧链，所以是一种脂溶性物质，易结合到膜上或与膜脂混溶，可以在呼吸链的不同复合物之间自由移动，如可在铁硫蛋白和细胞色素 b 之间，也可在细胞色素 b 和细胞色素 c 之间传递电子。

（四）细胞色素类

细胞色素类是以铁卟啉为辅基的电子传递体，通过辅基中 Fe^{2+} 和 Fe^{3+} 的可逆变化进行电子传递。

高等动物线粒体电子传递链中至少有 5 种细胞色素：b、c_1、c、a 和 a_3，其中细胞色素 c（图 4-12）为独立成分，可在线粒体内膜上移动，其余均为复合体Ⅲ的组成成分。

处于呼吸链末端的是细胞色素 aa_3（Cyt aa_3），它是细胞色素 a 和细胞色素 a_3 的复合物，尚不能把二者分开。细胞色素 aa_3 除了含有血红素铁以外，还含 Cu^{2+}。细胞色素 aa_3 通过 Cu^{2+} 将获得的电子直接传递给氧原子，使其变成氧负离子（O^{2-}）。

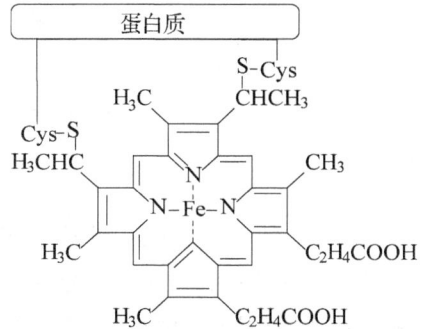

图 4-12 细胞色素 c

三、动物体内重要的呼吸链

在动物体细胞的线粒体中存在两条重要的呼吸链，即 NADH 呼吸链和 $FADH_2$ 呼吸链，是根据底物上脱下氢的初始受体不同而区分的。糖、脂肪、蛋白质三大类物质分解代谢中催化脱氢反应的酶大多数以 NAD^+ 为辅酶，底物脱下的氢通过 NADH 呼吸链来完成氧化，少数脱氢酶以 FAD 为辅酶，通过 $FADH_2$ 呼吸链使氢氧化。

（一）NADH 呼吸链

NADH 呼吸链由复合体Ⅰ、复合体Ⅲ、复合体Ⅳ、泛醌、细胞色素 c 组成，是动物体内最常见的电子传递链，以 NAD^+ 为最初受氢体。其传递过程如图 4-13 所示。

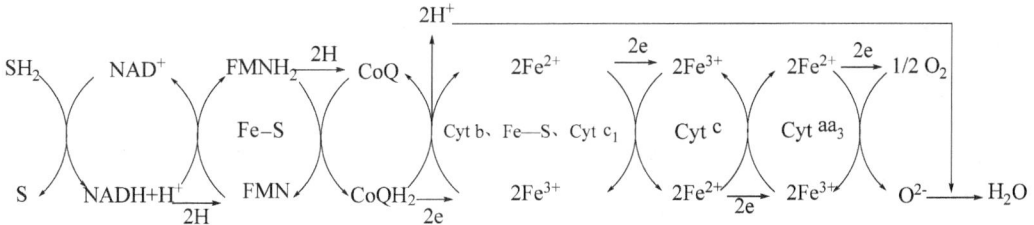

图 4-13 NADH 呼吸链电子传递过程

在生物氧化中大多数脱氢酶都是以 NAD^+ 为辅酶，底物（SH_2）脱下的氢原子由 NAD^+ 接受生成 $NADH+H^+$。首先通过复合体Ⅰ把氢传递给 CoQ 生成还原型 $CoQH_2$，然后 $CoQH_2$ 把 2 个 H^+ 释放到基质中，而将 2 个电子依次经复合体Ⅲ、Cyt c、复合体Ⅳ传递，激活氧生成氧负离子（O^{2-}），O^{2-} 与基质中的 2 个 H^+ 结合生成水。

（二）$FADH_2$ 呼吸链

$FADH_2$ 呼吸链又称为琥珀酸氧化呼吸链，是由复合体Ⅱ、复合体Ⅲ、复合体Ⅳ、泛醌、细胞色素 c 组成，最初受氢体是 FAD。其传递过程如图 4-14 所示。

$FADH_2$ 呼吸链与 NADH 呼吸链的区别是底物脱下的氢不经过 NAD^+ 这个环节，直接传递给 FAD 生成 $FADH_2$，经复合体Ⅱ，将氢传递给 CoQ 后，再向后的传递过程与 NADH 呼吸链相同。

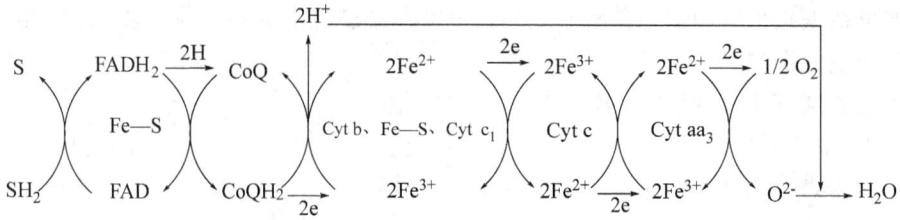

图 4-14 $FADH_2$ 呼吸链电子传递过程

第四部分   生物氧化中能量的产生与利用

生物体在进行物质的氧化分解过程中，释放能量以满足各种生命活动的需要。能量的一部分用于维持体温或以热的形式散发，剩余的能量可以转移到高能化合物中贮存起来，在动物需要时再释放出来，以便使动物有机体生命活动所需要的能量得以长期稳定的供给。

一、高能键与高能化合物

生物氧化所释放出的能量转化成化学能，贮藏在某些化合物分子的某些化学键中。不同的化学键所贮存的能量不同，有的化学键水解时或者当基团转移反应时释放的能量较高，有的则较低。

高能键就是指随着水解反应或者基团转移反应可释放出大量自由能的化学键，即所释放的能量一般大于 20.93 kJ/mol，常用"～"来表示。水解反应或基团转移反应所释放的自由能低于 20.93 kJ/mol 的化学键，叫作低能键，也就是一般的化学键。凡是含有高能键的化合物都叫作高能化合物。

在生物体内具有高能键的化合物很多，根据其键型的特点可分为 3 种类型，即高能磷酸化合物、高能硫酯类化合物和高能甲硫化合物。动物体中主要的高能化合物是腺苷三磷酸化合物，即 ATP。

(一)高能磷酸化合物

高能磷酸化合物有磷氧键型和磷氮键型两类。

1. 酰基磷酸化合物

酰基磷酸化合物指代谢物羟基与磷酸脱水形成的化合物，主要有 1,3-二磷酸甘油酸、乙酰磷酸、氨甲酰磷酸等，如图 4-15 所示。

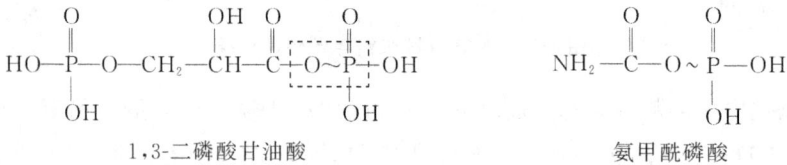

1,3-二磷酸甘油酸   氨甲酰磷酸

图 4-15   酰基磷酸化合物

2. 焦磷酸化合物

焦磷酸化合物指代谢物相邻的磷酸脱水形成的化合物，主要有 NTP、NDP(N 为各种含氮碱基)，如图 4-16 所示。

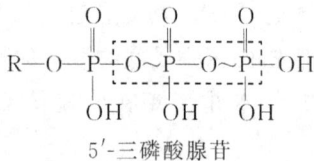

5′-三磷酸腺苷

图 4-16   焦磷酸化合物

3. 烯醇式磷酸化合物

烯醇式磷酸化合物指代谢物烯醇基与磷酸脱水形成的化合物，如磷酸烯醇式丙酮酸，如图 4-17 所示。

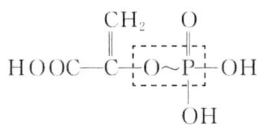

磷酸烯醇式丙酮酸

图 4-17　烯醇式磷酸化合物

4. 氮磷键型

氮磷键型主要有磷酸肌酸和磷酸精氨酸等，如图 4-18 所示。

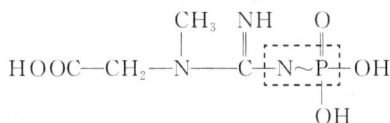

磷酸肌酸

图 4-18　氮磷键型

(二)高能硫酯化合物

高能硫酯化合物是由代谢物的羧基与巯基脱水形成，主要有乙酰 CoA、琥珀酰 CoA、脂酰 CoA 等，如图 4-19 所示。

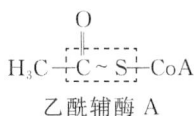

乙酰辅酶 A

图 4-19　高能硫酯化合物

(三)高能甲硫化合物

高能甲硫化合物主要有 S-腺苷甲硫氨酸，如图 4-20 所示。

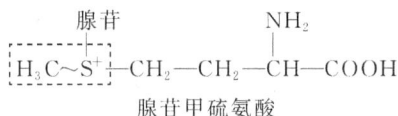

腺苷甲硫氨酸

图 4-20　高能甲硫化合物

以上高能化合物，含有磷酸基团的占绝大多数，但并不是所有含磷酸基团的化合物都属于高能磷酸化合物，例如，6-磷酸葡萄糖水解时每摩尔只放出约 13.8 kJ 能量，属于低能磷酸化合物(表 4-2)。

表 4-2　某些磷酸化合物水解的标准自由能变化

化 合 物	$\Delta G^{0'}$(kJ/mol)	磷酸基团转移势能 $\Delta G^{0'}$(kJ/mol)
磷酸烯醇式丙酮酸	−61.9	61.9
3-磷酸甘油酸	−49.3	49.3
磷酸肌酸	−43.1	43.1
乙酰磷酸	−42.3	42.3
磷酸精氨酸	−32.2	32.2
ATP(→ADP+Pi)	−30.5	30.5
ADP(→AMP+Pi)	−30.5	30.5

续表

化 合 物	$\Delta G^{0\prime}$(kJ/mol)	磷酸基团转移势能 $\Delta G^{0\prime}$(kJ/mol)
AMP(→腺苷+Pi)	−14.2	14.2
1-磷酸葡萄糖	−20.9	20.9
6-磷酸果糖	−15.9	15.9
6-磷酸葡萄糖	−13.8	13.8
1-磷酸甘油	−9.2	9.2

二、ATP 的生成

动物机体内各种形式的化学能必须转化为 ATP 才能被机体利用。生物体内 ATP 的生成是通过 ADP 磷酸化实现的，生成方式主要有两种：一种是底物水平磷酸化，另一种是氧化磷酸化，其中氧化磷酸化是 ATP 生成的主要方式。

(一)底物水平磷酸化

代谢底物在脱氢、脱水或分子重新排列时，使能量集中而形成的高能磷酸键断裂，并直接将能量转移给 ADP 生成 ATP，这个过程称为底物水平磷酸化，如糖代谢中的 3-磷酸甘油醛脱氢氧化成 3-磷酸甘油酸的反应，如图 4-21 所示。

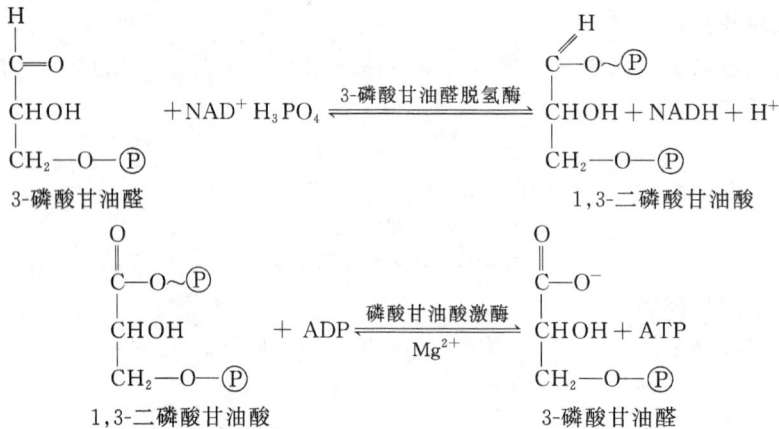

图 4-21　底物水平磷酸化

(二)氧化磷酸化

氧化磷酸化是指代谢底物在生物氧化中脱掉的氢，经呼吸链传递给氧化合生成水的过程中与 ADP 磷酸化生成 ATP 相偶联的过程。氧化磷酸化是在线粒体中进行的，是需氧生物体中 ATP 的主要来源。

1. 氧化磷酸化的偶联部位

呼吸链在传递电子的同时释放能量，但并不是每一个传递过程都可以生成 ATP。根据实验测定，从 NADH 到氧的电子传递链中，有 3 处释放的能量可以使 ADP 磷酸化生成 ATP。3 个部位分别是 NADH-辅酶 Q 还原酶复合体(复合体Ⅰ)、辅酶 Q-细胞色素 c 还原酶复合体(复合体Ⅲ)和细胞色素 c 氧化酶复合体(复合体Ⅳ)所在的部位，其过程如图 4-22 所示。

氧化磷酸化的偶联部位，常通过测定线粒体及其制剂的 P/O 比值，来确定产生多少 ATP。所谓 P/O 比值是指当底物进行氧化时，每消耗 1 mol 氧原子生成水，ADP 磷酸化时消耗无机磷的摩尔数。无机磷的消耗量可间接测出 ATP 的生成量。实验测得，NADH 呼吸链的 P/O 比值为 2.5∶1，即每消耗 1 mol 氧原子可形成 2.5 mol ATP；而 $FADH_2$ 呼吸链的 P/O 比值为 1.5：1，即每消耗 1mol 氧原子可形成 1.5 mol ATP。

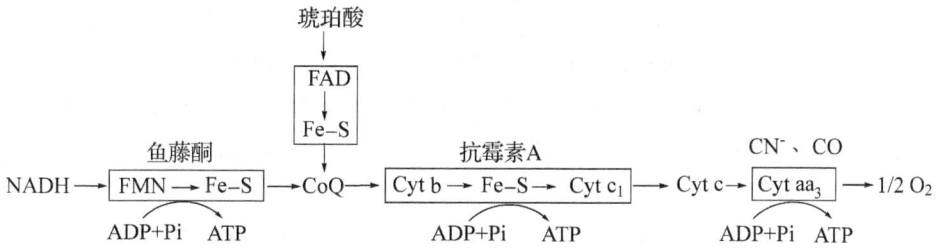

图 4-22　呼吸链的电子传递与氧化磷酸化部位

2. 氧化磷酸化的作用机理

目前对氧化磷酸化偶联作用机理的解释有三种假说：化学偶联假说、构象变化偶联假说和化学渗透偶联假说。化学偶联假说认为电子传递和 ATP 生成的偶联是通过在电子传递中形成一个高能共价中间物，它随后裂解将其能量供给 ATP 的合成；构象偶联假说认为在电子传递过程中引起线粒体内膜上的某些膜蛋白或 ATP 酶构象改变，当此构象再复原时，释放能量促使 ADP 和 Pi 合成 ATP。

化学渗透偶联假说是由英国生物化学家彼得·米切尔(Peter D. Mitchell)1961 年首先提出，后经大量的研究，目前得到了多数人的赞同，但仍有一些问题尚待解决。化学渗透偶联假说的要点如下：线粒体内膜是质子不能自由通过的膜系统，当电子沿呼吸链传递时，电子传递链不断地把 H^+ 由线粒体基质泵到内膜外面的膜间腔中，质子泵出后不能自由通过内膜而重新回到内膜内侧，这就使得膜间腔中的 H^+ 浓度高于内膜内侧，形成了内膜内外正负电位差和 H^+ 浓度差；电子传递时释放的能量转变为电化学梯度的渗透能，也称质子动力势，膜间腔内的质子在质子动力势的驱使下，质子(H^+)通过内膜上的 ATP 合酶复合体回到膜内基质中，同时催化 ADP 生成 ATP(图 4-23)。

用电镜观察线粒体内膜，可见内膜和嵴的基质侧表面有许多带柄的球状小体，称为基粒，这就是 ATP 合酶复合体，它由头部(F_1)、柄部及基部(F_0)3 部分组成，又称 F_0F_1-ATP 合酶。F_1 由 5 种多肽链 9 个亚基构成，能催化合成 ATP，而 F_1 单独存在时不能催化 ATP 合成，只有当和其他部分结合后才具有催化 ATP 合成的功能；柄部是连接 F_1 和 F_0 的部位，有控制质子流的作用；F_0 被包埋在线粒体内膜之中，是质子的通道。质子(H^+)通过 F_0F_1-ATP 合酶复合体返回到膜内基质时在 F_1 处合成 ATP(图 4-24)。

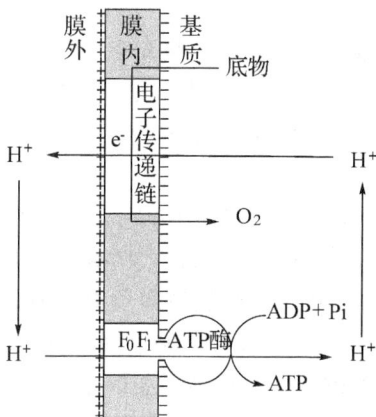

图 4-23　化学渗透偶联假说机制

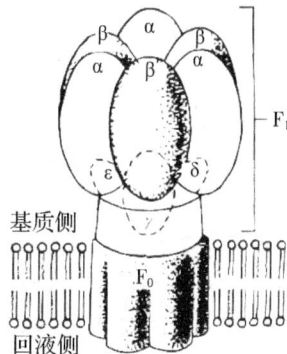

图 4-24　F_0F_1-ATP 合酶复合体结构

3. 影响生物体内氧化磷酸化进行的因素

(1) ADP、ATP 浓度的影响：氧化磷酸化的速率受生物体内能量水平的调节。当动物体由于使役、运动、生产等活动，ATP 分解为 ADP 和磷酸，释放能量被机体利用，这样使得体内 ADP 的浓度升高，氧化磷酸化过程加快。当动物休息或营养较好时，大部分 ATP 不能被利用，使 ADP 浓度下降，因而抑制了氧化磷酸化的进行。这种调节作用使动物根据生理需要，随时可以得到能量的供应。

(2) 甲状腺素的影响：甲状腺素可诱导细胞膜 Na^+-K^+-ATP 酶（钠泵）的合成，钠泵运转消耗，因而加速了 ATP 分解为 ADP+Pi，ADP 的增多可促进氧化磷酸化的进行，ATP 合成增加。

(3) 氧化磷酸化的抑制：氧化磷酸化的抑制是指某些化学因素对氧化磷酸化过程的影响。根据抑制的方式可分为四类：呼吸链抑制剂、解偶联剂、磷酸化抑制剂和离子载体抑制剂。

呼吸链抑制是某些物质对呼吸链中各传递部位的抑制，这些物质常叫作呼吸链抑制剂。它们可以与呼吸链中相应的传递体结合，使传递体失去电子的传递能力，从而使呼吸链的电子传递被阻断。其阻断部位有 NADH 向 CoQ 的电子传递，如鱼藤酮、巴比妥、安密妥等；阻断 Cyt b 向 Cyt c_1 的电子传递，如抗霉素 A、二巯基丙醇等；抑制细胞色素 c 氧化酶，阻断电子由 Cyt aa_3 向 O_2 的传递，如氰化物、一氧化碳、H_2S 等。

解偶联剂是指某些物质的存在能使呼吸链的电子继续传递，而使磷酸化作用被抑制，从而阻断了 ATP 的产生，电子传递过程产生的能量以热能的形式散失，如 2,4-二硝基苯酚就是最典型的解偶联剂。

磷酸化抑制剂能够同时抑制 ADP 磷酸化和电子传递。例如，寡霉素能阻止了 H^+ 通过质子通道回流，阻碍了 ATP 的生成。H^+ 在内外膜之间的积累，影响了质子由内膜内侧向膜外的泵出，阻碍了电子的传递。

离子载体抑制剂主要是一些脂溶性抗生素物质，如缬氨霉素等，能与一价阳离子形成复合物，使离子很容易透过线粒体膜，伴随着消耗呼吸链电子传递中释放的能量，阻碍 ATP 合成。

三、高能磷酸键的转移、贮存和利用

(一) 高能磷酸键的转移

高能磷酸键的转移主要通过 3 种方式进行，即核苷三磷酸之间的转移；ADP 和 ATP 之间的转移；一般的高能磷酸化合物和 ATP 之间的转移。生物体内除 ATP 外，还有其他的高能磷酸化合物，如 UTP、GTP、CTP 等，这些三磷酸核苷酸的生成都依赖于 ATP。

(二) 高能键的贮存

ATP 是动物体能量的直接供应者，但是 ATP 在动物机体内不贮存，而磷酸肌酸才是高能键的贮存形式。当体内产生的 ATP 增多时，脊椎动物可将 ATP 所携带的高能磷酸基团转移给肌酸生成磷酸肌酸，通过高能键将能量贮存起来。当机体需要能量时，磷酸肌酸可迅速分解成肌酸，同时将高能磷酸基团转移给 ADP 生成 ATP，供各种生命活动的需要。无脊椎动物则是把 ATP 中的能量转变成磷酸精氨酸贮存，当机体需要能量时，磷酸精氨酸再分解把能量转移给 ADP，生成 ATP 供机体利用。其过程如图 4-25 所示。

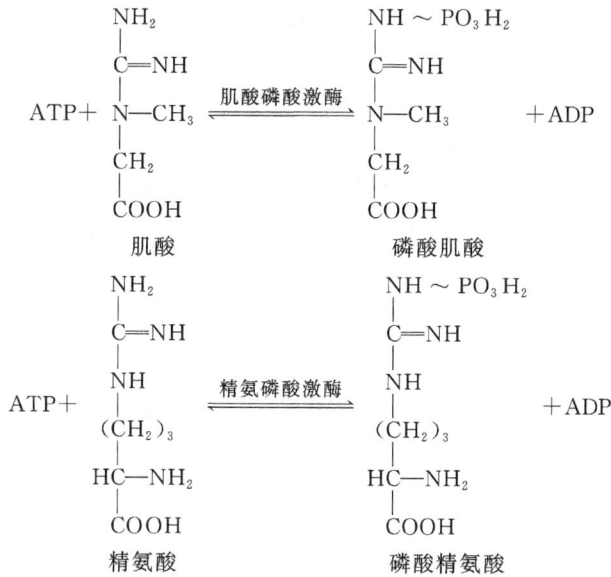

图 4-25 高能键的贮存

（三）高能磷酸化合物的利用

高能磷酸化合物的利用主要是通过水解，释放出无机磷酸和能量，供机体生命活动的需要，如合成反应、肌肉收缩、神经传导、离子转运等（图 4-26）。

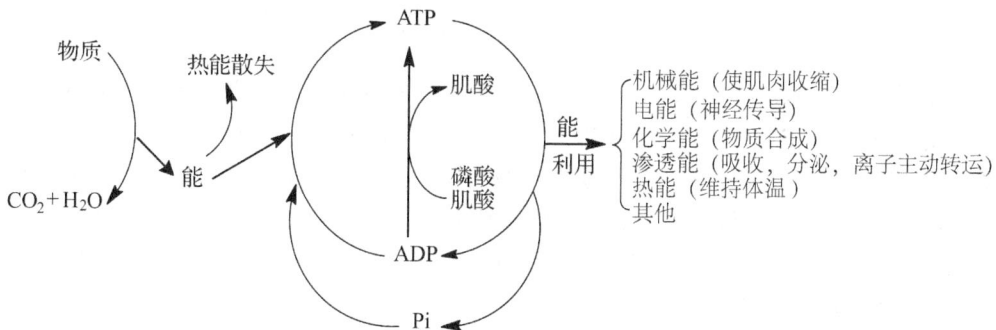

图 4-26 体内能量的转移、贮存和利用

第五部分 胞液中 NADH 的氧化

线粒体膜不允许 NADH 自由穿过，线粒体内 NADH 可以直接进入呼吸链被氧化，胞液中底物脱氢产生的 NADH 是如何进入线粒体内被氧化的？目前知道的是通过两种"穿梭"途径可以解决胞液内 NADH 氧化的问题：一种是 α-磷酸甘油穿梭途径，另一种是苹果酸—天冬氨酸穿梭途径。

一、α-磷酸甘油穿梭途径

由糖无氧分解过程产生的 NADH 虽不能穿过线粒体内膜，但是 NADH 上的氢和电子却可以进入到线粒体内膜，在这里起电子载体作用的即是 α-磷酸甘油，后者可以容易地穿梭于线粒体的内膜，起到穿梭搬运作用，其机制如图 4-27 所示。

α-磷酸甘油穿梭作用的第 1 步是氢和电子从 NADH 转移给磷酸二羟丙酮形成 α-磷酸甘油，催化这一反应的酶称为 α-磷酸甘油脱氢酶，该反应是在胞液中进行的。α-磷酸甘油可以扩散穿过线粒体膜，在线粒体内膜上的 α-磷酸甘油脱氢酶的催化下将 α-磷酸甘油携带的氢和电子转移到辅基 FAD 分子上，FAD 还原为 $FADH_2$，α-磷酸甘油转变为磷酸二羟丙酮，磷酸二羟丙酮能够通过线粒体内膜扩散到胞液中，这就使 α-磷酸甘油完成了携带 NADH 氢和电子进入线粒体内的使命。

在线粒体内部被还原的 $FADH_2$ 将电子传递给 CoQ 使其还原为 $CoQH_2$，进入电子传递链，完成将转移过来的胞液中的 NADH 上的氢和电子的氧化过程。

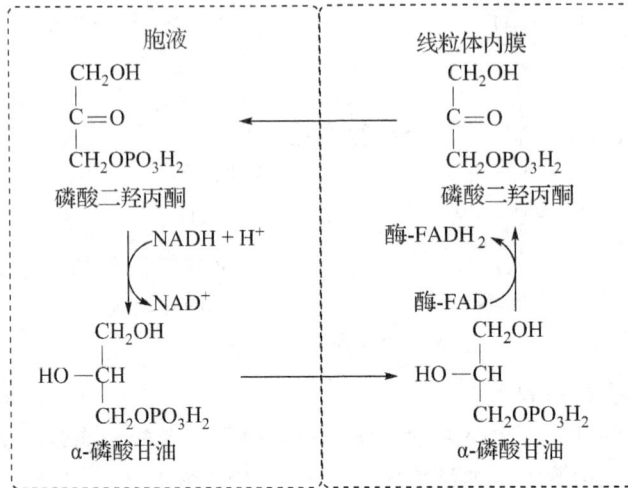

图 4-27 α-磷酸甘油穿梭途径

α-磷酸甘油穿梭途径将 NADH 的氢和电子转移进入电子传递链进行氧化磷酸化所利用的电子传递中介体是 FAD 而不是 NAD^+，这就使从 1 分子 NADH 脱下的电子通过氧化磷酸化最后生成 1.5 个 ATP 分子。α-磷酸甘油穿梭作用的生物学意义就在于它使胞液中的 NADH 逆浓度梯度转运到线粒体内膜进入电子传递链进行氧化，在肌肉和大脑组织中最为突出，它的穿梭作用保证了氧化磷酸化作用以极高速度进行。

二、苹果酸-天冬氨酸穿梭途径

在心脏和肝胞液内 NADH 的电子进入线粒体是通过苹果酸-天冬氨酸穿梭途径完成的。在胞液中 NADH 的氢和电子由苹果酸脱氢酶催化传递给草酰乙酸使之转变为苹果酸，同时 NADH 氧化为 NAD^+。苹果酸通过苹果酸-α-酮戊二酸载体穿过线粒体内膜并在线粒体基质内由苹果酸脱氢酶催化转变为草酰乙酸，NAD^+ 在线粒体基质内形成了 NADH。线粒体基质内的草酰乙酸并不易透过线粒体内膜，需由草酰乙酸经过转氨基作用形成天冬氨酸，通过谷氨酸-天冬氨酸载体透过线粒体膜转移到胞液，随后再通过转氨基作用又转变为草酰乙酸。这种穿梭途径和 α-磷酸甘油穿梭途径的差异使前者容易逆转。由于该反应的可逆性，只有当胞液中的 NADH 和 NAD^+ 比值比线粒体基质内的比值高时，NADH 才通过这条途径进入线粒体。这条途径的最终结果是将胞液中 NADH 所带的氢和电子转移到了线粒体基质内，随后进入 NADH 电子传递链并产生 2.5 个 ATP 分子。苹果酸-天冬氨酸穿梭途径如图 4-28 所示。

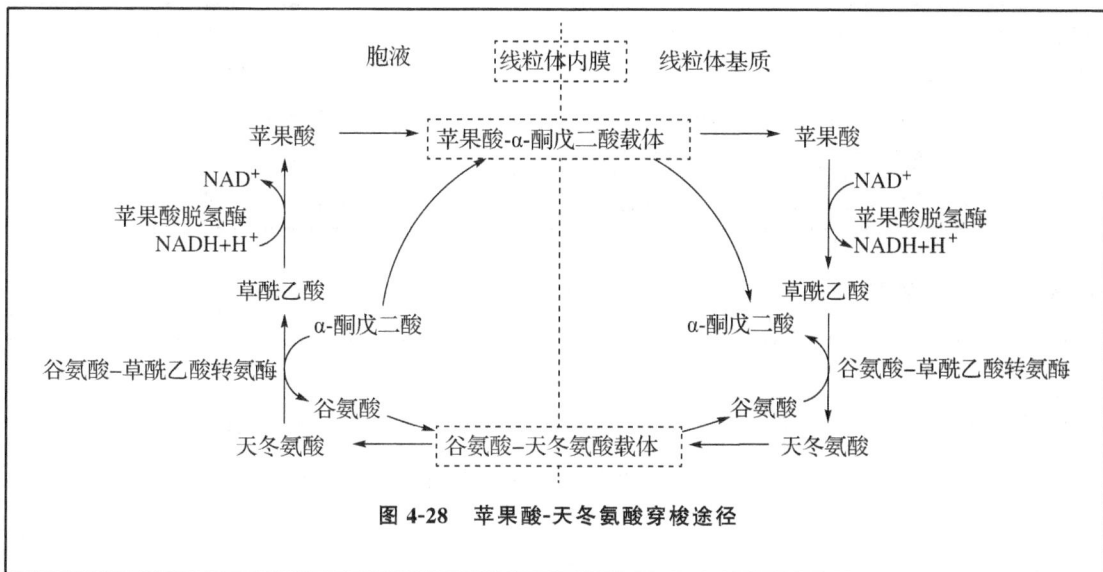

图 4-28　苹果酸-天冬氨酸穿梭途径

●●●● 拓展阅读：　跑步与 ATP

　　跑步被认为是一项最简单易行的运动，简单到只要迈开腿向前跑就行，人人皆会。同时，跑步又是一项最受瞩目的运动，无论是牙买加飞人博尔特在 2009 年第 12 届世界田径锦标赛创造的 9 秒 58 的百米世界纪录，还是肯尼亚的名将基梅托在 2014 年柏林马拉松创造的 2 小时 2 分 57 秒的世界纪录，均让我们为之惊叹不已。实际上，看似简单而魅力无穷的跑步运动并非我们所想象的那么简单，其中蕴含很多生物化学知识。

　　跑步需要能量来驱动，而我们机体的直接能源物质就是 ATP，我们需要将糖、脂肪和蛋白质通过一系列的生化反应进行分解，将蕴含其中的能量转变为 ATP。在我们体内对 ATP 的供应主要有 3 种方式，即运动生理学所称的三大供能系统，它们是：磷酸原供能系统、乳酸能供能系统和有氧氧化供能系统。

　　磷酸原供能系统由 ATP 和磷酸肌酸组成。我们体内储存的 ATP 非常有限，大约只有 85 g，只能支持大约 3 s 的短跑，接着，机体可将磷酸肌酸的高能磷酸键经激酶催化转移给 ADP，产生新的 ATP，这样还可支持 5～6 s 短跑，因此 100 m 的短跑比赛中，主要依靠储存的 ATP 和磷酸肌酸来支持能量消耗。其供能特点是供能总量少，持续时间短，功率输出快，可快速动用，不需要氧，不产生乳酸。

　　距离长于 100 m 以上时，如中长跑，由于储存的 ATP 和磷酸肌酸的消耗，细胞不得不合成新的 ATP。而中长跑对速度有较高的要求，可大量供能的有氧代谢的启动使得细胞对氧气的需求量很大，导致氧气供应跟不上，肌细胞不得不依靠糖酵解和乳酸发酵提供 ATP，也就是运动生理学上所说的乳酸能系统。在该过程中供能总量较磷酸原系统多，可供应数十秒的能量输出，但由于持续的乳酸产生导致肌肉积累乳酸，引起肌肉的疲劳，因此，这种方式也不能持续太久的时间。

　　而对于长跑，如马拉松来说，机体对 ATP 的供应则主要靠有氧代谢来实现。当机体储存的 ATP 和磷酸肌酸被消耗完之后，细胞的糖酵解、TCA 循环和氧化磷酸化提速，长跑对速度的要求不像短跑和中长跑那么高,所以机体的氧气供应可以跟上 ATP 产生的需要,通过动用储备的糖原和脂肪,将其有氧分解,可产生大量的 ATP,其供能速率虽然最低,但持续时间长,不产生乳酸,肌肉不容易疲劳,从而支撑长时间的奔跑。

我们从上述三种供能系统的比较可以看出,不同距离、不同速度的跑步运动对于 ATP 的需求是不一样的,我们的机体可以通过不同的产能方式满足机体对能量的需求。

●●●●● 作业单

学习情境 4	生物氧化					
作业完成方式	以学习小组为单位,课余时间独立完成,在规定时间内提交作业。					
作业题 1	动物体内生物氧化的类型及方式是怎样的?其特点如何?					
作业解答						
作业题 2	叙述呼吸链的组成及电子传递过程,磷酸化偶联是怎样的?					
作业解答						
作业题 3	解释心肌胞液中产生的 NADH 是如何进入线粒体被氧化的?					
作业解答						
作业评价	班级		第 组		组长签字	
	学号		姓名			
	教师签字		教师评分		日期	
	评语:					

●●●●● 学习反馈单

学习情境 4	生物氧化			
评价内容	评价方式及标准			
知识目标达成度	评价项目	评价方式	评价标准	
	任务点评量(60%)	学生自评与互评;教师评价	A. 任务点完成度 100%,正确率 95% 以上、笔记内容完整,书写清晰。	
			B. 任务点完成度 90%,正确率 85% 以上、笔记内容基本完整,书写较清晰。	
			C. 任务点完成度 80%,正确率 75% 以上、笔记内容较完整,书写较清晰。	

知识目标达成度	任务点评量（60%）	学生自评与互评；教师评价	D. 任务点完成度 70%，正确率 65% 以上、笔记内容欠完整，书写欠清晰。
			E. 任务点完成度 60%，正确率 50% 以上、笔记内容不完整，书写不清晰。
	撰写小论文（20%）	学生自评与互评；教师评价	A. 论文中专业知识运用、分析、拓展全面，表述合理，结论正确。
			B. 论文中专业知识运用、分析、拓展基本全面，表述基本合理，结论正确。
			C. 论文中专业知识运用、分析、拓展较全面，表述较合理，结论正确。
			D. 论文中专业知识运用、分析、拓展欠全面，表述欠合理，结论基本正确。
			E. 论文中专业知识运用、分析、拓展不全面，表述模糊，结论不完整。
	考试评量（20%）	纸笔测试	以试卷形式评量，试卷满分 100 分，按比例乘系数。
技能目标达成度	口头评量（100%）	学生自评与互评；教师评价	A. 仪态大方，语言流畅清晰，观点正确。
			B. 仪态大方，语言较流畅清晰，观点正确。
			C. 仪态大方，语言基本流畅清晰，观点基本正确。
			D. 仪态拘谨，语言欠流畅欠清晰，观点基本正确。
			E. 仪态拘谨，语言不流畅不清晰，观点不正确。
素养目标达成度	学习态度及表现（50%）	学生自评与互评；教师评价	A. 学习态度端正、积极参与课堂，小组合作意识强。
			B. 学习态度基本端正、积极参与课堂，小组合作意识强。
			C. 学习态度较端正、积极参与课堂，小组合作意识较强。
			D. 学习态度欠端正、不积极参与课堂，小组合作主动意识不强。
			E. 学习态度不端正、不积极参与课堂，小组合作主动意识不强。

素养目标 达成度	职业素养 （20%）	学生自评 与互评； 教师评价	A. 具有生物安全和动物福利意识，以畜牧业发展为目标。
			B. 基本具有生物安全和动物福利意识，基本以畜牧业发展为目标。
			C. 生物安全和动物福利意识一般，基本以畜牧业发展为目标。
			D. 生物安全和动物福利意识不强，以畜牧业发展为目标不明确。
			E. 生物安全和动物福利意识差，不能以畜牧业发展为目标。
	综合素养 （30%）	学生自评 与互评； 教师评价	A. 身心健康，有服务三农理念，有民族责任感和使命担当。
			B. 身心基本健康，有服务三农理念，有民族责任感和使命担当。
			C. 身心较健康，服务三农理念一般，有民族责任感和使命担当。
			D. 身心欠健康，服务三农理念欠佳，民族责任感和使命担当一般。
			E. 身心不健康，服务三农理念差，民族责任感和使命担当差。

综合评价				
评量内容及 评量分配	自评、组评及教师复评			合计得分
	学生自评（占10%）	小组互评（占20%）	教师评价（占70%）	
知识目标评价 （50%）	满分：5 实得分：	满分：10 实得分：	满分：35 实得分：	满分：50 实得分：
技能目标评价 （30%）	满分：3 实得分：	满分：6 实得分：	满分：21 实得分：	满分：30 实得分：
素养目标评价 （20%）	满分：2 实得分：	满分：4 实得分：	满分：14 实得分：	满分：20 实得分：

反馈及改进

●思政拓展阅读 　　　　●线上答题

学习情境 5

糖代谢

●●●● 学习任务单

学习情境 5	糖代谢	学　时	10
布置任务			
学习目标	【知识目标】 1. 了解血糖的来源和去路；了解糖代谢各途径的联系与调节。 2. 掌握糖分解代谢三条途径及生理意义；掌握三羧酸循环、乳酸循环的生理意义。 3. 掌握糖原合成与分解过程、糖异生作用及其重要生理意义。 【技能目标】 1. 熟练操作血糖的定量测定方法；掌握实验基本原理；理解葡萄糖的还原性。 2. 根据临床病例基本情况，能正确判读血糖异常的原因。 【素养目标】 1. 培养细致耐心、刻苦钻研的学习和工作作风；培养学生安全生产和公共卫生意识，做好自身安全防护。 2. 能够独立或在教师的引导下设计工作方案，分析、解决工作中出现的一般性问题。 3. 具有崇高的理想信念、强烈的社会责任感和团队奉献精神，理解并坚守职业道德规范，具备健康的身心和良好的人文素养。 4. 适应社会经济和现代农业发展需要，面向国家和行业需求，能及时跟踪动物医学及相关领域国内外发展现状和趋势。		
任务描述	能运用生物化学基本理论，正确处理样本，全面分析患病动物的代谢状况，能对相关病例的实验室诊断报告作出初步判断，具体任务如下。 1. 能正确操作定量测定血糖试验的操作步骤。 2. 能对实验检测结果的正确性和可信度作出正确分析。 3. 能分析病例血液生化指标血糖异常原因，并初步判断病因。		
提供资料	1. 学习任务单、任务资讯单、案例单、工作任务单、必备知识等。 2. 学期使用教材。 3. SPOC：		

对学生要求	1. 具有生物学基础知识；课前按任务资讯单认真准备，课上能认真完成各项工作任务，课后能总结提升。 2. 以学习小组为单位，展示学习成果，有团队协作能力，有创新意识，有一定的知识拓展能力。 3. 有良好的职业素养和服务畜牧业的理想。

● ● ● ● ● **任务资讯单**

学习情境 5	糖代谢
资讯方式	阅读学习任务单、任务资讯单和教材；进入相关网站，观看 PPT 课件、视频；图书馆查询；向指导教师咨询等。
资讯问题	1. 名词解释：糖原；糖的无氧分解（糖酵解/EMP）；激酶；糖的有氧分解；三羧酸循环；糖异生作用。 2. 简述糖无氧分解（糖酵解/EMP）的主要过程。 3. 简述糖酵解（EMP）特点及其生理意义。 4. 葡萄糖分解为丙酮酸的各反应过程中，有氧和无氧条件有何区别？调控部位、氧化部位及底物磷酸化部位又有何区别？ 5. 简述糖有氧分解的过程。 6. 什么是三羧酸循环？反应过程如何？4 次脱氢反应的酶及辅酶是什么？ 7. 简述糖有氧分解特点及生理意义。 8. 三羧酸循环在糖代谢及其他物质代谢中的地位如何？ 9. 1 mol 葡萄糖有氧分解和无氧分解净生成 ATP 的数量是多少？ 10. 简述磷酸戊糖途径的过程及其生理意义。 11. 简述糖异生作用过程及其重要的生理意义。 12. 简述糖原合成过程。（以葡萄糖为原料怎么合成糖原？） 13. 用图说明丙酮酸羧化支路的过程。 14. 写出乳酸生成葡萄糖的糖异生过程。 15. 简述血糖的来源和去路。 16. 简述糖代谢各途径的联系和调节。 17. 简述糖原的结构特点及其在代谢中的意义。
资讯引导	1. 邹思湘. 动物生物化学[M]. 第五版. 北京：中国农业出版社，2013 2. 朱圣庚，徐长法. 生物化学[M]. 第 4 版. 北京：高等教育出版社，2016 3. 叶非，冯世德. 有机化学[M]. 第 2 版. 北京：中国农业出版社，2007 4. 中国大学 MOOC 网：

●●●●● **案例单**

学习情境 5	糖代谢	学时	10
序号	案例内容		案例分析
5.1	1. 基本情况：主人带猫来诊所做去势和断趾手术。 2. 临床检查：该猫体温、脉搏和呼吸正常，暴躁、流涎。 3. 全血细胞计数（CBC）显示：淋巴细胞明显增多，并伴有轻微的成熟嗜中性粒细胞增多症。血涂片检查显示：存在大量小淋巴细胞。未见淋巴母细胞或异型淋巴细胞。FeLV 和 FIV 检测呈阴性。 4. 血液生化检测显示：血糖升高，其他指标无异常。 试分析该猫血糖升高的原因。		该病例是青年健康猫由于恐惧引起肾上腺素释放，生理性导致淋巴细胞增多和嗜中性粒细胞增多。 同时，肾上腺素是升糖激素，所以血液生化检测血糖也会有升高，但是这种变化都是暂时的，当恐惧因素去除后，很快可以恢复正常。
5.2	1. 基本情况：边境牧羊犬，8 岁 3 个月，母犬，体重 25 kg，体况评分：8/9。 2. 主述：最近几个月来该犬精神状态正常，最近不怎么爱吃，平常在家有气喘，喝水比较多，排尿频繁，食物以犬粮为主，偶尔会饲喂人的食物，比如饭和水果。 3. 血常规检查：结果显示血常规各项检查指标都在正常参考范围内。 4. 尿常规：酮体 400 mg/L，尿糖 4＋，大于最大值。 5. 生化结果：显示血糖（GLU）浓度达到 445 mg/dL，严重超出犬血糖浓度的正常范围（74～143 mg/dL），同时碱性磷酸酶（ALKP）也严重超出正常范围，血尿素氮（BUN）比正常范围低，其他生化指标检查结果正常。 6. 血气分析结果：pH 为 7.44。从初步的检查诊断来看，可以诊断为糖尿病，其他情况待查。 试分析该犬血糖升高的原因。		该犬经过诊断属于胰岛素不足引起的糖尿病。治疗的第一步是改善电解质的平衡，然后进行胰岛素的注射控制血糖。 机体胰岛素的分泌受两个方面调节，一方面是高血糖引起胰腺细胞分泌胰岛素，另一方面是通过氨基酸和脂肪酸调控胰岛素的分泌。因此糖尿病会导致三大营养物质的紊乱，还包括水和电解质的紊乱、酮症酸中毒等。

●●●●● **工作任务单**

学习情境 5	糖代谢
项目 1	血糖的测定

任务 1　配制试剂

1. 碱性铜试剂

在蒸馏水 400 mL 中加入无水碳酸钠 40 g；在蒸馏水 300 mL 中加入酒石酸 7.5 g；在蒸馏水 200 mL 中加入硫酸铜结晶($CuSO_4 \cdot 5H_2O$)4.5 g。以上分别加热使溶解，冷却后将酒石酸溶液倾入碳酸钠溶液内，混合移入 1 000 mL 容量瓶内，再将硫酸铜溶液倾入并加蒸馏水至刻度。此试剂可在室温长期保存，如放置数周后有沉淀产生，可用优质滤纸过滤后再使用。试剂中各化学成分的变化为：

$$Na_2CO_3 + 2H_2O \longrightarrow H_2CO_3 + 2NaOH$$
$$CuSO_4 + 2NaOH \longrightarrow Cu(OH)_2 + Na_2SO_4$$

2. 磷钼酸试剂

在烧杯内加入钼酸 70 g、钨酸钠 10 g、10%NaOH 溶液 400 mL 及蒸馏水 400 mL。混合后在电炉上煮沸 20~40 min，以除去钼酸内可能存在的氨。冷却后加入浓磷酸(85%)250 mL，混合，最后以蒸馏水稀释至 1 000 mL。

3. 0.25%苯甲酸溶液

称取苯甲酸 2.5 g 加入 1 000 mL 蒸馏水中，煮沸使溶解。冷却后补加至 1 000 mL，此试剂可长期保存。

4. 葡萄糖标准液

(1)贮存液(1 mL：10 mg)：将少量无水葡萄糖(化学纯)置于硫酸干燥器内一夜。精确称取此葡萄糖 1.00 g，以 0.25%苯甲酸溶液溶解并稀释至 100 mL。置冰箱中可长期保存。

(2)应用液(1 mL：0.1 mg)：准确吸取上述贮存液 1.0 mL 加入 100 mL 容量瓶内，以苯甲酸溶液稀释到刻度。

5. 1：4 磷钼酸稀释液

取磷钼酸溶液 1 份加蒸馏水 4 份，混匀即成。

6. 钨酸钠 10%

取钨酸钠($Na_2WO_4 \cdot 2H_2O$)10 g，用蒸馏水溶解并稀释至 100 mL。此液以 1%酚酞为指示剂试之，应为中性(无色)或微碱性(粉红色)，约可保存半年。

7. 0.333 mol/L H_2SO_4 溶液

取蒸馏水 2 份加标定过的 1.0 mol/L 硫酸 1 份混合后即可应用。

任务 2　制备无蛋白血滤液

取 20 mL 锥形瓶一个，加蒸馏水 7 mL，吸取抗凝全血 1 mL，缓缓加入到锥形瓶水中，用吸量管吸取上清液反复洗 2~3 次，混匀溶血(血液变为红色透明时)后加 10%钨酸钠 1 mL，再加 0.333 mol/L H_2SO_4 溶液 1 mL，随加随摇，摇匀后放置 5~15 min 至沉淀由鲜红色变为暗棕色，过滤或离心除去沉淀，即得无蛋白血滤液(每毫升相当于 1/10 mL 全血)。

任务 3　测定血糖浓度

【工序 1】取 3 支血糖管，按下表进行操作(单位：mL)。

【工序 2】混合后立即用空白液对分光光度计调"0"点，用波长 620 nm 测定并读取各试管光密度。

【工序 3】结果计算：将测得的数值代入下面公式计算。

$$\frac{OD 测}{OD 标} \times 100 = 血糖(mg)/100 \ mL \ 血液$$

试剂	空白管	标准管	测定管
无蛋白血滤液	—	—	1.0
蒸馏水	2.0	1.0	1.0
葡萄糖标准应用液	—	1.0	—
碱性铜试剂	2.0	2.0	2.0
混合，置沸水中煮 8 min，于流动冷水冷却 3 min(勿摇动)			
磷钼酸试剂	2.0	2.0	2.0
混匀，放置 2 min(使气体逸出)			
1∶4 磷钼酸液加至	25	25	25

● 实验原理

血液中的葡萄糖是一种多羟基的醛类，其半缩醛羟基具有还原性。当其与碱性铜试剂(这种试剂中含有的酒石酸二钠是络合剂，与铜盐结合成络合物而溶解)混合加热后，它的醛基被氧化成羧基，而试剂中的高铜(Cu^{2+})被它还原为红黄色的氧化亚铜(Cu_2O)而沉淀。氧化亚铜又可使磷(砷)钼酸还原生成钼蓝，使溶液呈蓝色，其蓝色深度与血滤液中葡萄糖浓度成正比。无蛋白血滤液与葡萄糖标准液同时进行光度测定，便可计算出血中的葡萄糖含量。

项目 2	肝糖原的提取与鉴定

任务 1　配制试剂

1. 10%三氯醋酸溶液：称取三氯醋酸 10 g 于烧杯中，用蒸馏水溶解，分次转移到 100 mL 容量瓶中定容。

2. 5%三氯醋酸溶液：称取三氯醋酸 5 g，用蒸馏水溶解后，定容至 100 mL 容量瓶中。

3. 95%乙醇：量取无水乙醇 95 mL，蒸馏水定容至 100 mL 容量瓶中。

4. 20% NaOH 溶液：称取 NaOH 20 g，蒸馏水溶解后稀释到 100 mL。

5. 碘液：称取碘 1 g、碘化钾 2 g，用 500 mL 蒸馏水溶解。

6. 班氏试剂：称取 417.3 g $CuSO_4$，加蒸馏水 100 mL，加热溶解。另取柠檬酸钠 173 g 及 Na_2CO_3 100 g，加蒸馏水 700 mL，加热溶解，待冷却后将 $CuSO_4$ 溶液慢慢加入混匀，用蒸馏水稀释至 1000 mL，可长期保存。

7. 其他试剂：浓盐酸、石英砂。

任务2　糖原的提取和鉴定

【工序1】肝组织匀浆液的制备：取刚刚放血至死的动物肝脏1 g，迅速放入研钵中，加少量石英砂和10％三氯醋酸溶液1 mL，初步研磨，然后再加5％的三氯醋酸2 mL研磨成匀浆。

【工序2】制取无蛋白匀浆液：将匀浆转移到离心管中，在2 500 r/min的条件下离心10 min，上清液即为无蛋白匀浆液。

【工序3】糖原的提取：将无蛋白匀浆液转移到另一离心管中，加入等体积的95％乙醇，混匀，静置10 min，糖原可呈絮状析出，在2 500 r/min的条件下离心10 min，弃去上清液，离心管倒置滤纸上1～2 min，剩余沉淀即为糖原。

【工序4】制备糖原溶液：向离心管沉淀中加蒸馏水1 mL，用玻璃棒搅拌使沉淀溶解，即得糖原溶液。

【工序5】鉴定糖原

1. 显色反应：取试管2支按下表进行操作，并解释现象。

试管号	糖原溶液(滴)	蒸馏水(滴)	碘液(滴)	现象
1	10	—	1	
2	—	10	1	

2. 鉴定葡萄糖：将剩余的糖原溶液转移到另1支试管中，加3滴浓盐酸，沸水浴10 min。冷却，加20％ NaOH溶液调至中性(pH试纸检验)，然后加入班氏试剂2 mL，沸水浴5 min，取出冷却，观察沉淀变化，解释现象。

●实验原理

肝糖原是葡萄糖聚合后在肝脏中的贮存形式，无还原性，与碘作用生成红色。肝组织匀浆中的蛋白质可被三氯醋酸沉淀，过滤后糖原仍留在滤液中，加入乙醇可使糖原沉淀下来。糖原可被酸水解生成葡萄糖，葡萄糖具有还原性，与班氏试剂作用生成砖红色沉淀。

必备知识

糖类是自然界最重要的生物分子之一，普遍存在于动物组织中。动物体内糖的来源有两种：一是食物或饲料中的多糖或二糖在消化道内消化吸收所得，称为外源性糖；二是由体内非糖物质经糖异生作用转化而来，称内源性糖。糖代谢包括摄入的糖类物质以及由非糖物质在体内生成的糖类物质所参与的全部生物化学过程和能量转化过程，它在物质代谢中处于核心地位。

第一部分　认识糖

糖是一大类有机化合物，大多数糖类物质仅由C、H、O三种元素组成，其化学本质为多羟基醛或多羟基酮类及其衍生物或多聚物。糖种类很多，可分为单糖、寡糖、多糖、复合糖四大类。

一、糖的种类

(一)单糖

单糖是不能被水解的多羟基醛或多羟基酮。含醛基的单糖称为醛糖；含酮基的单糖称为酮糖。动物体内重要的单糖是己糖(六碳糖)(图 5-1)和戊糖(五碳糖)，此外，物质代谢中会产生丙糖、丁糖、庚糖等。

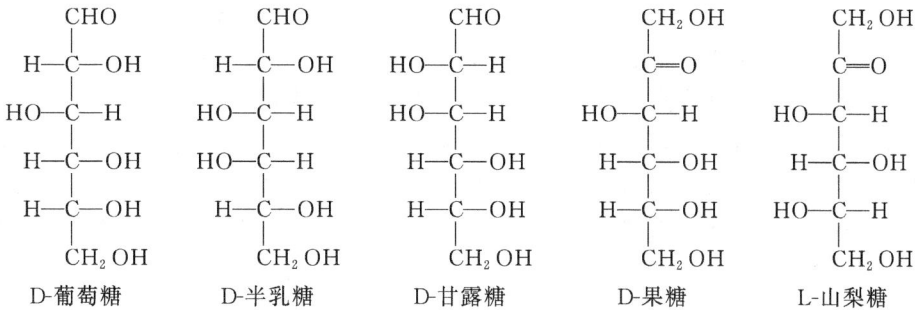

图 5-1　几种重要的己糖

(二)二糖

二糖又称双糖，是寡糖中重要的一类。它是由两分子单糖脱水缩合而成的。二糖水解后得到两分子单糖，自然界中游离存在的重要的二糖有蔗糖、麦芽糖、乳糖等(图 5-2)。

二糖在自然界中含量也很丰富，它是人类饮食中主要的热源之一。在小肠中，二糖必须在酶的作用下水解成单糖才能被人体吸收。如果这些酶有缺陷的话那么人体摄入二糖后由于不能消化就会出现消化病。未消化的二糖进入大肠，在渗透压的作用下从周围组织夺取水分，结肠中的细菌消化双糖(发酵)产生气体(气胀和绞痛或痉挛)。最常见的双糖消化缺陷是乳糖过敏，就是由于缺乏乳糖水解酶，解决办法就是用乳糖酶处理食物或避免摄入乳糖。

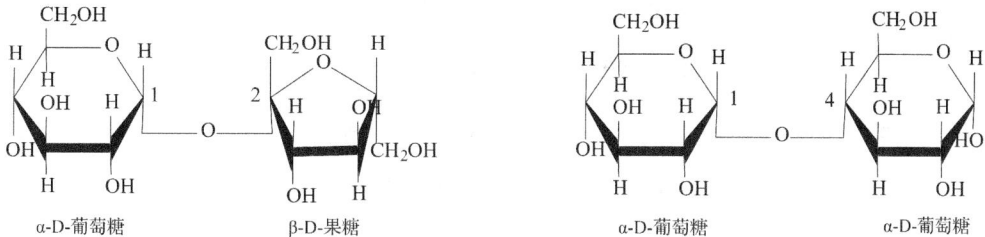

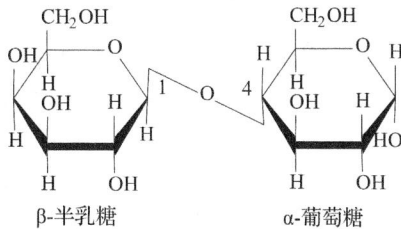

图 5-2　几种重要的二糖

(三)多糖

多糖是由 20 个以上的单糖或者单糖衍生物，通过糖苷键连接而成的高分子聚合物。多糖分为同多糖、杂多糖两类。同多糖是由同一种单糖或者单糖衍生物聚合而成，如淀粉、糖原以及纤维素等。而杂多糖是由不同种类的单糖或单糖衍生物聚合而成，如肝素、透明质酸以及硫酸软骨素等。

1. 淀粉

淀粉为白色无定形粉末，主要存在于种子、块茎及果实中，是植物储存的养分。淀粉由直链淀粉和支链淀粉两部分组成。直链淀粉是由 α-D-葡萄糖以 α-1,4-糖苷键连接而成的链状分子，分子内的氢键迫使其链状结构卷曲成螺旋形。支链淀粉（图 5-3）也是由 α-D-葡萄糖分子缩合而成的高分子聚合物，但分子结构中含有许多分支。在葡萄糖残基之间，除α-1,4-糖苷键外，在分支点还存在 α-1,6-糖苷键。支链淀粉分子比直链淀粉大，直链淀粉仅少量溶于热水中，支链淀粉易溶于水。淀粉作为人和动物的食物，经过消化产生葡萄糖，为机体提供能源和碳源。

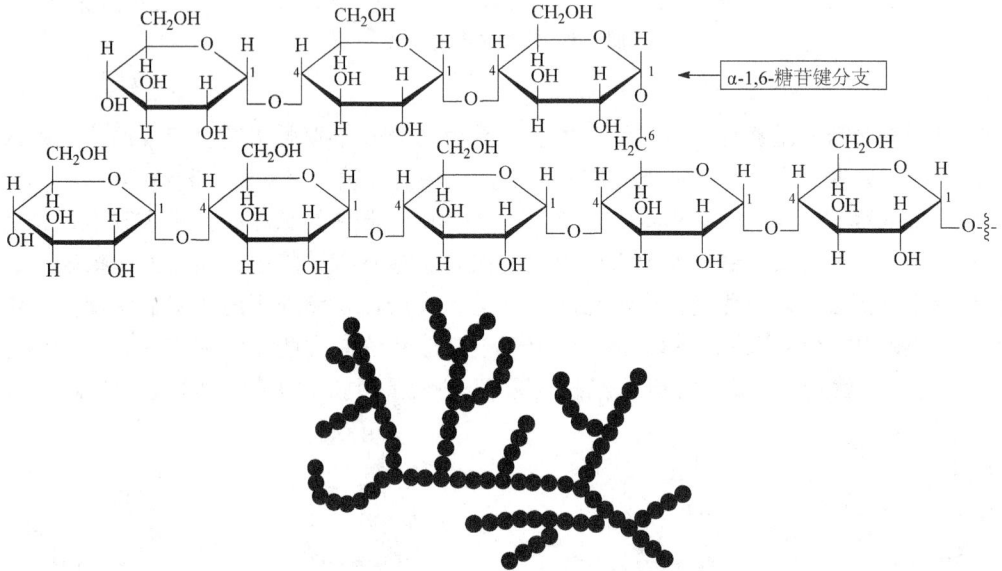

图 5-3 支链淀粉结构及分支结构

2. 纤维素

纤维素是生物界最丰富的多糖，是植物细胞壁的主要组分。纤维素是由 β-D 葡萄糖分子缩合而形成的线性高分子聚合物（图 5-4）。它与直链淀粉结构相似，但是其葡萄糖残基之间的连接键是 β-1,4-糖苷键。因此，纤维素不溶于水，其分子结构和物理性质有别于直链淀粉。纤维素中葡萄糖分子之间相互缠绕，链与链之间以氢键相连，像绳索一样绞在一起，形成纤维束。

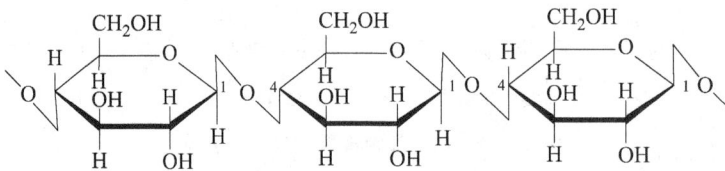

图 5-4 纤维素分子结构

纤维素虽由葡萄糖组成，但人和非食草动物不能以它作为营养物质，这是由于其体内缺少水解纤维素的酶，因而不能消化纤维素。马、牛、羊等食草动物，由于其消化道内共生着能产生纤维素酶的细菌，因而能够消化、利用纤维素，并作为生命活动所需要的主要能源。

3. 糖原

糖原是无色粉末状，由 α-D-葡萄糖聚合而成，是动物细胞中储存的多糖，又称为动物淀粉。糖原结构与支链淀粉结构相似，但分支程度比支链淀粉更高，分支链更短，分支点之间的间隔为 8～12 个葡萄糖残基。

糖原是动物体能量的主要来源，易溶于水，而不成糊状。存在于动物肝脏和骨骼肌中的糖原，主要包括肝糖原和肌糖原。肝糖原约占肝脏湿重的 7%；肌糖原约占骨骼肌湿重的 1.5%。虽然肝糖原比例高于肌糖原，但是肌肉在体内分布广，所以骨骼肌中糖原储存总量要比肝脏中多。当动物血液中葡萄糖的含量较高时，它们就聚合成糖原，储存于肝脏或肌肉中；当血糖浓度降低时，或者动物在饥饿的情况下，肝脏中的糖原可被分解成葡萄糖，供机体利用。

二、糖的生理功能

糖类广泛地存在于生物界，尤其是植物界。按干重计，糖类物质占动物体的 2% 左右，占细菌的 10%～30%，占植物的 85%～90%。糖类是生物体内非常重要的一类有机化合物，具有重要的生理功能。

1. 糖是动物体内主要的能源物质

动物机体生命活动所需要的能量 70% 来自糖的氧化分解代谢。在糖代谢中，葡萄糖是最重要的物质，每克糖彻底氧化可释放 16.7 kJ 的能量，约 40% 转变成 ATP 用于维持动物机体的正常生命活动。有些器官，如大脑和心脏，必须直接利用葡萄糖供能。此外，母畜妊娠时胎儿必须利用葡萄糖，泌乳时需大量的葡萄糖合成乳糖。

2. 糖是动物机体重要的结构物质

糖与蛋白质结合形成糖蛋白，与脂类结合形成糖脂，糖蛋白和糖脂都是生物膜的组成成分。核糖与脱氧核糖是组成核酸的成分，在脑、骨骼肌和其他许多组织细胞中还含有少量的鞘糖脂。

3. 糖是动物体内的生物活性分子

糖可以参与构成体内一些具有生理功能的物质，如免疫球蛋白、血浆蛋白、部分激素、绝大部分凝血因子、细胞膜上的受体等均属于糖蛋白。它们参与细胞间的信息传递，与细胞免疫和细胞间的识别有关。

另外，糖在体内还可以转变为脂肪而贮存；转变为某些氨基酸供动物机体合成蛋白质；转变为糖醛酸参与生物转化反应。糖在分解过程中形成的中间产物还可以作为合成蛋白质、脂肪、核酸等物质所需的含碳骨架。

三、糖代谢概况

在动物体内糖的主要形式是葡萄糖及糖原。葡萄糖是糖在血液中的运输形式，在机体糖代谢中占据主要地位；糖原是糖在动物体内的贮存形式，是葡萄糖的多聚体，包括肝糖原和肌糖原等。

食物中的糖主要是淀粉，另外包括一些双糖及单糖。多糖及双糖都必须经过酶的催化水解成单糖才能被吸收。食物中的淀粉经唾液中的 α-淀粉酶作用，催化淀粉中 α-1,4-糖苷键的水解，产物是葡萄糖、麦芽糖、麦芽寡糖及糊精。由于食物在口腔中停留时间短，淀粉的主要消化部位在小肠。小肠中含有胰腺分泌的 α-淀粉酶，催化淀粉水解成麦芽糖、麦芽三糖、α-糊精和少量葡萄糖。在小肠黏膜刷状缘上，含有 α-糊精酶和麦芽糖酶，可以催

化 α-糊精和麦芽三糖及麦芽糖水解为葡萄糖。小肠黏膜还有蔗糖酶和乳糖酶,可将蔗糖和乳糖分解为单糖。

动物体通过食物摄入的糖类物质被消化成单糖后的主要吸收部位是小肠上段,己糖尤其是葡萄糖被小肠上皮细胞摄取是一个依赖 Na^+ 并耗能的主动摄取过程,有特定的载体参与。在小肠上皮细胞刷状缘上,存在着与细胞膜结合的 Na^+-葡萄糖联合转运体,当 Na^+ 经转运体顺浓度梯度进入小肠上皮细胞时,葡萄糖随 Na^+ 一起被移入细胞内,这时对葡萄糖而言是逆浓度梯度转运,这个过程的能量是由 Na^+ 的浓度梯度(化学势能)提供的,它足以将葡萄糖从低浓度转运到高浓度。当小肠上皮细胞内的葡萄糖浓度增高到一定程度,葡萄糖经小肠上皮细胞基底面单向葡萄糖转运体顺浓度梯度被动扩散到血液中。小肠上皮细胞内增多的 Na^+ 通过钠钾泵(Na^+-K^+-ATP 酶),利用 ATP 提供的能量,从基底面被泵出小肠上皮细胞外,进入血液,从而降低小肠上皮细胞内 Na^+ 浓度,维持刷状缘两侧 Na^+ 的浓度梯度,使葡萄糖能不断地被转运。

消化道吸收入血的各种单糖,经门静脉进入肝脏,在肝脏内的半乳糖、果糖、甘露糖等在酶的催化下可以转化为葡萄糖。肝脏中的葡萄糖一部分代谢,一部分进入血液。在肝脏中,葡萄糖可以合成肝糖原暂时贮存,也可分解供能,或转变为其他物质,如脂肪、氨基酸等。肝脏还是糖异生作用的主要场所,可将丙酸、氨基酸等转变为葡萄糖或糖原。肝糖原可分解为葡萄糖进入血液,然后输送到各组织细胞,供全身利用。在肝外组织,如肌肉中,葡萄糖可以合成肌糖原贮存,也可以分解为肌肉收缩提供能量,也可以转变为其他物质。当摄入的能源物质过多时,糖还能转变成脂肪并贮存,作为能量储备,这也是含糖丰富的饲料可使动物肥育的重要原因。

从食物吸收进入血液的葡萄糖,其代谢途径主要有葡萄糖的无氧酵解、有氧氧化、磷酸戊糖途径、糖原合成与糖原分解、糖异生等。

四、血糖及其调节

血糖主要是指血液中所含的葡萄糖。每种动物的血糖含量各不相同,但对每种动物而言血糖浓度是恒定的。血糖浓度的相对恒定,是通过神经、激素调节血糖的来源和去路而实现的。

(一)血糖的来源和去路(图 5-5)

血糖的来源主要有以下几种途径。①从食物中摄取,通过消化道吸收,这是血糖最主要的来源。②肝糖原逐渐分解为葡萄糖进入血液,这是空腹时血糖的直接来源。③非糖物质如某些有机酸、丙酸、甘油、生糖氨基酸等通过糖异生作用转变成葡萄糖或糖原,从而起到补充血糖的作用。④其他单糖,如果糖、半乳糖等也可转变为葡萄糖以补充血糖。

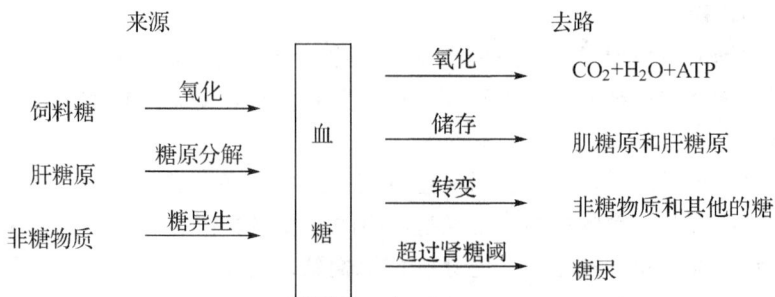

图 5-5　血糖的来源和去路

血糖的去路主要有以下几种。①在组织中氧化分解供应机体能量。②在组织中合成糖原。③转变为脂类和非必需氨基酸等非糖类物质。④转变为其他糖及糖衍生物，如葡萄糖可转变成核糖、脱氧核糖、氨基糖等，以作为一些重要物质合成的原料。⑤从尿中排出。尿中排出葡萄糖不是正常的去路。正常生理情况下，葡萄糖虽然通过肾小球滤过，但在肾小管中又几乎全部被吸收入血。只有在某些生理或病理情况下，血糖含量过高，超过了肾小管再吸收的能力(称为肾糖阈)时，一部分糖会从尿中排出，称为糖尿。

(二)血糖浓度的调节

动物血糖浓度保持恒定是糖、脂肪、氨基酸代谢途径之间，肝、肌肉、脂肪组织之间相互协调的结果。当动物在采食后消化吸收期间，从肠道吸收大量葡萄糖，此时肝内糖原合成加强而分解减弱，肌肉中肌糖原合成和糖的分解也加强，肝、脂肪组织加速将糖转变为脂肪，氨基酸的糖异生作用则减弱，因而血糖暂时上升但很快恢复正常。动物长距离和长时间奔跑达 2h 以上，其肝糖原早已耗尽，但血糖仍可以保持在基本正常水平。此时肌肉内能量主要来自脂肪酸，而糖异生作用产生的葡萄糖用于保持血糖水平。动物长期饥饿时，血糖虽略低，但仍保持一定水平。这时血糖的来源主要靠糖的异生作用，原料首先是从肌肉蛋白质降解来的氨基酸，其次为甘油，以保证动物脑组织对能量的需求，其他组织的能量需求则通过脂肪酸氧化代谢获得。

血糖浓度还受神经、激素等因素的调节。神经调节是通过对激素分泌的控制，间接地控制血糖浓度。血糖浓度过高或过低，可反射性地刺激延脑的糖感觉中枢，引发神经冲动，进而影响肝糖原的分解与合成，使血糖浓度维持恒定。调节血糖浓度的激素有降糖激素和升糖激素两类。胰岛素是降糖激素，作用是促进糖原的合成、抑制糖原的分解，同时使糖的分解与转化加强，抑制糖的异生。而肾上腺素、胰高血糖素、肾上腺糖皮质激素、生长素等都是升糖激素，与胰岛素作用相反，有促进糖原分解，抑制糖原合成和促进糖异生作用。升糖和降糖激素在生物体内相互制约，共同调节糖的分解与合成，以维持血糖浓度的稳定。

血糖浓度相对的恒定具有重要的生理意义。体内各组织细胞活动所需能量大部分来自葡萄糖，血糖必须保持一定水平才能维持体内各器官和组织的需要。如果血糖含量过低，各组织得不到足够的葡萄糖供给能量，就会发生机能障碍。这一点对脑组织特别重要，这是由于脑组织不含糖原，而脑组织活动所需的能量除来自酮体外，必须有一部分来自血糖，以维持其正常的机能活动。可见，细胞内缺乏糖的供应，细胞功能就会发生紊乱，但血糖如果超过正常水平，不能被组织利用，则由尿排出。

第二部分　糖分解代谢

葡萄糖吸收进入血液后，经血液循环运送到全身各个组织细胞并分解供能。糖在体内的分解代谢有 3 条途径：①在无氧或缺氧条件下，由葡萄糖降解为乳酸，并在此过程中产生少量的 ATP，即糖的无氧分解。②在有氧条件下，葡萄糖彻底氧化生成 CO_2 和 H_2O，同时产生大量 ATP，即糖的有氧分解。③由 6 个碳的葡萄糖直接氧化为 5 个碳的核糖，即磷酸戊糖途径。

一、糖的无氧分解

糖的无氧分解是指细胞内的葡萄糖在无氧或缺氧条件下，分解生成乳酸并释放少量能量的过程，该过程与葡萄糖发酵生成酒精的过程大致相似，因此又称为糖酵解。糖酵解途径过程是 1940 年由 Embden、Meyerhof、Parnas 等人阐明的，所以也称 EMP 途径。

糖无氧分解过程分为两个阶段：第一阶段是由葡萄糖分解成丙酮酸的过程，第二阶段是丙酮酸转变成乳酸的过程。整个过程由 11 种酶催化,这些酶都存在于胞液中,因此糖无氧分解的全部反应都在胞液中进行。

(一)糖无氧分解的反应过程

1. 第一阶段:葡萄糖分解生成丙酮酸

①葡萄糖磷酸化生成 6-磷酸葡萄糖(图 5-6)。葡萄糖进入细胞后,在己糖激酶的催化下生成 6-磷酸葡萄糖,此反应消耗 1 分子 ATP,且反应不可逆。这是糖无氧分解途径的第一个限速反应,己糖激酶是第一个限速酶。磷酸化的葡萄糖不能自由通过细胞膜而逸出细胞。

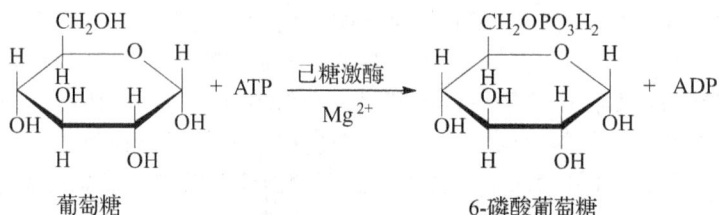

图 5-6　葡萄糖磷酸化生成 6-磷酸葡萄糖

催化 ATP 上的磷酸基团转移到受体上的酶通常称为激酶,激酶催化的反应过程需要 Mg^{2+} 参与。己糖激酶可被 6-磷酸葡萄糖抑制以调节葡萄糖的分解速度,所以此酶是限速酶。己糖激酶不仅能催化葡萄糖,也能催化其他己糖磷酸化。在肝细胞中还存在一种专一性较强的葡萄糖激酶,只能催化葡萄糖生成 6-磷酸葡萄糖,并且不被 6-磷酸葡萄糖反馈抑制。

若是糖原降解,先磷酸化生成 1-磷酸葡萄糖,肝中的 1-磷酸葡萄糖在磷酸葡萄糖变位酶的催化下,再生成 6-磷酸葡萄糖,这个过程不需要消耗 ATP。

②6-磷酸葡萄糖转变成 6-磷酸果糖(图 5-7)。由磷酸葡萄糖异构酶催化 6-磷酸葡萄糖发生醛糖和酮糖间的异构反应,需要 Mg^{2+} 参与,反应可逆,结果生成 6-磷酸果糖。

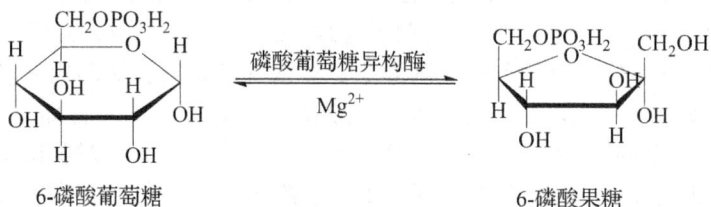

图 5-7　6-磷酸葡萄糖转变成 6-磷酸果糖

③6-磷酸果糖磷酸化为 1,6-二磷酸果糖(图 5-8)。由磷酸果糖激酶(PFK)催化 6-磷酸果糖转变为 1,6-二磷酸果糖,需要 ATP 和 Mg^{2+} 参与,1,6-二磷酸果糖是磷酸果糖激酶强烈的变构激活剂。该反应不可逆,为糖酵解过程中的第二个限速反应,磷酸果糖激酶是第二个限速酶。

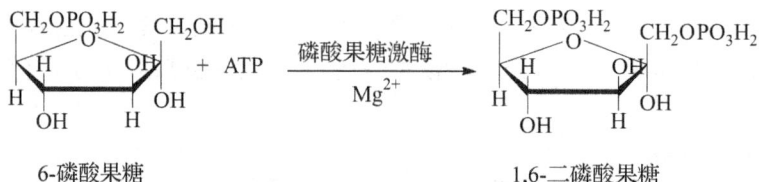

图 5-8　6-磷酸果糖磷酸化为 1,6-二磷酸果糖

④1,6-二磷酸果糖裂解为 2 个磷酸丙糖(图 5-9)。1,6-二磷酸果糖在醛缩酶作用下发生裂解反应生成 1 分子磷酸二羟丙酮和 1 分子 3-磷酸甘油醛,此反应可逆。至此,一个 6 碳的葡萄糖裂解成 2 分子三碳糖。

$$\underset{\text{1,6-二磷酸果糖}}{\begin{array}{c} CH_2OH_2PO_3 \quad CH_2OH_2PO_3 \\ O \\ H \quad OH \\ H \\ OH \quad H \end{array}} \xrightleftharpoons[\text{醛缩酶}]{} \underset{\text{磷酸二羟丙酮}}{\begin{array}{c} CH_2OH_2PO_3 \\ | \\ C=O \\ | \\ CH_2OH \end{array}} + \underset{\text{3-磷酸甘油醛}}{\begin{array}{c} CH_2OH_2PO_3 \\ | \\ HC-OH \\ | \\ CHO \end{array}}$$

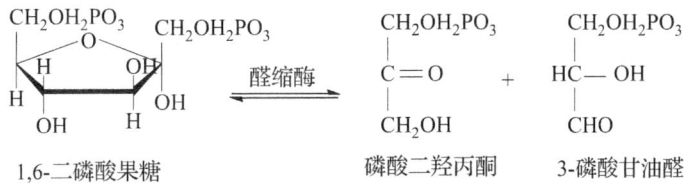

图 5-9　1,6-二磷酸果糖裂解为 2 个磷酸丙糖

⑤磷酸丙糖异构化(图 5-10)。磷酸二羟丙酮是 3-磷酸甘油醛的同分异构体,在磷酸丙糖异构酶的催化下,磷酸二羟丙酮和 3-磷酸甘油醛可以相互转化。3-磷酸甘油醛能继续进入糖无氧分解途径,因此,后面的反应将由 2 分子 3-磷酸甘油醛继续进行。

$$\underset{\text{磷酸二羟丙酮}}{\begin{array}{c} CH_2OH_2PO_3 \\ | \\ C=O \\ | \\ CH_2OH \end{array}} \xrightleftharpoons[\text{}]{\text{磷酸丙糖异构酶}} \underset{\text{3-磷酸甘油醛}}{\begin{array}{c} CH_2OH_2PO_3 \\ | \\ HC-OH \\ | \\ CHO \end{array}}$$

图 5-10　磷酸丙糖异构化

⑥3-磷酸甘油醛氧化为 1,3-二磷酸甘油酸(图 5-11)。由 NAD^+ 和无机磷酸参与,在 3-磷酸甘油醛脱氢酶催化下,3-磷酸甘油醛脱氢并磷酸化生成 1,3-二磷酸甘油酸。在进行脱氢和磷酸化的过程中,使分子内部的能量重新分配和集中,生成高能磷酸化合物 1,3-二磷酸甘油酸,底物脱下的氢交给 NAD^+ 生成 $NADH+H^+$。在无氧条件下,$NADH+H^+$ 将用于丙酮酸的还原生成乳酸,在有氧条件下可进入呼吸链氧化。此反应是糖酵解过程中唯一脱氢氧化反应。

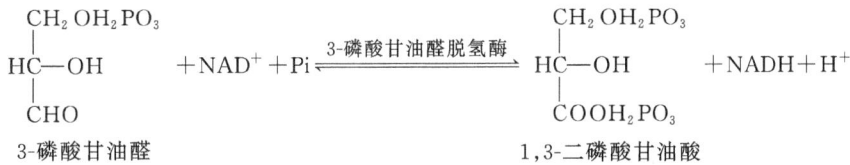

$$\underset{\text{3-磷酸甘油醛}}{\begin{array}{c} CH_2OH_2PO_3 \\ | \\ HC-OH \\ | \\ CHO \end{array}} +NAD^++Pi \xrightleftharpoons[\text{}]{\text{3-磷酸甘油醛脱氢酶}} \underset{\text{1,3-二磷酸甘油酸}}{\begin{array}{c} CH_2OH_2PO_3 \\ | \\ HC-OH \\ | \\ COOH_2PO_3 \end{array}} +NADH+H^+$$

图 5-11　3-磷酸甘油醛氧化为 1,3-二磷酸甘油酸

⑦1,3-二磷酸甘油酸转变为 3-磷酸甘油酸(图 5-12)。高能磷酸化合物 1,3-二磷酸甘油酸的高能磷酸键,在磷酸甘油酸激酶的催化下,将磷酰基和能量转移给 ADP,使 ADP 磷酸化生成 ATP,底物转变成 3-磷酸甘油酸,反应需要 Mg^{2+} 参与。此反应是糖无氧分解途径第一次生成 ATP,且生成 ATP 的方式是底物水平磷酸化。

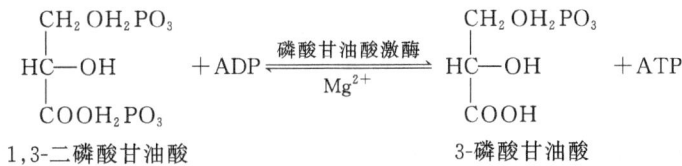

$$\underset{\text{1,3-二磷酸甘油酸}}{\begin{array}{c} CH_2OH_2PO_3 \\ | \\ HC-OH \\ | \\ COOH_2PO_3 \end{array}} +ADP \xrightleftharpoons[Mg^{2+}]{\text{磷酸甘油酸激酶}} \underset{\text{3-磷酸甘油酸}}{\begin{array}{c} CH_2OH_2PO_3 \\ | \\ HC-OH \\ | \\ COOH \end{array}} +ATP$$

图 5-12　1,3-二磷酸甘油酸转变为 3-磷酸甘油酸

⑧3-磷酸甘油酸转变成 2-磷酸甘油酸(图 5-13)。催化此反应的酶是磷酸甘油酸变位酶。

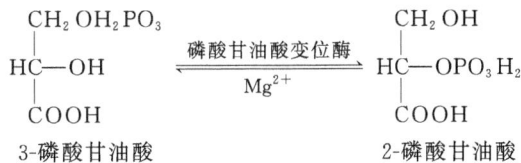

$$\underset{\text{3-磷酸甘油酸}}{\begin{array}{c} CH_2OH_2PO_3 \\ | \\ HC-OH \\ | \\ COOH \end{array}} \xrightleftharpoons[Mg^{2+}]{\text{磷酸甘油酸变位酶}} \underset{\text{2-磷酸甘油酸}}{\begin{array}{c} CH_2OH \\ | \\ HC-OPO_3H_2 \\ | \\ COOH \end{array}}$$

图 5-13　3-磷酸甘油酸转变成 2-磷酸甘油酸

⑨2-磷酸甘油酸烯醇化生成磷酸烯醇式丙酮酸（PEP）（图 5-14）。2-磷酸甘油酸在烯醇化酶的催化下脱水，并且分子内部发生电子重排和能量重新分布，形成高能化合物磷酸烯醇式丙酮酸。

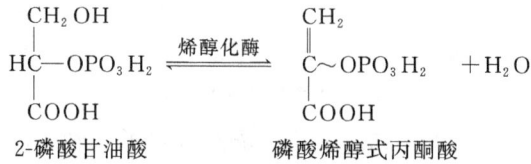

图 5-14　2-磷酸甘油酸烯醇化生成磷酸烯醇式丙酮酸

⑩磷酸烯醇式丙酮酸转变成丙酮酸（图 5-15）。这是一个不可逆反应，是糖无氧分解的第三个限速步骤，由丙酮酸激酶催化，将其分子中的高能磷酰基转移给 ADP 生成 ATP。这是糖无氧分解途径中的第二次底物水平磷酸化，也是第二处产生 ATP 的反应。

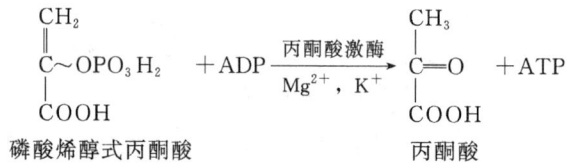

图 5-15　磷酸烯醇式丙酮酸转变成丙酮酸

2. 第二阶段：丙酮酸转变成乳酸

丙酮酸在无氧条件下，由乳酸脱氢酶催化生成乳酸，所需的还原剂 $NADH+H^+$ 是 3-磷酸甘油醛脱氢反应中产生的，这一步反应是可逆的。乳酸是糖无氧分解途径的最终产物。当氧气充足时，乳酸又可以被氧化为丙酮酸。其过程如图 5-15 所示。

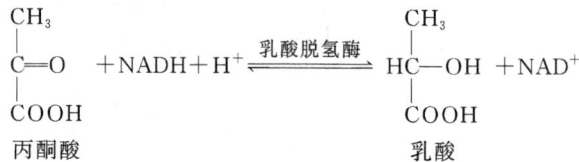

图 5-16　丙酮酸转变成乳酸

从糖无氧分解的全部反应过程来看，由葡萄糖降解为丙酮酸有三步是不可逆反应，催化这三步反应的己糖激酶、磷酸果糖激酶和丙酮酸激酶，均是限速酶，调控糖酵解的反应速率，其中的磷酸果糖激酶是最关键的限速酶。葡萄糖或糖原的一个葡萄糖单位，经过无氧分解过程可以生成 2 分子乳酸。因此，当动物剧烈活动（包括重度使役）或缺氧时，肌肉和血液中的乳酸浓度会增高。糖无氧分解的全过程如图 5-17。

（二）糖酵解的能量

糖酵解过程中的中间产物大部分是磷酸化合物，其中的 1,3-二磷酸甘油酸和磷酸烯醇式丙酮酸是高能磷酸化合物。糖无氧分解过程中能量的生成较少，1 mol 葡萄糖生成 2 mol 乳酸的过程中，通过底物水平磷酸化方式产生 4 mol ATP，扣除第一阶段消耗的 2 mol ATP，糖无氧分解过程 1 mol 葡萄糖分解可净生成 2 mol ATP（表 5-1）。糖原的葡萄糖单位无氧分解生成乳酸，可净生成 3 mol ATP。

表 5-1　糖酵解的能量生成过程

反　应	ATP 摩尔数的增减
葡萄糖转变成 6-磷酸葡萄糖	－1
6-磷酸葡萄糖转变成 1,6-二磷酸果糖	－1

续表

反　　应	ATP 摩尔数的增减
1,3-二磷酸甘油酸转变成 3-磷酸甘油酸	1×2
磷酸烯醇式丙酮酸转变成丙酮酸	1×2
每摩尔葡萄糖净增 ATP 摩尔数	2

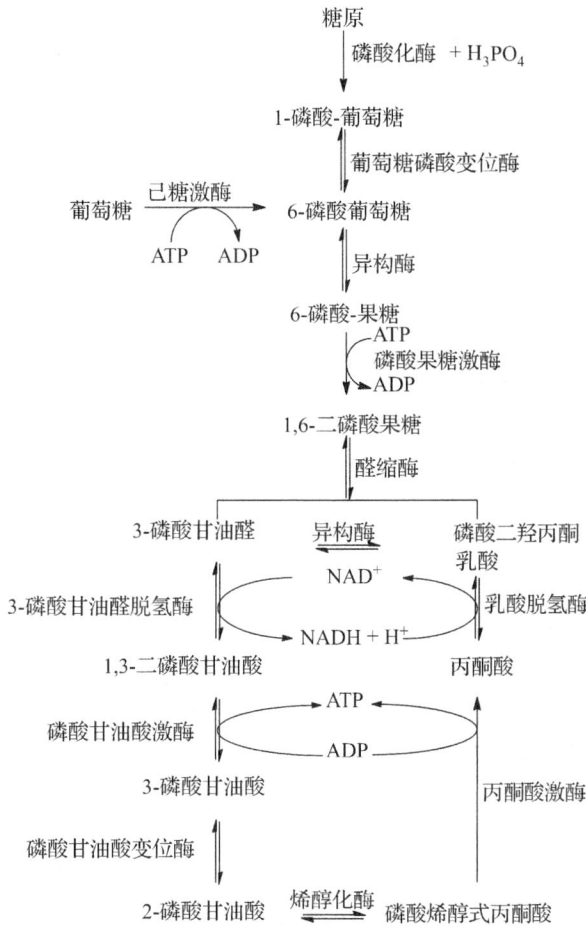

图 5-17　糖酵解全过程

（三）糖酵解的生理意义

糖的无氧分解最主要的生理意义在于为动物机体迅速提供能量，这对肌肉收缩尤为重要。如机体缺氧或剧烈运动时，即使呼吸和循环加快，仍不足以满足体内糖完全氧化时对氧的大量需求。这时肌肉处于相对缺氧状态，糖的无氧分解过程随之加强，以补充运动所需的能量。因此在剧烈运动后，血中乳酸浓度会成倍地升高。

少数组织，即使在有氧情况下，也要进行糖的无氧分解。例如，表皮中 $50\% \sim 75\%$ 的葡萄糖经酵解产生乳酸；视网膜、神经、睾丸、肾髓质、血细胞等组织代谢活动极为活跃，即使不缺氧也常由无氧分解提供部分能量；成熟的红细胞由于没有线粒体则完全依赖糖的无氧分解以获得能量。

在某些病理情况下，如严重贫血、大量失血、休克等，由于循环障碍造成组织供氧不足，也会加强糖的无氧分解，产生的乳酸过多时还会引起酸中毒。

但是，动物体从葡萄糖无氧分解途径获得的能量有限。在一般情况下，动物体大多数组织有充足的氧供应，主要进行的是糖的有氧分解供能。

二、糖的有氧分解

在有氧条件下，动物体内的葡萄糖或体内贮存的糖原，彻底氧化分解生成 H_2O 和 CO_2，并释放大量能量的过程称为糖的有氧分解，又叫糖的有氧氧化。糖的有氧分解是机体获取能量的主要途径，也是糖分解代谢的主要方式。

（一）糖有氧分解的过程

糖的有氧分解过程是一个连续的分解代谢过程，分成三个阶段：第一阶段，葡萄糖转变成丙酮酸阶段，同糖酵解途径；第二阶段，丙酮酸进入线粒体被氧化生成乙酰 CoA；第三阶段，三羧酸循环。

1. 葡萄糖转变为丙酮酸阶段

这一阶段的反应过程和场所与糖酵解途径基本相同，不同的是 3-磷酸甘油醛脱氢产生的 $NADH+H^+$ 不用于还原丙酮酸生成乳酸，而是经穿梭作用进入线粒体，经呼吸链氧化生成水，并产生 ATP。

2. 丙酮酸氧化阶段

在有氧条件下，胞液中葡萄糖降解生成的丙酮酸可以自由穿过线粒体膜进入线粒体，经线粒体内丙酮酸脱氢酶复合体的催化，发生氧化脱羧反应生成乙酰 CoA，该反应不可逆（图 5-18）。

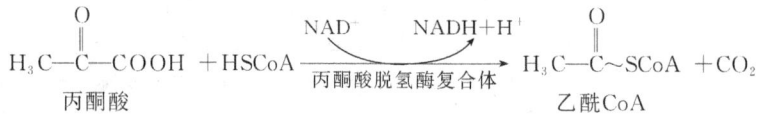

图 5-18   丙酮酸氧化

丙酮酸脱氢酶复合体，也叫丙酮酸脱氢酶系，是由 3 种酶和 5 种辅酶或辅基组成，它们分别是丙酮酸脱氢酶（辅酶是 TPP^+），硫辛酸乙酰基转移酶（辅酶是硫辛酸和 CoA），二氢硫辛酸脱氢酶（辅酶是 NAD^+、辅基是 FAD）。多酶复合体的形成使得其催化反应效率及调控能力显著提高。催化过程如图 5-19。

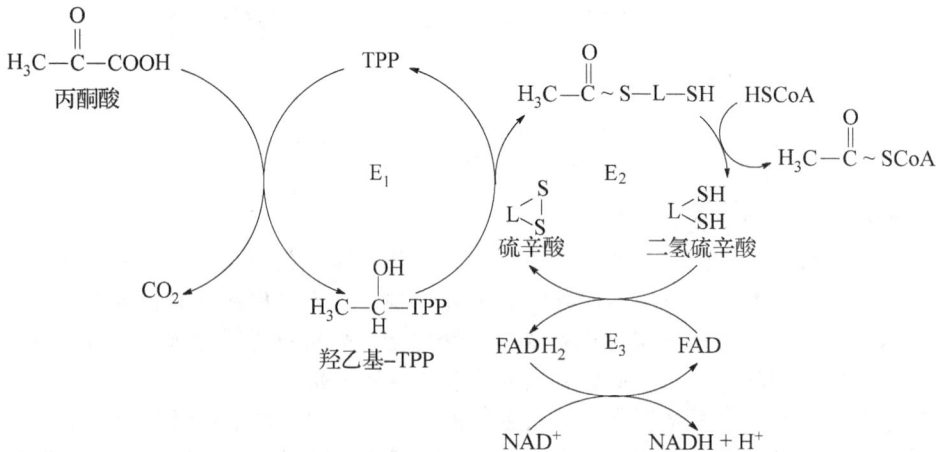

图 5-19   丙酮酸脱氢酶复合体催化的反应

3. 三羧酸循环阶段

在有氧的条件下，由乙酰 CoA 和草酰乙酸缩合生成含有 3 个羧基的柠檬酸开始，柠檬酸经 4 次脱氢和 2 次脱羧反应，最后又重新生成草酰乙酸。每循环一次就有一个乙酰基被氧化分解，同时脱下的氢经呼吸链传递与氧结合生成 H_2O，并释放出大量的能量，此过程称为三羧酸循环，也称柠檬酸循环，又称为 TCA 循环。此循环是由德籍英国生物化学家克雷布斯(Krebs)提出的，所以也叫 Krebs 循环。三羧酸循环在线粒体中进行，是糖代谢重要的反应过程，也是联系脂肪和蛋白质代谢的枢纽。反应过程如下。

(1)乙酰 CoA 与草酰乙酸缩合生成柠檬酸

催化此步反应的酶是柠檬酸合酶。底物除乙酰 CoA 和草酰乙酸外，还要有水参加。反应所需能量由乙酰 CoA 中的高能硫酯键的水解提供，此反应不可逆(图 5-20)。

图 5-20　乙酰 CoA 与草酰乙酸缩合生成柠檬酸

(2)异柠檬酸的生成

柠檬酸在顺乌头酸酶的催化下，经脱水和加水两步反应过程，使柠檬酸异构化生成异柠檬酸(图 5-21)。

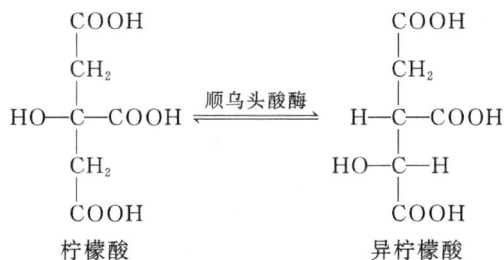

图 5-21　柠檬酸异构化生成异柠檬酸

(3)异柠檬酸氧化脱羧生成 α-酮戊二酸

催化异柠檬酸脱氢、脱羧反应的酶是异柠檬酸脱氢酶，此酶具有别构酶的特点，属于限速酶，ADP 和 NAD^+ 是其变构激活剂，ATP 和 NADH 是变构抑制剂。此步反应是三羧酸循环的第一次脱氢、脱羧反应，该反应不可逆(图 5-22)。

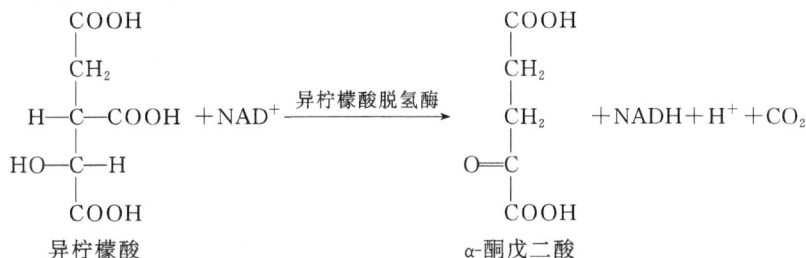

图 5-22　异柠檬酸氧化脱羧生成 α-酮戊二酸

(4)α-酮戊二酸氧化脱羧生成琥珀酰 CoA

α-酮戊二酸在 α-酮戊二酸脱氢酶复合体的催化下，生成高能硫酯化合物琥珀酰 CoA。这是三羧酸循环中的第二次脱氢、脱羧反应。反应过程、机理与丙酮酸氧化生成乙酰 CoA 相似，也是不可逆反应。至此，进入三羧酸循环的起始物乙酰 CoA 的 2 个有机碳原子已被氧化成 CO_2 离开了循环(图 5-23)。

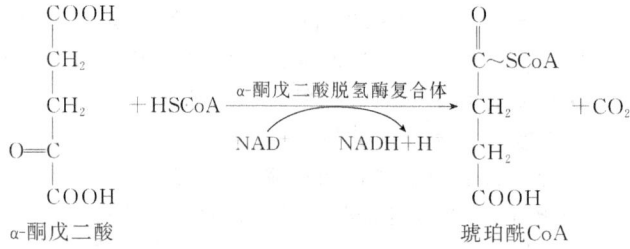

图 5-23 α-酮戊二酸氧化脱羧生成琥珀酰 CoA

(5)琥珀酰 CoA 生成琥珀酸

琥珀酰 CoA 在琥珀酰 CoA 合成酶的催化下，分子上的高能硫酯键断开，放出的能量使 GDP 磷酸化生成 GTP，同时底物生成琥珀酸(图 5-24)。此反应是三羧酸循环中唯一的底物水平磷酸化反应。

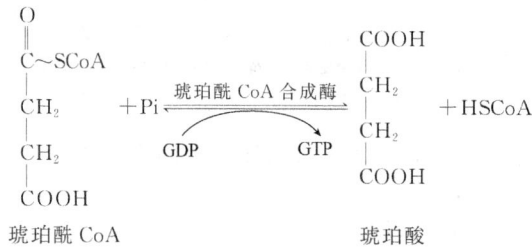

图 5-24 琥珀酰 CoA 生成琥珀酸

(6)琥珀酸氧化生成延胡索酸

琥珀酸在琥珀酸脱氢酶催化下，生成延胡索酸(图 5-25)。该酶的辅基是 FAD，此酶具有立体异构专一性。这是三羧酸循环中的第三次脱氢反应。

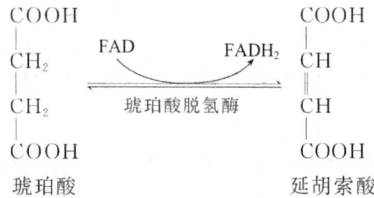

图 5-25 琥珀酸氧化生成延胡索酸

(7)延胡索酸加水生成苹果酸

延胡索酸在延胡索酸酶的催化下，加入一分子水生成苹果酸(图 5-26)。

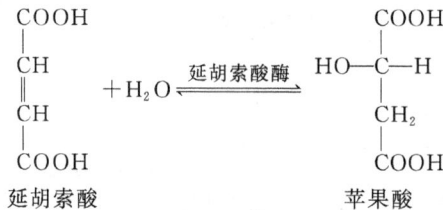

图 5-26 延胡索酸加水生成苹果酸

(8)苹果酸脱氢生成草酰乙酸

苹果酸在苹果酸脱氢酶的催化下，脱氢氧化，生成草酰乙酸(图 5-27)。这是三羧酸循环的第四次脱氢反应，辅酶为 NAD^+。生成的草酰乙酸可重新参加下一轮的三羧酸循环。

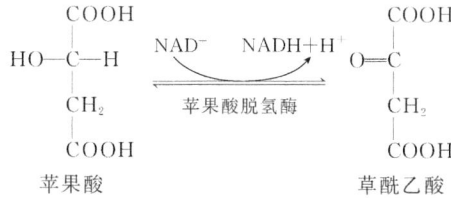

图 5-27　苹果酸脱氢生成草酰乙酸

　　三羧酸循环的特点如下。①三羧酸循环在线粒体中进行。②三羧酸循环一周消耗了 2 分子 H_2O；经过两次氧化脱羧反应，消耗一分子乙酰 CoA 生成 2 分子 CO_2。③三羧酸循环一周包括三步不可逆反应，分别由柠檬酸合酶、异柠檬酸脱氢酶和 α-酮戊二酸脱氢酶复合体催化，使整个循环不可逆。④三羧酸循环包括四步脱氢反应，有三步以 NDA^+ 为辅助因子，有一步以 FAD 为辅助因子，生成的 3 分子 $NADH+H^+$ 和 1 分子 $FADH_2$ 分别进入呼吸链氧化生成 H_2O，共产生 9 分子 ATP；循环中还有一步底物水平磷酸化生成 1 分子 GTP(ATP)，整个循环共产生 10 分子 ATP。⑤三羧酸循环不仅是葡萄糖生成 ATP 的主要途径，也是脂肪、氨基酸等最终氧化分解产生能量的共同途径。⑥循环中的许多产物可以转化为其他物质。

　　三羧酸循环总反应过程如图 5-28 所示。

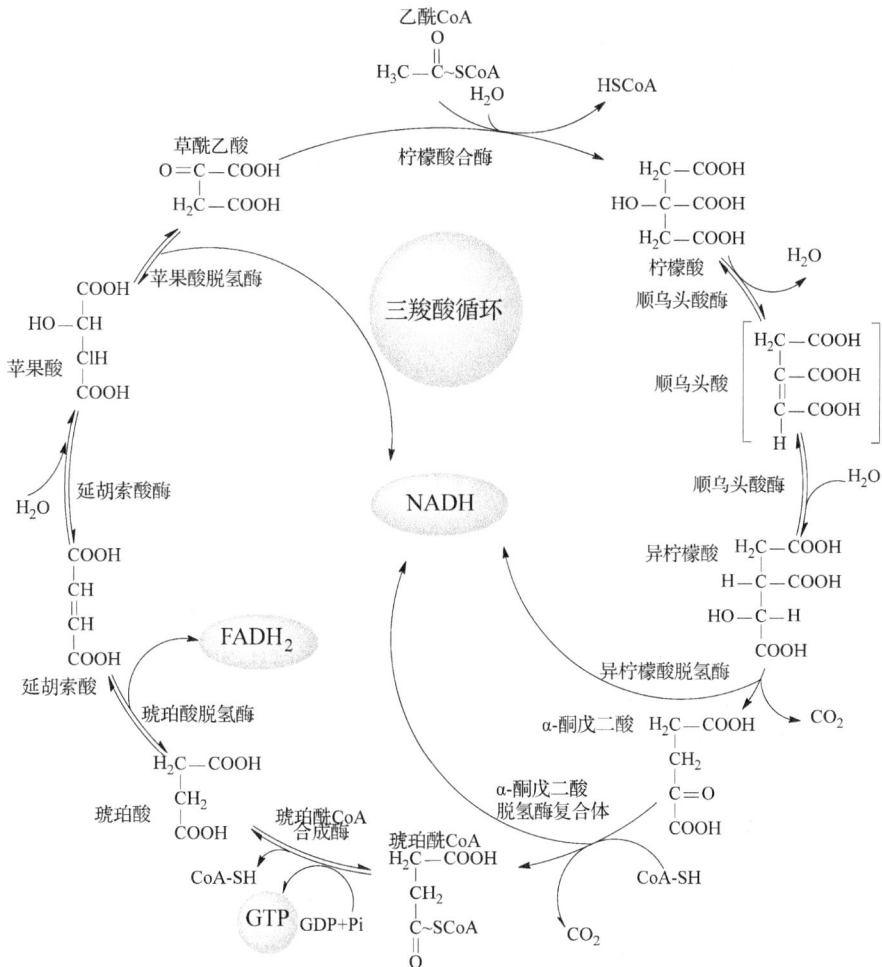

图 5-28　三羧酸循环

（二）糖有氧分解的特点

糖有氧分解过程中由葡萄糖至丙酮酸是在胞液中进行的，反应过程与糖酵解过程相似。丙酮酸生成乙酰CoA并进入三羧酸循环的分解过程是在线粒体中进行的。

糖的有氧分解反应全过程中，葡萄糖被彻底氧化分解为CO_2和H_2O，共有7处是不可逆反应，催化这7处反应的酶均是限速酶，调控着有氧分解的反应速率。

1 mol葡萄糖有氧分解变为CO_2和H_2O净生成ATP的摩尔数是32 mol或30 mol（胞液中脱下的氢经α-磷酸甘油穿梭）。如果糖原的一个葡萄糖单位彻底氧化变为CO_2和H_2O则净生成ATP的摩尔数是33 mol或31 mol。这与葡萄糖无氧分解生成2 mol ATP相比，显然有氧分解是体内获得能量的主要途径。糖有氧分解过程能量生成见表5-2。

表 5-2　糖有氧分解过程能量生成

序号	反 应	生成 ATP 的量
1	葡萄糖磷酸化	-1
2	6-磷酸果糖磷酸化	-1
3	3-磷酸甘油醛（胞液）氧化产生$NADH+H^+$	1.5×2 或 2.5×2
4	1,3-二磷酸甘油酸去磷酸化	1×2
5	磷酸烯醇式丙酮酸去磷酸化	1×2
6	丙酮酸氧化脱羧产生$NADH+H^+$	2.5×2
7	异柠檬酸氧化脱羧产生$NADH+H^+$	2.5×2
8	α-酮戊二酸氧化脱羧产生$NADH+H^+$	2.5×2
9	琥珀酰CoA产生GTP（相当于ATP）	1×2
10	琥珀酸脱氢氧化产生$FADH_2$	1.5×2
11	苹果酸脱氢氧化产生$NADH+H^+$	2.5×2
	总 计	30 或 32

（三）糖有氧分解的生理意义

糖有氧分解是机体能量供应的主要途径。生理条件下，绝大多数组织细胞都从葡萄糖的有氧分解获得能量。葡萄糖的有氧分解不但产能效率高，而且将释放的能量储存于ATP中，因此能量转化率极高。

三羧酸循环是糖、脂肪、蛋白质及其他有机物质代谢相互联系的枢纽。乙酰CoA不仅是糖有氧分解的产物，同时也是脂肪酸和氨基酸代谢的产物，因此三羧酸循环是各种营养物质分解代谢的共同途径。据估计，动物体内2/3的有机物质经由三羧酸循环被完全分解。三羧酸循环作为三大营养物质分解代谢共同的归宿，具有重要的生理意义。

糖的有氧分解产生的许多中间产物可以用于其他物质的生物合成。丙酮酸、α-酮戊二酸和草酰乙酸可以氨基化转变成丙氨酸、谷氨酸和天冬氨酸；琥珀酰CoA可与甘氨酸合成血红素；丙酸等低级脂肪酸可经琥珀酰CoA、草酰乙酸等途径异生成糖等。因此糖有氧分解途径在提供生物合成前体的代谢中起重要作用。

三、磷酸戊糖途径

糖的有氧分解和无氧分解是动物体内许多组织糖分解代谢的主要途径，但并非就这两种途径。在动物肝、脂肪组织、骨髓、泌乳期的乳腺、肾上腺皮质、性腺、中性粒细胞、红细胞等组织细胞内还存在磷酸戊糖途径，葡萄糖可经此途径代谢生成磷酸核糖、NADPH$+H^+$和二氧化碳。

（一）磷酸戊糖途径反应过程

磷酸戊糖途径从 6-磷酸葡萄糖脱氢反应开始，经一系列代谢反应生成磷酸戊糖等中间代谢物，然后再重新进入糖氧化分解代谢途径，是糖分解代谢的一条旁路或支路途径。

磷酸戊糖途径是在胞液中进行的，可分为氧化阶段和非氧化阶段。

1. 氧化阶段

此阶段从 6-磷酸葡萄糖开始，在 6-磷酸葡萄糖脱氢酶和 6-磷酸葡萄糖酸脱氢酶的催化下，经过两次脱氢氧化，生成磷酸戊糖、$NADPH+H^+$ 和 CO_2。

2. 非氧化阶段

此阶段反应的实质是基团的转移。反应由五碳糖开始，先后经过二碳酮醇基、三碳酮醇基、二碳酮醇基（简称"二三二转移"）使磷酸戊糖重排，最后又重新生成 6-磷酸果糖，使磷酸戊糖途径与糖无氧分解途径联系起来。磷酸戊糖途径的全过程如图 5-29 所示。

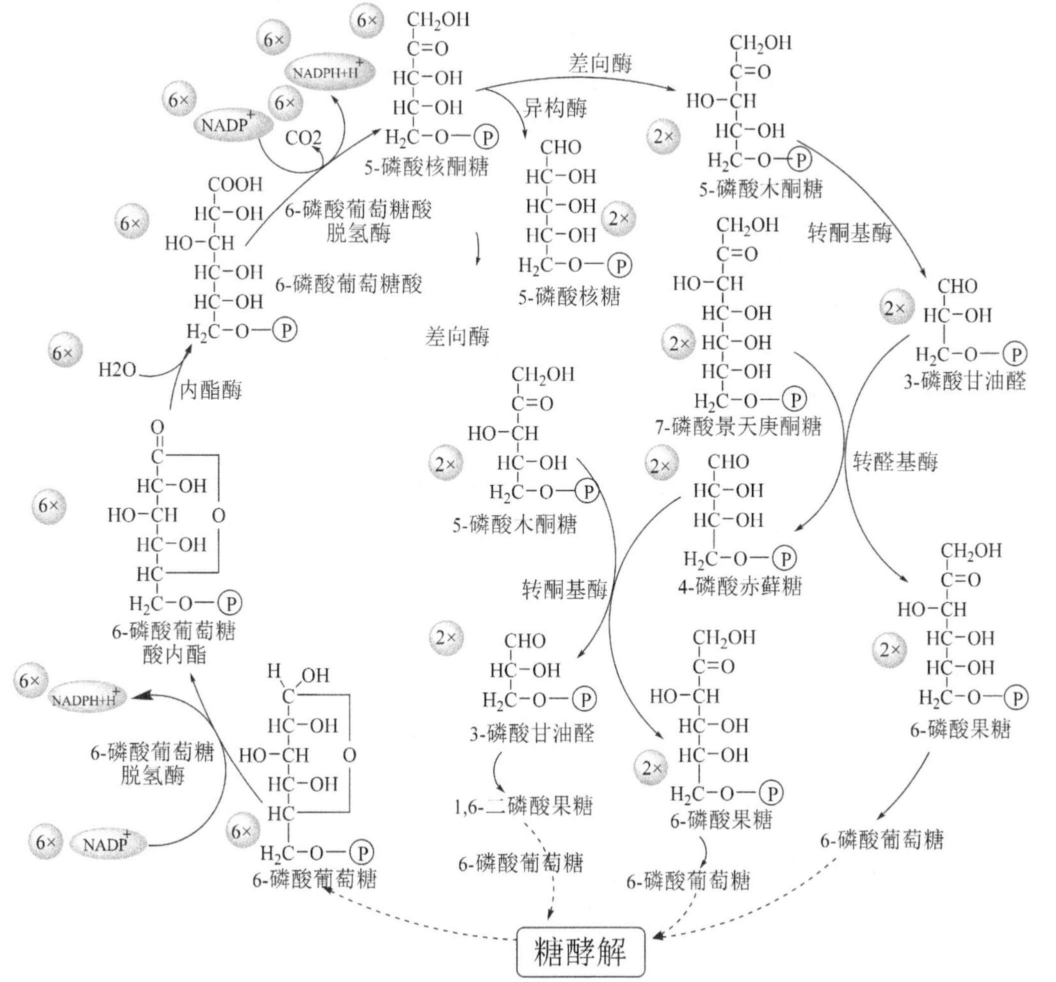

图 5-29　磷酸戊糖途径全过程

经计算，6 mol 6-磷酸葡萄糖通过磷酸戊糖途径后，产生 12 mol 的 $NADPH+H^+$，释放出 6 mol 二氧化碳，其中 1 mol 6-磷酸葡萄糖被完全转化分解，其代谢过程中生成的中间物又通过基团交换生成 5 mol 6-磷酸果糖，后者又可以重新进入糖有氧分解或无氧分解途径。

在磷酸戊糖途径的非氧化阶段中，全部反应都是可逆反应，这保证了细胞能以极大的灵活性满足自身对糖代谢中间产物以及 NADPH + H$^+$ 的需求。

（二）磷酸戊糖途径的生理意义

磷酸戊糖途径中产生的 NADPH + H$^+$ 为其他生物合成反应提供了还原当量。合成脂肪、胆固醇、类固醇激素都需要大量的 NADPH + H$^+$ 提供氢，所以在脂类合成旺盛的脂肪、哺乳期乳腺、肾上腺皮质、睾丸等组织中磷酸戊糖途径比较活跃。

NADPH + H$^+$ 是谷胱甘肽还原酶的辅酶，对维持还原型谷胱甘肽（GSH）的正常含量具有重要作用，它使氧化型谷胱甘肽转变为还原型，而后者能保护硫基酶活性，并对维持红细胞的完整性很重要。

葡萄糖在体内由此途径生成 5-磷酸核糖是合成核酸和核苷酸的原料，又由于核酸参与蛋白质的生物合成，所以在损伤后修补、再生的组织中，此途径进行得比较活跃。

磷酸戊糖途径与糖有氧分解及糖无氧分解相互联系，在此途径的非氧化阶段中最后生成的 6-磷酸果糖和 3-磷酸甘油醛都是糖有氧分解或无氧分解的中间产物，它们可以进一步进行代谢。

（三）磷酸戊糖途径的调节

6-磷酸葡萄糖脱氢酶是磷酸戊糖途径的第一个酶，因而其活性决定 6-磷酸葡萄糖进入此途径的量。有研究表明，磷酸戊糖途径的调节主要受体内 NADPH/NADP$^+$ 比值的影响，当比值升高时磷酸戊糖途径被抑制，比值降低时被激活。因此，6-磷酸葡萄糖进入磷酸戊糖途径的量取决于机体对 NADPH + H$^+$ 的需求。

第三部分　糖异生

由非糖物质转变为葡萄糖和糖原的过程称为糖异生。糖异生的原料主要有生糖氨基酸、乳酸、丙酸、甘油和三羧酸循环中的各种羧酸等。肝是糖异生最主要的器官，占 90%，其次是肾脏占 10%。在绝食、酸中毒等情况下，肾的糖异生作用相当于同等重量肝组织的作用。由各种非糖物质转变成糖的具体途径虽有所不同，但共同之处是都需先转变成葡萄糖无氧分解途径中的某一中间产物，继而再转变成糖。

一、糖异生的反应过程

糖异生并不能完全按糖无氧分解的逆过程进行。糖无氧分解过程中有 3 步关键酶催化的反应是不可逆的：①由己糖激酶催化葡萄糖和 ATP 反应生成 6-磷酸葡萄糖和 ADP；②由磷酸果糖激酶催化 6-磷酸果糖和 ATP 反应生成 1,6-二磷酸果糖和 ADP；③由丙酮酸激酶催化磷酸烯醇式丙酮酸和 ADP 反应生成丙酮酸和 ATP。要完成这 3 个不可逆反应的逆向反应需要通过另外的酶催化才能实现。

（一）丙酮酸转化成磷酸烯醇式丙酮酸（PEP）

丙酮酸在丙酮酸羧化酶催化下，利用 CO$_2$，消耗 ATP，生成草酰乙酸。丙酮酸羧化酶的辅酶是生物素。

草酰乙酸在磷酸烯醇式丙酮酸羧激酶催化下，生成磷酸烯醇式丙酮酸。该反应需消耗 GTP，再释放出 CO$_2$。这两步反应构成了所谓的"丙酮酸羧化支路"，如图 5-30 所示。

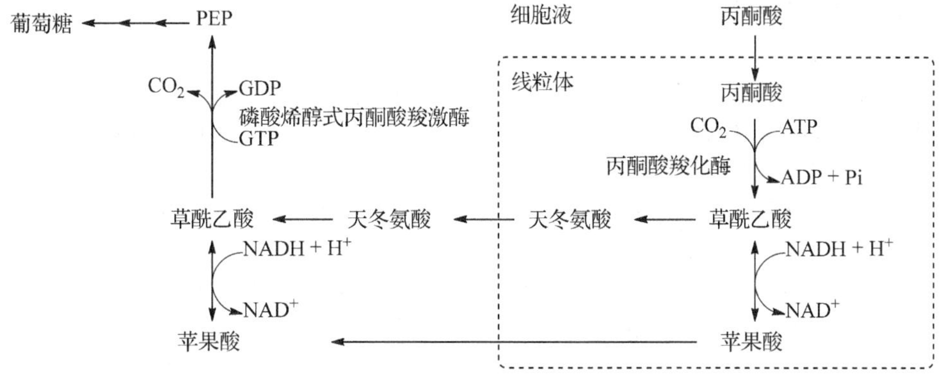

图 5-30　丙酮酸羧化支路

(二)1,6-二磷酸果糖水解生成 6-磷酸果糖

反应在 1,6-二磷酸果糖酶催化下，底物水解生成 6-磷酸果糖。这一反应是放能反应，比较容易进行。

$$1,6\text{-二磷酸果糖} + H_2O \xrightarrow{\text{1,6-二磷酸果糖酶}} 6\text{-磷酸果糖} + Pi$$

(三)6-磷酸葡萄糖水解成葡萄糖

6-磷酸葡萄糖在 6-磷酸葡萄糖酶催化下水解为葡萄糖。

$$6\text{-磷酸葡萄糖} + H_2O \xrightarrow{\text{6-磷酸葡萄糖酶}} \text{葡萄糖} + Pi$$

上述三步是由不同酶催化的逆向反应，绕过了糖无氧分解中的三步不可逆反应，这样就解决了糖异生的途径问题。

(四)乳酸、甘油、丙酸的糖异生过程(图 5-31)

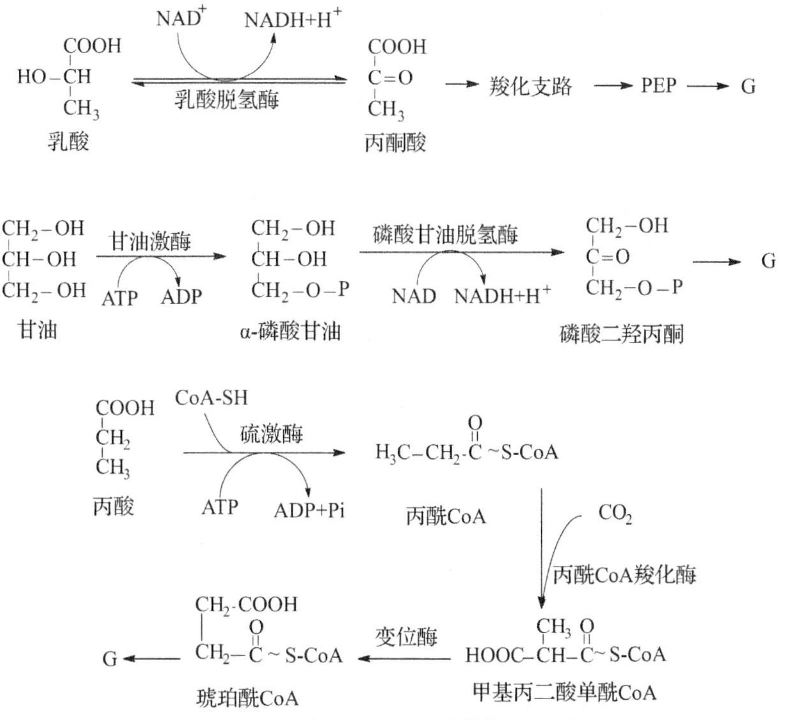

图 5-31　乳酸、甘油、丙酸的糖异生过程

二、糖异生的生理意义

1. 维持血糖恒定

当动物处在空腹或饥饿情况下，依靠糖异生生成葡萄糖以维持血糖浓度的正常水平，保证动物机体的细胞从血液中获得必要的糖。对于草食动物而言，其体内的糖主要依靠糖异生而来，特别是丙酸的生糖作用。如果用质量低下的饲料喂养奶牛，由于糖异生前体物质的匮乏，糖异生作用将被削弱，不但影响乳的产量，还可能引起奶牛的代谢障碍，如患酮病。

2. 清除产生的大量乳酸

在某些生理或病理情况下，如家畜在重役（或剧烈运动）时，肌肉中糖的无氧分解加剧，引起肌糖原大量分解为乳酸，乳酸在肌肉组织中不能被继续利用，而是通过血液循环到达肝脏，经糖异生转变成葡萄糖或糖原，生成的葡萄糖又可进入血液以补充血糖，这一过程称为乳酸循环或 Cori 循环（图 5-32）。可见糖异生作用对于清除体内多余的乳酸，使其被再利用，防止发生由乳酸过多引起的酸中毒，保证肝糖原生成，补充肌肉消耗的糖都有特殊的生理意义。动物在安静状态或者产生乳酸很少时，这种作用表现不明显。

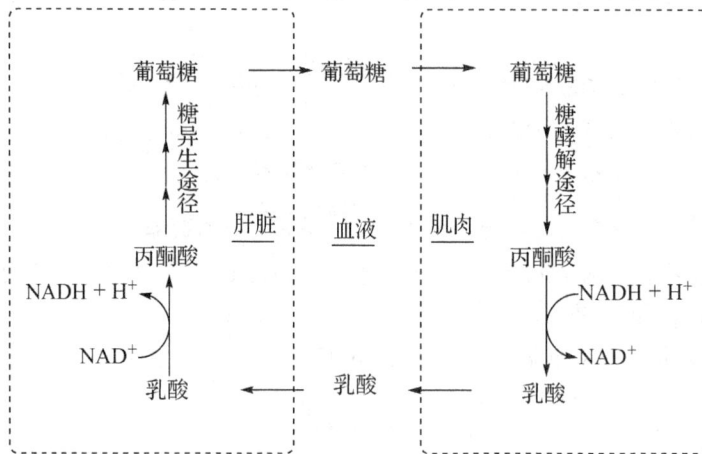

图 5-32　乳酸循环

3. 可将部分氨基酸转变为糖

实验证明，进食蛋白质后，肝中糖原含量增加。在禁食、营养低下的情况下，由于组织蛋白分解加强，血浆氨基酸增多而使糖异生更加活跃。

第四部分　糖原的分解与合成

糖原是动物体内由多个葡萄糖分子组成的多糖，是葡萄糖在体内的贮存形式，有肝糖原和肌糖原两种。当血糖水平降低或动物剧烈运动时，糖原可被动员出来供机体利用。当体内葡萄糖浓度较高时，又能够很快合成糖原贮存起来。但是糖原在体内的储备是有限的，约 400 g，几乎只够维持一天的能量所需。

一、糖原的分解

糖原中的大多数葡萄糖是以 α-1,4-糖苷键连接，只在糖原分支的分支点处是 α-1,6-糖苷键连接。糖原的分解是从非还原端开始的。

糖原分子在糖原磷酸化酶的作用下，葡萄糖残基从非还原末端一个一个地磷酸解下来生成 1-磷酸葡萄糖。当距分支点剩下 4 个葡萄糖残基时，磷酸化酶不再催化，此处的 α-1,4-糖苷键断开，然后在转移酶的作用下，将剩下的 4 个葡萄糖残基中末端三个相连的葡萄糖残基转移到另一条链的非还原端使其延长，原来的支链上只剩下一个以 α-1,6-糖苷键连接的葡萄糖残基，在脱支酶的作用下使剩下的一个葡萄糖残基水解生成游离的葡萄糖。磷酸化酶、转移酶和脱支酶的协同作用使糖原分子逐渐缩小，分支也逐步减少，最终糖原被分解成 1-磷酸葡萄糖和少量游离的葡萄糖。其过程如图 5-33 所示。

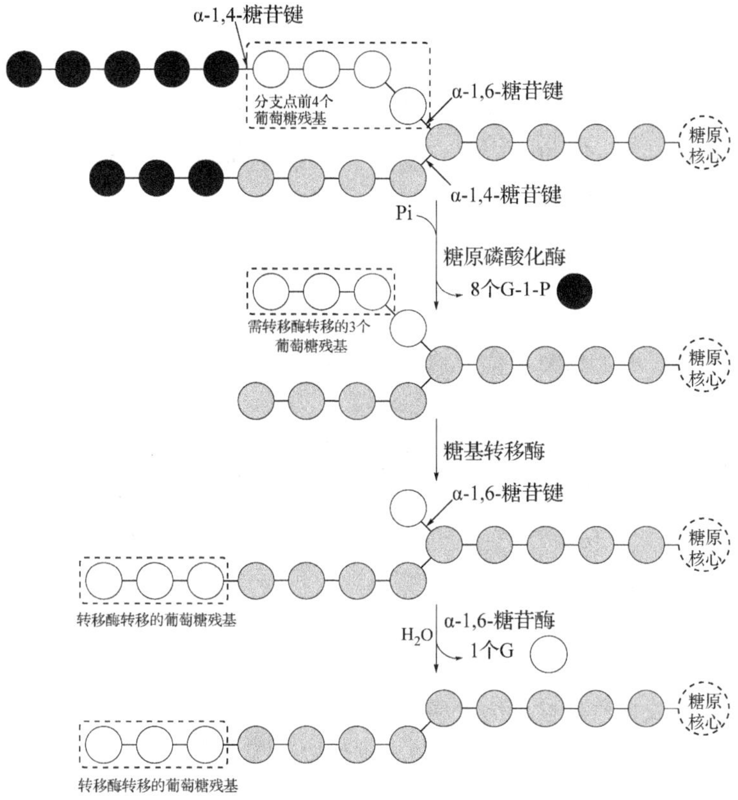

图 5-33　糖原磷酸化酶和糖原脱支酶的协同作用过程

　　上述生成的 1-磷酸葡萄糖在磷酸葡萄糖变位酶的催化下转变成 6-磷酸葡萄糖。6-磷酸葡萄糖不能透过细胞膜，因此在肝脏中生成的 6-磷酸葡萄糖在葡萄糖-6-磷酸酶的催化下，水解生成葡萄糖和磷酸（图 5-34）。葡萄糖通过细胞膜进入血液，补充血糖，保证血糖的稳定。在肌细胞中由于缺乏葡萄糖-6-磷酸酶，所以肌糖原降解生成的 6-磷酸葡萄糖不能转变成葡萄糖，但可以继续降解，进入糖分解代谢途径产生能量用于肌肉收缩运动。

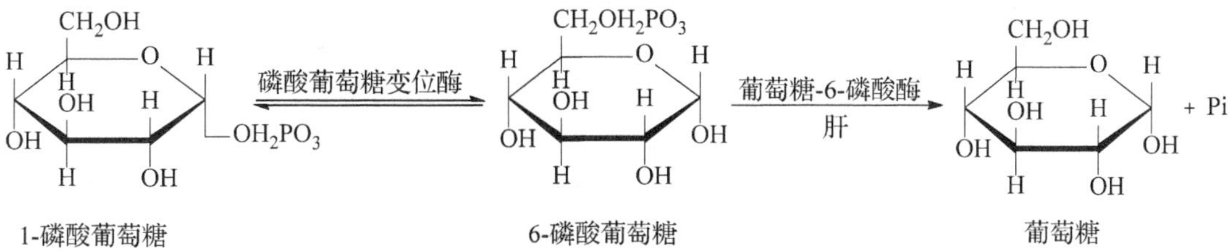

图 5-34　1-磷酸葡萄糖转化成葡萄糖

二、糖原的合成

　　体内的葡萄糖浓度较高时，可以把葡萄糖转化为肌糖原和肝糖原贮存起来，以备需要时再释放出来供机体利用。糖原合成的场所主要是肝脏和肌肉组织细胞的胞液。
　　糖原合成时不是从头开始的，而是需要一个多聚葡萄糖引物（含 6～7 个葡萄糖残基）参加，同时还需要 ATP 和 UTP，反应过程如下。

1. 生成 6-磷酸葡萄糖

葡萄糖在己糖激酶的催化下，磷酸化生成 6-磷酸葡萄糖（图 5-35），在肝内是由葡萄糖激酶催化。

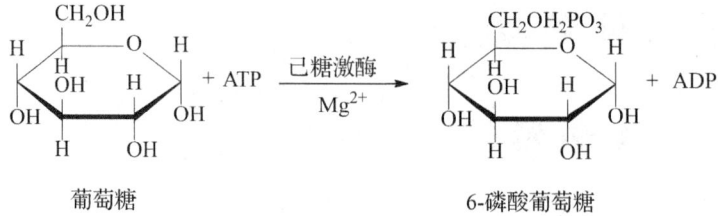

图 5-35　生成 6-磷酸葡萄糖

2. 生成 1-磷酸葡萄糖

6-磷酸葡萄糖在磷酸葡萄糖变位酶催化下生成 1-磷酸葡萄糖（图 5-36）。

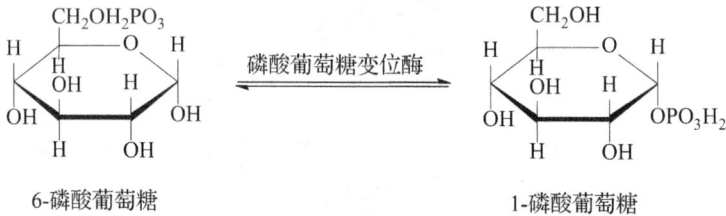

图 5-36　生成 1-磷酸葡萄糖

3. 生成尿苷二磷酸葡萄糖（UDP-G）

在 UDP-G 焦磷酸化酶催化下，1-磷酸葡萄糖和 UTP 反应，生成尿苷二磷酸葡萄糖（图 5-37）。UTP-G 是活性葡萄糖，作为糖原合成时的葡萄糖供体。

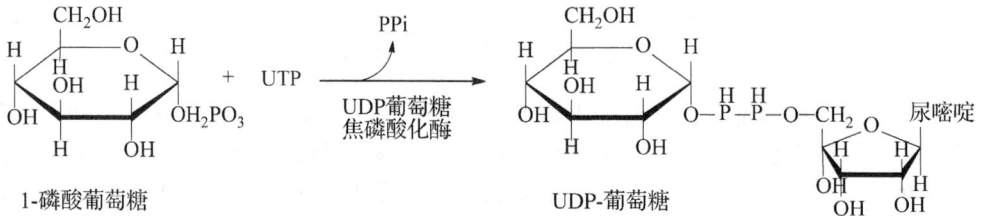

图 5-37　生成尿苷二磷酸葡萄糖（UDP-G）

4. UDP-葡萄糖将葡萄糖基转移到糖原引物上

UDP-葡萄糖在糖原引物存在的情况下，由糖原合成酶催化，将 UDP-葡萄糖分子中的葡萄糖基以 α-1,4-糖苷键连接到引物分子上。此连接使原来的糖原多了一个葡萄糖分子。

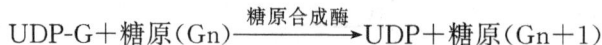

$$UDP\text{-}G + 糖原(Gn) \xrightarrow{糖原合成酶} UDP + 糖原(Gn+1)$$

5. 糖原的形成

当糖原合成酶催化以 α-1,4-糖苷键相连的葡萄糖直链达到一定长度，至少是 11 个葡萄糖残基时，分支酶从其非还原端截下一小段，以 α-1,6-糖苷键连接到直链内形成支链（图 5-38）。

糖原是多分支的多聚糖，一方面增加分子的溶解度，另一方面将形成更多的非还原末端。它们是糖原磷酸化酶和糖原合成酶的作用位点，所以分支大大提高了糖原的分解和合成效率。糖原合成酶和糖原磷酸化酶分别是糖原合成与分解代谢中的限速酶，它们受变构和共价修饰两重调节。糖原合成总反应过程如图 5-39 所示。

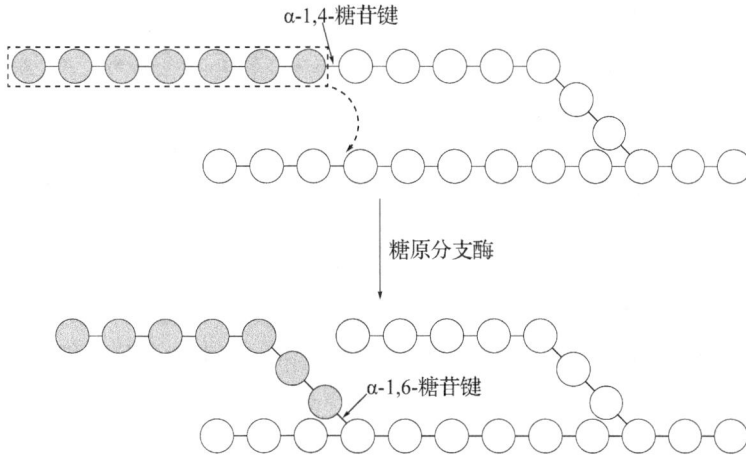

图 5-38　糖原分支的形成

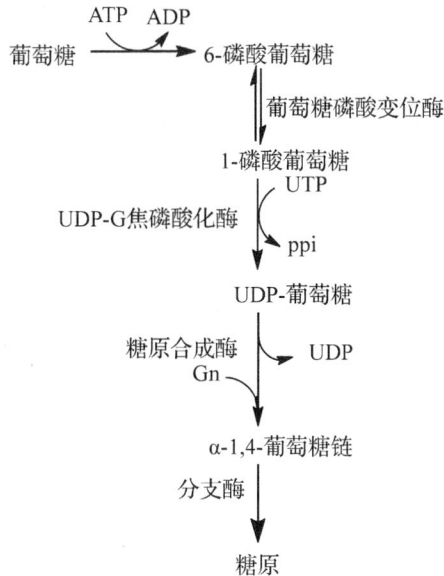

图 5-39　糖原合成总反应

● ● ● ● ● **拓展阅读**

一、糖化血红蛋白

　　糖化血红蛋白不仅是糖尿病的诊断标准之一，也是评估血糖控制水平的重要评价指标。糖化血红蛋白是血红蛋白的氨基与葡萄糖或其他糖类分子发生的非酶促反应形成的产物，这个过程是缓慢、持续的，而且这种结合是不可逆的。由于红细胞的寿命是 2～3 个月的时间，因此，糖化血红蛋白可以间接反映患者近三个月以来的平均血糖水平，也是目前公认的评估糖尿病患者长期血糖控制状况的标准，在血糖监控中发挥着重要作用。

　　机体处于急性应激状态时，血糖升高是一种临床现象，如创伤、骨折、手术、感染、发烧、急性心肌梗死等患者都会出现应激性高血糖。大家千万不要被这种现象迷惑，这并非真正意义上的糖尿病，一旦急性应激期结束，血糖会自行恢复正常。真假糖尿病难辨，不禁让人仰天大喊"到底如何是好？"别着急，糖化血红蛋白可以帮我们"断案"。如果不是糖尿病患者，应激状态下糖化血红蛋白不会升高。糖化血红蛋白有助于鉴别诊断，对指导治疗和判断预后也有一定价值。

　　研究发现，当糖化血红蛋白小于 7% 时，发生糖尿病慢性并发症的风险较小，而大于 7% 时，发生慢性并发症的风险显著增高。糖化血红蛋白水平与糖尿病慢性并发症的发生密切相关，可作为预测慢性并发症的一个重要指标。糖尿病患者要时常检测糖化血红蛋白，及时指导调整诊疗方案。

二、PK 和 PFK 缺乏

　　红细胞获取能量的主要途径是糖酵解，当糖酵解的酶缺乏时，红细胞供能不足，会引起溶血性疾病。丙酮酸激酶(PK)缺乏是比格犬和巴辛吉犬的一种遗传性溶血性疾病。它们出生时就患有该病，通常到 3 岁时出现临床症状。该病的早期，PK 缺乏诱发的溶血表现为代偿性溶血。血涂片表现为明显的再生性，但患病动物可能不贫血。随着患病动物年龄的增长，贫血逐渐发展。在该病的晚期，骨髓耗竭并出现骨髓纤维化。这时的贫血是非再生性的，已经到了末期。该病没有任何治疗方法。PK 缺乏性溶血也被称为非球形红细胞性溶血。该病的诊断主要依靠测定红细胞内的丙酮酸激酶来确诊。

　　磷酸果糖激酶(PFK)缺乏也是一种遗传性疾病，为常染色体隐性遗传，致病基因携带犬红细胞和肌肉组织中酶的活性只有正常的一半，但无临床症状。本病主要见于英国激飞猎犬，也可见于美国可卡犬。本病造成未成熟红细胞破坏(溶血)，引起患犬的运动耐受力下降。病犬表现出慢性贫血，间断性的急性溶血。这种现象常在过度运动、天气炎热或长时间吠叫后出现。通常临床检查和血液检查即可确诊，主要表现为溶血性贫血和大细胞低色素性特征的再生性贫血，网织红细胞增多。测定血液中的磷酸果糖激酶活性可确诊。本病无法治愈，骨髓移植是唯一的治疗方法。

三、乳酸

　　乳酸是体内葡萄糖进行无氧分解的终产物，机体生理状态和病理状态都会生成乳酸。在正常生理性 pH 范围内，机体生成的乳酸会立即分解，并通过肝脏和肾脏进行清除。

　　组织灌流不足、严重的低氧血症、组织氧气需求增加、血红蛋白浓度降低或者以上多种原因并发，都会导致组织低血氧，此时葡萄糖转换成无氧呼吸，就会导致组织积累大量乳酸。当机体乳酸生成量超过肝脏和肾脏的代谢能力，血液中乳酸含量就会增加，形成高乳酸血症。

　　高乳酸血症是指血液中乳酸轻度升高，但是不存在酸中毒。乳酸性酸中毒是指血液中乳酸浓度增加同时伴有代谢性酸中毒($pH < 7.35$ 时)。高乳酸血症是否能够演变成乳酸酸中毒，主要看乳酸生成过程中形成的 H^+ 是否超过机体酸碱缓冲系统的缓冲能力，多余的 H^+ 无法中和，就会引起机体 pH 降低，形成酸中毒。

　　乳酸的存在并不能提示任何特定的疾病。然而乳酸水平升高，表明缺氧或血流灌流不足，是兽医临床急症和重症病例诊断、监控和预后的重要指标。推荐检测乳酸的疾病包括：休克、心血管疾病、动脉血栓、胃扭转、肠梗阻、车祸、中暑、出血性肠胃炎、肠道坏死等。

●●●● 材料设备清单

学习情境 5		糖代谢			学时	10
项目	序号	名称	作用	数量	使用前	使用后
所用设备、器具和材料	1	研钵	研磨动物组织	1～2 个/组		
	2	试管和试管架	放置试管	1 个/组		
	3	托盘天平	称量物品	1 个/组		
	4	电炉	加热	1 个/人		
	5	200 mL 量筒	量取溶液	1 个/组		
	6	玻璃棒	搅拌	2～3 个/组		
	7	烧杯 1000 mL	盛装溶液	2～3 个/组		

●●●● 作业单

学习情境 5	糖代谢
作业完成方式	以学习小组为单位，课余时间独立完成，在规定时间内提交作业。
作业题 1	动物体是如何保持血糖浓度恒定的？
作业解答	
作业题 2	动物体能量供应的主要方式是什么？简述具体的代谢过程。
作业解答	

作业题 3	临床上如何评估动物生化血糖指标。					
作业解答						
作业评价	班级		第 组		组长签字	
	学号		姓名			
	教师签字		教师评分		日期	
	评语：					

●●●●● **学习反馈单**

学习情境 5			糖代谢
评价内容			评价方式及标准
知识目标达成度	评价项目	评价方式	评价标准
	任务点评量（60%）	学生自评与互评；教师评价	A. 任务点完成度 100%，正确率 95% 以上、笔记内容完整，书写清晰。
			B. 任务点完成度 90%，正确率 85% 以上、笔记内容基本完整，书写较清晰。
			C. 任务点完成度 80%，正确率 75% 以上、笔记内容较完整，书写较清晰。
			D. 任务点完成度 70%，正确率 65% 以上、笔记内容欠完整，书写欠清晰。
			E. 任务点完成度 60%，正确率 50% 以上、笔记内容不完整，书写不清晰。
	撰写小论文（20%）	学生自评与互评；教师评价	A. 论文中专业知识运用、分析、拓展全面，表述合理，结论正确。
			B. 论文中专业知识运用、分析、拓展基本全面，表述基本合理，结论正确。
			C. 论文中专业知识运用、分析、拓展较全面，表述较合理，结论正确。
			D. 论文中专业知识运用、分析、拓展欠全面，表述欠合理，结论基本正确。
			E. 论文中专业知识运用、分析、拓展不全面，表述模糊，结论不完整。
	考试评量（20%）	纸笔测试	以试卷形式评量，试卷满分 100 分，按比例乘系数。

			A. 实验操作熟练且规范，方法正确。
技能目标达成度	实验基本操作能力（30%）	学生自评与互评；教师评价	B. 实验操作基本熟练且规范，方法正确。
			C. 实验操作较熟练且规范，方法正确。
			D. 实验操作欠熟练欠规范，方法基本正确。
			E. 实验操作不熟练，规范度欠佳，方法不准确。
	实验原理掌握（30%）	学生自评与互评；教师评价	A. 实验原理清晰，解释合理。
			B. 实验原理基本清晰，解释基本合理。
			C. 实验原理较清晰，解释较合理。
			D. 实验原理欠清晰，解释欠合理。
			E. 实验原理模糊，解释牵强。
	技能拓展与创新能力（40%）	学生自评与互评；教师评价	A. 能正确完成临床案例分析和处理，能根据实际情况灵活变通。
			B. 基本能完成临床案例的分析和处理，能根据实际情况灵活变通。
			C. 能完成临床案例的分析和处理，但缺少完整性和统一性。
			D. 能完成临床案例的分析和处理，但需要教师指导。
			E. 不能完成临床案例的分析和处理，不能灵活变通。
素养目标达成度	学习态度及表现（50%）	学生自评与互评；教师评价	A. 学习态度端正、积极参与课堂，小组合作意识强。
			B. 学习态度基本端正、积极参与课堂，小组合作意识强。
			C. 学习态度较端正、积极参与课堂，小组合作意识较强。
			D. 学习态度欠端正、不积极参与课堂，小组合作主动意识不强。
			E. 学习态度不端正、不积极参与课堂，小组合作主动意识不强。
	职业素养（20%）	学生自评与互评；教师评价	A. 具有生物安全和动物福利意识，以畜牧业发展为目标。
			B. 基本具有生物安全和动物福利意识，基本以畜牧业发展为目标。

素养目标达成度	职业素养（20%）	学生自评与互评；教师评价	C. 生物安全和动物福利意识一般，基本以畜牧业发展为目标。
			D. 生物安全和动物福利意识不强，以畜牧业发展为目标不明确。
			E. 生物安全和动物福利意识差，不能以畜牧业发展为目标。
	综合素养（30%）	学生自评与互评；教师评价	A. 身心健康，有服务三农理念，有民族责任感和使命担当。
			B. 身心基本健康，有服务三农理念，有民族责任感和使命担当。
			C. 身心较健康，服务三农理念一般，有民族责任感和使命担当。
			D. 身心欠健康，服务三农理念欠佳，民族责任感和使命担当一般。
			E. 身心不健康，服务三农理念差，民族责任感和使命担当差。

综合评价

评量内容及评量分配	自评、组评及教师复评			合计得分
	学生自评（占10%）	小组互评（占20%）	教师评价（占70%）	
知识目标评价（50%）	满分：5 实得分：	满分：10 实得分：	满分：35 实得分：	满分：50 实得分：
技能目标评价（30%）	满分：3 实得分：	满分：6 实得分：	满分：21 实得分：	满分：30 实得分：
素养目标评价（20%）	满分：2 实得分：	满分：4 实得分：	满分：14 实得分：	满分：20 实得分：

反馈及改进

●思政拓展阅读

●线上答题

学习情境 6

脂类代谢

●●●●● 学习任务单

学习情境 6	脂类代谢	学　时	10
布置任务			
学习目标	【知识目标】 1. 认识各种脂类化合物的种类、结构、分布和功能。 2. 掌握脂肪分解和合成过程。 3. 掌握胆固醇转化的生理活性物质。 4. 掌握酮体的生成和利用。 【技能目标】 1. 能熟练测定血清中总脂的含量，能判读血脂的临床意义。 2. 能熟练测定肝中酮体的生成量，能判读酮体的临床意义。 【素养目标】 1. 理论联系实际，能够正确看待脂类与身体健康的关系，形成严谨的科学思维和创新意识。 2. 培养细致耐心、刻苦钻研的学习和工作作风；培养学生安全生产和公共卫生意识，做好自身安全防护。 3. 能够独立或在教师的引导下设计工作方案，分析、解决工作中出现的一般性问题。 4. 具有崇高的理想信念、强烈的社会责任感和团队奉献精神，理解并坚守职业道德规范，具备健康的身心和良好的人文素养。 5. 适应社会经济和现代农业发展需要，面向国家和行业需求，能及时跟踪动物医学及相关领域国内外发展现状和趋势。		
任务描述	利用所学生化专业知识，解决临床工作和生活中的实际问题，具体任务如下。 1. 能熟练设计实验室检验方案，对患畜进行甘油三酯、胆固醇检验，并能正确解读血脂检测报告单。 2. 能熟练设计实验室检验方案，对患畜进行酮体检测，并能判断是否存在酮症酸中毒。		

提供资料	1. 学习任务单、任务资讯单、案例单、工作任务单、必备知识等。 2. 学期使用教材。 3. SPOC：
对学生 要求	1. 具有生物学基础知识；课前按任务资讯单认真准备，课上能认真完成各项工作任务，课后能总结提升。 2. 以学习小组为单位，展示学习成果，有团队协作能力，有创新意识，有一定的知识拓展能力。 3. 有服务畜牧业的理想，能吃苦耐劳，有奉献精神。

●●●●● **任务资讯单**

学习情境 6	脂类代谢
资讯方式	阅读学习任务单、任务资讯单和教材；进入相关网站，观看 PPT 课件、视频；图书馆查询；向指导教师咨询等。
资讯问题	1. 名词解释：脂肪；必需脂肪酸；脂肪动员；酮体。 2. 脂类的生理功能是什么？ 3. 什么是多不饱和脂肪酸？对机体有哪些重要作用？ 4. 血浆脂蛋白的分类及功能是什么？ 5. 脂类的消化、吸收以及在体内的运输形式是怎样的？ 6. "好胆固醇"和"坏胆固醇"都有哪些？为什么这么称呼它们？ 7. 脂肪肝发生的生化机理是什么？ 8. 何为脂肪动员？其关键酶是什么？ 9. 脂肪分解产生的甘油主要去处有哪些？ 10. 以软脂酸为例，说明脂肪酸分解的过程及能量的生成。 11. 试说明丙酸代谢对反刍动物的意义。 12. 动物体内合成脂肪酸的原料其来源有哪些？ 13. 试叙述软脂酸的合成过程，其关键酶是什么？ 14. 试比较软脂酸的合成与 β-氧化的主要区别。 15. 一分子甘油彻底氧化分解能产生多少能量？ 16. 为什么说酮体是"肝内合成肝外用"？生成酮体有何意义？ 17. 依据生化理论，"左旋肉碱"这个减肥药，你怎么看？ 18. 胆固醇合成的部位有哪些？原料是什么？胆固醇可转化为何种物质？ 19. 卵磷脂具有哪些生理作用？它是如何合成的？

资讯引导	1. 邹思湘. 动物生物化学[M]. 第五版. 北京：中国农业出版社，2013 2. 朱圣庚，徐长法. 生物化学[M]. 第 4 版. 北京：高等教育出版社，2016 3. 叶非，冯世德. 有机化学[M]. 第 2 版. 北京：中国农业出版社，2007 4. 中国大学 MOOC 网：

●●●●● 案例单

学习情境 6	脂类代谢		学时	10
序号	案例内容		案例分析	
6.1	1. 基本情况：犬，萨摩耶，11 岁，雄性，体重 16.53 kg。主诉：长期以肉食为主，近 10 日采食量逐渐下降至废绝，厌油腻，饮水及排尿量增加约 20%，经抗生素输液治疗 3 天无明显好转。 2. 临床检查：消瘦、呕吐、大便软、发热、疲乏无力，眼结膜轻度黄染。 3. 血常规：异常项目有红细胞总数下降，血红蛋白下降，红细胞比容下降，红细胞平均体积变大，血小板数量下降，白细胞总数下降，提示有贫血，轻度炎症。 4. 血液生化检查结果：异常项目有碱性磷酸酶 204 U/L（11～100 U）、γ-谷氨酰胺基转移酶 42 U/L（0～7）、总蛋白 143 g/L（53～78）、总胆红素 147.3 μmol/L（1.7～10.3）、直接胆红素 92.4 μmol/L（0～6）、肌酐 390 μmol/L（44～138）、尿酸 633 μmol/L（0～119）、葡萄糖 33.73 mmol/L（3.89～7.93）、甘油三酯 5.34 mmol/L（0.12～0.89）、总胆固醇 9.5 mmol/L（3.4～7.0）、高密度脂蛋白 3.96 mmol/L（1.04～1.94）。 5. 爱德士犬胰腺炎 cPL 胶体金检测卡进行胰腺炎检测，结果阳性。 试分析该动物甘油三酯、总胆固醇、高密度脂蛋白升高的原因。		该犬诊断为胰腺炎、糖尿病、高血脂并发。 胰腺炎是胰腺因胰蛋白酶的自身消化作用而引起的胰腺损伤，是犬最常见的消化系统疾病之一，该病例多因长期食肉引发。 该犬的高血脂主要与长期食肉有关。高血脂与犬肥胖有关，常引起甘油三酯、总胆固醇、高密度脂蛋白升高，增加运动、食用营养全面的犬粮是预防该病的关键。	

●●●●● **工作任务单**

学习情境 6	脂类代谢
项目 1	血清中总脂的测定

任务 1　配制试剂

1. 胆固醇标准液（6 mg/mL）：准确称取纯胆固醇 600 mg，用冰醋酸溶解并定容至 100 mL 容量瓶内。

2. 香草醛显色剂：称取香草醛 0.6 g，用蒸馏水溶解并稀释至 100 mL。储存于棕色试剂瓶内可保存 2～3 个月。

3. 浓硫酸（AR）。

4. 浓磷酸（AR）。

5. 实验材料：兔血清（未稀释）。

任务 2　测定血清总脂

【工序 1】取 3 支试管，按下表操作。

试剂（mL）	空白管	标准管	测定管
血清	0	0	0.05
胆固醇标准液	0	0.05	0
浓硫酸	0	1.2	1.2

【工序 2】充分混合，放置沸水水浴 10 min，使脂类水解，冷水冷却。接着按下表操作。

试剂（mL）	空白管	标准管	测定管
吸取上述水解液于另一试管中	0	0.2	0.2
浓磷酸	3.0	2.8	2.8
0.6%香草醛溶液	1.0	1.0	1.0

【工序 3】用玻璃棒混匀后，放置 20 min 或 37℃保温 15 min。用空白管调零，测各管 A_{525nm} 吸光度。

任务 3　结果计算

血清总脂是血清中各种脂类物质的总称。本实验的显色强度与脂肪酸的饱和程度有关，所以测定结果与所采用的参考标准物有关。一般认为血清中的饱和脂类与不饱和脂类之比为 3：7，用胆固醇作为标准物，与上述情况比较接近。计算公式如下：

$$血清总脂（mg/100\ mL）=\frac{测定管吸光度}{标准管吸光度}\times 0.05 \times 4 \times \frac{100}{0.05}$$

$$=\frac{测定管吸光度}{标准管吸光度}\times 400$$

●实验原理

血清中的不饱和脂类与浓硫酸共热后，经水解后成碳正离子。试剂中的香草醛与浓磷酸的羟基作用生成芳香族的磷酸酯，由于改变了香草醛分子中的电子分配，使醛基变成活泼的羰基。此羰基即可与碳正离子发生反应，生成红色的醌化合物，红色的深浅度与碳正离子浓度成正比。

●注意事项

1. 浓酸使用及安全：浓酸黏稠度大，须戴手套操作，取量时吸管内试剂要尽量慢放，避免因放过快使试剂附于管壁过多而造成误差。不要将吸浓酸的枪头放在实验台上。

2. 血清中脂类含量过多时，可用生理盐水稀释后再进行测定，并将结果乘稀释倍数。

项目 2	酮体的测定

任务 1　配制试剂

1. 10%氢氧化钠溶液、10%盐酸溶液、0.1%淀粉溶液、0.9%氯化钠溶液、20%三氯乙酸溶液。

2. 0.5 mol/L 正丁酸溶液：取 5 mL 丁酸溶于 100 mL 0.5 mol/L NaOH 中。

3. 0.1 mol/L 碘溶液：称取 13 g 碘和约 40 g 碘化钾，放置于研钵中，加入少量蒸馏水后，将之研磨至溶解。用蒸馏水定容到 1000 mL，在棕色瓶中保存。此时可用标准硫代硫酸钠溶液标定其浓度。

4. 0.1 mol/L 碘酸钾（KIO_3）溶液：称取 0.8918 g 干燥的碘酸钾，用少量蒸馏水将之溶解，最后定容至 250 mL。

5. 0.1 mol/L 硫代硫酸钠（$Na_2S_2O_3$）溶液：称取 25 g 硫代硫酸钠，将它溶解于适量煮沸的蒸馏水中，并继续煮沸 5 min。冷却后，用冷却的已煮沸过的蒸馏水定容到 1000 mL。此时即可用 0.1 mol/L 碘酸钾溶液标定其浓度。

6. 硫代硫酸钠溶液的标定：将蒸馏水 25 mL、碘化钾 2 g、碳酸氢钠 0.5 g、10%盐酸溶液 20 mL 加入一支锥形瓶内。另取 0.1 mol/L 碘酸钾溶液 25 mL 加入其中，然后用硫代硫酸钠溶液将之滴定至浅黄色。再加入 0.1%淀粉溶液 2 mL，然后继续用硫代硫酸钠溶液将之滴定至蓝色消退为止。

7. 1/15 mol/L、pH7.7 磷酸缓冲液：A 液（1/15 mol/L Na_2HPO_4 溶液），称取 $Na_2HPO_4 \cdot 2H_2O$ 1.187 g，将之溶解于 100 mL 蒸馏水中即成。B 液（1/15 mol/L KH_2PO_4 溶液），称取 KH_2PO_4 0.9078 g，将之溶解于 100 mL 蒸馏水中即成。取 A 液 90 mL、B 液 10 mL，将两者混合即可。

任务 2　酮体的测定

【工序 1】肝组织匀浆制备

将动物（如鸡、家兔、大鼠或豚鼠等）放血处死，取出肝脏。用 0.9%氯化钠溶液洗去肝脏上的污血，然后用滤纸吸去表面的水分。称取 5 g 肝组织，置于玻璃皿上剪碎，倒入匀浆器中碾成匀浆，加 0.9%氯化钠溶液至总体积为 10 mL。

【工序 2】酮体生成

取两个锥形瓶，编号，按下表操作。

试剂(mL)	A	B
新鲜肝匀浆	0	2.0
预先煮沸的肝匀浆	2.0	0
pH7.7 的磷酸缓冲液	3.0	3.0
0.5 mol/L 正丁酸溶液	2.0	2.0

将加好试剂的 2 个锥形瓶摇匀，放入 43℃恒温水浴锅中保温 40 min 后取出。于 2 个锥形瓶分别加入 20％三氯乙酸溶液 3 mL，摇匀后，于室温放置 10 min。将锥形瓶中的混合物分别用滤纸在漏斗上过滤，收集无蛋白滤液于事先编号 A、B 的试管中。

【工序 3】酮体测定

取碘量瓶 2 个，根据上述编号顺序按下表操作。

试剂(mL)	A	B
无蛋白滤液	5.0	5.0
0.1 mol/L 碘液	3.0	3.0
10％ NaOH	3.0	3.0

加完试剂后摇匀，将碘量瓶于室温放置 10 min。于各碘量瓶分别滴加 10％盐酸溶液，使各瓶中溶液中和到中性或微酸性(可用 pH 试纸进行检测)。用 0.02 mol/L 硫代硫酸钠溶液滴定到碘量瓶中的溶液呈浅黄色时，再往瓶中滴加数滴 0.1％淀粉溶液，使瓶中溶液呈蓝色。继续用 0.02 mol/L 硫代硫酸钠溶液滴定到碘量瓶中溶液的蓝色消退为止。记录滴定使用的硫代硫酸钠溶液毫升数。

任务 3   结果计算

根据滴定样品与对照所消耗的硫代硫酸钠溶液体积之差，可以计算由丁酸氧化生成丙酮的量。

项目中所用肝组织匀浆中生成丙酮的量$(mol)=(A-B)\times C\times\dfrac{1}{6}$

A：为滴定样品 A(对照)所消耗的 0.02 mol/L 硫代硫酸钠溶液的毫升数。

B：为滴定样品 B 所消耗的 0.02 mol/L 硫代硫酸钠溶液的毫升数。

C：硫代硫酸钠溶液的浓度(mol/L)。

●实验原理

在肝细胞线粒体中，脂肪酸经 β-氧化生成的过量乙酰辅酶 A 缩合成酮体。酮体包括乙酰乙酸、β-羟丁酸和丙酮三种化合物。肝不能利用酮体，只有在肝外组织，尤其是心脏和骨骼肌中，酮体才可以转变为乙酰辅酶 A 而被氧化利用。正常情况下，酮体在动物体内生成量甚微，患糖尿病或食用高脂肪膳食时，血中酮体含量增高。

本项目以丁酸为基质，与肝匀浆一起保温，然后测定肝匀浆液中酮体的生成量。另外，在肝和肌肉组织共存的情况下，再测定酮体的生成量。在这两种不同条件下，由酮体含量的差别，进而理解酮体"肝内合成肝外用"理论。本项目主要测定的是丙酮的含量。

酮体测定的原理：在碱性溶液中碘可将丙酮氧化成为碘仿。以硫代硫酸钠滴定剩余的碘，可以计算所消耗的碘，由此也就可以计算出酮体(以丙酮为代表)的含量。反应式如下：

$$CH_3COCH_3 + 4NaOH + 3I_2 \longrightarrow CHI_3 + CH_3COONa + 3NaI + 3H_2O$$
$$I_2 + 2Na_2S_2O_3 \longrightarrow Na_2S_4O_6 + 2NaI$$

必备知识

第一部分　认识脂类

脂类是机体内的一类有机大分子物质，它包括范围很广，其化学结构有很大差异，但它们具有一个共同的理化性质，即不溶于水而溶于乙醚、三氯甲烷、苯等有机溶剂。人们已发现，在物质运输、能量代谢、信息识别及传递、代谢调控等重要生命活动中，脂类均起着十分重要的作用。目前，这方面的研究正日益受到人们的重视。

一、脂类的分类及其功能

脂类分为两大类，即脂肪和类脂。

（一）脂肪

脂肪的化学成分为甘油三酯或称之为三酰甘油，它是由 1 分子甘油与 3 分子脂肪酸通过酯键相结合而成。结构如图 6-1 所示，R_1、R_2、R_3 为脂肪酸，可以相同，也可以不同。由于脂肪酸种类很多，生成甘油三酯时可有不同的排列组合，因此，甘油三酯具有多种形式。甘油三酯的熔点由组成的脂肪酸种类决定，并随饱和脂肪酸的链长和数目的增加而升高。如含饱和脂肪酸的三硬脂酸甘油酯在动物正常体温下呈固态，称为脂；而植物油因含大量不饱和脂肪酸，以液态形式存在，称为油。

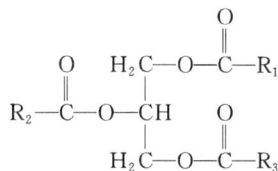

图 6-1　甘油三酯结构

脂肪酸是烃的衍生物。脂肪酸是具有 4～36 碳长烃链的羧酸。高等动植物中的脂肪酸的碳链长度一般在 14～20，且为偶数碳。脂肪酸中烃链多是一条无分支的直链。在某些脂肪酸中烃链中的碳原子均被氢原子饱和，称饱和脂肪酸，通式为 $CH_3(CH_2)_nCOOH$；另一些脂肪酸中含有一个或多个双键，称不饱和脂肪酸。只含单个双键的脂肪酸称单不饱和脂肪酸；含 2 个或 2 个以上双键的称多不饱和脂肪酸。人和哺乳动物能制造多种脂肪酸，但不能向脂肪酸中引进超过 C^9 的双键，因而不能合成像亚油酸(C^9，C^{12})和 α-亚麻酸(C^9，C^{12}，C^{15})这样的多不饱和脂肪酸。多不饱和脂肪酸对人体功能是必不可少的，必须由膳食特别是植物性食物中获取，因此它们被称为必需脂肪酸。

不同脂肪酸之间的主要区别在于烃链的长度(碳原子的数目)、双键的数目和位置。常见脂肪酸的名称分子式如表 6-1 所示。

表 6-1　常见脂肪酸的名称及分子式

脂肪酸	分子式	双键数目	碳原子数目
软脂酸	$CH_3(CH_2)_{14}COO^-$	无	16
硬脂酸	$CH_3(CH_2)_{16}COO^-$	无	18
油酸	$CH_3(CH_2)_7CH=CH(CH_7)_2COO^-$	1	18
亚油酸	$CH_3(CH_2)_4(CH=CHCH_2)_2(CH_2)_6COO^-$	2	18
亚麻酸	$CH_3CH_2(CH=CHCH_2)_3(CH_2)_6COO^-$	3	18
花生四烯酸	$CH_3(CH_2)_4(CH=CHCH_2)_4(CH_2)_2COO^-$	4	20

　　亚油酸和亚麻酸分属于两个不同的多不饱和脂肪酸家族：ω-6 和 ω-3 脂肪酸。亚油酸是 ω-6 家族的初始成员，人和哺乳动物可以将它转变成 γ-亚麻酸，并继续延长合成花生四烯酸，后者是维持细胞膜的结构和功能所必需的。亚麻酸是 ω-3 家族的初始成员，人体能利用膳食提供的 ω-3 脂肪酸合成另外两种 ω-3 脂肪酸：二十碳五烯酸（EPA）和二十二碳六烯酸（DHA）。体内许多细胞如视网膜、大脑皮层中都含有这些重要的 ω-3 脂肪酸，它们对细胞的功能非常重要。大脑中约一半的 DHA 是在出生前积累的，一半是在出生后积累的，这表明脂质成分在怀孕和哺乳期间的重要性。

　　多数人可以从膳食中获得足够量的 ω-6 脂肪酸，但可能缺乏最适量的 ω-3 脂肪酸。许多学者认为 ω-6 和 ω-3 最适比是在 1∶1 到 4∶1，膳食中 ω-6 和 ω-3 脂肪酸的不平衡与心血管疾病风险增加有关联。鱼油中 ω-6 和 ω-3 特别丰富，有心血管病史者建议补充鱼油。

　　储存能量和供给能量是脂肪最重要的生理功能。1 g 脂肪在体内完全氧化时可释放出 38 kJ 热量，比 1 g 糖原或蛋白质所放出的热量多两倍以上。脂肪组织是体内专门用于储存脂肪的组织，当机体需要时，脂肪组织中储存的脂肪可动员出来分解供给机体能量。此外，脂肪组织还可起到保持体温、保护内脏器官的作用。

　　（二）类脂

　　类脂包括磷脂、糖脂和胆固醇及其酯三大类。磷脂是含有磷酸的脂类，包括由甘油构成的甘油磷脂和由鞘氨醇构成的鞘磷脂。糖脂是含有糖基的脂类。这三大类类脂是生物膜的主要组成成分，构成疏水性的"屏障"，分隔细胞水溶性成分和细胞器，维持细胞正常结构与功能。此外，胆固醇还是脂肪酸盐和维生素 D_3 以及类固醇激素合成的原料，对于调节机体脂类物质的吸收，尤其是脂溶性维生素的吸收以及钙磷代谢等均起着重要作用。

　　1. 磷脂

　　磷脂是分子中含磷酸的复合脂，由于其所含的醇不同，又可分为甘油磷脂和鞘磷脂两类。

　　（1）甘油磷脂

　　甘油磷脂在生物体内含量丰富，它的种类较多，但它们有一共同的结构特点即以磷脂酸为基础，其中磷酸再与氨基醇（如胆碱、胆胺或丝氨酸）或肌醇结合，从而分别形成不同的甘油磷脂。其具体结构式如图 6-2 所示。

$$
\underset{O^-}{\underset{|}{R_2{-}C{-}O{-}\underset{3}{CH_2}{-}O{-}\overset{O}{\overset{||}{P}}{-}O{-}X}}
$$

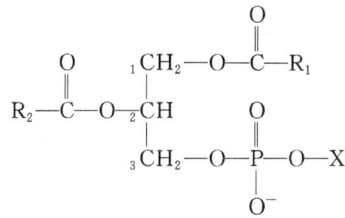

图 6-2　甘油磷脂结构式

　　天然存在的甘油磷脂都属于 L 构型。甘油磷脂两条长的碳氢链构成它的非极性尾部，其余构成它的极性头部，所以磷脂是两性脂类。在甘油磷脂中，磷脂酰胆碱（卵磷脂）和磷脂酰胆胺（脑磷脂）是细胞中含量最丰富的磷脂，广泛存在于生物膜中，是生物膜的骨架成分。卵磷脂是白色油脂状物质，极易吸水，具有抗脂肪肝作用。脑磷脂在动植物体中含量也很丰富，有研究表明它参与血液凝固。此外，还有一种二磷脂酰甘油，又称为心磷脂，它由两个磷脂酸中的磷酸基团分别与一个甘油分子的 1、3 碳原子上羟基成酯所组成，主要存在于心肌中，是脂质中唯一具有抗原性的物质。

　　（2）鞘磷脂

　　鞘磷脂是由鞘氨醇（2-氨基-4-十八碳-1,3-二醇）的氨基与 1 分子脂肪酸以酰胺键相连，其羟基与磷酰胆碱以酯键相连所构成，其结构式如图 6-3 所示。

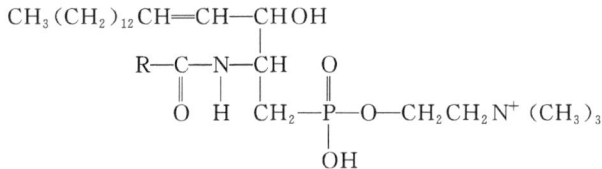

$$CH_3(CH_2)_{12}CH{=}CH{-}CHOH$$

图 6-3　鞘磷脂结构式

　　鞘磷脂在动植物中均存在，但大量存在于神经及脑组织中，在高等植物和酵母中，鞘磷脂含的是 4-羟二氢鞘氨醇。鞘磷脂是非甘油衍生物，但与甘油磷脂相似，它也有两个非极性尾部（其一为鞘氨醇的不饱和烃链）和一个极性头部，也是构成生物膜的成分。

　　磷脂除了是构成生物膜的重要成分外，还作为储能物质存在于细胞中，尤其是富含脂类的组织中，植物中以油料作物的种子中含量为最高，常用大豆作为提取磷脂的原料。卵磷脂在食品和医药工业上有许多用途。

　　2. 糖脂

　　生物体内的糖脂主要有两类，一类是鞘糖脂，另一类是甘油糖脂。鞘糖脂是指单糖寡糖残基或其衍生物与脂酰鞘氨醇以糖苷键相连而形成的化合物。它又分中性和酸性鞘糖脂两小类，前者是指含一个或多个中性糖残基的鞘糖脂，如脑苷脂；后者是指糖基上还带有如硫酸、唾液酸等酸性基团的鞘糖脂，如神经节苷脂。鞘糖脂主要存在于动物的神经组织中，它在细胞的识别、组织的免疫性及神经信息的传递中有重要的作用。

　　甘油糖脂是指一个或多个单糖残基与单脂酰甘油或二脂酰甘油以糖苷键相连所形成的化合物，它不含磷酸基团。甘油糖脂主要存在于植物中的叶绿体及细胞代谢活跃的部位。

　　3. 类固醇类

　　类固醇类又称甾类，是以环戊烷多氢菲为核心结构的一类化合物的总称，可根据其羟基数量及位置不同分为固醇和固醇衍生物两类。

（1）固醇类

固醇类是环戊烷多氢菲的衍生物，在生物体内或以游离态或与脂肪酸成酯的形式存在。它又可分为动物固醇、植物固醇和酵母固醇几类。

在脊椎动物体内，含量丰富和最重要的是胆固醇，在神经组织和肾上腺中含量尤为丰富，其结构式如图 6-4 所示。

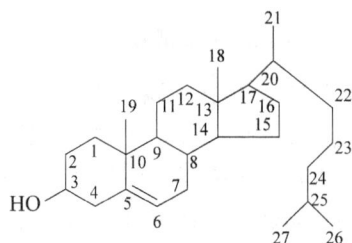

图 6-4　胆固醇结构式

胆固醇与生物膜的流动性、神经鞘绝缘性以及某些毒素的解除密切相关。此外，胆固醇在体内可进一步转化成一系列性激素和肾上腺素等激素，维生素 D_3 也可由 7-脱氢胆固醇在紫外线作用下转化而成。

在植物中，含量最多的是豆固醇和麦固醇，它们均为植物细胞的重要组分。酵母中以麦角固醇为最多，它经紫外线照射可转化为维生素 D_2，是一种抗佝偻病的维生素。

（2）固醇衍生物

这类化合物中以胆汁酸最为重要，胆汁酸是水溶性物质，在肝脏合成。在胆汁中，大部分胆汁酸形成钾盐或钠盐，称为胆盐。胆盐是一种乳化剂，可促进脂肪的消化和吸收。此外，玄参科和百合科植物中的强心苷，如最常见的洋地黄毒素，水解后产生糖和配糖体，后者为固醇衍生物，具有使动物和人的心率减慢、强度增加的功能。

二、脂类的消化吸收

食物中的脂类在口腔和胃中不能被消化，这是由于口腔中没有消化脂类的酶，胃中虽有少量脂肪酶，但此酶只有在中性 pH 时才有活性，因此在正常胃液中此酶几乎没有活性。脂类的消化及吸收主要在小肠中进行，首先在小肠上段，通过小肠蠕动，由胆汁中的胆汁酸盐使食物脂类乳化，使不溶于水的脂类分散成水包油的小胶体颗粒，提高溶解度增加了酶与脂类的接触面积，有利于脂类的消化及吸收。在形成的水油界面上，分泌入小肠的胰液中包含的酶类，开始对食物中的脂类进行消化。完全水解或部分水解的脂肪由淋巴系统进入血液循环，一小部分直接经门静脉进入肝，未被吸收的脂肪进入大肠后被细菌分解。

第二部分　血浆脂蛋白

一、血脂

血浆所含脂类统称血脂，包括脂肪、磷脂、胆固醇及其酯以及游离脂肪酸等。血脂的来源有二：一是外源性，从饲料摄取的脂类经消化吸收进入血液；二是内源性，由肝、脂肪细胞以及其他组织合成后释放入血，包括脂库动员释放的脂类，体内由糖或某些氨基酸转变过来的脂类等。血脂含量不如血糖恒定，受动物品种、年龄、性别以及饲养状况等的影响，波动范围较大。

血脂的去处主要有：氧化分解提供能量、进入脂库储存、构成生物膜、转变为其他物质等。

二、血浆脂蛋白的分类

脂类在体内的运输都是通过血液循环进行的。由于脂类不溶于水,肠系膜吸收的脂类、肝脏合成的脂类等,都要与载脂蛋白结合形成脂蛋白才能在血液中运输。这是由于脂类物质与蛋白质结合,形成的脂蛋白具有亲水性,因此,脂蛋白是脂类在血浆中的存在和运输形式。除游离脂肪酸与血浆清蛋白结合成复合物运输外,其他脂类都是以血浆脂蛋白的形式运输。

各种脂蛋白因所含脂类及蛋白质量不同,其密度、颗粒大小、表面电荷、电泳行为及免疫性均有不同。一般用电泳分类法及密度分类法可将血浆脂蛋白分为四类(图 6-5)。

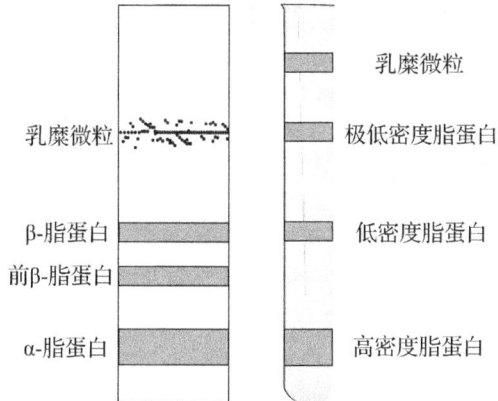

图 6-5 血浆脂蛋白的分类

1. 电泳分类法

由于血浆脂蛋白中载脂蛋白不同,其表面电荷与颗粒大小也不同,因此在电场中具有不同的迁移率。一般常用滤纸、醋酸纤维薄膜、琼脂糖或聚丙烯酰胺凝胶作为电泳支持物。按其在电场中移动的快慢,可将脂蛋白分为 α-脂蛋白、前 β-脂蛋白、β-脂蛋白及乳糜微粒(CM)四个区带。α-脂蛋白泳动最快,其次是前 β-脂蛋白,然后是 β-脂蛋白,乳糜微粒则留在原点不动。

2. 密度分类法

由于各种脂蛋白含脂类及蛋白质量各不相同,因而其密度也各不相同,脂类比例高的密度相对小。利用密度梯度超速离心可将脂蛋白分为四类,按密度大小依次为乳糜微粒(CM)、极低密度脂蛋白(VLDL)、低密度脂蛋白(LDL)和高密度脂蛋白(HDL)。分别相当于电泳分离的 CM、β-脂蛋白、前 β-脂蛋白和 α-脂蛋白。

从脂肪组织动员释放入血的游离脂肪酸也不溶于水,常与血浆中的清蛋白结合而运输,不列入血浆脂蛋白内。

三、血浆脂蛋白的组成和结构

血浆脂蛋白主要由蛋白质、甘油三酯、磷脂、胆固醇及其酯组成(图 6-6)。各类脂蛋白都含有这四类成分,但其组成比例及含量却大不相同。乳糜微粒颗粒最大,含甘油三酯最多,达 $80\%\sim95\%$,含蛋白质最少;VLDL 含甘油三酯较多,达 $50\%\sim70\%$,但其蛋白质含量高于 CM;LDL 含胆固醇及胆固醇酯最多;HDL 含蛋白质量最多,颗粒最小。

脂蛋白是球形的微团状颗粒,由疏水性较强的甘油三酯和胆固醇酯组成,为疏水的核心,外周包裹着具有极性及非极性基团的载脂蛋白、磷脂和胆固醇,组成脂蛋白的外壳。外壳中的各成分以单分子层借其非极性的疏水基团与内部的疏水键相连,覆盖于脂蛋白表面,其极性基团朝外(图 6-6)。

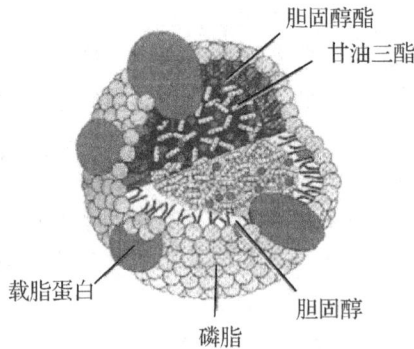

图 6-6 脂蛋白的结构

脂蛋白中的蛋白质组分被称为载脂蛋白(apo)。载脂蛋白的功能是帮助溶解疏水性的脂质，并作为细胞靶向信号。在人类各种脂蛋白中至少发现 20 多种载脂蛋白，主要有 apoA、apoB、apoC、apoD 及 apoE 等五类。近年来的研究表明，载脂蛋白不仅在结合和转运脂质及稳定脂蛋白的结构上发挥重要作用，而且还调节脂蛋白代谢关键酶活性，参与脂蛋白受体的识别，在脂蛋白代谢上发挥极为重要的作用。

四、血浆脂蛋白的主要功能

脂蛋白的主要功能是在体内运输甘油三酯、胆固醇和磷脂。

1. 乳糜微粒(CM)

乳糜微粒作为最大的脂蛋白在小肠上皮细胞的内质网中合成，然后进入血液。由于它的颗粒很大，当在血液中大量存在时，会使血浆或血清呈乳白色。

乳糜微粒的主要功能是从小肠转运被吸收的膳食甘油三酯、胆固醇及少量其他脂质到血浆和其他组织。它们将摄入的甘油三酯主要转运到骨骼肌和脂肪组织，将摄入的胆固醇转运到肝脏中。在靶组织中，甘油三酯被脂蛋白脂酶水解，该酶位于细胞表面并可被乳糜微粒表面的载脂蛋白激活。水解后释放出的游离脂肪酸和单酰甘油被组织摄入，用于产能或重新酯化为甘油三酯贮存。由于甘油三酯含量的减少，乳糜微粒变小成为富含胆固醇的乳糜微粒残粒，经血液运输到肝，与肝细胞表面残粒受体结合，通过受体介导的胞吞作用进入肝细胞。由于 CM 中的甘油三酯来自食物，所以 CM 为外源性脂肪的主要运输形式。

2. 极低密度脂蛋白(VLDL)

VLDL 在肝细胞的内质网中合成，其主要功能是从肝脏转运内源的三酰甘油(肝所需之外的多余部分)和在肝包装的胆固醇到肌肉和脂肪等靶组织。VLDL 中的甘油三酯也跟乳糜微粒中的一样，在脂蛋白脂酶的作用下释放脂肪酸。在脂肪组织中释放的脂肪酸为脂肪细胞吸收并重新转化为甘油三酯，以胞内脂质小滴形式贮存起来；肌肉细胞与之相反，它主要是氧化脂肪酸以便供能。失去甘油三酯剩下的 VLDL 颗粒称为 VLDL 残留物，也称为中间密度脂蛋白(IDL)。

3. 低密度脂蛋白(LDL)

LDL 是从 VLDL 残留物(IDL)中进一步除去甘油三酯产生的。LDL 富含胆固醇和胆固醇脂，是血液中总胆固醇的主要载体。LDL 的功能是转运肝合成的内源性胆固醇到肝外组织如肌肉、肾上腺和脂肪组织。这些靶组织的质膜上有 LDL 受体，它能识别特定载脂蛋白并介导胆固醇和胆固醇酯的吸收。LDL 可能与动脉粥样硬化有关，特别是在血管壁受到氧化性损伤时，LDL 容易使胆固醇在受伤处沉积。

4. 高密度脂蛋白（HDL）

HDL 由肝细胞和小肠细胞合成后释放到血液中，其颗粒最小但密度最高，蛋白质含量约为 45%，其次为胆固醇和磷脂，约占 25%。HDL 的主要功能是将肝外组织中衰老及死亡细胞膜上的游离胆固醇通过血液循环运回肝脏。HDL 上有特殊的载脂蛋白能被肝细胞膜上相应的受体识别结合，因此回收了肝外组织和血浆中多余胆固醇的 HDL 最终被肝细胞摄取，转变为胆汁酸盐等排泄。因 HDL 能减少血浆胆固醇含量，血浆 HDL 水平较高的人不易患高脂血症。

血浆脂蛋白的组成及性质见表 6-2。

表 6-2 血浆脂蛋白的分类、性质、组成及主要生理功能

密度分类法	密度/(g/cm³)	颗粒直径/nm	含量/%				脂类/脂肪	合成部位	主要生理功能
			蛋白质	脂肪	胆固醇	磷脂			
乳糜微粒	<0.95	80~500	0.5~2	80~95	1~4	5~7	98/2	小肠黏膜细胞	转运外源性脂肪
极低密度脂蛋白	0.95~1.006	25~80	5~10	50~70	10~15	10~15	90/10	肝细胞	转运内源性脂肪
低密度脂蛋白	1.006~1.063	20~25	20~25	10	45~50	20	79/21	血浆	转运内源性胆固醇
高密度脂蛋白	1.063~1.210	7.5~10	45~50	5	20	25	50/50	肝脏、血浆	将胆固醇转运至肝脏

第三部分 脂肪的分解代谢

无论在动物还是植物体内，脂肪作为贮藏物质在供能或合成其他物质时，均要先酶促水解为甘油和脂肪酸后，再按它们各自不同的途径进行氧化分解或转化成其他所需物质。

一、脂肪的动员

脂肪水解成甘油和脂肪酸的过程称为脂肪的动员。脂肪在激素敏感脂肪酶催化下水解，此酶是脂肪分解的限速酶。其反应如图 6-7 所示。

图 6-7 脂肪水解

激素敏感脂肪酶的活性受到多种激素的调控。在禁食、饥饿或交感神经兴奋时，肾上腺素、去甲肾上腺素、胰高血糖素等分泌增加并使其激活，促进脂肪动员。胰岛素等则使其活性受到抑制，抑制脂肪动员过程。

二、甘油的氧化分解与转化

甘油在甘油激酶催化下，生成 3-磷酸甘油，反应消耗 ATP，为不可逆反应，逆反应需磷酸酶催化。3-磷酸甘油在磷酸甘油脱氢酶催化下生成磷酸二羟丙酮，后者可进入糖酵解途径，并经过三羧酸循环最终氧化分解为 CO_2 和 H_2O，同时产生并放出能量。磷酸二羟丙

酮也可沿糖异生途径生成糖。由此，磷酸二羟丙酮沟通了脂代谢与糖代谢。甘油代谢途径如图 6-8 所示。

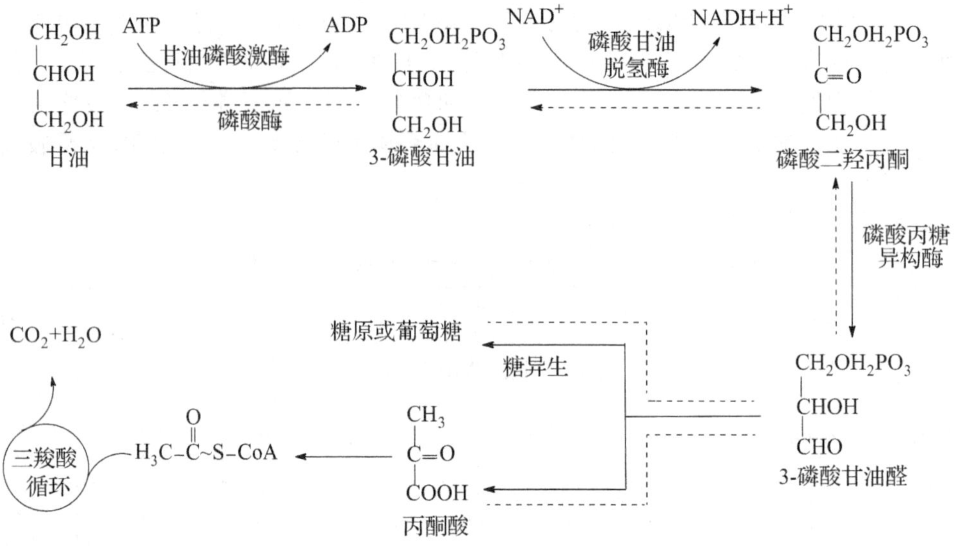

图 6-8 甘油的代谢(实线为甘油的分解，虚线为甘油的合成)

三、脂肪酸的氧化分解

生物体内的脂肪酸氧化分解存在 β-氧化、α-氧化和 ω-氧化等几条不同的代谢途径，但以 β-氧化为最主要和最重要。

(一)饱和脂肪酸的 β-氧化作用

脂肪酸在一系列酶催化下，β-碳原子发生氧化，继而碳链在 α-碳原子与 β-碳原子间断裂，每次均生成一个含两个碳原子的乙酰 CoA 和较原来少两个碳原子的脂肪酸，如此不断重复进行的脂肪酸氧化过程称为脂肪酸的 β-氧化作用。

1. β-氧化作用的活化与转运

(1)脂肪酸的活化

脂肪酸在进入线粒体基质前，在细胞质中，必须先被活化成脂酰 CoA，该步反应由脂酰 CoA 合酶催化，并需要消耗 ATP。

总反应是不可逆的，因为反应生成的 PPi 立即水解为两分子 Pi 推动反应向右进行。

$$\underset{\text{脂肪酸}}{R—COOH}+ATP+CoASH \xrightarrow{\text{脂酰 CoA 合酶}} \underset{\text{脂酰CoA}}{R—\overset{\overset{O}{\|}}{C}—SCoA}+AMP+PPi$$

$$PPi \xrightarrow{H_2O} 2Pi$$

每活化 1 分子脂肪酸，需要消耗 2 个高能磷酸键的能量，相当于消耗 2 分子 ATP。

(2)脂酰 CoA 的转移

脂肪酸的 β-氧化酶系都存在于线粒体基质中。在线粒体外合成的、10 个碳原子以下的脂酰 CoA 能够透过线粒体内膜进入线粒体内，但更长链的脂酰 CoA 是不能透过线粒体内膜的，需要一个特殊的转运载体——肉碱，将脂酰 CoA 转运至线粒体基质。

脂酰 CoA 由线粒体内膜外侧的肉碱脂酰转移酶Ⅰ催化生成脂酰肉碱；脂酰肉碱通过脂酰转移酶Ⅱ作用穿过线粒体内膜，转运至线粒体基质，在线粒体内膜内侧肉碱脂酰转移酶Ⅱ的催化下，脂酰 CoA 再生，并释放到基质中。肉碱经脂酰转移酶I协助回到内膜外侧(图 6-9)。

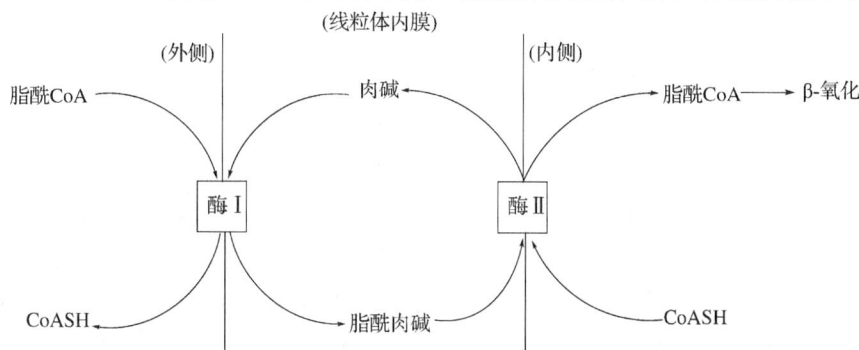

图 6-9　脂酰 CoA 转移入线粒体示意图

2. 饱和脂肪酸 β-氧化作用的反应过程

脂酰 CoA 进入线粒体基质后，在线粒体基质中进行 β-氧化作用包括以下四个循环步骤。

(1)脱氢

脂酰 CoA 在脂酰 CoA 脱氢酶(FAD 为辅基)的催化下，在 α-碳原子和 β-碳原子之间脱氢形成一个双键，生成反式双键的脂酰 CoA，即 Δ^2-反烯脂酰 CoA(图 6-10)。脱下的 2 个 H 由脱氢酶辅基 FAD 接受生成 $FADH_2$。$FADH_2$ 进入电子传递氧化体系，其 P/O 比值为 1.5，即生成 1.5 分子 ATP。

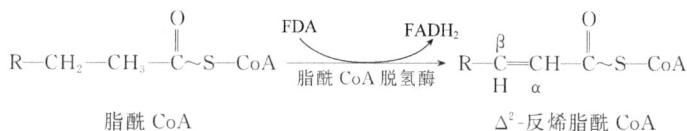

图 6-10　脱氢

(2)加水

在烯脂酰 CoA 水合酶的催化下，Δ^2-反烯脂酰 CoA 的双键上加一分子水形成 β-羟脂酰 CoA(图 6-11)。

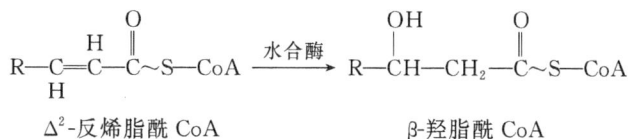

图 6-11　加水

(3)再脱氢

在 β-羟脂酰 CoA 脱氢酶催化下，β-羟脂酰 CoA 的 β-碳原子及羟基脱氢，生成 β-酮脂酰 CoA，此酶以 NAD^+ 为辅酶(图 6-12)。脱下的 2 个 H 由 NAD^+ 接受生成 $NADH + H^+$。$NADH + H^+$ 进入呼吸链氧化生成 2.5 分子 ATP，其 P/O 比值为 2.5。

图 6-12　再脱氢

(4)硫解

在 β-酮脂酰 CoA 硫解酶催化下，β-酮脂酰 CoA 被 CoA 分子硫解，产生乙酰 CoA 和比原来少两个碳原子的脂酰 CoA(图 6-13)。

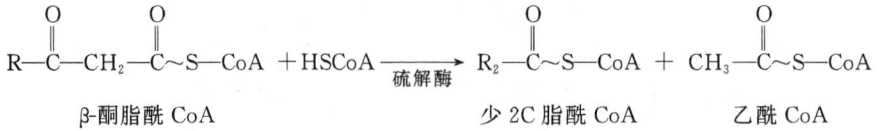

图 6-13 硫解

缩短了两个 C 的脂酰 CoA 又进入下一轮的 β-氧化作用,每重复 1 轮,均生成 1 分子乙酰 CoA、1 分子 NADH ＋ H$^+$、1 分子 FADH$_2$ 和比原来减少两个碳原子的脂酰 CoA。如此循环,直到脂酰 CoA 全降解为乙酰 CoA 为止。若以软脂酸(C_{16})为例,它经 1 次活化反应和 7 轮 β-氧化作用产生 8 分子乙酰 CoA、7 分子 FADH$_2$ 和 7 分子 NADH ＋ H$^+$。

脂肪酸 β-氧化作用的反应过程如图 6-14 所示。

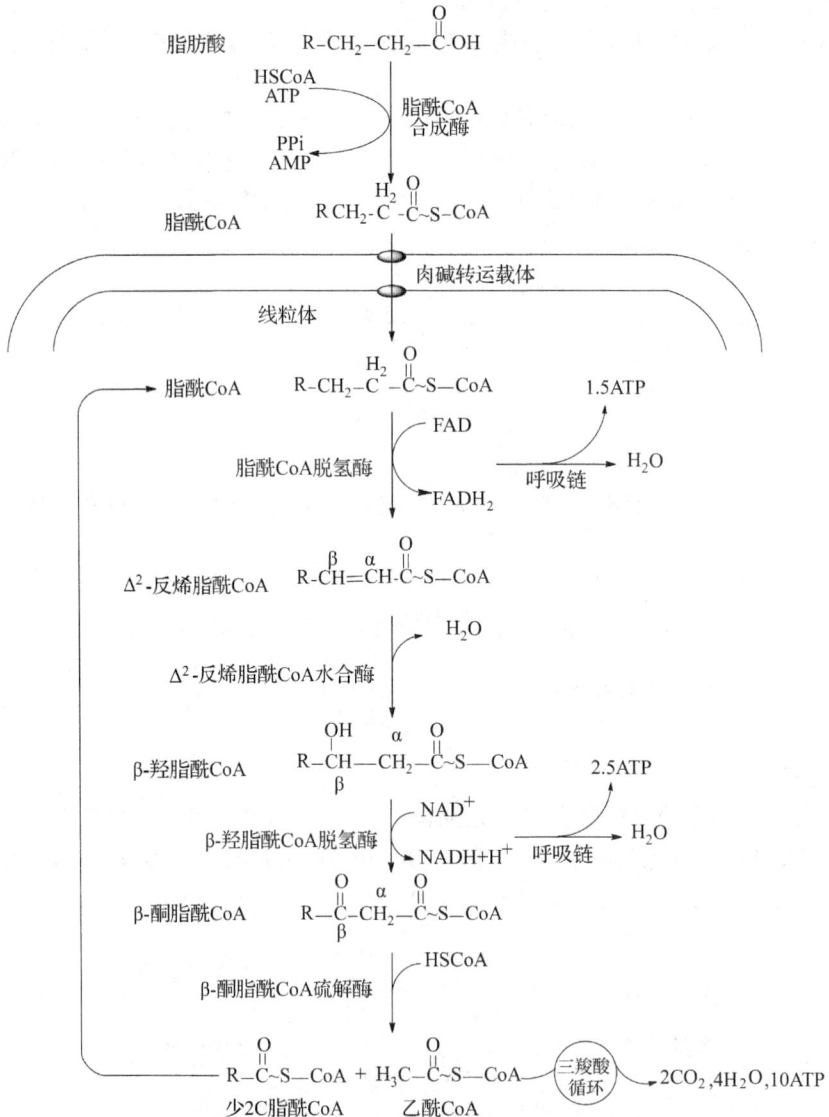

图 6-14 脂肪酸 β-氧化作用的反应过程

3. 脂肪酸彻底氧化的能量计算

以软脂酸为例，它经 1 次活化反应和 7 次 β-氧化作用，产生 8 分子乙酰 CoA、7 分子 $FADH_2$ 和 7 分子 $NADH + H^+$。在脂肪酸活化时，消耗 2 个高能键。因此，1 分子软脂酸彻底氧化净生成的 ATP 分子数为：

$$(2.5+1.5) \times 7 + 8 \times 10 - 2 = 106$$

(二)奇数碳脂肪酸的氧化

虽然大多数脂肪酸为偶数碳原子，但是许多植物、海洋生物等体内还有奇数碳脂肪酸。奇数碳脂肪酸经过连续多次 β-氧化后，生成多个乙酰 CoA 与 1 分子丙酰 CoA。丙酰 CoA 先经过丙酰 CoA 羧化酶催化生成甲基丙二酸单酰 CoA，然后在变位酶作用下转变为琥珀酰 CoA，该过程需要维生素 B_{12} 作为辅酶，琥珀酰 CoA 或进入三羧酸循环氧化分解或经过草酰乙酸途径异生为糖(图 6-15)。

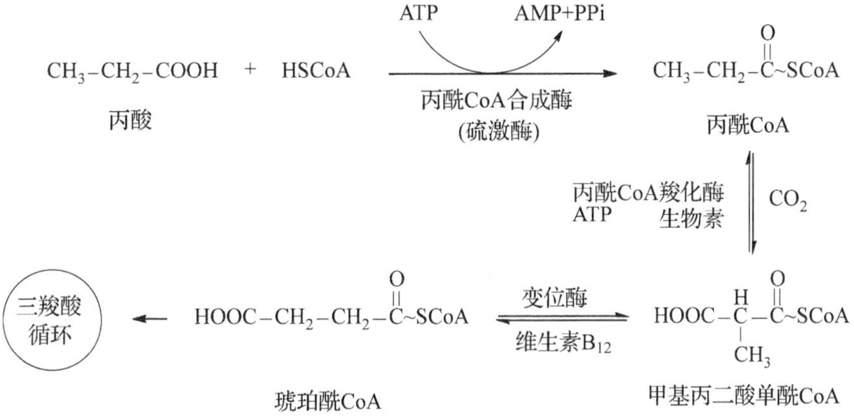

图 6-15 丙酸的代谢

纤维素在反刍动物瘤胃内发酵产生低级挥发性脂肪酸，主要是乙酸、丙酸和丁酸。反刍动物体内的葡萄糖，约有 50% 来自丙酸的异生作用，可见丙酸代谢对于反刍动物是非常重要的。

(三)酮体的生成和利用

酮体是乙酰乙酸、β-羟丁酸和丙酮三种物质的总称。由脂肪酸的 β-氧化及其他代谢所产生的乙酰 CoA，在一般的细胞中可进入三羧酸循环进行氧化分解；但在动物的肝脏细胞中，乙酰 CoA 还有另一条去路，可生成乙酰乙酸、β-羟丁酸和丙酮。酮体是脂肪酸在肝脏分解氧化时特有的中间代谢物。

1. 酮体的生成

在肝细胞线粒体中，脂肪酸在线粒体中经 β-氧化生成的大量乙酰 CoA 是合成酮体的原料。合成过程分四步进行。

(1)乙酰乙酰 CoA 的生成

2 分子乙酰 CoA 在肝细胞线粒体乙酰乙酰 CoA 硫解酶的作用下，缩合成乙酰乙酰 CoA，并释放出 1 分子 CoASH。

(2)羟甲基戊二酸单酰 CoA 的生成

乙酰乙酰 CoA 在羟甲基戊二酸单酰 CoA (HMG CoA)合成酶的催化下，再与 1 分子乙酰 CoA 缩合生成 β-羟-β-甲基戊二酸单酰 CoA，并释放出 1 分子 CoASH。

（3）羟甲基戊二酸单酰 CoA 生成乙酰乙酸和乙酰 CoA

在羟甲基戊二酸单酰 CoA 裂解酶的作用下，β-羟-β-甲基戊二酸单酰 CoA 裂解生成乙酰乙酸和乙酰 CoA 。

（4）β-羟丁酸的生成

乙酰乙酸在线粒体内膜 β-羟丁酸脱氢酶的催化下，被还原成 β-羟丁酸，所需的氢由 NADH 提供，还原的速度由 NADH 与 NAD^+ 的比值决定。部分乙酰乙酸可在酶催化下脱羧生成丙酮。酮体生成的全过程如图 6-16 所示。

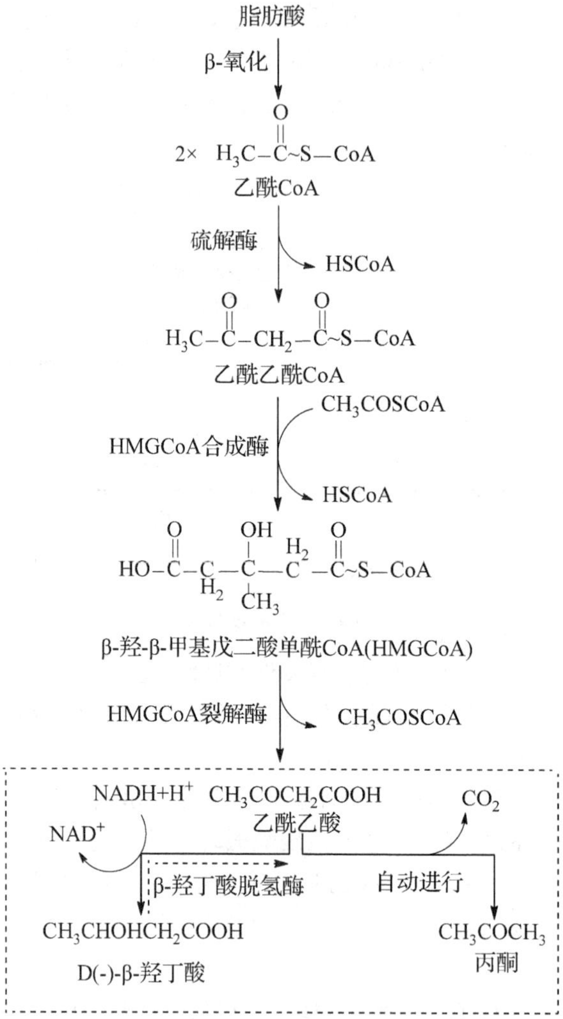

图 6-16　酮体的生成

肝细胞线粒体内含有各种合成酮体的酶类，尤其是 HMG CoA 合成酶。因此，生成酮体是肝细胞特有的功能。但是肝分解酮体的酶活性很低，故肝不能氧化分解利用酮体。肝产生的酮体，透过细胞膜进入血液运输到肝外组织进一步分解氧化。

2. 酮体的利用

肝有生成酮体的酶，但缺乏利用酮体的酶。肝生成的酮体需经血液运输到肝外组织进一步氧化分解。肝外组织虽不能生成酮体，但许多组织具有活性很强的利用酮体的酶。心肌、肾、脑及骨骼肌等在供糖不足时，都可以利用酮体作为主要能源；在肝外组织细胞的线粒体内，乙酰乙酸和 β-羟丁酸可被氧化生成乙酰 CoA，乙酰 CoA 进入三羧酸循环可彻底氧化分解。酮体的分解全过程如图 6-17 所示。

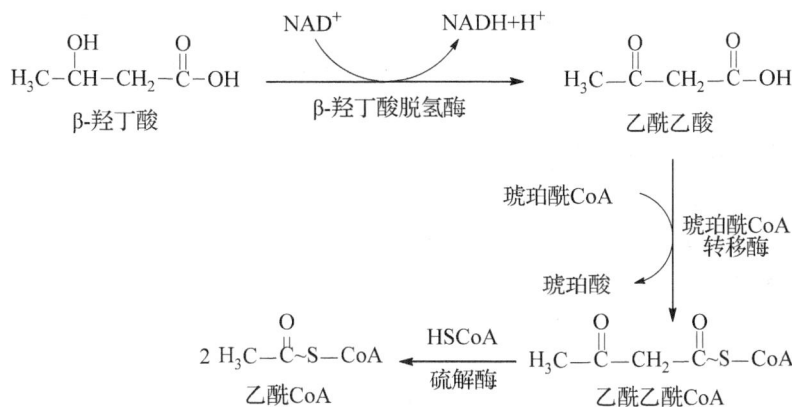

图 6-17　酮体的分解

3. 酮体生成的生理意义

酮体是脂肪酸在肝内不完全代谢的中间产物，是肝输出能源的一种形式。酮体可溶于水，分子小，能通过血脑屏障及肌肉毛细血管壁，是肌肉尤其是脑组织的重要能源。脑组织不能氧化脂肪酸，却能利用酮体。正常情况下葡萄糖是脑的主要能源，但长期饥饿或患糖尿病时，酮体可以代替葡萄糖成为脑组织及肌肉的主要能源。

4. 酮症酸中毒

正常情况下，肝产生酮体的速度与肝外组织分解酮体的速度处于动态平衡，血酮含量很低。在饥饿、高产乳牛初泌乳、绵羊妊娠后期及糖尿病时，脂肪酸动员加强，酮体生成增加，超过肝外组织利用的能力，引起血中酮体升高，导致酮症。患酮症时血中酮体含量升高，并随乳、尿排出体外，出现酮血症、酮乳症、酮尿症，其中酮尿症最先出现。由于酮体的主要成分为酸性物质，酮体在体内积存可导致酮症酸中毒。未控制的糖尿病患者因糖代谢障碍和脂肪酸分解加快，酮体生成量升高数十倍；高产乳牛泌乳初期由于乳糖合成消耗大量葡萄糖使血糖下降，引发脂解加强，脂肪酸 β-氧化加快，酮体生成增多；双胎绵羊妊娠后期发生的酮症也是体内糖缺乏所致。由此导致的酮症采用静脉滴注葡萄糖可快速缓解。

第四部分　脂肪的合成代谢

生物体内脂的合成十分活跃，特别是动物的肝脏和脂肪组织是合成脂肪最活跃的部位。脂肪合成的直接原料是 α-磷酸甘油和脂酰 CoA。

一、α-磷酸甘油的合成

在生物体内，α-磷酸甘油主要来自糖酵解途径的中间产物磷酸二羟丙酮的还原(图 6-18)。

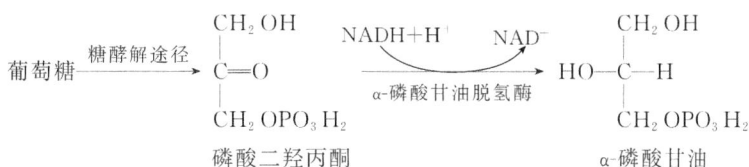

图 6-18　α-磷酸甘油的合成

α-磷酸甘油也可由脂肪分解产生的甘油经甘油激酶催化生成。动物脂肪细胞中缺乏甘油激酶,脂肪水解产生的甘油不能被脂肪细胞直接利用。

二、脂肪酸的生物合成

脂肪酸的生物合成是一个比较复杂的过程,主要在胞液中进行,由乙酰 CoA 提供碳源,NADPH + H^+ 提供还原力,ATP 提供能量,并需要 CO_2 的参与。实验证明,在生物体内首先合成软脂酸(C_{16} 饱和脂肪酸),然后再转变为更长碳链的饱和脂肪酸及不饱和脂肪酸。下面介绍软脂酸的从头合成过程。

(一)乙酰 CoA 的转运

脂肪酸从头合成的碳源乙酰 CoA 主要来自线粒体基质内的丙酮酸氧化脱羧、脂肪酸 β-氧化和氨基酸氧化等反应。而乙酰 CoA 不能穿过线粒体膜到胞液中,因此,它需借助"柠檬酸-丙酮酸循环"进入胞液。

"柠檬酸-丙酮酸循环"就是线粒体内的乙酰 CoA 与草酰乙酸合成柠檬酸,柠檬酸经线粒体内膜上的三羧酸载体转运至胞液中,再经柠檬酸裂解酶催化,裂解为草酰乙酸和乙酰 CoA,反应消耗 ATP。草酰乙酸经还原后再氧化脱羧生成丙酮酸,丙酮酸进入线粒体后,在丙酮酸羧化酶催化下重新生成草酰乙酸,又可继续参与乙酰 CoA 转运(如图 6-19)。

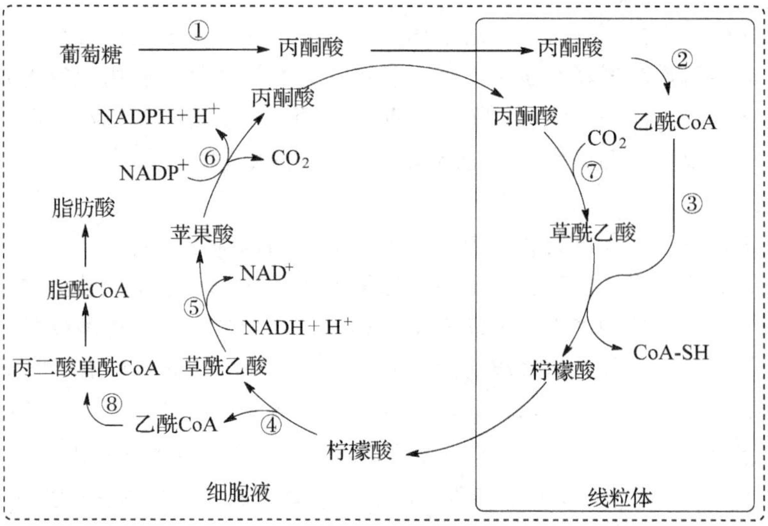

图 6-19   柠檬酸-丙酮酸循环

①酵解;②丙酮酸脱氢酶复合体;③柠檬酸合酶;④柠檬酸裂解酶;⑤苹果酸脱氢酶;
⑥苹果酸酶(以 $NADP^+$ 为辅酶的苹果酸脱氢酶);⑦丙酮酸羧化酶;⑧乙酰 CoA 羧化酶

(二)丙二酸单酰 CoA 的形成

软脂酸的合成共需 8 分子乙酰 CoA,其中只有 1 分子以乙酰 CoA 的形式参与合成,其余的乙酰 CoA 均以丙二酸单酰 CoA 的形式参与合成。在乙酰 CoA 羧化酶的催化下,乙酰 CoA 羧化形成丙二酸单酰 CoA(图 6-20)。

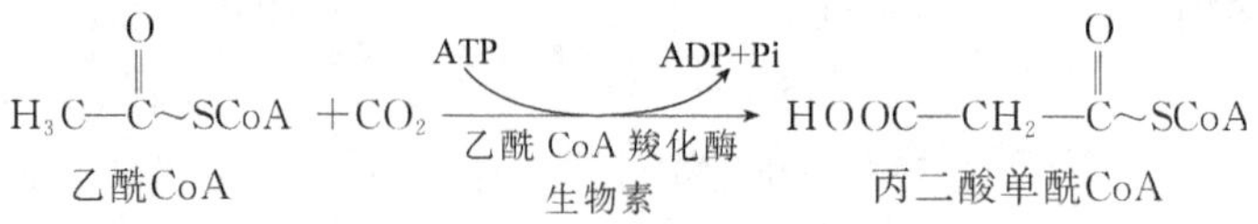

图 6-20   丙二酸单酰 CoA 的形成

　　该步反应是脂肪酸合成的重要调节步骤。乙酰 CoA 羧化酶为变构酶，是脂肪酸合成的限速酶，其辅基为生物素，柠檬酸是酶的变构激活剂，脂肪酸合成的最终产物软脂酸 CoA 是酶的变构抑制剂。

　　(三)脂肪酸从头合成的反应过程

　　有 7 种酶参与脂肪酸的生物合成，并以脂酰基载体蛋白(ACP)为中心构成一个多酶复合体称为脂肪酸合成酶系。在脂肪酸生物合成过程中，酶促反应生成的各种中间物在大多数情况下保持与载体蛋白相连，以保证合成过程的定向进行。以生成 16 个碳的棕榈酸为例，需经过以下反应。

　　1. 起始

　　在乙酰 CoA-ACP 酰基转移酶催化下，先将乙酰 CoA 上的乙酰基转移到 ACP 的-SH 上，生成乙酰～S-ACP。然后乙酰基再转移至 β-酮脂酰 ACP 缩合酶的半胱氨酸-SH 上，生成乙酰～S-ACP，而 ACP 的-SH 空出来(图 6-21)。

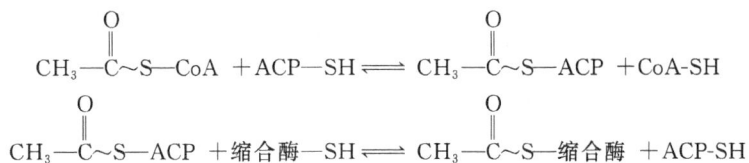

$$CH_3-\overset{O}{\underset{}{C}}\sim S-CoA + ACP-SH \rightleftharpoons CH_3-\overset{O}{\underset{}{C}}\sim S-ACP + CoA-SH$$

$$CH_3-\overset{O}{\underset{}{C}}\sim S-ACP + 缩合酶-SH \rightleftharpoons CH_3-\overset{O}{\underset{}{C}}\sim S-缩合酶 + ACP-SH$$

图 6-21　起始反应

　　2. 丙二酸单酰基的转移

　　在 ACP-丙二酸单酰 CoA 转移酶催化下，丙二酸单酰基从 CoA-SH 转移至 ACP 的-SH 上形成丙二酸单酰～S-ACP(图 6-22)。

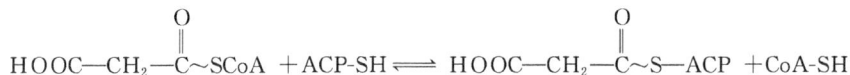

$$HOOC-CH_2-\overset{O}{\underset{}{C}}\sim SCoA + ACP-SH \rightleftharpoons HOOC-CH_2-\overset{O}{\underset{}{C}}\sim S-ACP + CoA-SH$$

图 6-22　丙二酸单酰基的转移

　　3. 缩合

　　反应由 β-酮脂酰 ACP 缩合酶催化。将乙酰-S 缩合酶上的乙酰基转移到丙二酸单酰～S-ACP 的第二个碳原子上，生成乙酰乙酰～S-ACP，同时丙二酸单酰基上的羧基以 CO_2 的形式脱去。缩合酶的-SH 空出来，可参与下一轮反应(图 6-23)。

$$CH_3-\overset{O}{\underset{}{C}}\sim S-缩合酶 + HOOC-CH_2-\overset{O}{\underset{}{C}}\sim S-ACP \xrightarrow{CO_2 \ 缩合酶-SH} CH_3-\overset{O}{\underset{}{C}}-CH_2-\overset{O}{\underset{}{C}}\sim S-ACP$$

图 6-23　缩合反应

　　4. 还原

　　乙酰乙酰～S-ACP 由 β-酮脂酰 ACP 还原酶催化，$NADPH + H^+$ 做还原剂，将乙酰乙酰～S-ACP 还原为 β-羟丁酰～S-ACP(图 6-24)。

$$H_3C-\overset{O}{\underset{}{C}}-CH_2-\overset{O}{\underset{}{C}}\sim S-ACP \underset{NADPH+H \quad NADP}{\overset{β-酮脂酰\ ACP\ 还原酶}{\rightleftharpoons}} H_3C-\overset{OH}{\underset{}{CH}}-CH_2-\overset{O}{\underset{}{C}}\sim S-ACP$$

乙酰乙酰～S-ACP　　　　　　　　　　　　　　　　β-羟丁酰～S-ACP

图 6-24　还原反应

　　5. 脱水

　　由 β-羟脂酰 ACP 脱水酶催化，β-羟丁酰～S-ACP 脱水形成 β-烯丁酰～S-ACP(图 6-25)。

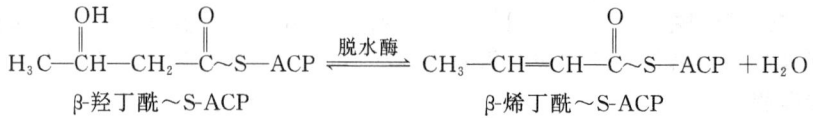

图 6-25 脱水反应

6. 再还原

由烯脂酰 ACP 还原酶催化，NADPH $+$ H$^+$ 做还原剂，将 β-烯丁酰～S-ACP 还原为丁酰～S-ACP(图 6-26)。

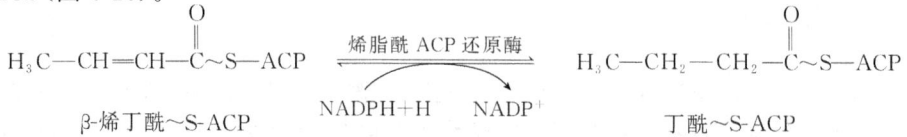

图 6-26 再还原

上述 6 步反应为一次循环，产生的丁酰～S-ACP 作为第二次循环的起始物，与丙二酸单酰～S-ACP 再经缩合、还原、脱水、再还原生成己酰～S-ACP。如此循环 7 次，直到合成棕榈酰～S-ACP，即棕榈酰载体蛋白。

7. 水解或硫解

最后生成的棕榈酰～S-ACP 由硫酯酶催化水解释放出棕榈酸或者由硫解酶催化把棕榈酰基从 ACP 上转移到 CoA 上(图 6-27)。

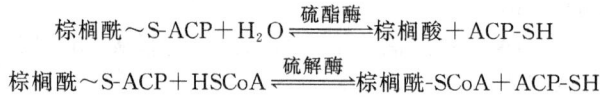

$$\text{棕榈酰}\sim\text{S-ACP}+H_2O \xrightarrow{\text{硫酯酶}} \text{棕榈酸}+\text{ACP-SH}$$

$$\text{棕榈酰}\sim\text{S-ACP}+HSCoA \xrightarrow{\text{硫解酶}} \text{棕榈酰-SCoA}+\text{ACP-SH}$$

图 6-27 水解或硫解

脂肪酸合成的完整过程如图 6-28。

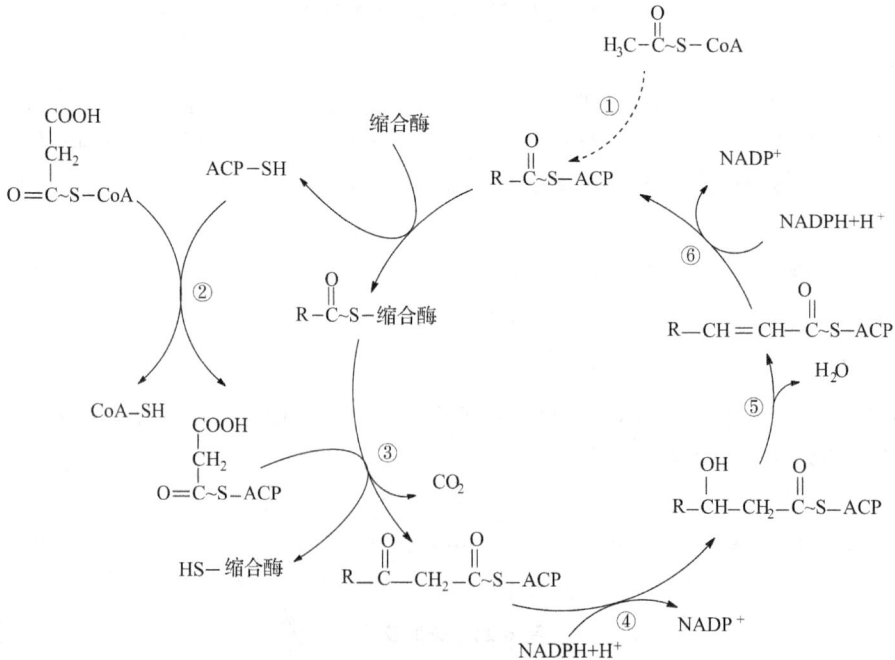

图 6-28 脂肪酸的生物合成过程

①乙酰 CoA-ACP 酰基转移酶；②丙二酸单酰 CoA-ACP 酰基转移酶；③β-酮脂酰 ACP 缩合酶；
④β-酮脂酰 ACP 还原酶；⑤β-羟脂酰 ACP 脱水酶；⑥烯脂酰 ACP 还原酶

由乙酰 CoA 合成软脂酸全过程的总反应式可表示为：

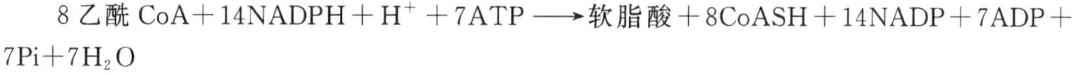

8 乙酰 CoA＋14NADPH＋H^+＋7ATP ⟶ 软脂酸＋8CoASH＋14NADP＋7ADP＋7Pi＋$7H_2O$

大多数生物脂肪酸从头合成的终产物为棕榈酸(软脂酸)，是因为 β-酮脂酰 ACP 合成酶对碳链长度有专一性，该酶接受 C14 酰基的活力很强，但不能接受 C14 及以上的酰基。此外，合成产物软脂酰 ACP 对脂肪酸合成有反馈抑制作用。

从脂肪酸合成的全过程可以看出，脂代谢与糖代谢密切相关。脂肪酸合成所需要的碳源、ATP、NADPH＋H^+ 等都来自糖的分解代谢。其中 NADPH＋H^+ 约 60% 来自磷酸戊糖途径，其余的由乙酰 CoA 的转运途径柠檬酚丙酮酸循环提供。

三、甘油三酯的合成

甘油三酯(三酰甘油)是机体贮存能量的形式。体内的甘油三酯，按照来源分为外源性和内源性两种。外源性指的是利用食物中脂肪的分解产物，如甘油一酯、乳糜微粒等为原料合成；内源性指的是利用葡萄糖代谢中间产物合成的脂肪酸、3-磷酸甘油等进行合成，是体内脂肪的主要来源。

1. 甘油一酯途径

小肠黏膜细胞主要利用消化吸收的甘油一酯和脂肪酸来合成甘油三酯，如图 6-29 所示。

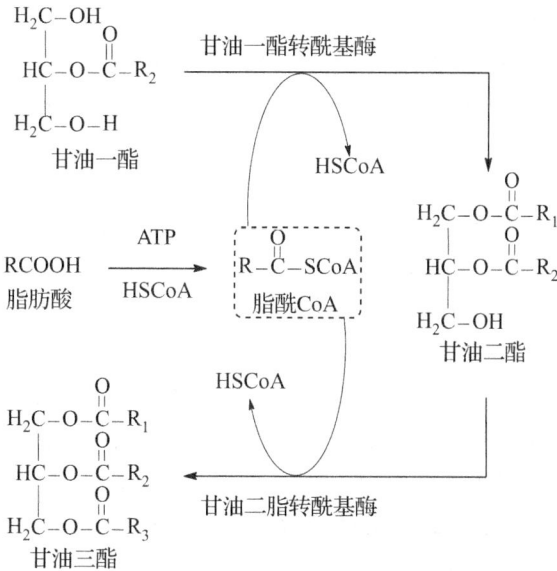

图 6-29 甘油一酯途径

2. 甘油二酯途径

肝细胞及脂肪细胞主要按照此途径合成甘油三酯。肝脏和脂肪组织是合成甘油三酯最活跃的组织。甘油三酯是由脂酰 CoA 和 3-磷酸甘油合成的。糖酵解的中间产物磷酸二羟丙酮被还原成 3-磷酸甘油，3-磷酸甘油在磷酸甘油转酰基酶催化下分别与 2 分子脂酰 CoA 缩合形成磷脂酸。磷脂酸在磷酸酶催化下脱磷酸生成甘油二酯。甘油二酯在甘油二酯转酰基酶催化下与 1 分子脂酰 CoA 缩合最后形成甘油三酯，如图 6-30 所示。

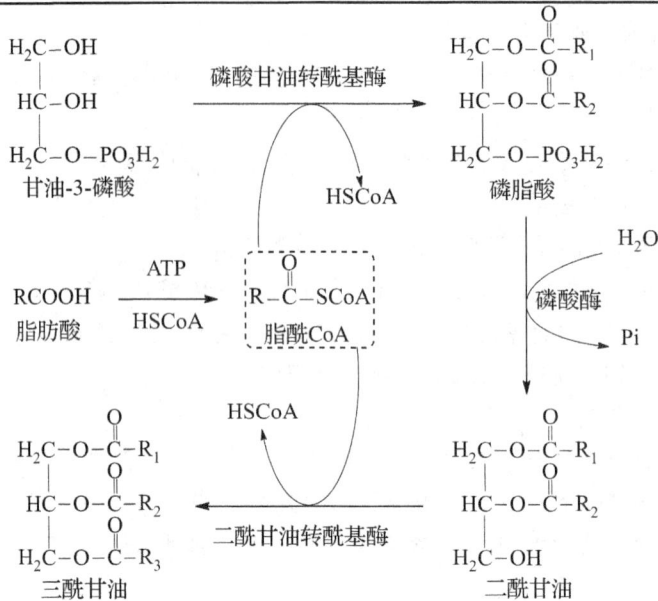

图 6-30　甘油二酯途径

第五部分　类脂代谢

一、甘油磷脂的代谢

含磷酸的脂类称为磷脂，由甘油构成的磷脂统称为甘油磷脂。甘油磷脂种类繁多，包括卵磷脂、脑磷脂、丝氨酸磷脂及肌醇磷脂等。它们的共同特点是都具有亲水性和疏水性，水解后都产生磷酸和脂肪酸。

（一）甘油磷脂的合成

甘油磷脂是细胞膜脂质双层结构的基本成分，也是血浆脂蛋白的重要组成成分。甘油磷脂的合成是在内质网膜外侧进行的。

甘油磷脂分子中的甘油二酯部分的合成，是先把 2 分子的脂酰 CoA 转移到 α-磷酸甘油分子上，生成磷脂酸，即二脂酰甘油磷酸，接着由磷脂酸磷酸酶水解脱去磷酸而生成的。

合成脑磷脂和卵磷脂所必需的胆胺（乙醇胺）和胆碱原料可从食物中直接摄取，或者由丝氨酸及甲硫氨酸在体内合成。丝氨酸本身也是合成丝氨酸磷脂的原料。丝氨酸脱去羧基后即成为胆胺（乙醇胺），胆胺再接受由 S-腺苷甲硫氨酸（SAM）提供的三个甲基转变为胆碱。无论是胆胺或是胆碱在掺入到脑磷脂或卵磷脂分子中去之前，都须进一步活化。它们除了先被 ATP 磷酸化以外，还需利用 CTP，经过转胞苷反应分别转变为 CDP-胆胺或 CDP-胆碱。然后再释放出 CMP 将磷酸胆胺或磷酸胆碱转到上述的甘油二酯分子上生成脑磷脂或卵磷脂（图 6-31）。

丝氨酸磷脂和肌醇磷脂等的合成方式与这一途径稍有不同。其差别在于磷脂酸不是被水解脱磷酸，而是利用 CTP 进行转胞苷反应，与 CDP-胆胺、CDP-胆碱的生成方式相仿，生成 CDP-甘油二酯，然后以它为前体，在相应的合成酶作用下，与丝氨酸、肌醇等缩合成丝氨酸磷脂、肌醇磷脂等。

$$HO-CH_2-CH-COOH$$
$$\overset{|}{NH_2}$$
丝氨酸

$$\downarrow CO_2$$

$HO-CH_2-CH_2-NH_2$ $\xrightarrow[\text{胆胺激酶}]{ATP\quad ADP}$ $H_2O_3P-O-CH_2-CH_2-NH_2$ $\xrightarrow[\text{CTP:磷酸胆胺}\atop\text{胞苷转移酶}]{CTP\quad PPi}$ $CDP-O-CH_2-CH_2-NH_2$
胆胺(乙醇胺)　　　　　　　　　　磷酸胆胺　　　　　　　　　　　　　CDP-胆胺

$\downarrow 3\times$ S-腺苷
甲硫氨酸

$HO-CH_2-CH_2-N^+(CH_3)_3$ $\xrightarrow[\text{胆碱激酶}]{ATP\quad ADP}$ $H_2O_3P-O-CH_2-CH_2-N^+(CH_3)_3$ $\xrightarrow[\text{CTP:磷酸胆碱}\atop\text{胞苷转移酶}]{CTP\quad PPi}$ $CDP-O-CH_2-CH_2-N^+(CH_3)_3$
胆碱　　　　　　　　　　　　　　磷酸胆碱　　　　　　　　　　　　　CDP-胆碱

葡萄糖 ⟶ 3-磷酸甘油 $\xrightarrow[\text{转酰基酶}]{2\times\text{脂酰CoA}\quad 2\times\text{HSCoA}}$ 磷脂酸 $\xrightarrow[\text{磷酸酯酶}]{Pi}$ [1,2-甘油二酯] —转移酶—

$\xrightarrow[]{CDP^-\text{胆胺}\quad CMP}$ 磷脂酰胆胺(脑磷脂)

$\xrightarrow[]{CDP^-\text{胆碱}\quad CMP}$ 磷脂酰胆碱(卵磷脂)

$\xrightarrow[]{\text{脂酰CoA}\quad HSCoA}$ 三酰甘油

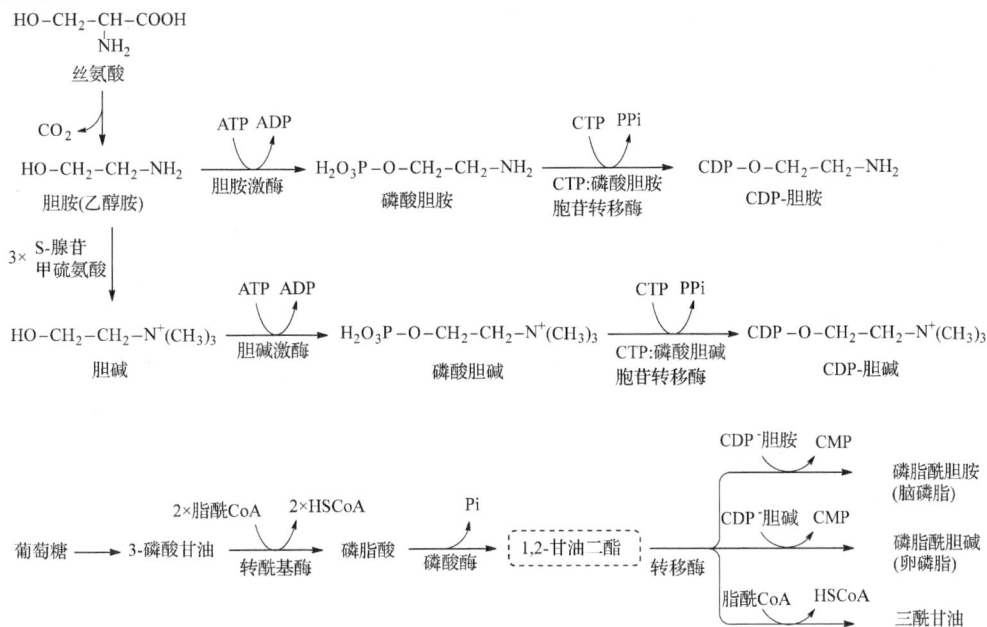

图 6-31　甘油磷脂的合成

(二)甘油磷脂的降解

甘油磷脂在生物体内可由不同的磷脂酶、溶血磷脂酶和磷酸酯酶等酶催化降解，甘油磷脂的降解过程如图 6-32 所示。

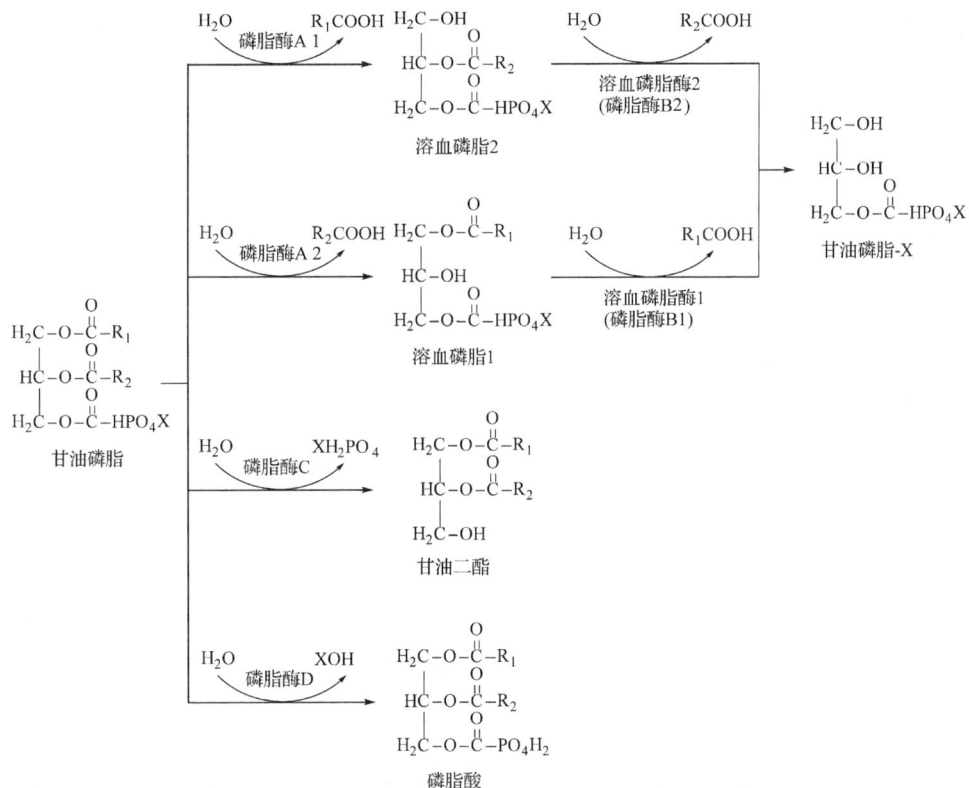

甘油磷脂

$$H_2C-O-\overset{O}{\overset{\|}{C}}-R_1$$
$$HC-O-\overset{O}{\overset{\|}{C}}-R_2$$
$$H_2C-O-\overset{O}{\overset{\|}{C}}-HPO_4X$$

$\xrightarrow[\text{磷脂酶A 1}]{H_2O\quad R_1COOH}$ 溶血磷脂2

H_2C-OH
$HC-O-\overset{O}{\overset{\|}{C}}-R_2$
$H_2C-O-\overset{O}{\overset{\|}{C}}-HPO_4X$

$\xrightarrow[\text{溶血磷脂酶2}\atop\text{(磷脂酶B2)}]{H_2O\quad R_2COOH}$

$\xrightarrow[\text{磷脂酶A 2}]{H_2O\quad R_2COOH}$ 溶血磷脂1

$H_2C-O-\overset{O}{\overset{\|}{C}}-R_1$
$HC-OH$
$H_2C-O-\overset{O}{\overset{\|}{C}}-HPO_4X$

$\xrightarrow[\text{溶血磷脂酶1}\atop\text{(磷脂酶B1)}]{H_2O\quad R_1COOH}$

甘油磷脂-X

H_2C-OH
$HC-OH$
$H_2C-O-\overset{O}{\overset{\|}{C}}-HPO_4X$

$\xrightarrow[\text{磷脂酶C}]{H_2O\quad XH_2PO_4}$ 甘油二酯

$H_2C-O-\overset{O}{\overset{\|}{C}}-R_1$
$HC-O-\overset{O}{\overset{\|}{C}}-R_2$
H_2C-OH

$\xrightarrow[\text{磷脂酶D}]{H_2O\quad XOH}$ 磷脂酸

$H_2C-O-\overset{O}{\overset{\|}{C}}-R_1$
$HC-O-\overset{O}{\overset{\|}{C}}-R_2$
$H_2C-O-\overset{O}{\overset{\|}{C}}-PO_4H_2$

图 6-32　甘油磷脂的降解

已有研究发现，水解磷脂的磷脂酶有四类，它们分别为磷脂酶 A_1、磷脂酶 A_2、磷脂酶 C 和磷脂酶 D。

1. 磷脂酶 A_1

磷脂酶 A_1 广泛分布于动物细胞内，能专一性地水解甘油磷脂第 1 位酯键，生成溶血磷脂 2。

2. 磷脂酶 A_2

磷脂酶 A_2 存在于蛇毒、蝎毒和蜂毒中，也发现以酶原形式存在于动物胰脏内，它专一性地水解甘油磷脂第 2 位酯键，生成溶血磷脂 1。

溶血磷脂是一类具有较强表面活性的物质，能破坏红细胞膜和其他细胞膜引起溶血或细胞坏死。溶血磷脂酶分为 1(磷脂酶 B_2)和 2(磷脂酶 B_1)两种，它们分别作用于溶血磷脂 2 和溶血磷脂 1，水解脱去脂酰基生成不具有溶血性的甘油磷脂-X。

3. 磷脂酶 C

磷脂酶 C 存在于动物脑、蛇毒以及一些微生物分泌的毒素中，能专一性地水解甘油磷脂-X 中甘油的 3 位磷酸酯键，生成甘油二酯。

4. 磷脂酶 D

磷脂酶 D 主要存在于高等植物中，能专一性地水解磷酸和取代基 X 之间的酯键，反应需要 Ca^{2+}，生成磷脂酸。

例如，卵磷脂在以上磷脂酶作用下生成的 3-磷酸甘油胆碱、磷脂酸和磷酸胆碱等物质，在磷酸酯酶及脂肪酶的作用下进一步发生降解，最终生成磷酸、甘油、脂肪酸及胆碱。

二、胆固醇的代谢

(一)胆固醇的合成

乙酰 CoA 是合成胆固醇的原料，从乙酰 CoA 缩合成乙酰乙酰 CoA 开始到生成胆固醇的反应大致经历五个步骤。

1. 甲羟戊酸的生成

1 分子乙酰乙酰 CoA 与另 1 分子乙酰 CoA 进一步缩合成 β-羟基-β-甲基戊二酸单酰 CoA(HMG CoA)。该过程在肝脏中进行，以上反应与酮体合成完全相同。饥饿时，HMG CoA 在线粒体中裂解为酮体；进食时，在内质网膜上，β-羟基-β-甲基戊二酸单酰 CoA 在 HMG CoA 还原酶催化下还原为甲羟戊酸(MVA)。反应需 2 分子 $NADPH + H^+$ 提供氢。此反应是合成胆固醇的限速反应。

2. 异戊烯焦磷酸的生成

甲羟戊酸在一系列酶催化下磷酸化再脱羧，消耗 3 分子 ATP，生成异戊烯焦磷酸(IPP)。

3. 鲨烯的生成

IPP 异构成 3,3-二甲基丙烯焦磷酸(DPP)，DPP 先后与 2 分子 IPP 逐一头尾缩合，形成焦磷酸法尼酯(FPP)。然后两分子 FPP 缩合成前鲨烯焦磷酸，后者被 $NADPH + H^+$ 还原并脱去焦磷酸而生成鲨烯。

4. 羊毛固醇的生成

鲨烯在单加氧酶催化下，被氧化成鲨烯 2,3-环氧化物，后者在动物体内进一步环化为 30 个碳原子的羊毛固醇。

5. 胆固醇的生成

羊毛固醇经脱去 3 个甲基，双键移位至 5、6 位以及侧链双键由 NADPH ＋ H$^+$ 还原等反应后就形成胆固醇(图 6-33)。

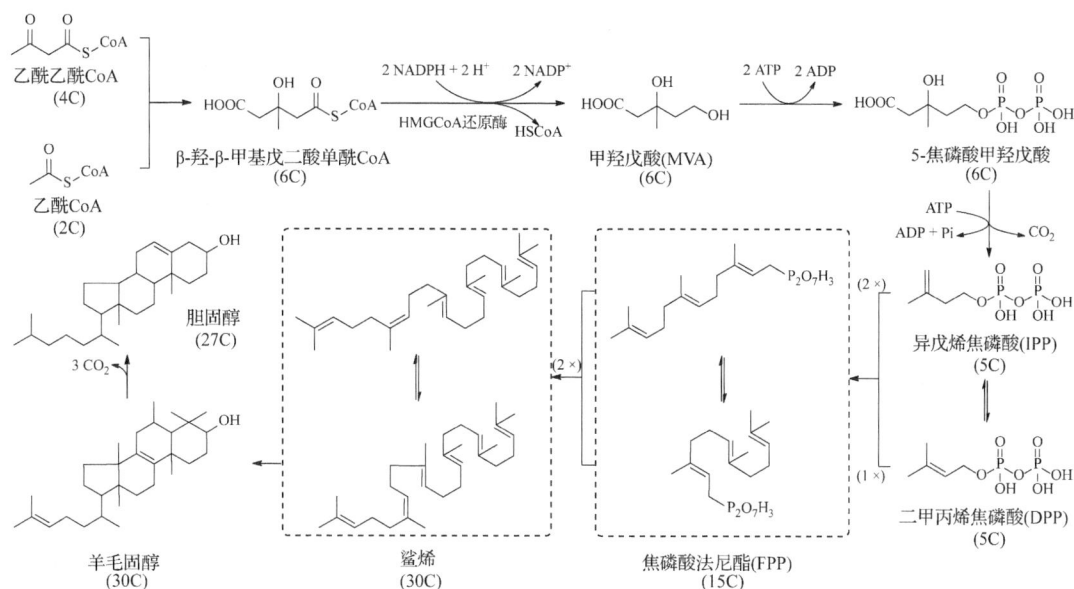

图 6-33 胆固醇的生物合成

(二)胆固醇的转化

胆固醇在动物体内不仅可在脂酰 CoA-胆固醇脂酰基转移酶催化下形成胆固醇酯外，还可在有关酶催化下，转化成胆酸、类固醇激素及维生素 D 等多种具有重要生理功能的物质。

1. 转化为胆汁酸及其衍生物

胆固醇在肝中转化成胆汁酸是胆固醇在体内代谢的主要去路。内源性胆固醇约 40％转化为胆汁酸。在肝脏中，胆固醇先转变成有活性的中间产物胆酰 CoA。然后，胆酰 CoA 与甘氨酸氨基反应生成甘氨胆酸，或与牛磺酸的氨基反应生成牛磺胆酸。在肝脏中合成甘氨胆酸盐和牛磺胆酸盐进入小肠之前，在胆囊中贮存和被浓缩。由于胆盐(或胆汁酸盐)中含有极性和非极性区域，所以胆盐作为高效的去垢剂溶解膳食中的脂质，增加脂质表面积，有助于脂酶的水解作用和肠细胞的吸收。脂溶性维生素 A、维生素 D、维生素 E 和维生素 K 在肠内的吸收也需要胆盐的作用。

2. 转化为类固醇激素

胆固醇是肾上腺皮质、睾丸、卵巢等内分泌腺合成及分泌类固醇激素的原料，肾上腺皮质细胞中贮存大量胆固醇酯，其含量可达 2％～5％，90％来自血液，10％由自身合成。肾上腺皮质球状带、束状带及网状带细胞以胆固醇为原料分别合成醛固酮、皮质醇及脱氢表雄酮、雌二醇。睾丸间质细胞合成睾丸酮，卵巢的卵泡内膜细胞及黄体可合成及分泌雄二醇及孕酮，三者均是以胆固醇为原料合成的(图 6-34)。

3. 转化为维生素 D

胆固醇先转化成 7-脱氢胆固醇，然后在紫外线照射皮肤后，转化成维生素 D$_3$。后者是无活性的，但在肝中可发生羟基化为 25-羟基维生素 D_3，这个活性维生素 D，进入肾后，可以再转化为 1,25-二羟基维生素 D_3。缺乏维生素 D 可引起佝偻病，这是儿童或幼龄动物常见疾病，在成年人或动物则表现为骨软化，引起软骨病。其原因是食物或饲料中维生素 D 含量低或缺少阳光照射。

胆固醇转化为维生素 D 的过程如图 6-35 所示。

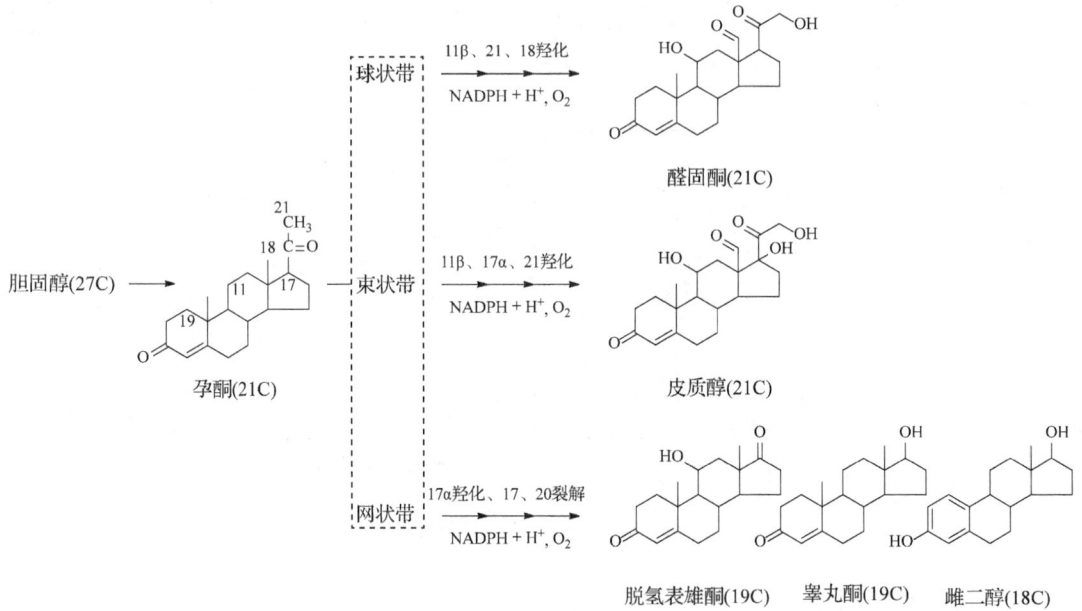

图 6-34   胆固醇在肾上腺皮质中的生物转变

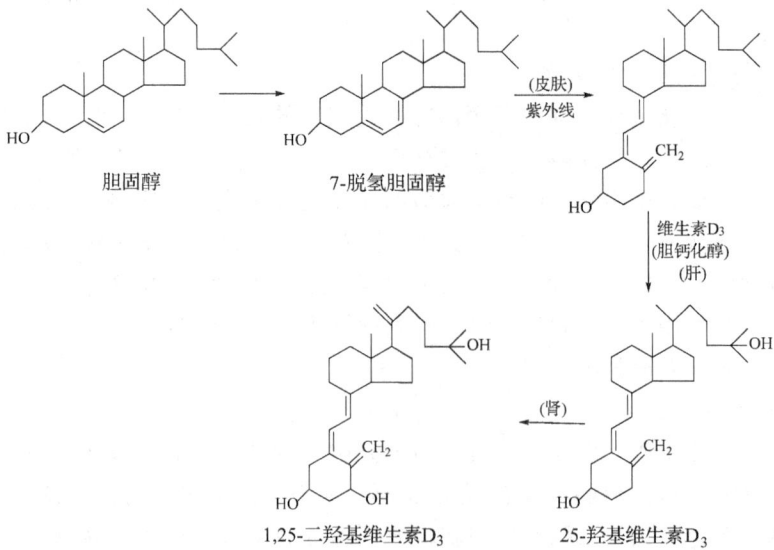

图 6-35   胆固醇转化为维生素 D 的过程

●●●● 拓展阅读

一、反式脂肪酸

奶茶、蛋糕、巧克力……好多人都喜欢吃，但是在吃之前，首先要看一下配料表，如果配料表中标明含有氢化植物油、部分氢化植物油、氢化棕榈油、氢化大豆油、植物起酥油、人造奶油、植脂末、代可可脂等，那么就是含有反式脂肪酸了。

反式脂肪酸(Trans Fatty Acids，TFA)是指碳链上含有一个或多个非共轭反式双键的不饱和脂肪酸。含有反式脂肪酸的脂肪称为反式脂肪。在反刍动物的乳制品和肉中含有天然反式脂肪酸；另外将植物油部分氢化，得到半固态、易涂抹的脂肪中含有反式脂肪酸；油脂长时间高温加工或使用220℃以上过高温度的油长时间煎炸也可能产生反式脂肪酸。将植物油加工的原因是植物油含有较多不饱和脂肪酸，容易氧化变质并且不耐高温，但氢化后，变得不易氧化、不易变质、耐高温，可长期储存。用这样的油脂油炸食物会更加酥脆，香味浓郁。

世界卫生组织(WHO)提出"反式脂肪酸没有已知的好处，而且存在巨大的健康风险"。WHO认为过量摄入反式脂肪酸是心血管疾病发生风险的相关因素之一，可升高血清中总胆固醇水平和低密度脂蛋白胆固醇水平，降低高密度脂蛋白胆固醇水平。反式脂肪酸可促进动脉硬化，诱导血栓形成。反式脂肪在膳食总能量中的比例每上升2%，冠心病的危险就会上升25%。2003年WHO《膳食营养与慢性疾病》建议：反式脂肪酸的供能比应小于总能量的1%，即一个每日需要2000kcal能量的健康成人，每日不超过2 g。2018年WHO启动了"REPLACE"行动计划，旨在到2023年从全球层面消除加工来源中油脂部分氢化形成的反式脂肪酸。

近二十年来，我国为降低消费者摄入反式脂肪酸做了许多工作，包括针对部分氢化油脂寻求替代品和降低植物油精炼过程反式脂肪酸产生的技术攻关专门立项国家级科研项目；不断改进油脂和食品生产工艺，减少反式脂肪酸的产生和使用；立法强制性推动降低反式脂肪(酸)的使用等；加大科普宣传，学会查看营养成分表和配料表；对居民膳食中反式脂肪酸摄入量开展风险评估等。经过这些年的努力，我国居民膳食中反式脂肪酸摄入量处于较低水平。

二、奶牛酮病

奶牛在泌乳早期，采食量不能满足日益增长的泌乳需求，往往会出现能量的负平衡。这是由于奶牛在产后4~6周达到泌乳高峰，但在产后8~10周食欲才能够恢复正常，并使采食量达到高峰。此时奶牛摄入的葡萄糖和能量无法满足其机体泌乳所需要的能量，机体会动员储存的脂肪等非糖物质，经糖异生途径在肝脏内合成葡萄糖或糖原，但缺乏生糖物质，肝脏只能把有限的脂肪转化成糖原，脂肪过快分解的中间产物乙酰辅酶A会转化生成大量的酮体。当奶牛进入高产期时，必然会促进这种不平衡状态进一步加重，使机体开始动员肝糖原、体蛋白和体脂肪，生成过多的酮体，进而引发酮病。

奶牛在干奶期摄取过多的能量或者干奶期持续时间过长，会导致机体在产前体况过度肥胖，从而严重影响其产后采食量的恢复，导致机体缺乏生糖物质，出现能量负平衡，生成大量酮体，引发酮病。

奶牛酮病是一种常见的奶牛疾病，这种疾病会严重影响奶牛产奶的量和品质，给养殖户带来经济损失，是奶牛养殖业的重要问题，也与农村振兴和农业可持续发展密切相关。如何解决这个问题，需要发挥政府、专家、行业协会、大学等多方力量。其中，大学生作为社会的后备力量，发挥其特长和优势，积极参与到服务三农和支持乡村振兴的活动中，可以对解决奶牛酮病问题起到关键作用。

首先，大学生可以积极参与到奶牛饲养的技术培训中，了解奶牛饲养的基本知识、饲料配备、降低奶牛酮病发生率的相关技术，帮助农民解决饲养中的问题。同时，大学生利用自己学到的知识和技能，可以开展奶牛酮病的诊断和治疗，帮助农民及时采取应对措施。

其次，大学生可以积极参与到奶牛养殖业的研究与开发中，发挥自身的科研能力和创新思维，研究和开发对抗奶牛酮病的先进技术和新产品。比如，开发新型饲料、添加剂等，从源头上降低奶牛酮病的发生率。

最后，大学生可以积极参与到农民合作社、农民科技示范点、农民专业合作社等组织中，为奶牛养殖业提供科技支持和管理建议。同时，作为学生志愿服务队的成员，可以到乡村举办公益讲座，分享奶牛饲养经验，传播奶牛酮病防治知识，宣传农村创业和农村振兴政策等，帮助农民提高收入和生活质量。

总之，大学生参与到服务三农和支持乡村振兴的活动中尤为重要，他们的积极参与和贡献，可以加速农村经济发展、促进奶牛饲养业可持续发展、降低贫困率等，从而推动农业向现代化、多样性、产业化的方向发展。

青年强，则国强。当代中国青年生逢其时，施展才干的舞台无比广阔，实现梦想的前景无比光明。广大青年要坚定不移听党话、跟党走，怀抱梦想又脚踏实地，敢想敢为又善作善成，立志做有理想、敢担当、能吃苦、肯奋斗的新时代好青年，让青春在全面建设社会主义现代化国家的火热实践中绽放绚丽之花。

●●●●● 材料设备清单

学习情境6		脂类代谢		学时	10	
项目	序号	名称	作用	数量	使用前	使用后
所用设备、器具和材料	1	可见光分光光度计	测定样本光吸收值	1台		
	2	恒温水浴锅	恒温加热	1～2个/班		
	3	电炉	加热	2个/班		
	4	电子天平	称量药品	1～2个/班		
	5	移液枪	取少量液体试剂	1个/组		
	6	匀浆器	破裂细胞样本	1个		
	7	兔血清	被检样本	1 mL/班		

●●●●● 作业单

学习情境 6	脂类代谢
作业完成方式	以学习小组为单位，课余时间独立完成，在规定时间内提交作业。
作业题 1	生化化验单中哪些指标升高意味着高血脂？
作业解答	
作业题 2	奶牛酮病的发病原因是什么？
作业解答	
作业题 3	为什么说补充维生素 D 最好的手段是晒太阳？
作业解答	

作业评价	班级		第　　组	组长签字		
	学号		姓名			
	教师签字		教师评分		日期	
	评语：					

●●●●● 学习反馈单

学习情境 6			脂类代谢
评价内容			评价方式及标准
	评价项目	评价方式	评价标准
知识目标达成度	任务点评量（60%）	学生自评与互评；教师评价	A. 任务点完成度 100%，正确率 95% 以上、笔记内容完整，书写清晰。
			B. 任务点完成度 90%，正确率 85% 以上、笔记内容基本完整，书写较清晰。
			C. 任务点完成度 80%，正确率 75% 以上、笔记内容较完整，书写较清晰。
			D. 任务点完成度 70%，正确率 65% 以上、笔记内容欠完整，书写欠清晰。
			E. 任务点完成度 60%，正确率 50% 以上、笔记内容不完整，书写不清晰。

知识目标达成度	撰写小论文(20%)	学生自评与互评；教师评价	A. 论文中专业知识运用、分析、拓展全面，表述合理，结论正确。
			B. 论文中专业知识运用、分析、拓展基本全面，表述基本合理，结论正确。
			C. 论文中专业知识运用、分析、拓展较全面，表述较合理，结论正确。
			D. 论文中专业知识运用、分析、拓展欠全面，表述欠合理，结论基本正确。
			E. 论文中专业知识运用、分析、拓展不全面，表述模糊，结论不完整。
	考试评量(20%)	纸笔测试	以试卷形式评量，试卷满分100分，按比例乘系数。
技能目标达成度	实验基本操作能力(30%)	学生自评与互评；教师评价	A. 实验操作熟练且规范，方法正确。
			B. 实验操作基本熟练且规范，方法正确。
			C. 实验操作较熟练且规范，方法正确。
			D. 实验操作欠熟练欠规范，方法基本正确。
			E. 实验操作不熟练，规范度欠佳，方法不准确。
	实验原理掌握(30%)	学生自评与互评；教师评价	A. 实验原理清晰，解释合理。
			B. 实验原理基本清晰，解释基本合理。
			C. 实验原理较清晰，解释较合理。
			D. 实验原理欠清晰，解释欠合理。
			E. 实验原理模糊，解释牵强。
	技能拓展与创新能力(40%)	学生自评与互评；教师评价	A. 能正确完成临床案例分析和处理，能根据实际情况灵活变通。
			B. 基本能完成临床案例的分析和处理，能根据实际情况灵活变通。
			C. 能完成临床案例的分析和处理，但缺少完整性和统一性。
			D. 能完成临床案例的分析和处理，但需要教师指导。
			E. 不能完成临床案例的分析和处理，不能灵活变通。

			A. 学习态度端正、积极参与课堂，小组合作意识强。
素养目标达成度	学习态度及表现（50%）	学生自评与互评；教师评价	B. 学习态度基本端正、积极参与课堂，小组合作意识强。
			C. 学习态度较端正、积极参与课堂，小组合作意识较强。
			D. 学习态度欠端正、不积极参与课堂，小组合作主动意识不强。
			E. 学习态度不端正、不积极参与课堂，小组合作主动意识不强。
	职业素养（20%）	学生自评与互评；教师评价	A. 具有生物安全和动物福利意识，以畜牧业发展为目标。
			B. 基本具有生物安全和动物福利意识，基本以畜牧业发展为目标。
			C. 生物安全和动物福利意识一般，基本以畜牧业发展为目标。
			D. 生物安全和动物福利意识不强，以畜牧业发展为目标不明确。
			E. 生物安全和动物福利意识差，不能以畜牧业发展为目标。
	综合素养（30%）	学生自评与互评；教师评价	A. 身心健康，有服务三农理念，有民族责任感和使命担当。
			B. 身心基本健康，有服务三农理念，有民族责任感和使命担当。
			C. 身心较健康，服务三农理念一般，有民族责任感和使命担当。
			D. 身心欠健康，服务三农理念欠佳，民族责任感和使命担当一般。
			E. 身心不健康，服务三农理念差，民族责任感和使命担当差。

综合评价				
评量内容及 评量分配	自评、组评及教师复评			合计得分
	学生自评（占 10%）	小组互评（占 20%）	教师评价（占 70%）	
知识目标评价 （50%）	满分：5 实得分：	满分：10 实得分：	满分：35 实得分：	满分：50 实得分：
技能目标评价 （30%）	满分：3 实得分：	满分：6 实得分：	满分：21 实得分：	满分：30 实得分：
素养目标评价 （20%）	满分：2 实得分：	满分：4 实得分：	满分：14 实得分：	满分：20 实得分：
反馈及改进				

●思政拓展阅读    ●线上答题

学习情境 7

含氮小分子的代谢

●●●●● **学习任务单**

学习情境 7	含氮小分子的代谢	学　时	10
布置任务			
学习目标	【知识目标】 1. 了解蛋白质的营养价值和降解过程；熟悉蛋白质消化与吸收过程。 2. 掌握氨基酸的分解代谢过程；掌握尿素生成的过程及氨对机体的影响；掌握氨基酸的脱羧基作用，了解一些重要的胺类物质的生理功能；掌握其他重要氨基酸的代谢，了解非必需氨基酸的合成代谢。 3. 掌握核苷酸合成代谢和分解代谢过程；能解释痛风的病因。 【技能目标】 1. 熟练操作氨基酸纸色谱分离法；熟练操作血清中转氨酶活性的测定；掌握实验方法的基本原理。 2. 根据临床病例基本情况，能正确判读 ALT、AST、血氨等生化指标，能准确熟练进行病例报告分析。 【素养目标】 1. 培养细致耐心、刻苦钻研的学习和工作作风；培养学生安全生产和公共卫生意识，做好自身安全防护。 2. 能够独立或在教师的引导下设计工作方案，分析、解决工作中出现的一般性问题。 3. 具有崇高的理想信念、强烈的社会责任感和团队奉献精神，理解并坚守职业道德规范，具备健康的身心和良好的人文素养。 4. 适应社会经济和现代农业发展需要，面向国家和行业需求，能及时跟踪动物医学及相关领域国内外发展现状和趋势。		
任务描述	能运用生化基本理论，分析患病动物的代谢状况，能对相关病例的实验室诊断报告作出初步分析，具体任务如下。 1. 能正确操作临床样本的检验过程，对检测结果作出正确分析。 2. 能分析病例血液生化指标 ACT、AST、血氨异常原因，并初步判断病因。		
提供资料	1. 学习任务单、任务资讯单、案例单、工作任务单、必备知识等。 2. 学期使用教材。		

提供资料	3. SPOC：
对学生要求	1. 具有生物学基础知识；课前按任务资讯单认真准备，课上能认真完成各项工作任务，课后能总结提升。 2. 以学习小组为单位，展示学习成果，有团队协作能力，有创新意识，有一定的知识拓展能力。 3. 有良好的职业素养和服务畜牧业的理想。

●●●●● 任务资讯单

学习情境 7	含氮小分子的代谢
资讯方式	阅读学习任务单、任务资讯单和教材；进入相关网站，观看 PPT 课件、视频；图书馆查询；向指导教师咨询等。
资讯问题	1. 名词解释：氮平衡；必需氨基酸；生糖氨基酸；生酮氨基酸；脱氨基作用；转氨基作用；一碳基团。 2. 体内氨基酸的脱氨基作用有哪几种方式？各有什么特点？ 3. 体内氨基酸脱氨基的产物是什么？ 4. 动物体内氨的来源和去路是怎样的？血氨浓度对机体的影响是什么？ 5. 什么叫鸟氨酸循环？鸟氨酸循环的生理意义是什么？ 6. α-酮酸的代谢是怎样的？ 7. 什么是氨基酸的脱羧基作用？简要叙述其重要产物的生理作用。 8. 什么是一碳基团？一碳基团代谢的生理意义是什么？ 9. 含硫氨基酸在体内可以转化成哪些生理活性物质？ 10. 什么是甲硫氨酸循环？其生理意义是什么？ 11. 芳香族氨基酸在体内如何代谢和转化？ 12. 何谓 PRPP？在核酸生物合成中的作用如何？ 13. 动物体内核苷酸的合成有哪些途径？ 14. 动物发生痛风的代谢障碍是什么？ 15. 试述嘌呤核苷酸和嘧啶核苷酸的从头合成的原料、基本途径。 16. 体内脱氧核苷酸是怎样生成的？ 17. 嘌呤和嘧啶分解代谢的终产物是什么？ 18. 谷丙转氨酶和谷草转氨酶催化的各是什么反应？
资讯引导	1. 邹思湘. 动物生物化学[M]. 第五版. 北京：中国农业出版社，2013 2. 朱圣庚，徐长法. 生物化学[M]. 第 4 版. 北京：高等教育出版社，2016 3. 叶非，冯世德. 有机化学[M]. 第 2 版. 北京：中国农业出版社，2007

资讯引导	4. 中国大学 MOOC 网：

●●●● 案例单

学习情境 7	含氮小分子的代谢	学时	10
序号	案例内容	\multicolumn{2}{c}{案例分析}
7.1	1. 基本情况：阿拉斯加，4 岁，体重 50 kg，雄性。该犬突然食欲减退，血红蛋白尿，严重贫血，四肢无力，食欲废绝，精神沉郁。 2. 临床检查：精神状态差，体温 38.6℃，皮肤黄疸，结膜颜色黄疸。 3. 血常规：重度贫血，白细胞总数增加，中性粒细胞、淋巴细胞、单核细胞均增加。CRP 两个＋号，提示重度炎症感染。 4. 血液生化检查结果：谷丙转氨酶 507 U/L（15～111），谷草转氨酶 139 U/L（10～50），总胆红素 130 μmol/L（0～15）。 试分析该病例谷丙转氨酶、谷草转氨酶、总胆红素升高的原因。 （该病例引自网络）	\multicolumn{2}{l}{该病例临床检查和实验室检查表明存在严重贫血，贫血引起缺氧导致肝细胞损伤，故肝细胞内的谷丙转氨酶和谷草转氨酶释放进入血液，导致血液中酶的含量升高。 血红蛋白尿表明存在一定的血管内溶血，引起胆红素生成过多，超过肝细胞的处理能力，结果血液中的总胆红素升高。}
7.2	1. 基本信息：混血犬，丸子 4 岁，雄性，体重 4.2 kg；正常免疫、驱虫，饮食以成犬日粮为主。时常有呕吐、烦渴、暴躁等临床表现，就诊当天畜主发现犬虚弱无力，不愿意行走。 2. 体格检查：犬精神沉郁、虚弱无力，唇周毛发潮湿，鼻镜干燥，前后肢松软无力，腹部膨大、敏感，体况评分（BCS）为 4/9，体温为 37.7℃，心率呼吸都加快。 3. 血常规检查：白细胞总数升高；红细胞平均体积降低，为小细胞正色素非再生性贫血；C 反应蛋白（CRP）为 106 mg/L，提示严重炎症反应。 4. 生化检查结果：碱性磷酸酶、丙氨酸转移酶略升高；血氨（NH_3）比正常值上限高出 4 倍。 5. X 射线和超声检查：见肝脏体积缩小，肝内门体分流。 6. CT 血管造影检查：最终确诊为肝脏右叶肝内门体分流，门静脉－后腔静脉相通。 试分析该病例血氨升高的原因。 （该病例引自宠物医师网）	\multicolumn{2}{l}{该病例结合临床检查和实验室检查，诊断为肝脏右叶肝内门体分流，门静脉－后腔静脉相通。门静脉从肠道吸收的 NH_3 不能被运送到肝脏解毒，直接进入体静脉，引起血氨升高。}

●●●● 工作任务单

学习情境 7	含氮小分子的代谢
项目 1	氨基酸的纸色谱法分离

任务 1　配制试剂

1. 配制标准氨基酸(1 mg/mL)：称取亮氨酸、天冬氨酸、丙氨酸、缬氨酸、组氨酸各 1 mg，分别溶于 1 mL 0.01 mol/L 的 HCl 溶液中，保存于冰箱备用。

2. 配制展开剂：正丁醇：88%甲酸：水＝15：3：2(V/V)，混匀备用。

任务 2　纸色谱分离操作

【工序 1】取 1 张 10 cm×10 cm 的色谱滤纸放在普通滤纸上，用直尺和铅笔在距滤纸底 2 cm 处画一条平行于底边的很轻的直线作为基线。沿直线以一定的间隔做标记以指示标准氨基酸和蛋白质水解液的加样位置。

【工序 2】用毛细管吸少量氨基酸样品点于标记的位置上。点样时，毛细管口应与滤纸轻轻接触，样点直径一般控制在 0.3 cm 之内。用吹风机稍加吹干后再点下一次，重复 3 次，每次的样品点应完全重合。加样完毕后，将滤纸卷成圆筒状，使基线吻合，两边不搭接，用针和线将纸两边缝合。

【工序 3】色谱缸内加入一个注入 40 mL 展开剂的直径为 10 cm 的培养皿，使液层厚度为 1 cm 左右，盖上色谱缸的盖子 20 min，以保证罩内有一定蒸气压。将点好样品的滤纸移入色谱缸中，采用上行法进行展开。当溶剂前沿上升到距纸上端 1 cm 时，取出滤纸，立即用铅笔记下溶剂前沿的位置，剪断缝线，用吹风机吹干滤纸上的溶剂。之后用茚三酮丙酮溶液均匀地喷洒在滤纸有效面上，切勿喷过多致使斑点扩散，然后将滤纸放入烘箱，于 80℃下显色 5 min 后取出。

任务 3　结果与讨论

用铅笔轻轻描出显色斑点的形状，并用一直尺度量每一显色斑点中心与原点之间的距离和原点到溶剂前沿的距离，计算各色斑的 R_f 值，与标准氨基酸的 R_f 值对照，确定水解液中含有哪些氨基酸。

●注意事项

1. 点样时要避免手指或唾液等污染滤纸有效面(即展开时样品可能达到的部分)。

2. 点样斑点不能太大(直径应小于 0.3 cm)，防止色谱分离后氨基酸斑点过度扩散和重叠，且吹风温度不宜过高，否则斑点变黄。

3. 展开开始时切勿使样品点浸入溶剂中。

●实验原理

纸色谱是以滤纸作为支持物的分配色谱法。它利用不同物质在同一展开剂中具有不同的分配系数，经色谱分离而达到分离纯化的目的。在一定条件下，一种物质在某溶剂系统中的分配系数是一个常数，若以 K 表示分配系数，则 K＝溶质在固定相中的浓度/溶质在流动相中的浓度。

展开剂是选用有机溶剂和水组成的。滤纸纤维素与水有较强的亲和力，能吸附很多水分，一般达滤纸重的 22%左右，形成固定相；而展开剂中的有机溶剂与滤纸的亲和力很弱，可在滤纸的毛细管中自由流动，形成流动相。色谱分离时，将点有样品的滤纸一端浸入展开剂中，有机溶剂连续不断地通过点有样品的原点处，使其上的溶质依据本身的分配系数在两相间进行分配。随着有机溶剂不断向前移动，溶质被携带到新的无溶质区并继续在两相间发生可逆的重新分配，同时溶质离开原点不断向前移动，溶质中各组分的分配系数不同，前进中出现了移动速率差异，通过一定时间的色谱分离，不同组分便实现了分离。物质的移动速率以 R_f 值表示：R_f＝原点到色谱斑点中心的距离/原点到溶剂前沿的距离，各种化合物在恒定条件下，色谱分离后都有其一定的 R_f 值，借此可以达到分离、定性、鉴别的目的。

项目 2	SDS-聚丙烯酰胺凝胶电泳（SDS-PAGE）

任务 1　配置试剂

1. 30％储备胶溶液：丙烯酰胺 29.0 g，亚甲双丙烯酰胺 1.0 g，混匀后加去离子水，37℃溶解，定容至 100 mL，棕色瓶存于室温。

2. 1.5 mol/L Tris-HCl(pH 8.0)：Tris 18.17 g 加去离子 H_2O 溶解，浓盐酸调 pH 至 8.0，定容至 100 mL。

3. 1 mol/L Tris-HCl(pH 6.8)：Tris 12.11 g 加去离子 H_2O 溶解，浓盐酸调 pH 至 6.8，定容至 100 mL。

4. 10％ SDS：电泳级 SDS 10.0 g 加去离子水 68℃助溶，浓盐酸调至 pH 7.2，定容至 100 mL。

5. 10×电泳缓冲液(pH 8.3)：Tris 3.02 g，甘氨酸 18.8 g，10％ SDS 10 mL，加去离子水溶解，定容至 100 mL。

6. 10％过硫酸铵(AP)：1 g 过硫酸铵加去离子水至 10 mL。

7. 2×SDS 电泳上样缓冲液：1 mol/L Tris-HCl(pH 6.8)2.5 mL，β-巯基乙醇 1.0 mL，SDS 0.6 g，甘油 2.0 mL，0.1％溴酚蓝 1.0 mL，去离子水 3.5 mL，充分溶解混匀。

8. 考马斯亮蓝染色液：考马斯亮蓝 0.25 g，甲醇 225 mL，冰醋酸 46 mL，去离子水 225 mL。

9. 脱色液：甲醇、冰醋酸、去离子水以 3∶1∶6 配制而成。

任务 2　操作步骤(垂直式电泳槽装置)

【工序 1】聚丙烯酰胺凝胶的配制

1. 分离胶(10％)的配制：去离子水 4.0 mL、30％储备胶 3.3 mL、1.5 mol/L Tris-HCl 2.5 mL、10％ SDS 0.1 mL、10％过硫酸铵 0.1 mL，混匀。取 1 mL 上述混合液，加 TEMED(四甲基乙二胺)10 μL 封底，混匀后灌入玻璃板间，以水封顶，注意使液面平，凝胶完全聚合需 30～60 min。

2. 积层胶(4％)的配制：去离子水 1.4 mL、30％储备胶 0.33 mL、1 mol/L Tris-HCl 0.25 mL、10％SDS 0.02 mL、10％过硫酸铵 0.02 mL、TEMED 2 μL，混匀备用。将分离胶上的水倒去，加入上述混合液，立即将梳子插入玻璃板间，完全聚合需 15～30 min。

【工序 2】样品处理

将样品加入等量的 2×SDS 上样缓冲液，100℃加热 3～5 min，12 000 r/min 离心 1 min，取上清做 SDS-PAGE 分析，同时将 SDS 低分子量蛋白标准品做平行处理。

【工序3】上样和电泳

取 10 µL 诱导与未诱导的处理后的样品加入样品池中，并加入 20 µL 低分子量蛋白标准品做对照。在电泳槽中加入 1×电泳缓冲液，连接电源，负极在上，正极在下，电泳时，积层胶电压 60 V，分离胶电压 100 V，电泳至溴酚蓝行至电泳槽下端停止，约需 3 h。

【工序4】染色与脱色

将胶从玻璃板中取出，考马斯亮蓝染色液染色，室温 4～6 h；将胶从染色液中取出，放入脱色液中，多次脱色至蛋白带清晰。

【工序5】凝胶摄像和保存

在图像处理系统下将脱色好的凝胶摄像，保存结果照片，凝胶可保存于双蒸水中或 7% 乙酸溶液中。

● 注意事项

1. 实验组与对照组所加总蛋白含量要相等。

2. 为达到较好的凝胶聚合效果，缓冲液的 pH 要准确，10% AP 在一周内使用。室温较低时，TEMED 的量可加倍。

3. 未聚合的丙烯酰胺和亚甲双丙烯酰胺具有神经毒性，可通过皮肤和呼吸道吸收，应注意防护。

● 实验原理

细菌体中含有大量蛋白质，具有不同的电荷和分子量。强阴离子去污剂 SDS 与某一还原剂并用，通过加热使蛋白质解离，大量的 SDS 结合蛋白质，使其带相同密度的负电荷，在聚丙烯酰胺凝胶电泳（PAGE）上，不同蛋白质的迁移率仅取决于分子量。采用考马斯亮蓝快速染色，可及时观察电泳分离效果。与低分子量蛋白标准品比较，可分离预计分子量大小的蛋白质分子。

必备知识

蛋白质和核酸是动物体内最重要的两类含氮生物大分子，而它们的基本组成单位是氨基酸和核苷酸，因此氨基酸和核苷酸是最重要的两类含氮小分子。由于蛋白质和核酸在体内首先分解成为氨基酸和核苷酸，然后再进一步代谢，所以氨基酸和核苷酸的代谢是蛋白质和核酸分解代谢的中心内容。本部分将重点介绍氨基酸和核苷酸在动物细胞内的代谢。

第一部分　蛋白质概述

一、蛋白质的营养价值

在营养方面，不仅要注意摄入蛋白质的分量，还必须注意蛋白质的质量。由于各种蛋白质所含氨基酸的种类和数量不同，它们的质量也不同。有的蛋白质含有体内所需要的各种氨基酸，并且含量充足，则此种蛋白质的营养价值高；相反则其营养价值较低。若长期摄入营养价值低的蛋白，会使机体缺少必需氨基酸而造成负氮平衡。

动物性蛋白质所含必需氨基酸的种类和比例与机体需要相近，故营养价值高，植物蛋白质的营养价值相对较低。营养价值较低的蛋白质混合应用，则必需氨基酸可以互相补充从而提高营养价值，称为食物蛋白质的互补作用。例如，谷类蛋白质含赖氨酸较少而含色氨酸较多，豆类蛋白质含赖氨酸较多而含色氨酸较少，两者混合食用即可提高营养价值。在动物机体患有某些疾病情况下，为保证氨基酸的需要，可进行混合氨基酸输液。为了提高饲料营养价值，常添加某种必需氨基酸，如蛋氨酸等。

二、蛋白质的消化和吸收

饲料蛋白质的消化和吸收是动物体氨基酸的主要来源。蛋白质未经消化不易吸收。一般说来，食物蛋白质水解为氨基酸及小肽后才能被机体吸收利用。

蛋白质的化学性消化始于胃。在胃蛋白酶的作用下，蛋白质初步水解为多肽，以及少量氨基酸。这些多肽和未被水解的蛋白质进入小肠，小肠中蛋白质的消化主要靠胰酶来完成。蛋白质在胰液中的肽链内切酶（胰蛋白酶、糜蛋白酶、弹性蛋白酶等）和肽链端切酶（羧肽酶 A、羧肽酶 B 等）的作用下，被逐步水解为氨基酸和寡肽。寡肽的水解是在小肠黏膜的细胞内，在氨肽酶和羧肽酶的作用下分解为氨基酸和二肽，二肽再被二肽酶最终分解为氨基酸。氨基酸的吸收主要在小肠中进行，是主动转运过程，需要消耗能量，属于逆浓度梯度转运，需要氨基酸载体和钠泵参与。吸收后的氨基酸经门静脉进入肝脏，再通过血液循环运送到全身组织进行代谢。

另外，在消化过程中，总有一小部分蛋白质和多肽未被消化。这些物质在大肠内被腐败细菌分解，产生胺、酚、吲哚、硫化氢等有毒物质，也会产生一些低级脂肪酸、维生素等有用的物质。一般情况下，腐败产物大部分随粪便排出，少量可被肠黏膜吸收后经肝脏解毒。当严重胃肠疾病时，如肠梗阻，由于肠腔阻塞，肠内容物在肠道滞留时间过长，腐败产物增多，大量的腐败产物被吸收，在肝内解毒不完全，则引起自体中毒。

第二部分　氨基酸的分解代谢

一、氨基酸的代谢概况

动物体内氨基酸的来源有两个：一个是饲料蛋白经过消化吸收后，以氨基酸的形式被机体吸收利用，这种来源的氨基酸称为外源性氨基酸；另一个是机体各组织的蛋白质在组织酶的作用下不断地分解成为氨基酸和机体合成的非必需氨基酸，称为内源性氨基酸。外源性氨基酸和内源性氨基酸彼此之间没有区别，共同构成了机体的氨基酸代谢库。

氨基酸代谢库通常以游离氨基酸总量计算，机体没有专一的组织器官贮存氨基酸，氨基酸代谢库实际上包括细胞内液、细胞间液和血液中的氨基酸。氨基酸不能自由通过细胞膜，在体内各组织中的分布不均匀，肌肉中的含量最高，占体内总氨基酸的 50% 以上，血浆中占 1%～6%，肝肾组织中氨基酸的浓度很高，代谢也很旺盛。氨基酸的主要功能是合成蛋白质和多肽，也转变成嘌呤、嘧啶、卟啉、儿茶酚胺类激素、辅酶或辅基等多种含氮的生理活性物质，过剩的氨基酸通常被分解代谢。

氨基酸在体内的分解代谢实际上是氨基酸分子中的氨基、羧基和 R 基团的代谢。氨基酸分解代谢的主要途径是脱氨基生成氨和相应的 α-酮酸。氨对动物体来说是有毒的物质，氨在体内主要合成尿素排出体外，还可以合成其他含氮物质（包括非必需氨基酸、谷氨酰胺等），少量的氨可直接经尿排出；而 α-酮酸则可以再转变成氨基酸，或彻底分解为二氧化碳和水并释放能量，或转变为糖和脂肪，这是氨基酸分解代谢的主要途径。氨基酸的另一条分解代谢途径是脱羧基生成 CO_2 和胺，胺在体内有重要的生理功能，这是氨基酸分解代谢的次要途径。

各组织器官在氨基酸代谢中的作用有所不同，其中以肝脏最为重要。肝脏蛋白质的更新速率比较快，氨基酸代谢活跃，大部分氨基酸在肝脏进行分解代谢，同时氨的解毒过程也主要在肝脏进行。

　　食物中蛋白质的含量也影响氨基酸的代谢速率。高蛋白饮食可诱导合成与氨基酸代谢有关的酶系,从而使代谢加快。氨基酸代谢的基本情况如图 7-1 所示。

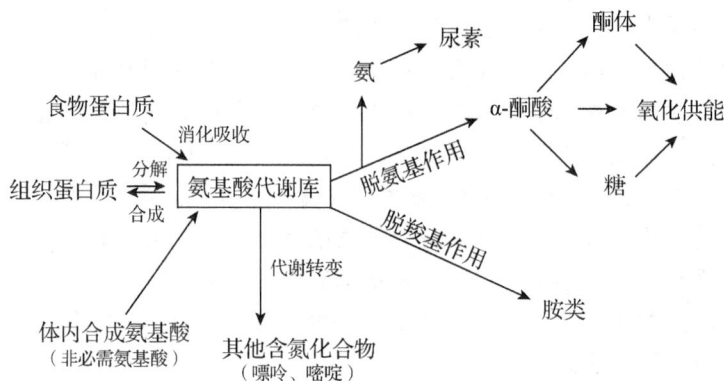

图 7-1　氨基酸的代谢概况

二、氨基酸的脱氨基作用

　　在酶的催化下脱去氨基生成氨与 α-酮酸的过程,称为氨基酸的脱氨基作用,这是氨基酸在体内分解代谢的主要途径。动物的脱氨基作用主要在肝肾组织中进行,其主要方式有氧化脱氨基作用、转氨基作用和联合脱氨基作用等,其中以联合脱氨基作用最为重要。

　　(一)氧化脱氨基作用

　　在酶的催化下,氨基酸先脱氢形成亚氨基酸,进而与水作用生成 α-酮酸和氨的过程,称为氧化脱氨基作用。反应式如图 7-2 所示。

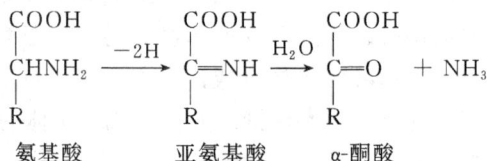

图 7-2　氧化脱氨基作用

　　参与氧化脱氨基作用的酶主要有 L-氨基酸氧化酶、D-氨基酸氧化酶(辅酶是 FMN 或 FAD)、L-谷氨酸脱氢酶(辅酶是 NAD^+ 或 $NADP^+$)等。L-氨基酸氧化酶在体内较少,活性不高;D-氨基酸氧化酶虽在体内普遍存在,活性也强,但动物体内的氨基酸绝大多数是 L-氨基酸。因此,这两种酶在氨基酸分解代谢中的作用不大。

　　L-谷氨酸脱氢酶广泛存在肝、肾、脑等组织中,是一种不需氧的脱氢酶,活性也较强,谷氨酸在线粒体中由 L-谷氨酸脱氢酶催化生成氨和 α-酮戊二酸。反应式如图 7-3 所示。

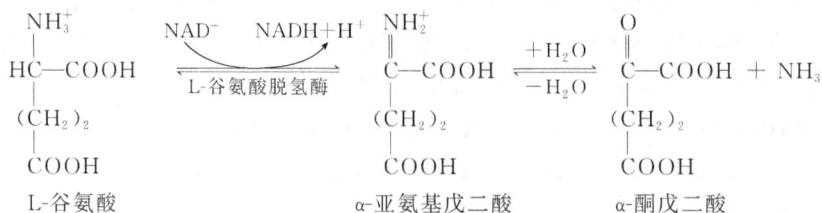

图 7-3　生成氨和 α-酮戊二酸

　　以上反应是可逆的。一般情况下反应偏向于谷氨酸的合成,因为高浓度氨对机体有害,此反应平衡点有助于保持较低的氨浓度。但当谷氨酸浓度高而 NH_3 浓度低时,则有利于脱氨和 α-酮戊二酸的生成。

但是，L-谷氨酸脱氢酶具有很强的专一性，只催化 L-谷氨酸的氧化脱氨基作用，因此仅靠此酶并不能使体内大多数氨基酸发生脱氨基作用。

（二）转氨基作用

在转氨酶催化下，将某一种氨基酸的 α-氨基转到另一个 α-酮酸的酮基上，生成相应的 α-酮酸和一种新的 α-氨基酸，这一过程称为转氨基作用。反应通式如图 7-4 所示。

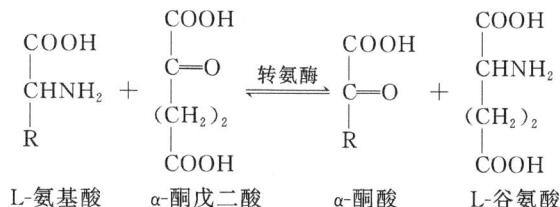

图 7-4 转氨基作用

上述转氨基作用是可逆的。转氨基作用既是氨基酸的分解代谢途径，也是体内非必需氨基酸重要的合成途径，反应的实际方向取决于 4 种反应物的相对浓度。需要注意的是，转氨基作用虽然在体内普遍存在，但仅仅使氨基发生转移，并未彻底脱去氨基。

参与蛋白质合成的 20 种 α-氨基酸，除甘氨酸、赖氨酸、苏氨酸和脯氨酸不参加转氨基作用，其余均可由特异的转氨酶催化参加转氨基作用。转氨基作用的氨基受体是 α-酮酸，主要有 α-酮戊二酸、草酰乙酸和丙酮酸，其中最重要的氨基受体是 α-酮戊二酸。

动物体内参与转氨基作用的转氨酶有多种，但以催化 L-谷氨酸与 α-酮酸的转氨酶最为重要。例如，存在于肝细胞中的丙氨酸氨基转移酶（ALT）和存在于心肌细胞中的天冬氨酸氨基转移酶（AST），它们催化的转氨基反应如图 7-5 所示。

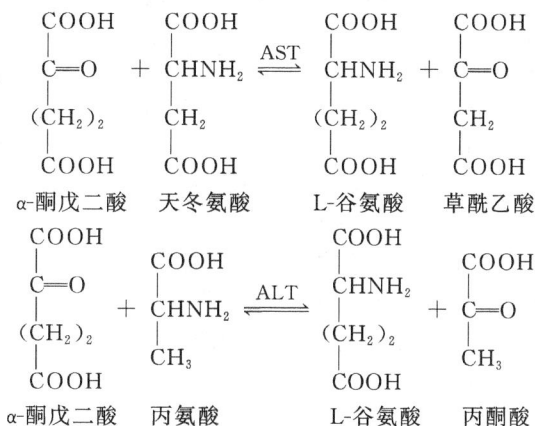

图 7-5 转氨基作用反应

转氨酶的辅酶都是磷酸吡哆醛和磷酸吡哆胺。在正常生理情况下，转氨酶主要分布在细胞内，其在血清中的活性很低，在各种组织中又以心脏和肝脏的活性最高。当某种原因造成细胞膜通透性增高或因组织坏死，细胞破裂后可有大量转氨酶释放入血，引起血清中转氨酶活性增高。例如，急性肝炎患者血清中 ALT 含量显著升高；心肌损伤患者血清中 AST 含量显著升高。临床上这可作为疾病诊断和预后的指标之一。

通过转氨基作用可以调节体内非必需氨基酸的种类和数量，以满足体内蛋白质合成时对非必需氨基酸的需求。同时，转氨基作用还是联合脱氨基作用的重要组成部分，从而加速了体内氨的转变和运输，沟通了机体的糖代谢、脂类代谢和氨基酸代谢的相互联系。

（三）联合脱氨基作用

由于氧化脱氨基作用的局限性，转氨基作用又没有真正地将氨基脱掉，因此认为，体内大多数氨基酸脱去氨基，是通过转氨基作用和氧化脱氨基作用联合起来进行的，这种作用方式称为联合脱氨基作用，联合脱氨基作用是体内主要的脱氨基方式。联合脱氨基作用主要有两大反应途径。

（1）L-谷氨酸脱氢酶和转氨酶联合催化的脱氨基作用

先在转氨酶催化下，某种氨基酸的 α-氨基转移到 α-酮戊二酸上生成 L-谷氨酸。然后在 L-谷氨酸脱氢酶作用下，谷氨酸氧化脱氨生成 α-酮戊二酸，后者再继续参加转氨基作用。反应过程如图 7-6 所示。

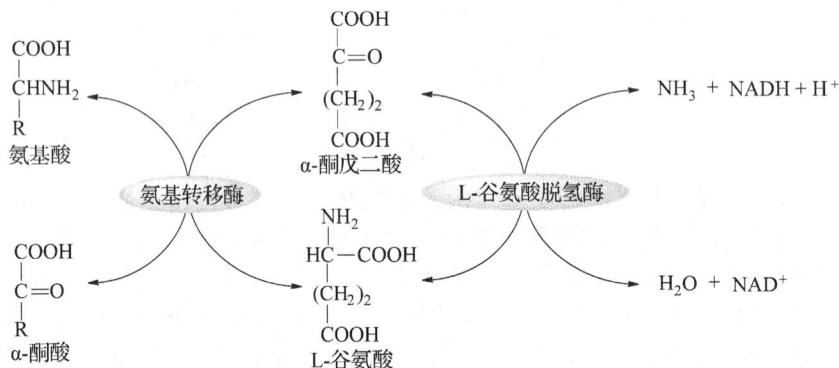

图 7-6　L-谷氨酸脱氢酶和转氨酶联合催化的脱氨基作用

上述联合脱氨基作用是可逆的。L-谷氨酸脱氢酶主要分布于肝、肾、脑等组织中，而 α-酮戊二酸参加的转氨基作用普遍存在于各组织中，所以此种联合脱氨基作用主要在肝、肾、脑等组织中进行。这一过程也是体内合成非必需氨基酸的重要途径。

（2）由转氨基作用与嘌呤核苷酸循环联合进行的脱氨基作用

骨骼肌和心肌组织中 L-谷氨酸脱氢酶的活性很低，因此很难通过上述形式的联合脱氨作用脱氨，但在肌肉中可以借助嘌呤核苷酸循环实现氨基酸的脱氨基作用。

氨基酸经过两次转氨作用可将 α-氨基转移给草酰乙酸生成天冬氨酸；天冬氨酸在腺苷酸代琥珀酸合成酶的催化下，与次黄嘌呤核苷酸（IMP）缩合成腺苷酸代琥珀酸；腺苷酸代琥珀酸在腺苷酸代琥珀酸裂解酶催化下裂解为延胡索酸和腺嘌呤核苷酸（AMP）；AMP 经腺苷酸脱氨酶催化水解再转变成 IMP 并脱去氨基生成氨。其中的 IMP 参与下一个腺苷酸代琥珀酸反应，这一循环称嘌呤核苷酸循环。在此循环过程中生成的延胡索酸则经三羧酸循环途径转变为草酰乙酸。嘌呤核苷酸循环过程如图 7-7 所示。

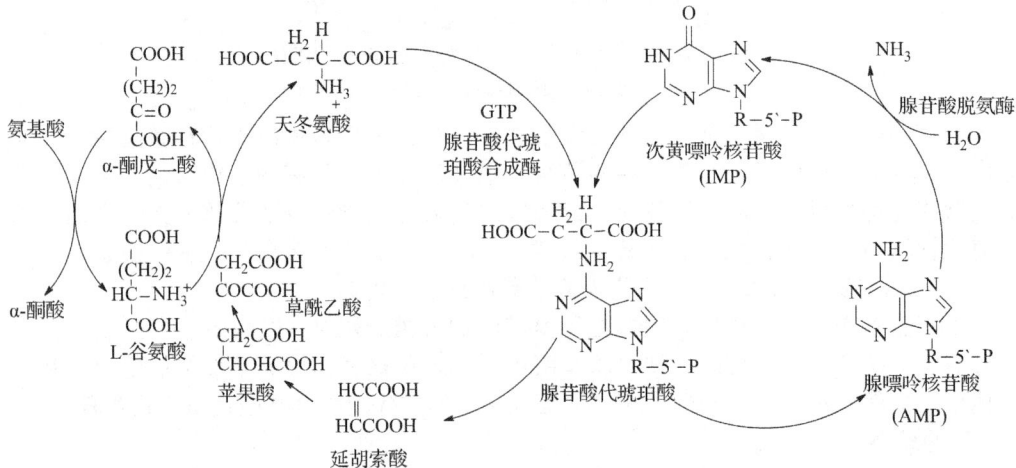

图 7-7　嘌呤核苷酸循环过程

目前认为嘌呤核苷酸循环是骨骼肌和心肌中氨基酸脱氨基的主要方式。这种形式的联合脱氨基作用是不可逆的，因而不能通过其逆过程合成非必需氨基酸。这一代谢途径不仅把氨基酸代谢与糖代谢、脂类代谢联系起来，而且也把氨基酸代谢与核苷酸代谢联系起来。

三、氨基酸的脱羧基作用

部分氨基酸可以在氨基酸脱羧酶催化下，脱去羧基生成 CO_2 和相应的胺，这一过程称为氨基酸的脱羧基作用。氨基酸的脱羧基作用在各自特异的脱羧酶催化下进行，在肝、肾、脑和肠的细胞中都有这类酶。脱羧酶的辅酶为磷酸吡哆醛。氨基酸脱羧基作用的一般反应如图 7-8 所示。

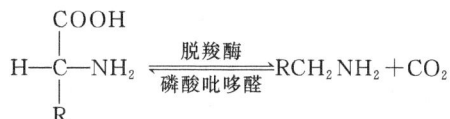

$$H-\underset{\underset{R}{|}}{\overset{\overset{COOH}{|}}{C}}-NH_2 \underset{\text{磷酸吡哆醛}}{\overset{\text{脱羧酶}}{\rightleftharpoons}} RCH_2NH_2 + CO_2$$

图 7-8 氨基酸脱羧基作用

脱羧基作用不是体内氨基酸分解的主要方式，但产生的胺一部分可生成具有重要生理活性的胺类物质，另一部分胺类物质则对机体是有毒性的。体内广泛存在的胺氧化酶能将这些胺类氧化成为相应的醛类，再进一步氧化成羧酸，从而避免胺在体内蓄积。下面列举几种氨基酸脱羧产生的重要胺类物质。

1. γ-氨基丁酸（GABA）

GABA 由谷氨酸脱羧基生成，催化此反应的酶是 L-谷氨酸脱羧酶。此酶在脑、肾组织中活性很高，所以脑中 GABA 含量较高。GABA 是一种仅见于中枢神经系统的抑制性神经递质，对中枢神经元有抑制作用。在脊髓，GABA 作用于突触前神经末梢，减少兴奋性递质的释放，从而引起突触前抑制，在脑则引起突触后抑制。

2. 组胺

组胺由组氨酸脱羧生成，主要由肥大细胞产生并贮存，在乳腺、肺、肝、肌肉及胃黏膜中含量较多。组胺是一种强烈的血管舒张剂，并能增加毛细血管的通透性，可引起血压下降和局部水肿。组胺还具有刺激胃蛋白酶和胃酸分泌的功能。组胺的释放与过敏反应症状密切相关。

3. 5-羟色胺

色氨酸首先由色氨酸羟化酶催化生成 5-羟色氨酸，再经脱羧酶作用生成 5-羟色胺。5-羟色胺在神经组织中具有重要的功能，目前已肯定中枢神经系统有 5-羟色胺神经元。5-羟色胺可使大部分交感神经的节前神经元兴奋，而使副交感节前神经元被抑制。其他组织，如小肠、血小板、乳腺细胞中也有 5-羟色胺，具有强烈的血管收缩作用。

4. 多胺

鸟氨酸在鸟氨酸脱羧酶催化下可生成腐胺，S-腺苷甲硫氨酸（SAM）在 SAM 脱羧酶催化下脱羧生成 S-腺苷-3-甲硫基丙胺。在精脒合成酶催化下，S-腺苷-3-甲硫基丙胺的丙基转移到腐胺分子上合成精脒。再在精胺合成酶催化下，另一分子 S-腺苷-3-甲硫基丙胺的丙胺基转移到精脒分子上，最终合成了精胺。腐胺、精脒和精胺总称为多胺。

多胺存在于精液及细胞核糖体中，是调节细胞生长的重要物质，能稳定核酸的结构，促进核酸及蛋白质合成。在生长旺盛的组织，如胚胎、再生肝及癌组织中多胺含量升高，所以可利用血或尿中多胺含量作为肿瘤诊断的辅助指标。

5. 牛磺酸

体内牛磺酸主要由半胱氨酸脱羧生成。半胱氨酸先氧化生成磺酸丙氨酸，再由磺酸丙氨酸脱羧酶催化脱去羧基生成牛磺酸。牛磺酸是结合胆汁酸的重要组成成分。

四、氨基酸代谢产物的去路

(一)氨的代谢

1. 动物体内氨的来源和去路

无论是体内氨基酸分解代谢产生的氨或从体外进入体内的氨，对机体都是有毒的，特别是脑组织对氨尤其敏感，血液中 1‰ 的氨就可引起中枢神经系统中毒。正常情况下，机体不会发生氨的堆积，因为机体有特定的机制调节血氨浓度，使氨的来源和去路保持动态平衡。

体内氨的主要来源有以下几种途径。①氨基酸脱氨基作用生成的氨，这是体内氨的主要来源。胺类、嘌呤和嘧啶的分解也能产生少量的氨。②由消化道吸收的氨，其中包括未被吸收的氨基酸在消化道细菌的作用下生成的氨，也有饲料中的氨化秸秆和尿素被消化道中细菌脲酶分解后释放的氨。③肾小管上皮细胞中的谷氨酰胺在谷氨酰胺酶的催化下生成的氨，这部分氨主要在肾小管中与 H^+ 结合生成 NH_4^+ 并与钠离子进行交换，调节体内酸碱平衡，最后以铵盐的形式排出体外。

体内氨的主要去路有以下几种。①吸收进入血液的氨，在肝脏中合成尿素，随尿排出，这是体内排氨的主要方式，禽类与昆虫类动物主要是合成尿酸排出。②参与非必需氨基酸、嘌呤、嘧啶等含氮化合物的合成。③氨可以在动物体内形成无毒的谷氨酰胺，它既是合成蛋白质所需的氨基酸，又是体内运输氨和贮存氨的方式。④少量的氨可直接经尿排出体外。

2. 氨的转运

过量的氨对机体是有毒的。氨的解毒部位主要在肝脏，体内各组织中产生的氨需要被运输到肝脏进行解毒。氨的转运方式主要有以下两种。

(1)谷氨酰胺转运氨的作用

脑、肌肉等组织中的氨与谷氨酸在谷氨酰胺合成酶的催化下生成谷氨酰胺(图 7-9)，并由血液运送到肝和肾，再经谷氨酰胺酶水解成谷氨酸和氨。谷氨酰胺的合成与分解是由不同的酶催化的不可逆反应，其合成需要 Mg^{2+} 参与，并消耗能量。

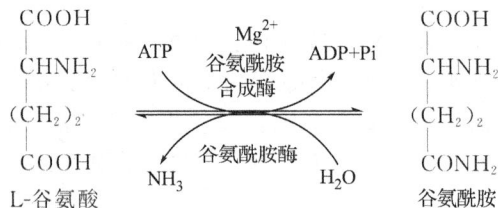

$$
\begin{array}{ccc}
\text{COOH} & & \text{COOH} \\
| & & | \\
\text{CHNH}_2 & \xrightarrow[\text{谷氨酰胺酶}]{\text{ATP \quad Mg}^{2+} \text{谷氨酰胺合成酶 \quad ADP+Pi}} & \text{CHNH}_2 \\
| & & | \\
(\text{CH}_2)_2 & & (\text{CH}_2)_2 \\
| & & | \\
\text{COOH} & \text{NH}_3 \qquad \text{H}_2\text{O} & \text{CONH}_2 \\
\text{L-谷氨酸} & & \text{谷氨酰胺}
\end{array}
$$

图 7-9　生成谷氨酰胺

谷氨酰胺是中性无毒物质，易通过细胞膜，是体内迅速解除氨毒的一种方式，也是氨的储藏及运输形式。有些组织(如大脑等)所产生的氨，首先是形成谷氨酰胺以解毒，然后随血液运至其他组织中进一步代谢。例如，运送至肝中的谷氨酰胺将氨释放出以合成尿素；运至肾中将氨释放出直接随尿排出；运至各种组织中把氨用于合成氨基酸和嘌呤、嘧啶等含氮物质。

已知在肾小管上皮细胞中有谷氨酰胺酶，当体内酸过多时，谷氨酰胺酶活性增高，谷氨酰胺分解加快，氨的生成和排出增多。排出的 NH_3 可与尿液中的 H^+ 中和生成 NH_4^+，以降低尿中的 H^+ 浓度，使 H^+ 不断从肾小管细胞排出，从而有利于维持动物机体的酸碱平衡。

(2)丙氨酸－葡萄糖循环

肌肉可利用丙氨酸将氨运送到肝脏。肌肉中的氨基酸经转氨基作用将氨基转给丙酮酸生成丙氨酸，生成的丙氨酸经血液运到肝脏，在肝中通过联合脱氨基作用，释放出氨，用于尿素的形成。在肝中生成的丙酮酸通过糖异生途径生成葡萄糖，形成的葡萄糖由血液回到肌肉，又沿糖分解途径转变成丙酮酸，后者再接受氨基生成丙氨酸。丙氨酸和葡萄糖反复地在肌肉和肝脏之间进行氨的转运，称为丙氨酸－葡萄糖循环，反应过程如图 7-10 所示。

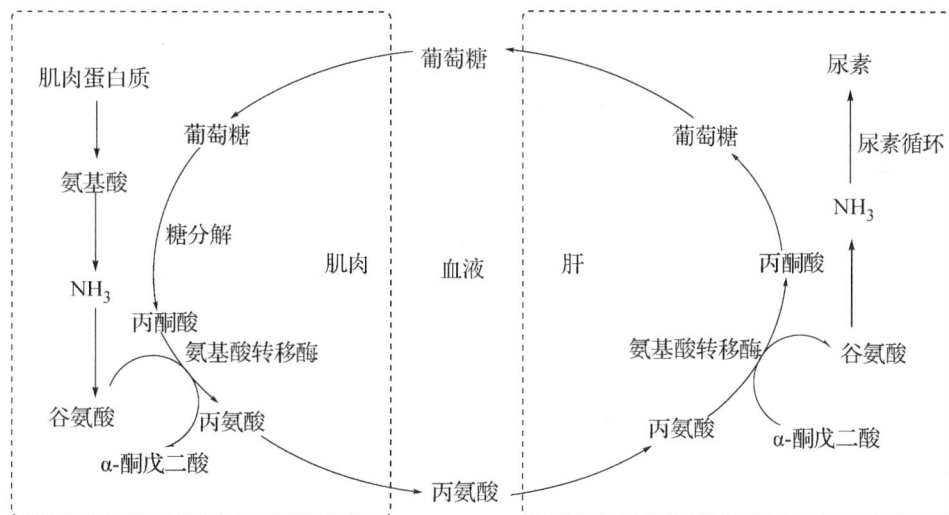

图 7-10　丙氨酸－葡萄糖循环途径

通过这个循环，一方面肌肉中的氨以无毒的丙氨酸形式运输到肝脏；另一方面肝脏又为肌肉提供了生成丙酮酸的葡萄糖。

3. 尿素的生成

在哺乳动物体内氨的主要去路是转化成尿素排出体外。肝脏是尿素合成的主要器官，肾脏是尿素排泄的主要器官。在肝脏中，氨和二氧化碳加上鸟氨酸缩合生成瓜氨酸，瓜氨酸再与另一分子氨生成精氨酸。精氨酸在肝脏精氨酸酶的催化下水解生成尿素和鸟氨酸，鸟氨酸可再重复上述反应，形成一个循环过程。这一过程称为鸟氨酸循环或尿素循环。尿素生成的循环反应过程可概括为以下四个步骤。

(1)氨基甲酰磷酸的合成

在 Mg^{2+}、ATP 及 N-乙酰谷氨酸(AGA)存在的情况下，氨基甲酰磷酸合成酶 I 催化 NH_3 和 CO_2 在肝细胞线粒体中合成氨基甲酰磷酸(图 7-11)。

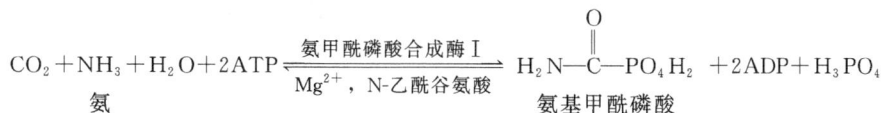

$$CO_2 + NH_3 + H_2O + 2ATP \xrightarrow[Mg^{2+},\ N\text{-}乙酰谷氨酸]{氨甲酰磷酸合成酶 I} H_2N\!-\!\overset{\overset{\textstyle O}{\|}}{C}\!-\!PO_4H_2 + 2ADP + H_3PO_4$$

氨　　　　　　　　　　　　　　　　　　　　　氨基甲酰磷酸

图 7-11　合成氨基甲酰磷酸

（2）瓜氨酸的生成

在鸟氨酸氨基甲酰转移酶的催化下，氨基甲酰磷酸与鸟氨酸反应生成瓜氨酸（图 7-12）。鸟氨酸氨基甲酰转移酶存在于线粒体中，通常与氨基甲酰磷酸合成酶Ⅰ形成酶的复合物，催化氨基甲酰磷酸将其甲酰基转给鸟氨酸生成瓜氨酸。此反应在线粒体内进行，而鸟氨酸在胞液中生成，所以鸟氨酸必须通过特异的穿梭系统进入线粒体内。

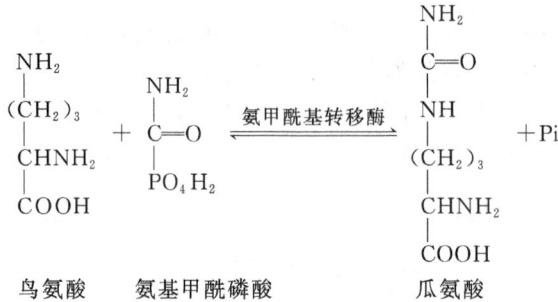

图 7-12　瓜氨酸的生成

（3）精氨酸合成

瓜氨酸穿过线粒体膜进入胞浆中，在胞浆中由精氨酸代琥珀酸合成酶催化，瓜氨酸的脲基与天冬氨酸的氨基缩合生成精氨酸代琥珀酸，获得尿素分子中的第二个氮原子，该反应需要消耗一分子 ATP 的两个高能磷酸键。之后，在精氨酸代琥珀酸裂解酶的催化下，精氨酸代琥珀酸裂解成精氨酸和延胡索酸（图 7-13）。

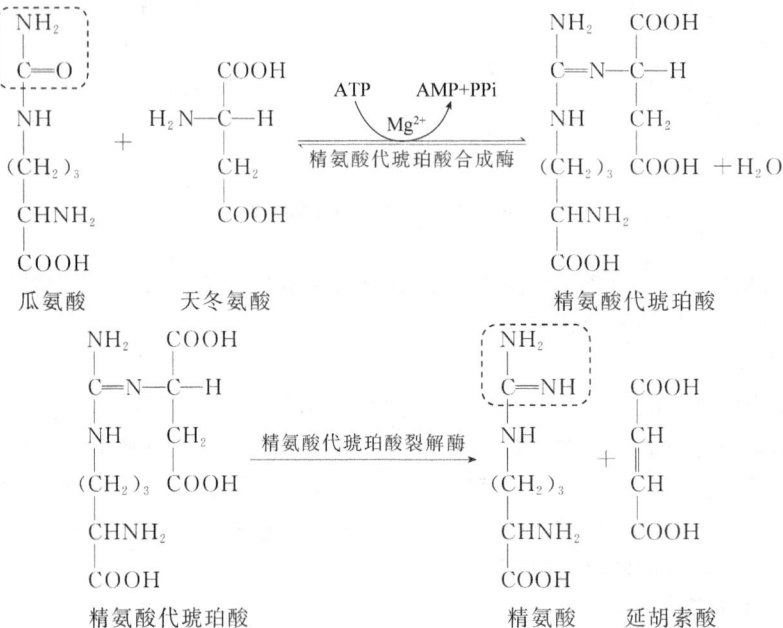

图 7-13　精氨酸合成

上述反应中生成的延胡索酸可经三羧酸循环的中间步骤生成草酰乙酸，再经谷草转氨酶催化转氨作用重新生成天冬氨酸。由此，通过延胡索酸和天冬氨酸，三羧酸循环与尿素循环联系起来了。

（4）尿素的生成

经精氨酸酶催化，精氨酸水解生成尿素并再生成鸟氨酸（图 7-14），鸟氨酸再经特异的转运系统进入线粒体，从而参与另一轮循环。尿素是无毒的，可以经血液运送至肾脏排出体外。

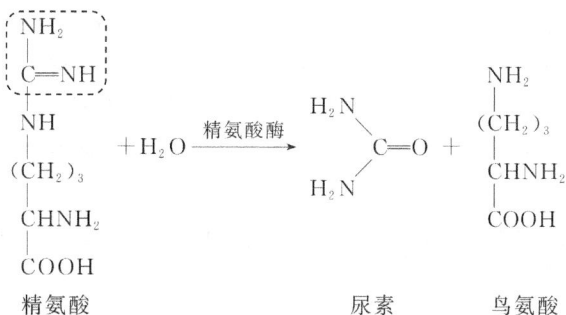

图 7-14　尿素的生成

　　尿素合成是一个消耗能量的过程，合成 1 分子尿素需要消耗 3 分子 ATP 的 4 个高能磷酸键。形成 1 分子尿素，实际上可以清除 2 分子氨和 1 分子二氧化碳。这样不仅可以解除氨对动物体的毒性，也可以降低体内由于二氧化碳溶于血液所产生的酸性。因此尿素循环对哺乳动物有十分重要的生理意义。尿素生成的总反应如图 7-15。

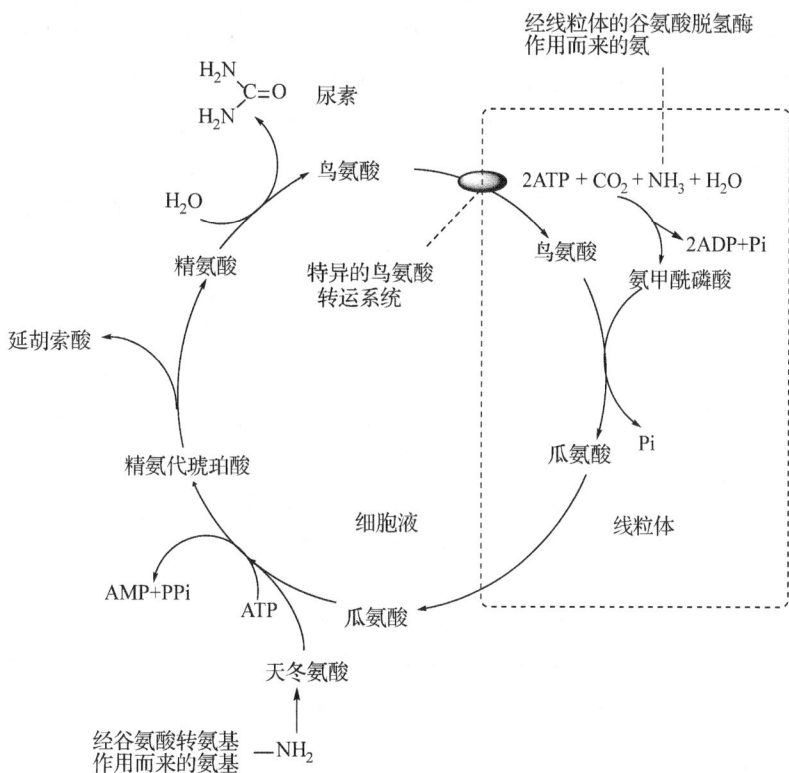

图 7-15　尿素生成的总反应

　　肝脏为氨解毒的关键脏器，通过将氨转变为无毒且水溶性高的尿素，随尿液排出体外而解毒。当肝功能严重受损时，肝内尿素合成能力降低，氨在体内大量堆积，导致血中氨的含量升高。氨是脂溶性小分子，易进入脑组织，在脑细胞中，α-酮戊二酸与氨结合生成谷氨酸，谷氨酸再与氨生成谷氨酰胺。这样会使大脑细胞中 α-酮戊二酸含量下降，从而影响细胞中三羧酸循环的速率，进一步会影响 ATP 的生成，引起大脑功能障碍，严重时可引起昏迷，这就是肝昏迷的氨中毒。

（5）尿酸的生成和排出

家禽体内氨的去路和哺乳动物有共同之处，也有不同之处。氨在家禽体内可以合成谷氨酰胺，也可以用于其他一些氨基酸和含氮物质的合成，但不能合成尿素，而是把体内大部分的氨通过合成尿酸排出体外。其过程是首先利用氨基酸提供的氨基合成嘌呤，再由嘌呤分解产生出尿酸。尿酸在水溶液中溶解度很低，以白色粉状的尿酸盐从尿中析出。

（二）α-酮酸的代谢

氨基酸经联合脱氨或其他方式脱氨基后，生成相应的 α-酮酸。这些 α-酮酸的代谢途径虽然各不相同，但都有以下三条去路。

1. 氨基化生成非必需氨基酸

由于转氨基作用和联合脱氨基作用是可逆的过程，因此 α-酮酸可以通过脱氨基作用的逆反应而氨基化生成相应的氨基酸，这也是动物体内合成非必需氨基酸的主要方式。

2. 转变成糖和脂类

在动物体内 α-酮酸可以转变成糖和脂类，这是利用不同的氨基酸饲养人工诱发糖尿病的动物所得出的结论。当用氨基酸饲喂患人工糖尿病的动物时，绝大多数氨基酸可以使受试实验动物尿中排出的葡萄糖增加，少数几种使葡萄糖和酮体都增加，只有亮氨酸和赖氨酸仅使尿中的酮体排出量增加。因此，把在动物体内可以转变成葡萄糖的氨基酸称为生糖氨基酸，有丙氨酸、半胱氨酸、甘氨酸、丝氨酸、苏氨酸、天冬氨酸、天冬酰胺、甲硫氨酸、缬氨酸、精氨酸、谷氨酸、谷氨酰胺、脯氨酸和组氨酸；能转变成酮体者称为生酮氨基酸，有亮氨酸和赖氨酸；二者兼有者称为生糖兼生酮氨基酸，包括色氨酸、苯丙氨酸、酪氨酸和异亮氨酸。可以注意到大多是芳香族氨基酸。

在动物体内，糖是可以转变成脂肪的，因此生糖氨基酸也必然能转变为脂肪。生酮氨基酸转变为酮体后，酮体可转变为乙酰 CoA，然后进一步转变成脂酰 CoA，再与 3-磷酸甘油合成脂肪，所需的 3-磷酸甘油由生糖氨基酸或葡萄糖提供。由于乙酰 CoA 在动物机体内不能转变成糖，所以生酮氨基酸是不能异生成糖的。除了完全生酮的赖氨酸和亮氨酸以外，其余的氨基酸脱去氨基之后的代谢物都有可能沿着糖异生途径转变或部分转变成糖。生糖兼生酮的氨基酸代谢时可生成酮体或琥珀酰 CoA、延胡索酸等，其中琥珀酰 CoA、延胡索酸也可循三羧酸循环途径转变为草酰乙酸，再进一步异生成糖。

3. 氧化供能

氨基酸脱氨基后产生的 α-酮酸是氨基酸分解供能的主要部分，也是 α-酮酸的重要去路之一。其中有的可以直接生成乙酰 CoA，有的先转变成丙酮酸后再生成乙酰 CoA，有的则是三羧酸循环的中间产物，因此都能通过三羧酸循环最终彻底氧化分解成二氧化碳和水，同时释放能量供机体生理活动需要。

五、非必需氨基酸的合成

动物体内的氨基酸大多是由 α-酮酸经过氨基化作用生成的。但有些氨基酸相对应的 α-酮酸不能由糖或脂肪代谢的中间产物生成，只能由其相应的氨基酸生成。例如，苯丙酮酸只能由苯丙氨酸生成，这样由苯丙氨酸脱氨产生的苯丙酮酸虽然可再氨基化转变为苯丙氨酸，但不能净增加体内苯丙氨酸的量，因此这样的氨基酸在体内是不能净合成的，只能从食物和饲料中获得，因此是必需氨基酸。

而另一些 α-酮酸，如丙酮酸、草酰乙酸和 α-酮戊二酸等是可以由其他物质，主要是糖代谢的中间产物得到，它们再氨基化生成如丙氨酸、天冬氨酸和谷氨酸等相应的氨基酸，这样的氨基酸不一定从食物和饲料中获得，因而是非必需的。动物体内合成非必需氨基酸可以通过以下两种方式。

1. α-酮酸氨基化

糖代谢生成的 α-酮酸，可以经过转氨基作用或联合脱氨基作用的逆过程合成氨基酸。通过这种方式合成的非必需氨基酸，除了前面已介绍过的丙氨酸、天冬氨酸和谷氨酸以外，在体内 3-磷酸甘油酸也可以先脱磷酸生成甘油酸，再经脱氢和转氨生成丝氨酸(图 7-16)。

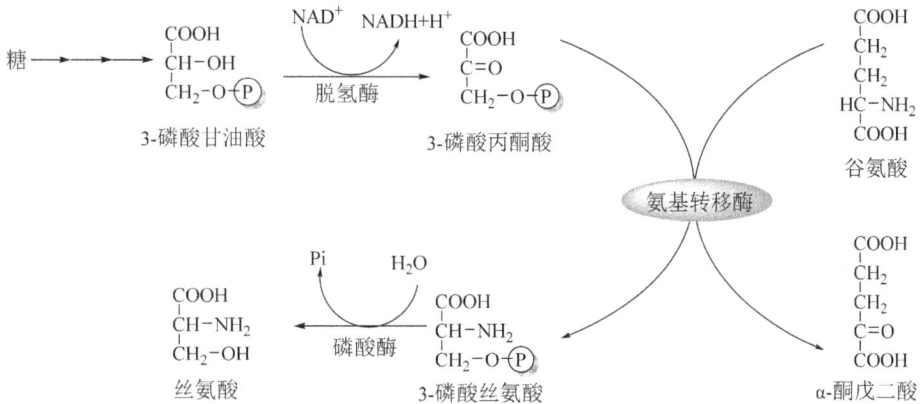

图 7-16　丝氨酸的合成

2. 氨基酸之间相互转变

动物体内的甘氨酸可由丝氨酸生成；丝氨酸在有甲硫氨酸(必需氨基酸)的参与下，可以转变为其他的含硫氨基酸，如半胱氨酸和胱氨酸；谷氨酸经过 5-谷氨酸半醛等中间产物可以转变成脯氨酸和鸟氨酸，后者又可经尿素循环转变为精氨酸等。非必需氨基酸之间的相互转变如图 7-17 所示。

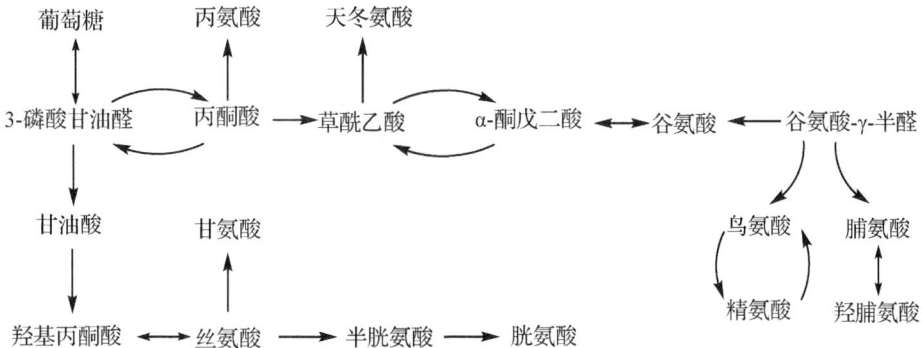

图 7-17　非必需氨基酸之间的相互转变

六、其他氨基酸代谢

除了上述的氨基酸一般代谢途径外，某些氨基酸在体内有其特殊的代谢途径。现介绍一些重要的能生成特殊生理活性物质的氨基酸的代谢。

(一)提供一碳基团的氨基酸代谢

1. 一碳基团的定义

某些氨基酸在代谢过程中能生成含一个碳原子的有机基团，称为一碳基团或一碳单位。一碳基团可以经过转移参与生物合成过程，有重要的生理功能。

动物体内的一碳基团有甲基（—CH$_3$）、甲烯基（—CH—），甲炔基（—CH＝）、甲酰基（—CHO）、亚氨甲基（—CH＝NH）等，但—COOH、CO$_2$不属于一碳基团。

2. 一碳基团的载体及相互转变

一碳基团不能游离存在，通常与一碳基团转移酶的辅酶四氢叶酸（FH$_4$）结合而转运或参加生物代谢。一碳基团通常结合在四氢叶酸分子上的 N^5、N^{10} 位，并可以通过氧化还原反应过程相互转变。一碳基团的载体如图 7-18 所示，一碳基团的相互转变如图 7-19 所示。

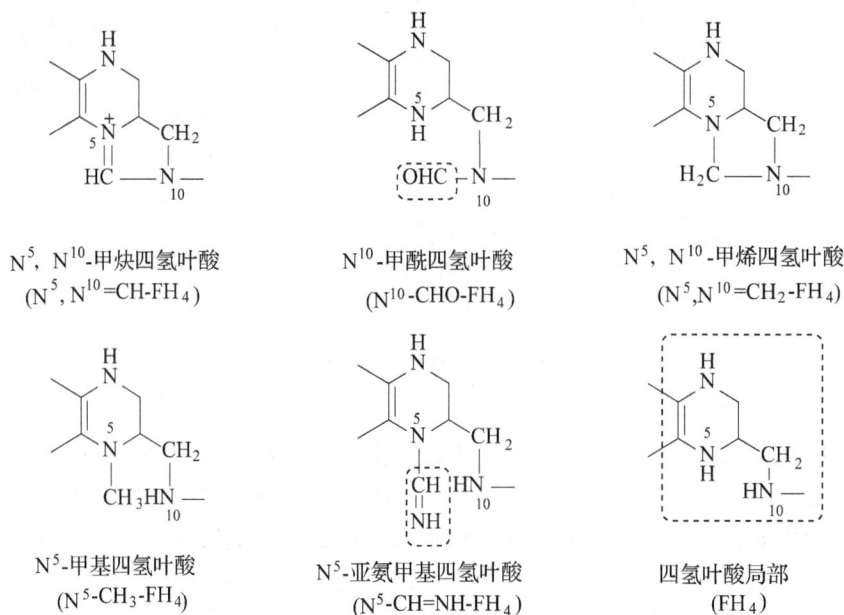

图 7-18　一碳基团的载体

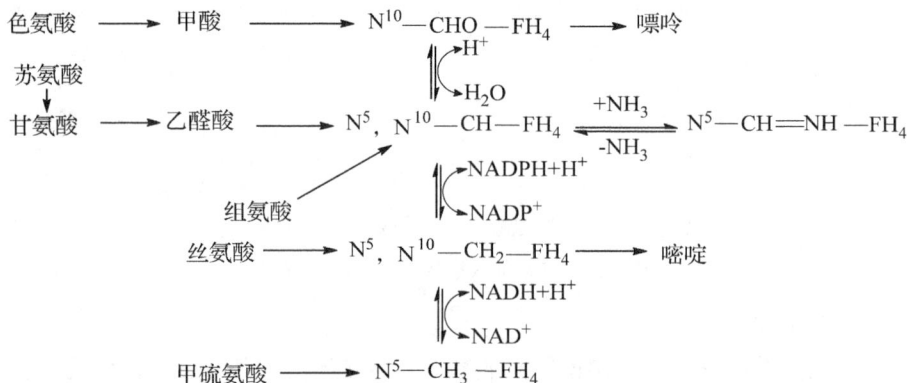

图 7-19　一碳基团的相互转变

3. 一碳基团的代谢

一碳基团主要来自甘氨酸、组氨酸、丝氨酸、色氨酸、甲硫氨酸的代谢。一碳基团不仅与氨基酸代谢密切相关，还参与嘌呤和嘧啶的生物合成以及 S-腺苷甲硫氨酸的生物合成，是生物体内各种化合物甲基化的甲基来源。一碳基团的来源如图 7-20 所示。

如 N^{10}-甲酰四氢叶酸、N^5，N^{10}-甲炔四氢叶酸和 N^5，N^{10}-甲烯四氢叶酸分别为嘌呤和嘧啶的合成提供甲基来源，这也是氨基酸代谢与核苷酸代谢相互联系的环节之一。S-腺苷甲硫氨酸(SAM)提供甲基可参与体内多种物质合成，如肾上腺素、胆碱、胆酸等。一碳基团代谢障碍，在人类可引起巨幼红细胞贫血。某些药物，如磺胺类、氨甲蝶呤(抗癌药物)可以抑制四氢叶酸的正常合成，干扰一碳基团在氨基酸与核苷酸代谢中的转运，从而抑制细菌和肿瘤细胞的代谢活动而发挥其药理作用。

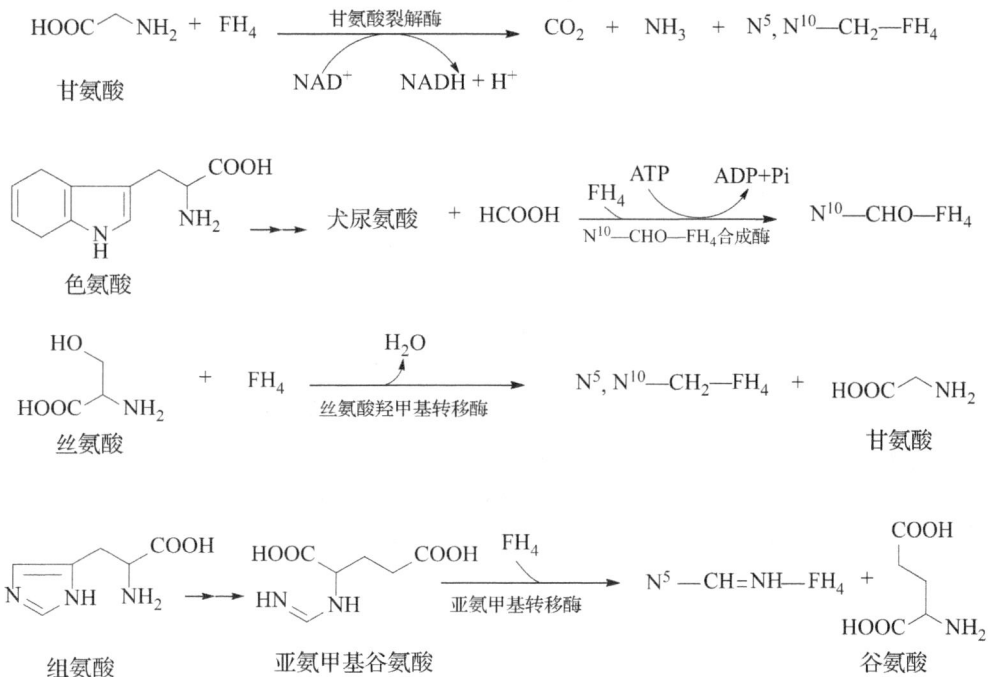

图 7-20　一碳基团的来源

(二)含硫氨基酸的代谢

体内含硫氨基酸有甲硫氨酸、半胱氨酸和胱氨酸 3 种，甲硫氨酸可转变为半胱氨酸和胱氨酸，半胱氨酸和胱氨酸也可以互相转变，但胱氨酸不能变成甲硫氨酸，所以甲硫氨酸是必需氨基酸。

1. 甲硫氨酸代谢

甲硫氨酸代谢的作用是转甲基作用与甲硫氨酸循环。

甲硫氨酸是一种含 S-甲基的必需氨基酸，可参与多种转甲基的反应，生成多种含甲基的生理活性物质，如肾上腺素、胆碱、肉毒碱、肌酸和核酸的甲基化等。甲硫氨酸在转移甲基前先在腺苷转移酶催化下与 ATP 反应生成 S-腺苷甲硫氨酸(SAM)(图 7-21)。SAM 中的甲基是高度活化的，称活性甲基，SAM 称为活性甲硫氨酸。

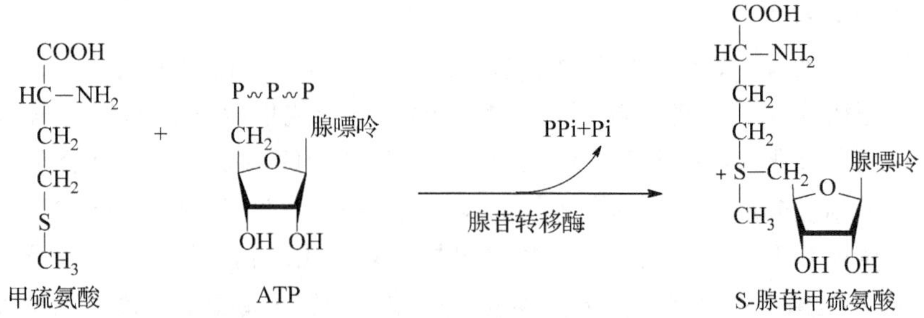

图 7-21　甲硫氨酸转移甲基前的反应

S-腺苷甲硫氨酸是体内最主要的甲基供体。S-腺苷甲硫氨酸在甲基转移酶催化下转出甲基后形成 S-腺苷同型半胱氨酸，S-腺苷同型半胱氨酸水解后释放出腺苷变为同型半胱氨酸（图 7-22）。

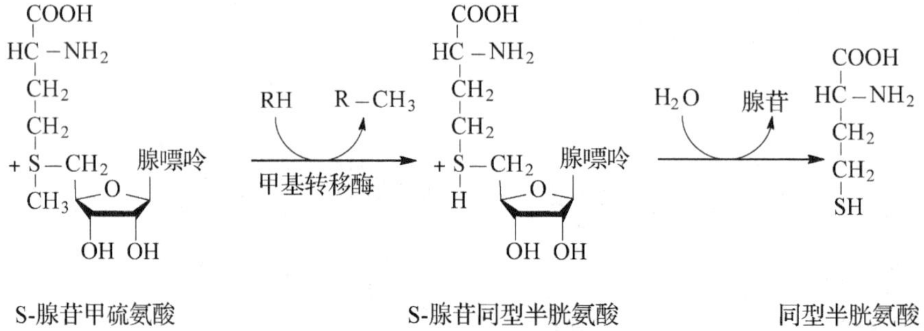

图 7-22　S-腺苷甲硫氨酸甲基转移

同型半胱氨酸可以接受 N^5-CH_3- FH_4 提供的甲基再生成甲硫氨酸，形成一个循环过程，称为甲硫氨酸循环（图 7-23）。此循环的生理意义在于甲硫氨酸分子中的甲基可间接通过 N^5-CH_3- FH_4 由其他非必需氨基酸提供，以防甲硫氨酸的大量消耗。尽管上述循环可以生成甲硫氨酸，但体内不能生成同型半胱氨酸，只能由甲硫氨酸转变而来，所以实际上体内仍然不能合成甲硫氨酸，必须由食物提供。

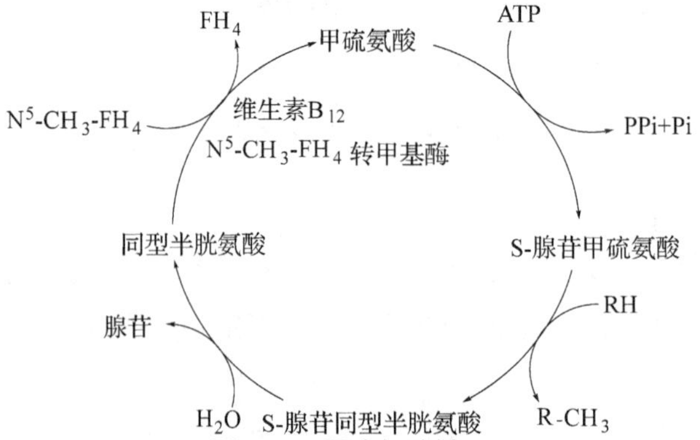

图 7-23　甲硫氨酸循环

由 N^5-CH_3- FH_4 提供甲基使同型半胱氨酸生成甲硫氨酸的反应中需要 N^5-四氢叶酸甲基转移酶，此酶的辅酶是维生素 B_{12}。维生素 B_{12} 缺乏会引起甲硫氨酸循环受阻。临床上可以见到维生素 B_{12} 缺乏引起的巨幼细胞性贫血。由于维生素 B_{12} 缺乏，甲基转移酶活性低下，甲基转移反应受阻导致叶酸以 N^5，N^{10}-四氢叶酸形式在体内堆积。这样，其他形式的叶酸大量消耗，以至于这些叶酸做辅酶的酶活力降低，影响了嘌呤碱和胸腺嘧啶的合成，从而影响核酸的合成，引起巨幼细胞性贫血。也就是说，维生素 B_{12} 对核酸合成的影响是间接地通过影响叶酸代谢而实现的。

2. 半胱氨酸和胱氨酸的代谢

半胱氨酸和胱氨酸可以互变（图 7-24）。半胱氨酸含巯基（—SH），胱氨酸含有二硫键（—S—S—），二者可通过氧化还原而发生互变。胱氨酸不参与蛋白质的合成，蛋白质中的胱氨酸由两个半胱氨酸残基氧化脱氢而来。在蛋白质分子中 2 个半胱氨酸残基间所形成的二硫键对维持蛋白质分子构象起重要作用，而蛋白质分子中半胱氨酸的巯基是许多蛋白质或酶的活性基团。

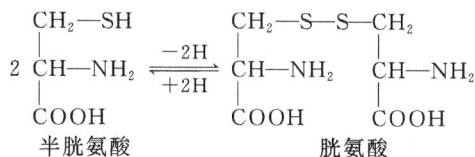

图 7-24 半胱氨酸和胱氨酸互变

半胱氨酸在体内代谢时，有以下几条途径（图 7-25）。①直接脱去巯基和氨基，生成丙酮酸、NH_3 和 H_2S，H_2S 再经氧化而生成 H_2SO_4。②巯基氧化成亚磺基，然后脱去氨基和亚磺基，最后生成丙酮酸和亚硫酸，后者经氧化后可变为硫酸。③半胱氨酸的另一代谢产物是牛磺酸，它是胆汁酸的组成成分，胆汁酸盐有助于促进脂类的消化吸收。④半胱氨酸也是合成谷胱甘肽的原料。

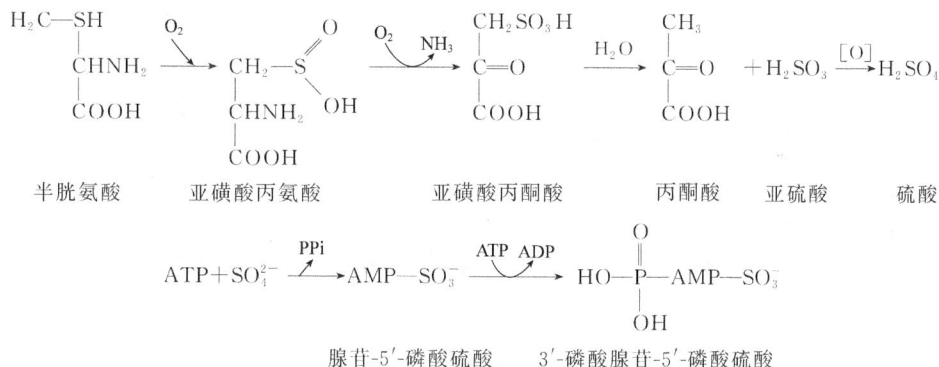

图 7-25 半胱氨酸在体内代谢

半胱氨酸是体内硫酸根的主要来源。产生的硫酸根一部分以无机盐形式随尿排出，另一部分经 ATP 活化生成活性硫酸根，即 $3'$-磷酸腺苷-$5'$-磷酸硫酸（PAPS）（图 7-26）。PAPS 的性质比较活泼，可使某些物质形成硫酸酯。例如，类固醇激素可形成硫酸酯而被灭活，一些外源性酚类化合物也可以通过形成硫酸酯而利于通过尿液排出体外。这些反应在肝脏生物转化作用中有重要意义。PAPS 也可参与硫酸角质素和硫酸软骨素等分子中硫酸化氨基多糖的合成。

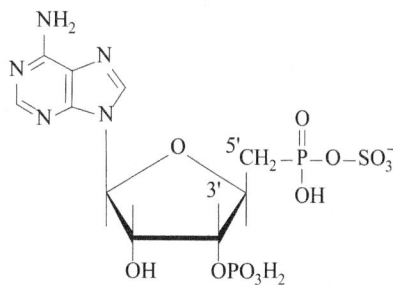

图 7-26 PAPS 的结构式

3. 谷胱甘肽的合成

谷胱甘肽（GSH）是由谷氨酸、半胱氨酸和甘氨酸所组成的三肽，它的生物合成不需要编码的 RNA，直接由 γ-谷氨酰半胱氨酸合成酶和 GSH 合成酶通过 γ-谷氨酰基循环合成（图 7-27）。

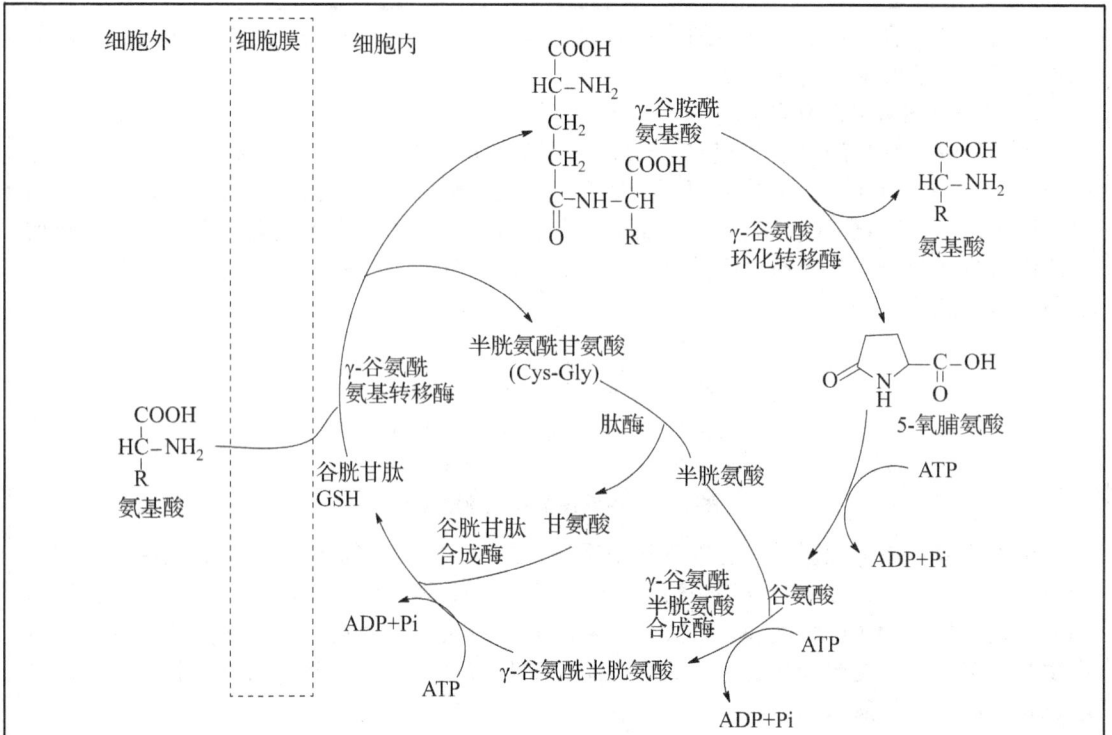

图 7-27 γ-谷氨酰基循环

谷胱甘肽分子上的活性基团是半胱氨酸的巯基。它有氧化态与还原态两种形式，由谷胱甘肽还原酶催化其互相转变，辅酶是 $NADP^+$。

还原型的谷胱甘肽在细胞中的浓度远高于氧化型(约 100∶1)。其主要功能是保护含有功能巯基的酶不易被氧化，保持红细胞膜的完整性，防止亚铁血红蛋白(可携带 O_2)氧化成高铁血红蛋白(不能携带 O_2 的)，还可以结合药物、毒物，促进它们的生物转化，消除过氧化物和自由基对细胞的损害作用。

(三)芳香族氨基酸代谢

1. 苯丙氨酸和酪氨酸的代谢

苯丙氨酸在体内由苯丙氨酸羟化酶催化转变为酪氨酸。酪氨酸在体内可经进一步的代谢转化成许多重要的生理活性物质，如多巴胺、去甲肾上腺素、肾上腺素、甲状腺素、黑色素等。

苯丙氨酸羟化酶是一种加氧酶，其辅酶为四氢生物蝶呤，催化反应不可逆，所以体内酪氨酸不能转变为苯丙氨酸。

如果苯丙氨酸和酪氨酸代谢发生障碍时，可出现下列疾病。①当体内缺乏苯丙氨酸羟化酶时，苯丙氨酸则转变为苯丙酮酸、苯乳酸及苯乙酸，这些产物在体内积存或由尿排出，引起苯丙酮酸尿症，这是一种先天性代谢病，苯丙酮酸的堆积可严重损害神经系统，造成患儿智力发育障碍，在患者发病早期，如能控制其摄入的苯丙氨酸含量可有助于治疗。②如果人体先天性缺乏酪氨酸酶，则黑色素合成障碍，皮肤、毛发等发白，称为白化病。③当尿黑酸酶缺陷时，尿黑酸的进一步分解受阻，可出现尿黑酸症，也是一种人类遗传病。

苯丙氨酸和酪氨酸的代谢过程如图 7-28 所示。

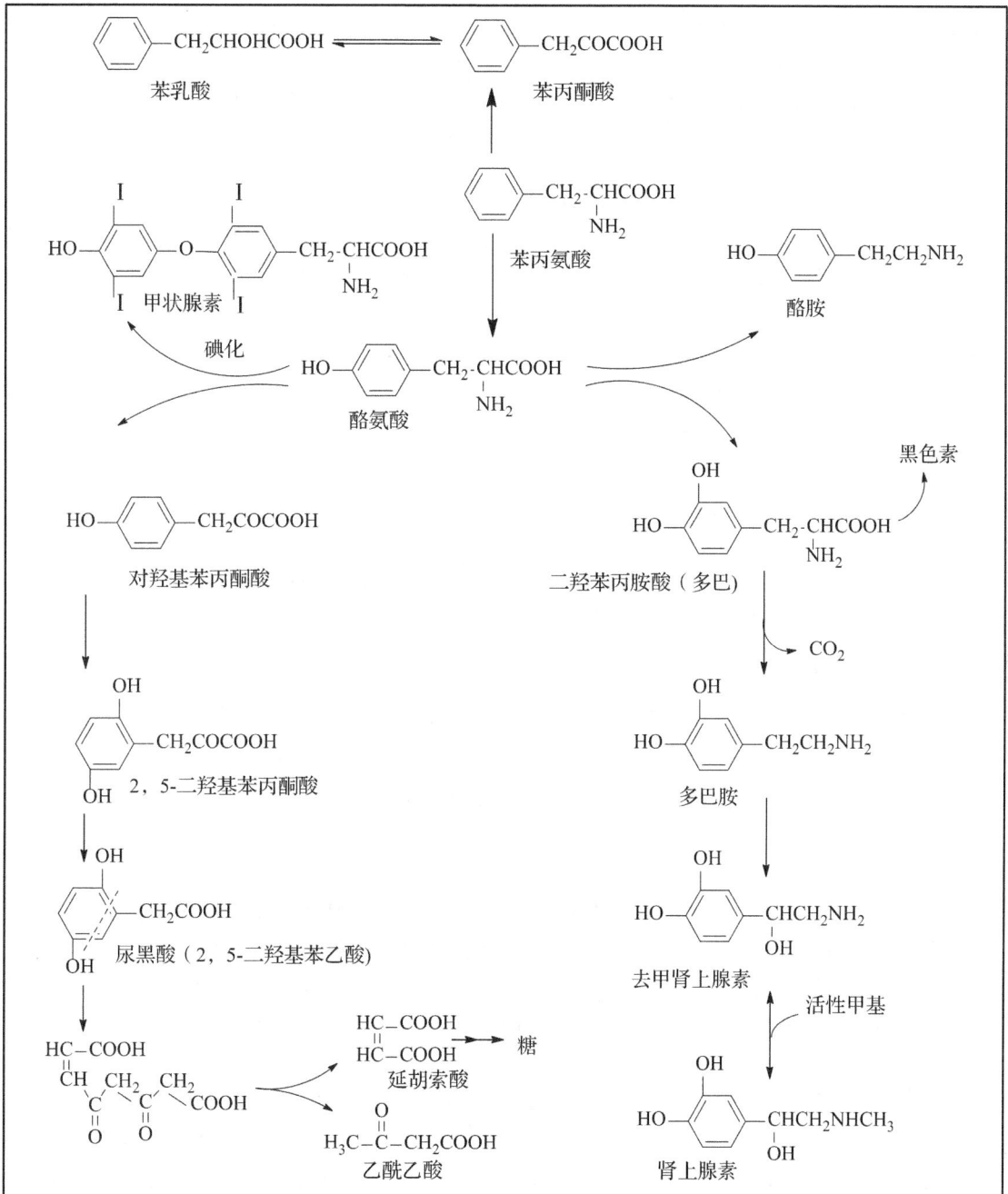

图 7-28　苯丙氨酸和酪氨酸的代谢

2. 色氨酸代谢

色氨酸在体内可氧化脱羧生成 5-羟色胺，它是一种神经递质，还可通过色氨酸加氧酶作用，降解代谢转变成丙氨酸和乙酰乙酸，因此色氨酸也是生糖兼生酮氨基酸。此外，色氨酸还能合成少量的尼克酸(维生素 B_3)，这是体内合成维生素的一个特例，但机体自身合成的尼克酸远不能满足机体的需要。色氨酸的代谢如图 7-29 所示。

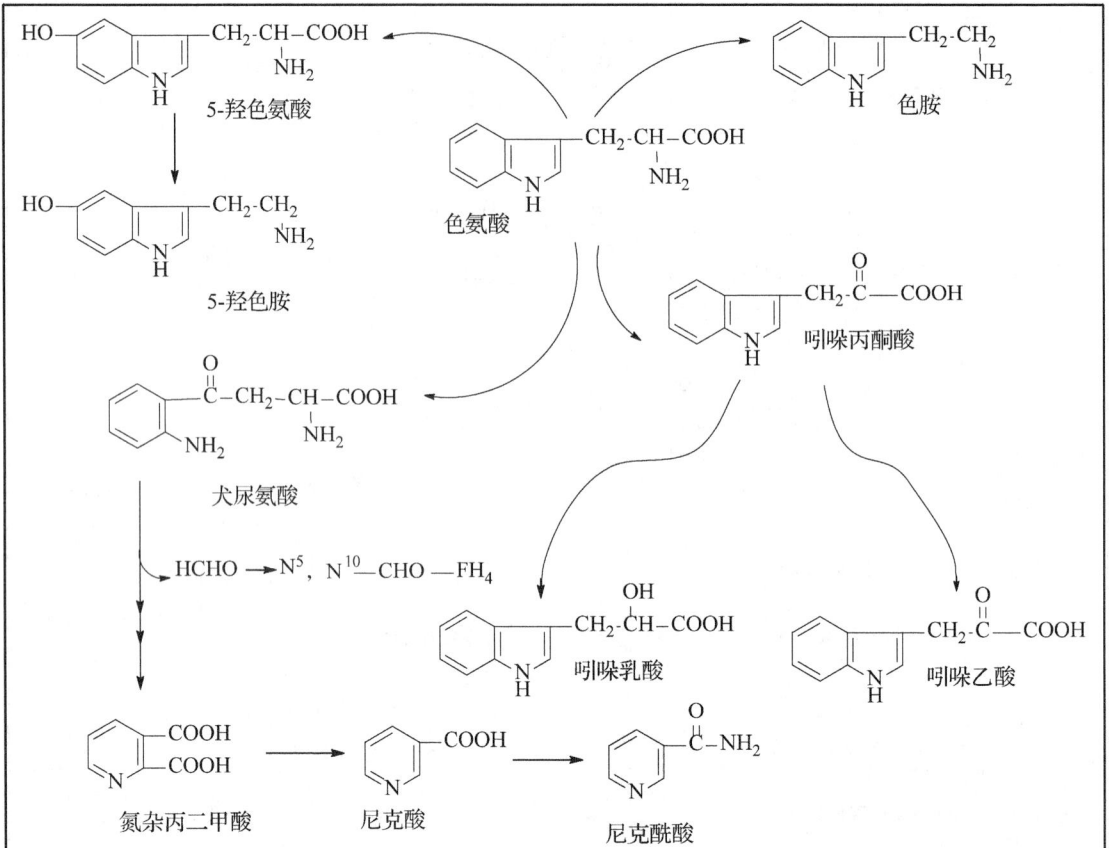

图 7-29　色氨酸的代谢

(四)肌酸和肌酐的代谢

肌酸即甲基胍乙酸,存在于动物的肌肉、脑和血液中,特别在骨骼肌中含量较高。既可游离存在,也可以磷酸化形式存在,后者称为磷酸肌酸。肌酸和磷酸肌酸是贮存和转移高能磷酸键的重要化合物。

参与肌酸生物合成的氨基酸有甘氨酸、精氨酸和甲硫氨酸。甘氨酸为骨架,精氨酸提供脒基,甲硫氨酸提供甲基,如图 7-30 所示。

肝是合成肌酸的主要器官。在肌酸激酶(CK)催化下,肌酸转变成磷酸肌酸,并贮存ATP 的高能磷酸键。肌肉所含的肌酸,主要以磷酸肌酸的形式存在,是肌肉收缩的一种能量储备形式。磷酸肌酸在心肌、骨骼肌及大脑中含量丰富。当肌肉收缩消耗 ATP 时,磷酸肌酸可将其磷酸基及时地转给 ADP,再生成 ATP。

肌酸和磷酸肌酸代谢的终产物是肌酸酐。肌酸酐主要在肌肉中通过磷酸肌酸的非酶促反应而生成,通过肾脏排出体外。肌酸酐的生成量与骨骼肌中肌酸、磷酸肌酸的储量成正比。而后者的储存量又与骨骼肌的量成正比。肾严重病变时,肌酸酐排泄受阻,血中肌酸酐浓度升高。

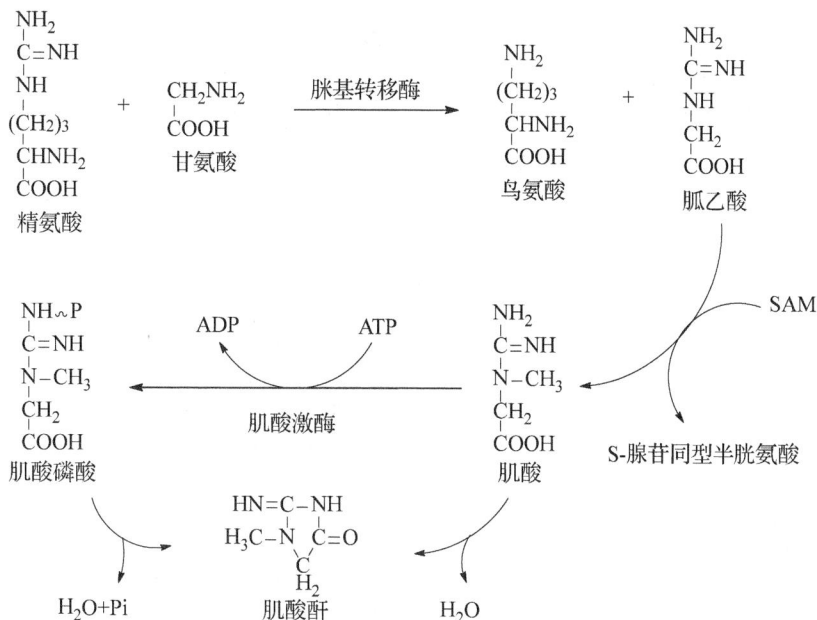

图 7-30　肌酸代谢

第三部分　核苷酸的代谢

一、核苷酸概况与核酸降解

核苷酸是动物体内又一类重要的含氮小分子，是遗传大分子脱氧核糖核酸(DNA)和核糖核酸(RNA)的基本组成单位。体内的核苷酸主要由机体细胞自身合成，因此核苷酸不属于营养必需物质。

细胞中的绝大多数核酸都是以核蛋白的形式存在的。食物中的核蛋白在消化道中受到胃、胰、肠道消化酶的作用，分解成蛋白质和核酸。核酸进入小肠后，受小肠中各种水解酶的作用逐步水解成核苷酸，核苷酸又进一步水解成磷酸和核苷，核苷再水解或磷酸解成碱基和戊糖或戊糖磷酸。核苷酸及其水解产物均可被细胞吸收，但其中绝大部分在肠黏膜细胞中又被进一步分解。戊糖被吸收后参与体内的戊糖代谢，大部分嘌呤或嘧啶主要经分解代谢降解后由尿中排出，被组织细胞摄取的碱基也可部分被利用。

核苷酸在体内分布广泛，细胞内主要以 $5'$-核苷酸形式存在，其中以 $5'$-ATP 含量最多。一般说来，细胞中核糖核苷酸的浓度远远超过脱氧核糖核苷酸。在细胞分裂周期中，细胞内脱氧核糖核苷酸含量波动范围较大，核糖核苷酸浓度则相对稳定。不同类型细胞中各种核苷酸含量相差很大。同一种细胞中，各种核苷酸含量虽也有差异，但核苷酸总含量变化不大。

动物虽然可以通过消化饲料获得核苷酸，但机体却很少直接利用这些核苷酸，而主要是利用氨基酸等作为原料在体内从头合成，其次是利用体内的游离碱基或核苷进行补救合成。

二、核苷酸的分解代谢

(一)嘌呤核苷酸的分解代谢

嘌呤核苷酸可以在核苷酸酶的催化下，脱去磷酸成为嘌呤核苷，嘌呤核苷在嘌呤核苷磷酸化酶(PNP)的催化下转变为嘌呤，嘌呤核苷及嘌呤经水解、脱氨及氧化作用后生成尿酸(图 7-31)。

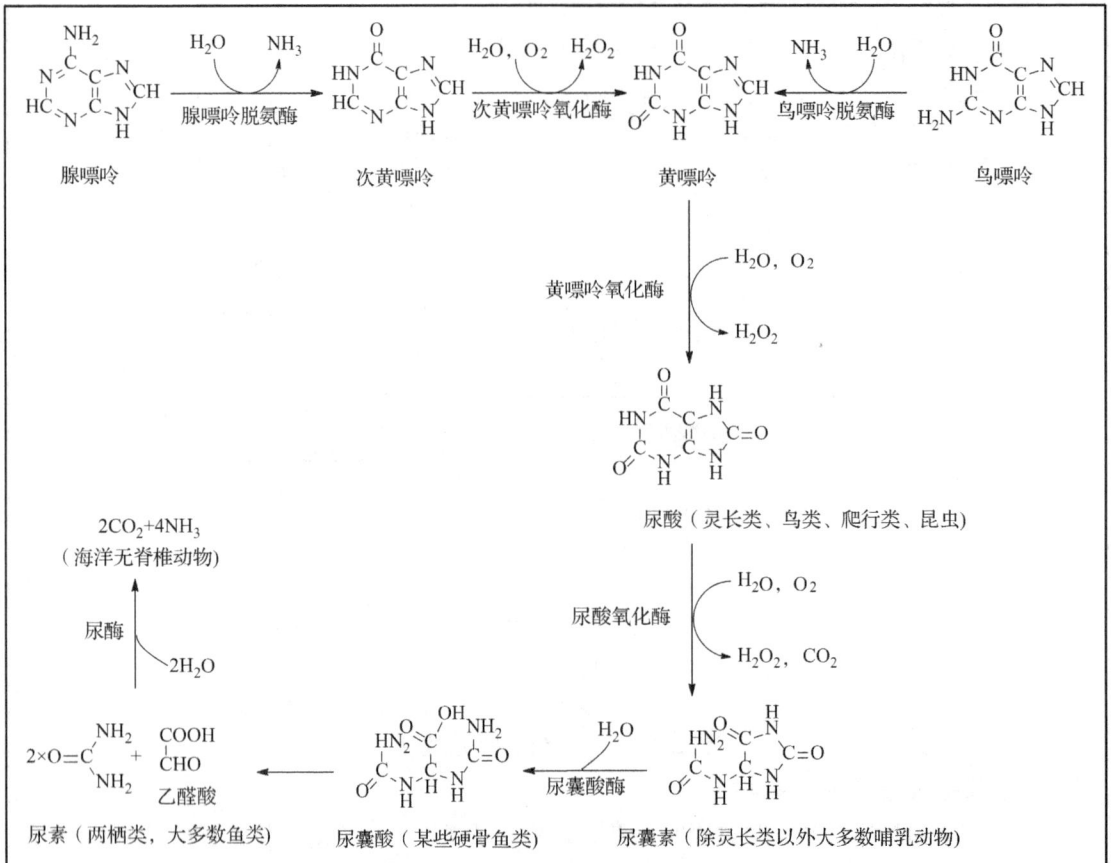

图 7-31 嘌呤的分解代谢

哺乳动物中，腺苷和脱氧腺苷不能由 PNP 分解，而是在核苷和核苷酸水平上分别由腺苷脱氨酶（ADA）和脱氧腺苷酸脱氨酶催化脱氨生成次黄嘌呤核苷或次黄嘌呤核苷酸。它们再水解成次黄嘌呤，并在黄嘌呤氧化酶的催化下逐步氧化为黄嘌呤和尿酸。

体内嘌呤核苷酸的分解代谢主要在肝脏、小肠及肾脏中进行。正常生理情况下，嘌呤合成与分解处于相对平衡状态，所以尿酸的生成与排泄也较恒定。

当体内核酸大量分解（白血病、恶性肿瘤等）或食入高嘌呤食物时，血中尿酸水平升高，当超过一定量时，尿酸盐将过饱和而形成结晶，沉积于关节、软组织、软骨、肾等处，而导致关节炎、尿路结石及肾脏疾病，称为痛风症。临床上常用别嘌呤醇治疗痛风症。别嘌呤醇与次黄嘌呤结构类似，故可抑制黄嘌呤氧化酶，从而抑制尿酸的生成。同时，别嘌呤在体内经代谢转变，与 5-磷酸核糖焦磷酸（PRPP）生成别嘌呤核苷酸，不仅消耗了 PRPP，使其含量下降，而且还能反馈抑制 PRPP 酰胺转移酶，阻断嘌呤核苷酸的从头合成。

（二）嘧啶核苷酸的分解代谢

嘧啶核苷酸的分解代谢途径与嘌呤核苷酸相似。先通过核苷酸酶及核苷磷酸化酶的作用，分别除去磷酸和核糖产生嘧啶碱，再进一步分解。

嘧啶的分解代谢主要在肝脏中进行。分解代谢过程中有脱氨基、氧化、还原、脱羧基等反应。胞嘧啶脱氨基转变为尿嘧啶。尿嘧啶和胸腺嘧啶先在二氢嘧啶脱氢酶的催化下，由 $NADPH+H^+$ 供氢，分别还原为二氢尿嘧啶和二氢胸腺嘧啶。二氢嘧啶酶催化嘧啶环水解，分别生成 β-丙氨酸和 β-氨基异丁酸。β-丙氨酸和 β-氨基异丁酸可继续分解代谢，β-氨基异丁酸亦可随尿排出体外。嘧啶核苷酸分解代谢如图 7-32 所示。

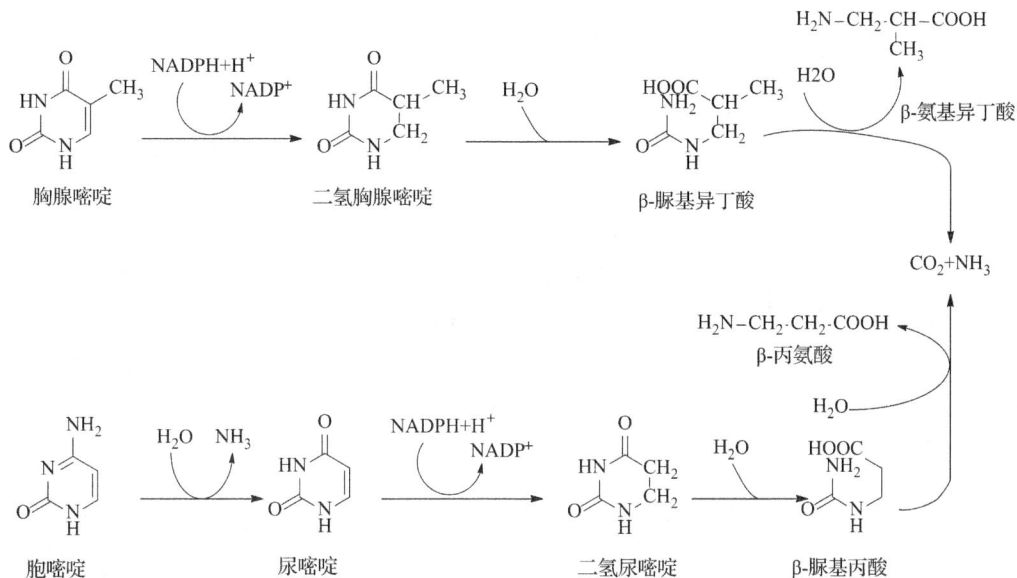

图 7-32 嘧啶核苷酸的分解代谢

三、核苷酸的合成代谢

体内核苷酸的合成有两条途径。一条是利用磷酸核糖、氨基酸、一碳基团及 CO_2 等小分子物质为原料，经过一系列酶促反应合成，称为从头合成途径。二是利用体内游离的嘌呤、嘧啶或嘌呤核苷、嘧啶核苷，经过简单的反应过程合成，称为补救合成途径。一般情况下前者是合成的主要途径。

（一）嘌呤核苷酸的合成

1. 嘌呤核苷酸的从头合成

在动物体内，嘌呤核苷酸大多由从头合成途径生成。嘌呤核苷酸的从头合成是指由甘氨酸、天冬氨酸、谷氨酰胺、CO_2 和一碳基团等简单物质为原料，由 ATP 和 GTP 供能，经复杂的酶促反应直接合成嘌呤核苷酸的过程。此过程主要在肝脏的胞液中进行，其次是在小肠黏膜及胸腺。嘌呤环各原子的来源如图 7-33 所示。

嘌呤核苷酸的从头合成可分为两个阶段。

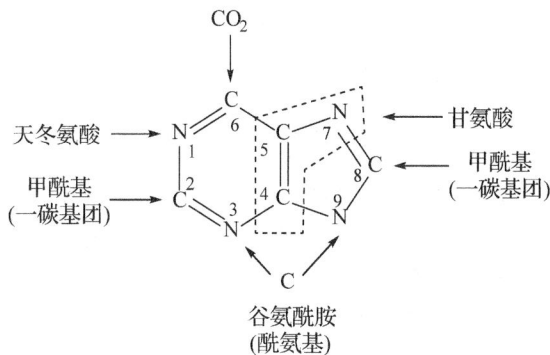

图 7-33 嘌呤环各原子的来源

第一阶段是合成次黄嘌呤核苷酸（IMP），首先由 5-磷酸核糖在磷酸核糖焦磷酸激酶的催化下，由 ATP 供能，合成 5-磷酸核糖焦磷酸（PRPP），反应如图 7-34 所示。

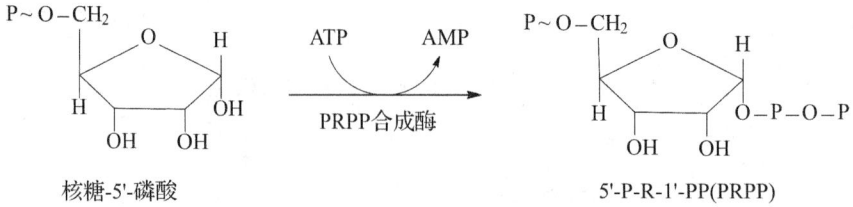

P~O–CH₂ ... 核糖-5'-磷酸   ATP   AMP   PRPP合成酶   5'-P-R-1'-PP(PRPP)

图 7-34　合成 5-磷酸核糖焦磷酸（PRPP）

此步反应是核苷酸合成代谢的关键步骤，其酶活性受终产物嘌呤核苷酸的抑制。PRPP 在多种酶的催化作用下，由 ATP 供能，先后与谷氨酰胺、甘氨酸、一碳基团、CO_2、天冬氨酸等反应，最终合成 IMP。IMP 虽不是核酸分子的主要成分，但它是嘌呤核苷酸合成的重要中间产物（图 7-35）。

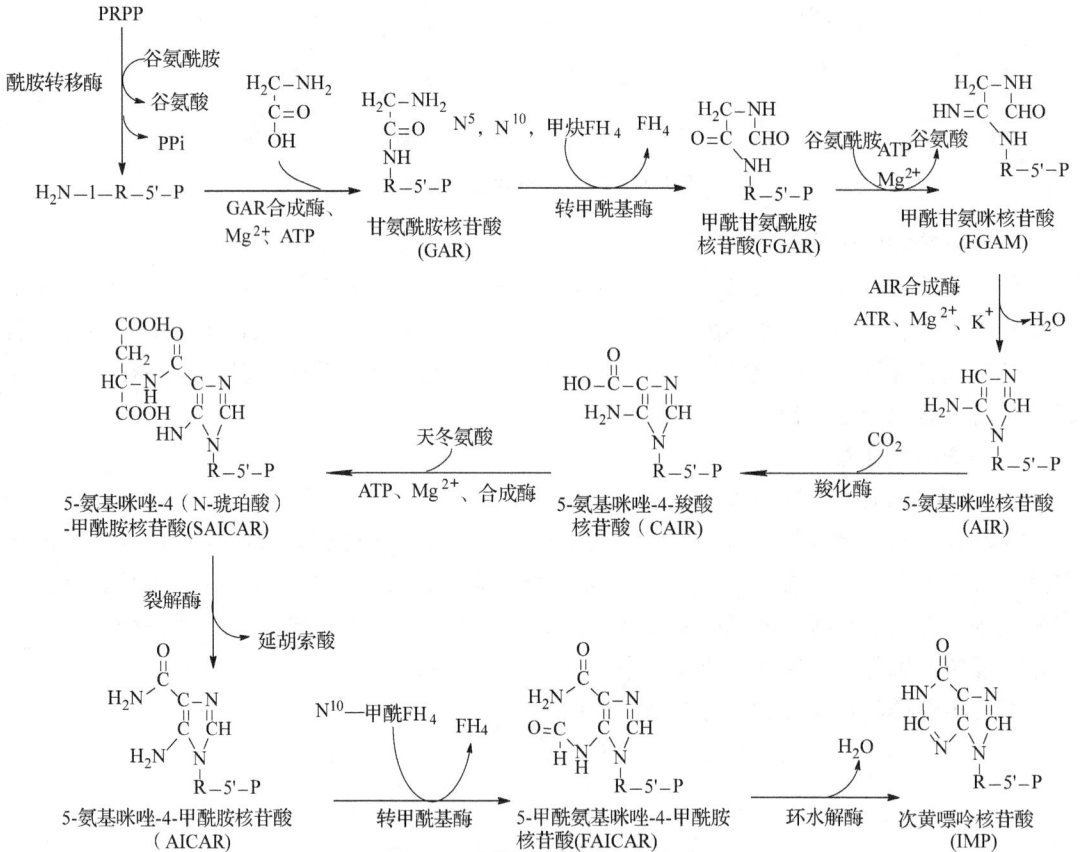

图 7-35　次黄嘌呤核苷酸的合成

第二阶段是一磷酸腺苷（AMP）与一磷酸鸟苷（GMP）的合成（图 7-36）。IMP 可由天冬氨酸提供氨基，脱去延胡索酸生成 AMP；IMP 也可先氧化成黄嘌呤核苷酸（XMP），再由谷氨酰胺提供氨基生成 GMP；一磷酸核苷再进一步磷酸化生成二磷酸核苷（ADP 与 GDP）和三磷酸核苷（ATP 与 GTP）；二磷酸核苷还可进一步在核苷酸还原酶的催化下被还原成二磷酸脱氧核苷，进而再转化为三磷酸脱氧核苷（图 7-37）。

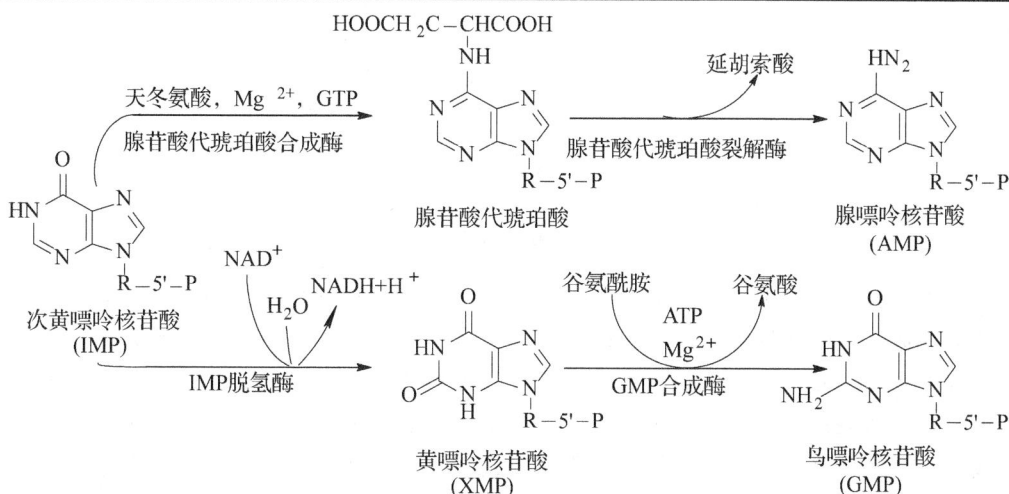

图 7-36　由 IMP 合成 AMP 及 GMP

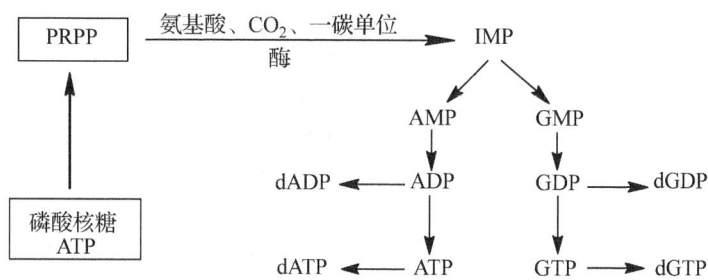

图 7-37　嘌呤核苷酸的合成

2. 嘌呤核苷酸的补救合成

嘌呤核苷酸的补救合成是细胞利用游离的嘌呤或嘌呤核苷合成嘌呤核苷酸的过程。与从头合成不同，补救合成过程较简单，消耗能量亦较少。补救合成主要由两种特异性不同的酶参与催化，一种是腺嘌呤磷酸核糖转移酶（APRT），另一种是次黄嘌呤—鸟嘌呤磷酸核糖转移酶（HGPRT），其反应过程如图 3-38 所示。

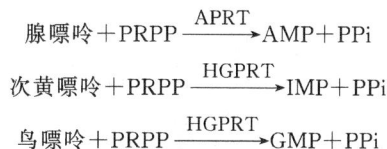

$$腺嘌呤 + PRPP \xrightarrow{APRT} AMP + PPi$$

$$次黄嘌呤 + PRPP \xrightarrow{HGPRT} IMP + PPi$$

$$鸟嘌呤 + PRPP \xrightarrow{HGPRT} GMP + PPi$$

图 7-38　嘌呤核苷酸的补救合成

嘌呤核苷酸补救合成的生理意义在于：一是可节省从头合成时的能量和一些氨基酸前体的消耗，二是机体的某些组织器官，如脑、红细胞、白细胞、骨髓等，从头合成嘌呤核苷酸的酶活性缺陷，它们只能利用肝细胞产生的自由嘌呤碱及嘌呤核苷补救合成嘌呤核苷酸。补救合成途径对这些组织细胞具有更重要的意义。

（二）嘧啶核苷酸的合成

1. 嘧啶核苷酸的从头合成

嘧啶核苷酸从头合成的原料是谷氨酰胺、CO_2、天冬氨酸。嘧啶环各原子的来源如图 7-39 所示。

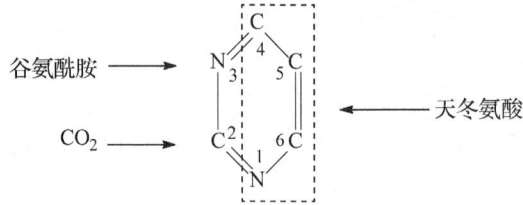

图 7-39   嘧啶环各原子的来源

与嘌呤核苷酸合成不同，嘧啶核苷酸的从头合成首先合成的是嘧啶环，然后再与磷酸核糖相连而成。在动物细胞中，嘧啶环的合成开始于氨甲酰磷酸的生成。氨甲酰磷酸也是尿素合成的重要中间产物，但它是由位于肝细胞线粒体中的氨甲酰磷酸合成酶Ⅰ催化生成的，氮源是游离氨；而嘧啶环合成所需的氨甲酰磷酸是由胞液中的氨甲酰磷酸合成酶Ⅱ催化生成的，其氮源是谷氨酰胺。氨甲酰磷酸合成酶Ⅱ所催化的反应是嘧啶核苷酸从头合成的主要控制点，它可被 ATP 和 PRPP 所活化，被高浓度的嘧啶核苷酸产物（UTP、CTP）所抑制。

谷氨酰胺和 CO_2 生成氨甲酰磷酸，氨甲酰磷酸再与天冬氨酸结合生成甲酰天冬氨酸，然后闭环氧化成乳清酸；乳清酸与 PRPP 结合生成乳清酸核苷酸（OMP），OMP 脱羧生成尿嘧啶核苷酸（UMP）（图 7-40）；一磷酸嘧啶核苷酸再进一步转化为二磷酸嘧啶核苷酸与三磷酸嘧啶核苷酸（UDP、UTP、CDP、CTP 和 dTTP）（图 7-41）。

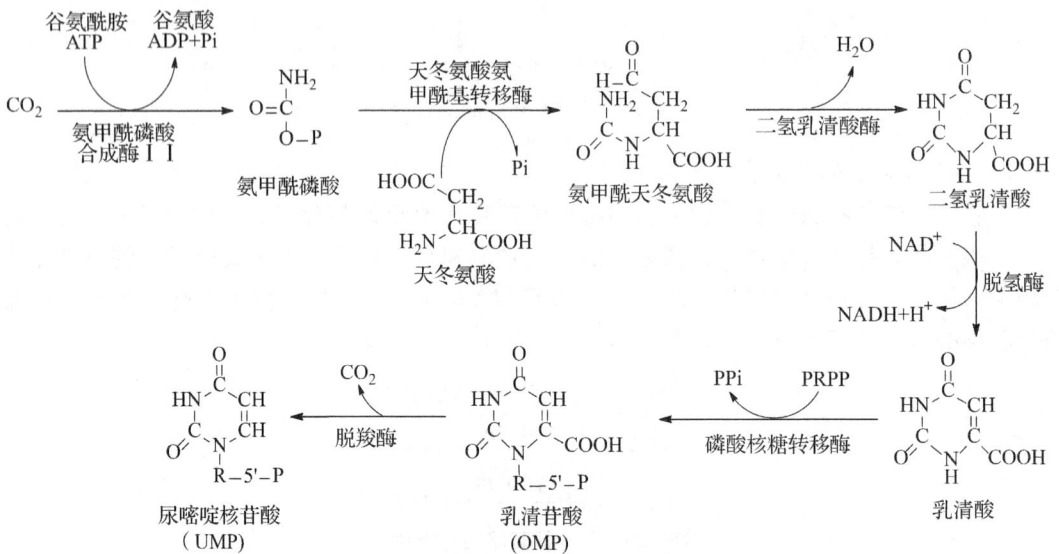

图 7-40   尿嘧啶核苷酸的合成

CTP 的生成则需要在 CTP 合成酶的催化下，消耗 1 mol ATP，使 UTP 从谷氨酰胺接受氨基而形成。

2. 嘧啶核苷酸的补救合成

嘧啶核苷酸的补救合成是利用细胞中现成的嘧啶和 PRPP 在嘧啶磷酸核糖转移酶的催化下合成嘧啶核苷酸的过程（图 7-42）。此酶能催化尿嘧啶、胸腺嘧啶及乳清酸转变为相应核苷酸，但对胞嘧啶不起作用。

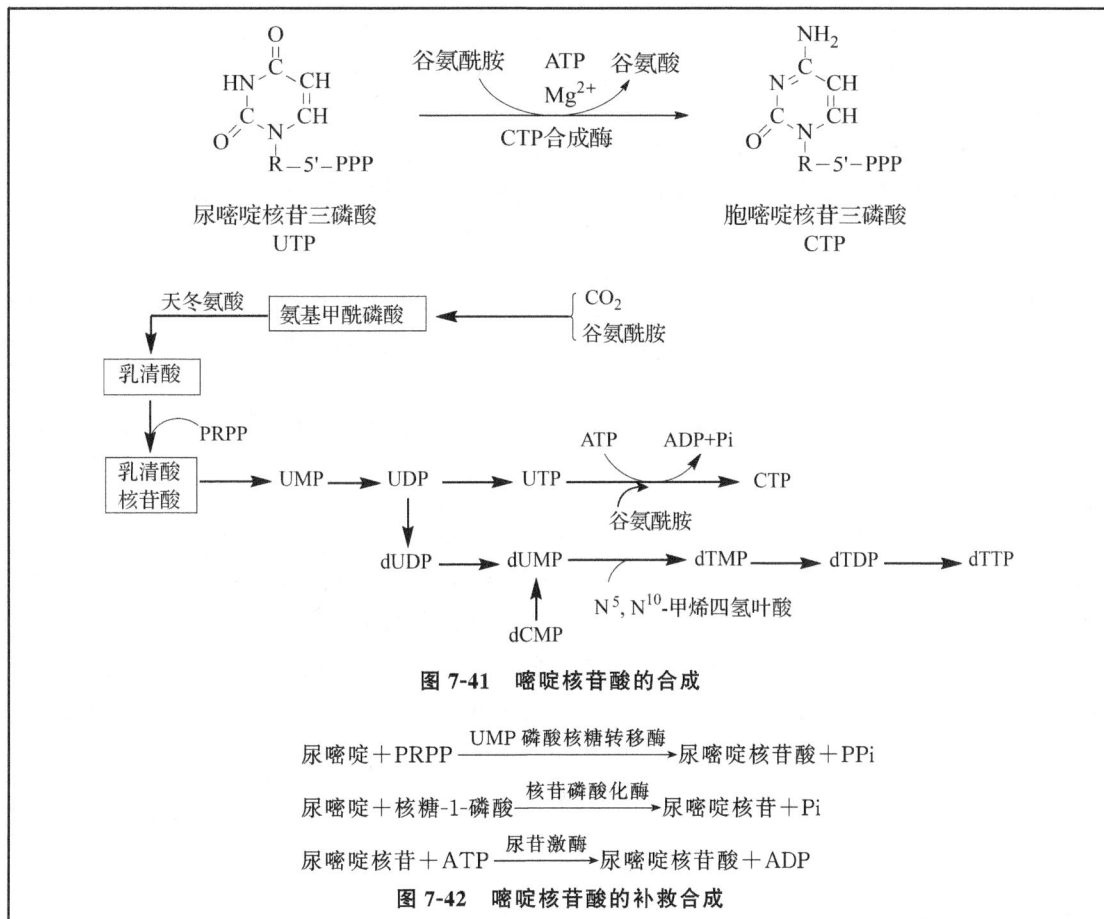

图 7-41　嘧啶核苷酸的合成

尿嘧啶＋PRPP $\xrightarrow{\text{UMP 磷酸核糖转移酶}}$ 尿嘧啶核苷酸＋PPi

尿嘧啶＋核糖-1-磷酸 $\xrightarrow{\text{核苷磷酸化酶}}$ 尿嘧啶核苷＋Pi

尿嘧啶核苷＋ATP $\xrightarrow{\text{尿苷激酶}}$ 尿嘧啶核苷酸＋ADP

图 7-42　嘧啶核苷酸的补救合成

●●●●● 拓展阅读

一、慢性肾病与低蛋白饮食

肾脏如同人体的"筛子"，每天的代谢废物、水、钠离子、钾离子等小分子物质可以被顺畅地滤过，而细胞和蛋白质、糖、脂肪等大分子物质不能被肾小球滤出，即使极少量的白蛋白和糖被滤出了，也被肾小管重吸收。所以，正常人尿液不会出现红细胞、蛋白质和糖，尿常规检查尿蛋白和尿糖都是阴性。

当发生各种肾脏疾病后，肾小球滤过膜受损，血液中的蛋白质、糖、红细胞等就漏了出来，尿常规检查就会发现血尿、蛋白尿和糖尿。随着病情的加重，肾小球滤过孔越来越大，更多的蛋白质漏出，尿蛋白越来越多，当达到一定的量时，就称为大量蛋白尿，此时称肾病综合征。

肾病早期，肝脏加紧"制造"蛋白质以补充丢失，但当出现大量蛋白尿时，制造的量不足以补充丢失的量，就会出现低蛋白血症和水肿。

出现了低蛋白，是不是就要高蛋白饮食和补充蛋白质治疗呢？答案是否定的。那为什么肾病患者丢失大量蛋白，还要保持低蛋白饮食呢？

　　对于肾病患者，低蛋白的根本原因是蛋白从肾脏大量漏出，新补充的蛋白质还会继续被漏掉，所以仅靠补充蛋白质对低蛋白血症不仅于事无补，还会加速肾脏负担、加速肾功能损伤进程。

　　大部分肾小球滤过膜损伤的原因是自身免疫损伤，所以许多慢性肾病病人要使用激素和免疫抑制剂来抑制免疫，修复损伤的滤过膜。蛋白漏出少了或终止漏出了，血浆蛋白量自然就会恢复。

二、血氨

　　食物中的蛋白质被肠道细菌降解产生氨，这些氨被肠道吸收经门静脉到达肝脏进行解毒，这属于外源性的氨来源。身体组织将氨基酸作为能量来源时就会产生氨，这属于内源性的氨来源。

　　不管内源性或外源性的氨，最终都要进入肝脏进行尿素循环，将氨转化成不具毒性的尿素，75％的尿素经由肾脏排泄至尿液中，剩余的 25％会扩散入肠腔，然后又被肠道细菌降解为氨，氨则又被肠道重吸收进入门静脉而送往肝脏解毒。

　　如果肝脏功能不良时，就无法将氨顺利地解毒成尿素，就会造成血氨上升。降低血氨的方法主要是控制其来源，第一，减少食物中蛋白质含量，就可以减少氨的产生，或者给予适当的抗生素来控制肠道细菌以减少细菌将蛋白质降解成氨。另外，氨又分成 NH_3 及 NH_4^+，在酸性环境下倾向形成 NH_4^+，在中性或碱性环境则倾向形成 NH_3，但只有 NH_3 才能透过细胞膜而被肠道吸收，所以如果能将肠道维持酸性，使氨倾向形成 NH_4^+，就无法被肠道吸收进入门静脉，就能有效减少氨的来源。乳果糖就是能酸化肠道环境，其缓泻作用也能减少细菌与肠道蛋白接触的时间，也能减少氨的产生，这些就是肝性脑病治疗的原理。

●●●●● **材料设备清单**

学习情境7		含氮小分子的代谢		学时		10
项目	序号	名称	作用	数量	使用前	使用后
所用设备、器具和材料	1	干燥箱	烘干	1个		
	2	水浴锅	加热	1～2个/班		
	3	安部瓶	分离及盛装试剂	2～3个/组		
	4	色谱缸	盛装溶液	1个/组		
	5	吹风机	风干	1个/组		
	6	喷雾器	喷淋液体	1个/组		
	7	分光光度计	测定样本浓度	1个		
	8	恒温水浴锅	恒温加热	1个		

●●●● 作业单

学习情境 7	含氮小分子的代谢
作业完成方式	以学习小组为单位，课余时间独立完成，在规定时间内提交作业。
作业题 1	评估动物肝脏损伤的生化指标及其意义。
作业解答	
作业题 2	血氨的临床诊断意义。
作业解答	
作业题 3	如何区分动物肝损伤和肝衰竭？
作业解答	

作业评价	班级		第　　组	组长签字		
	学号		姓名			
	教师签字		教师评分		日期	
	评语：					

●●●● 学习反馈单

学习情境 7			含氮小分子的代谢
评价内容			评价方式及标准
	评价项目	评价方式	评价标准
知识目标达成度	任务点评量(60%)	学生自评与互评；教师评价	A. 任务点完成度 100%，正确率 95% 以上、笔记内容完整，书写清晰。
			B. 任务点完成度 90%，正确率 85% 以上、笔记内容基本完整，书写较清晰。
			C. 任务点完成度 80%，正确率 75% 以上、笔记内容较完整，书写较清晰。
			D. 任务点完成度 70%，正确率 65% 以上、笔记内容欠完整，书写欠清晰。
			E. 任务点完成度 60%，正确率 50% 以上、笔记内容不完整，书写不清晰。

知识目标达成度	撰写小论文（20%）	学生自评与互评；教师评价	A. 论文中专业知识运用、分析、拓展全面，表述合理，结论正确。
			B. 论文中专业知识运用、分析、拓展基本全面，表述基本合理，结论正确。
			C. 论文中专业知识运用、分析、拓展较全面，表述较合理，结论正确。
			D. 论文中专业知识运用、分析、拓展欠全面，表述欠合理，结论基本正确。
			E. 论文中专业知识运用、分析、拓展不全面，表述模糊，结论不完整。
	考试评量（20%）	纸笔测试	以试卷形式评量，试卷满分100分，按比例乘系数。
	实验基本操作能力（30%）	学生自评与互评；教师评价	A. 实验操作熟练且规范，方法正确。
			B. 实验操作基本熟练且规范，方法正确。
			C. 实验操作较熟练且规范，方法正确。
			D. 实验操作欠熟练欠规范，方法基本正确。
			E. 实验操作不熟练，规范度欠佳，方法不准确。
	实验原理掌握（30%）	学生自评与互评；教师评价	A. 实验原理清晰，解释合理。
			B. 实验原理基本清晰，解释基本合理。
			C. 实验原理较清晰，解释较合理。
			D. 实验原理欠清晰，解释欠合理。
			E. 实验原理模糊，解释牵强。
	技能拓展与创新能力（40%）	学生自评与互评；教师评价	A. 能正确完成临床案例分析和处理，能根据实际情况灵活变通。
			B. 基本能完成临床案例的分析和处理，能根据实际情况灵活变通。
			C. 能完成临床案例的分析和处理，但缺少完整性和统一性。
			D. 能完成临床案例的分析和处理，但需要教师指导。
			E. 不能完成临床案例的分析和处理，不能灵活变通。

素养目标 达成度	学习态度 及表现 （50%）	学生自评 与互评； 教师评价	A. 学习态度端正、积极参与课堂，小组合作意识强。
			B. 学习态度基本端正、积极参与课堂，小组合作意识强。
			C. 学习态度较端正、积极参与课堂，小组合作意识较强。
			D. 学习态度欠端正、不积极参与课堂，小组合作主动意识不强。
			E. 学习态度不端正、不积极参与课堂，小组合作主动意识不强。
	职业素养 （20%）	学生自评 与互评； 教师评价	A. 具有生物安全和动物福利意识，以畜牧业发展为目标。
			B. 基本具有生物安全和动物福利意识，基本以畜牧业发展为目标。
			C. 生物安全和动物福利意识一般，基本以畜牧业发展为目标。
			D. 生物安全和动物福利意识不强，以畜牧业发展为目标不明确。
			E. 生物安全和动物福利意识差，不能以畜牧业发展为目标。
	综合素养 （30%）	学生自评 与互评； 教师评价	A. 身心健康，有服务三农理念，有民族责任感和使命担当。
			B. 身心基本健康，有服务三农理念，有民族责任感和使命担当。
			C. 身心较健康，服务三农理念一般，有民族责任感和使命担当。
			D. 身心欠健康，服务三农理念欠佳，民族责任感和使命担当一般。
			E. 身心不健康，服务三农理念差，民族责任感和使命担当差。

综合评价				
评量内容及评量分配	自评、组评及教师复评			合计得分
	学生自评（占 10%）	小组互评（占 20%）	教师评价（占 70%）	
知识目标评价（50%）	满分：5 实得分：	满分：10 实得分：	满分：35 实得分：	满分：50 实得分：
技能目标评价（30%）	满分：3 实得分：	满分：6 实得分：	满分：21 实得分：	满分：30 实得分：
素养目标评价（20%）	满分：2 实得分：	满分：4 实得分：	满分：14 实得分：	满分：20 实得分：
反馈及改进				

●思政拓展阅读

●线上答题

学习情境 8

核酸与蛋白质的生物合成

● ● ● ● ● **学习任务单**

学习情境 8	核酸与蛋白质的生物合成	学　时	6
布置任务			
学习目标	【知识目标】 　1. 熟记遗传学的中心法则；掌握 DNA 的半保留式复制过程及复制中需要的各种酶类；掌握逆转录合成 DNA 的过程；了解 DNA 的损伤与修复。 　2. 掌握转录的特点和过程；能准确叙述转录和复制的异同点；了解病毒 RNA 的复制。 　3. 掌握蛋白质生物合成体系和蛋白质合成过程；了解蛋白质的加工修饰。 【技能目标】 　1. 熟练操作质粒 DNA 的提取。 　2. 熟练操作聚合酶链式反应，能进行简单的实验设计。 【素养目标】 　1. 培养细致耐心、刻苦钻研的学习和工作作风；培养学生安全生产和公共卫生意识，做好自身安全防护。 　2. 能够独立或在教师的引导下设计工作方案，分析、解决工作中出现的一般性问题。 　3. 具有崇高的理想信念、强烈的社会责任感和团队奉献精神，理解并坚守职业道德规范，具备健康的身心和良好的人文素养。 　4. 适应社会经济和现代农业发展需要，面向国家和行业需求，能及时跟踪动物医学及相关领域国内外发展现状和趋势。		
任务描述	利用所学生化专业知识，解决临床工作和生活中的实际问题，具体任务如下。 1. 能解释遗传性疾病与基因突变的关系；能解释肿瘤的发病与基因的关系。 2. 能针对常见疾病，设计简单的核酸诊断方法步骤。		
提供资料	1. 学习任务单、任务资讯单、案例单、工作任务单、必备知识等。 2. 学期使用教材。 3. SPOC：		

对学生要求	1. 具有生物学基础知识；课前按任务资讯单认真准备，课上能认真完成各项工作任务，课后能总结提升。 2. 以学习小组为单位，展示学习成果，有团队协作能力，有创新意识，有一定的知识拓展能力。 3. 有良好的职业素养和服务畜牧业的理想。

●●●●● 任务资讯单

学习情境 8	核酸与蛋白质的生物合成
资讯方式	阅读学习任务单、任务资讯单和教材；进入相关网站，观看 PPT 课件、视频；图书馆查询；向指导教师咨询等。
资讯问题	1. 名词解释：中心法则；半保留复制；转录；逆转录；冈崎片段；不对称转录；翻译。 2. 简述 DNA 半保留复制的过程。 3. DNA 复制所需要的酶有哪些？分别起什么作用？ 4. 叙述转录的过程。 5. mRNA 的加工修饰有何特点？ 6. 何谓遗传密码？有何特点？ 7. 简述蛋白质生物合成的基本过程。 8. 试比较复制、转录、翻译三者的异同。 9. 简述基因工程的基本过程。 10. 转录与复制有何差别？
资讯引导	1. 邹思湘. 动物生物化学[M]. 第五版. 北京：中国农业出版社，2013 2. 朱圣庚，徐长法. 生物化学[M]. 第 4 版. 北京：高等教育出版社，2016 3. 叶非，冯世德. 有机化学[M]. 第 2 版. 北京：中国农业出版社，2007 4. 中国大学 MOOC 网：

●●●●● 案例单

学习情境 8	核酸与蛋白质的生物合成	学时	6
序号	案例内容		案例分析
8.1	1. 基本信息及病史：柯基，1岁，雌性未绝育。平时饲喂犬粮和鸡胸肉，半年前曾做过驱虫。近一个月患犬出现腹围增大，就诊前出现呕吐及流涎。 2. 临床检查：犬精神尚可，触诊腹围增大。 3. 血常规检查显示：红细胞数目正常，MCV降低，可能存在缺铁或铁代谢异常（如肝脏疾病）；中性粒细胞增多（未见核左移）和单核细胞增多，提示炎症或应激。血涂片镜检：红细胞及白细胞形态未见明显异常。 4. 血液生化检查：可见总蛋白和白蛋白低于下限，鉴别诊断包括丢失增多（失血、蛋白丢失性肠病等）和生成减少（肝病）；血氨升高，提示存在门静脉短路（PSS）或肝功能不全；总胆红素指标正常，而胆汁酸升高，提示PSS或慢性肝炎/肝硬化。其余指标未见明显异常。 5. 腹水为浅黄色、微浊。蛋白定量为<2 g/dL，有核细胞计数为 $0.47×10^{-9}$/L，提示为低蛋白漏出液，可能的原因包括低蛋白血症、肝硬化、淋巴回流受阻和门静脉高压（肝前性或肝性）。 试分析血液生化总蛋白和白蛋白降低的原因。		该病例临床检查和实验室检查提示慢性肝炎或肝硬化，导致肝功能下降，合成蛋白减少，从而血液中的白蛋白和总蛋白降低。 另外，也可能是淋巴回流受阻和门静脉高压，都会引起血浆胶体渗透压下降和组织胶体渗透压升高，产生腹水，导致血液中的白蛋白漏出到腹腔形成腹水。 该病例需要进一步检查，比如影像检查、穿刺检查等，进一步确定病因。

●●●●● 工作任务单

学习情境 8	核酸与蛋白质的生物合成
项目 1	质粒 DNA 的提取

任务 1　配置试剂

1. 大肠杆菌 JMIO9-pBR322-HBV。

2. STE：0.1 mol/L NaCl，10 mmol/L Tris-Cl(pH 8.0)，1 mmol/L EDTA(pH 8.0)。

3. 灭菌溶液 I：50 mmol/L 葡萄糖，25 mmol/L Tris-Cl(pH 8.0)，10 mmol/L EDTA (pH 8.0)。

4. 溶液 II(pH12.6)：0.2 mol/L NaOH，1%SDS。

5. 溶液 III(pH4.8)：100 mL 含 5 mol/L NaAc 60 mL、冰醋酸 11.5 mL、双蒸水 28.5 mL。

6. TE(pH8.0)：10 mmol/L Tris-C1(pH 8.0)，1 mmol/L EDTA (pH 8.0)。

7. RNA 酶：将 RNA 酶溶于 10 mmol/L Tris-HCl(pH7.5)、15 mmol/L NaCl 中，配成 10 mg/mL 的浓度，于 100℃加热 15 min，缓慢冷却至室温，保存于－20℃。

8. 质粒小量制备试剂盒：商品试剂。

9. 其他试剂：溶菌酶(10 mg/mL)，饱和苯酚，24：1 氯仿/异戊醇混合液，100%冰乙醇。

任务 2　质粒 DNA 的小量制备

【工序 1】细菌的培养及质粒扩增

1. 取甘油保存的工程菌 JM1O9-pBR322-HBV，涂布含氨苄西林(Amp)的 LB 琼脂平板，37℃过夜。

2. 挑取培养板上的单个菌落，接种到 2~5 mL 含氨苄青霉素(Amp)的 LB 液体培养基中，37℃强烈摇荡(220 r/min)过夜培养。

【工序 2】细菌的收集及裂解

1. 取 1.4 mL 培养液移至 1.5 mL 的离心管中，12 000 r/min，4℃离心 30 s。

2. 弃上清，加 1 mL 溶液 I 悬浮菌体，12 000 r/min，离心 30 s。

3. 弃上清，将细菌沉淀悬浮于 100 μL，冰预冷的溶液 I 中，强烈振荡混匀。

4. 加入 200 μL 溶液 II，温和颠倒混匀 5 次，放置冰浴中 3~5 min。

5. 加入 150 μL 溶液 III，温和混匀 10 s，冰浴内放置 3~5 min。12 000 r/min，4℃(或室温)，离心 5 min。

【工序 3】质粒 DNA 的分离与纯化

1. 上述离心后的样本，取上清移至新的 1.5 mL 离心管中，加入 1/2 体积饱和苯酚，1/2 体积 24：1 氯仿/异戊醇，颠倒混匀 2 min，12 000 r/min，4℃(或室温)离心 5 min。

2. 取上清移至另一个 1.5 mL 离心管中。加入 2 倍体积 100%冰乙醇，混匀。室温放置 5~30 min。12 000 r/min，4℃(或室温)离心 5 min。

3. 弃去上清，加入 70%冷乙醇 1 mL，颠倒漂洗，12 000 r/min，4℃(或室温)离心 5 min。

4. 弃上清，将离心管于吸水纸上倒置 1 min，室温放置 10~15 min，或真空抽干 2 min。

加 $20\mu L$ TE(pH 8.0，含无 DNA 酶的 RNA 酶 $20\mu g/mL$)，溶解 DNA，短暂混匀，室温放置 30 min 以消化 RNA。取 $2\mu L$ 可用于电泳、内切酶酶切实验，或 $-20℃$ 贮存。

任务 3　质粒 DNA 的大量制备

【工序 1】细菌的培养及质粒扩增

1. 挑取培养板上的单个菌落，接种到 2 mL 含 Amp 的 LB 液体培养基中，37℃强烈振荡(220 r/min)培养过夜，再取 0.5 mL 接种至 25 mL 含 Amp 的 LB 培养基中培养至 $OD_{600}\approx0.6$。

2. 取 24 mL 培养液接种到 500 mL 含 Amp 的 LB 培养基中，37℃强烈振荡 4～6h。加入氯霉素至终浓度 $170\mu g/mL$，37℃强烈振荡培养 12～16h。

【工序 2】细菌的收集及裂解

1. 将培养液移入离心管内，4 000 r/min，4℃离心 15 min，弃上清，用 100 mL 冰预冷的 STE 悬浮细菌，再离心收集菌体。

2. 将细菌悬浮于 10 mL 冰预冷的溶液Ⅰ中，强烈振荡混匀，加入 1 mL 溶菌酶(10 mg/mL)混匀，冰浴放置 5 min。

【工序 3】质粒 DNA 的分离与纯化

1. 加入 20 mL 溶液Ⅱ，颠倒混匀 5～7 次(不要强烈振荡)，放置 5 min。

2. 加入 15 mL 冰预冷的溶液Ⅲ，温和颠倒混匀，冰浴放置 10 min，12 000 r/min，4℃离心 20 min。

3. 将上清通过 4 层消毒纱布滤入一个新的离心管中，加入 0.6 倍体积的异丙醇混匀，室温放置 10 min，12 000 r/min，室温离心 15 min。

4. 小心弃上清，用 70%乙醇溶液室温漂洗 1 次，12 000 r/min 离心 5 min。小心弃上清液，倒置离心管在滤纸上，流净液体，或用消毒滤纸小条小心吸尽管壁上的乙醇，室温(或 37℃)放置 10～15 min。

5. 加 3 mL TE(pH8.0)溶解 DNA。

●注意事项

1. 提取的质粒 DNA 应完整性良好，$OD_{260/280}$ 在 1.80 左右。

2. 操作时应戴手套，所用试剂与容器均需高压，以避免 DNase 污染。

3. 每一步操作中，加入溶液后均需充分混匀。

4. 碱变性时，要充分混匀使菌体完全裂解，一旦裂解(变黏稠)，应立即加入酸溶液中和。

5. 菌体裂解后，每步操作动作要轻，不要强烈振荡，以防损伤 DNA。

●实验原理

碱裂解法提取质粒利用的是共价闭合环状质粒 DNA 与线状的染色体 DNA 片段在拓扑学上的差异来分离它们。在 pH 介于 12.0～12.5 这个狭窄的范围内，线状的 DNA 双螺旋结构解开变性，在这样的条件下，共价闭环质粒 DNA 的氢键虽然断裂，但两条互补链彼此依然相互盘绕而紧密地结合在一起。当加入 pH4.8 的醋酸钾高盐缓冲液使 pH 降低后，共价闭合环状的质粒 DNA 的两条互补链迅速而准确地复性，而线状的染色体 DNA 的两条互补链彼此已完全分开，不能迅速而准确地复性，它们缠绕形成网状结构。通过离心，染色体 DNA 与不稳定的大分子 RNA、蛋白质-SDS 复合物等一起沉淀下来，而质粒 DNA 却留在上清液中。

项目 2	聚合酶链式反应

任务 1　配制试剂

1. Taq DNA 聚合酶：在 PCR 100 μL 反应体系中，Taq DNA 多聚酶用量为 1～2.5 单位。

2. 三磷酸脱氧核苷酸(dNTP)：dNTP 溶液用 NaOH 调节至 pH 7.0 后储存。dNTP 工作储存液为 1 mmol/L，其使用浓度为 20～200 μmol/L 之间。

3. 上下游引物：引物的浓度一般为 0.1～0.5 μmol/L 之间。

4. 其他反应组成物：模板 DNA；DNA 聚合酶缓冲液；双蒸水。

任务 2　建立 PCR 体系

在微量离心管内，加 PCR 用缓冲液、四种脱氧单核苷酸(dNTP)溶液、耐热性多聚酶、两个合成 DNA 的引物、微量的模板 DNA 及适量的水。25 μL 反应体系如下。

试剂	用量(μL)
模板 DNA	1
10×PCR Buffer	2.5
dNTP 混合试剂	2
TaqTM	0.2
上游引物	1
下游引物	1
ddH$_2$O	17.5

任务 3　建立 PCR 程序

将 PCR 反应体系的离心管放入 PCR 基因扩增仪内进行扩增。

PCR 反应条件：94℃、5 min；94℃、30 s；55℃、30 s；72℃、45 s；35 个循环；72℃、10 min；4℃、30 min。

任务 4　PCR 产物的检测

将 PCR 扩增产物进行琼脂糖凝胶电泳(具体操作见学习情境 2)。在紫外灯照射下，用肉眼能见到扩增的特异区段的 DNA 条带，与标准分子量条带比较，可以判断是否获得目的片段。

●注意事项

1. 试剂的配制、分装与保存都应在无 PCR 产物的环境中进行，整个操作在清洁环境下进行，防止试剂和样品被污染。

2. 设计对照试验，以检测 PCR 操作过程中是否被污染。

●实验原理

PCR 基因扩增是一种特定区段 DNA 的复制，其复制方式是以半保留形式进行的。PCR 扩增法的 DNA 复制，必须有 DNA 模板、DNA 聚合酶、DNA 引物及四种 dNTP。PCR 扩增过程中，链的延伸具有方向性，以引物为固定起点，延伸才能进行。

PCR 的原理是以温度改变为条件的 DNA 的变性与复性机制。反应体系加热至 95℃时，模板双链 DNA 变性，双链解开成单链，作为 DNA 聚合反应的模板。降温至适宜温度使引物与模板 DNA 的互补序列杂交。升温至 72℃，DNA 聚合酶以 dNTP 为底物催化 DNA 链合成，生成互补链。如此循环，就形成特定的 DNA 片段集合。PCR 扩增 DNA 特定区段，是由人工合成的上下游引物决定的，这是 PCR 扩增的关键。扩增片段的长度也是引物限定的。

必备知识

现代生物学已充分证明，DNA 是生物遗传的主要物质基础。生物机体的遗传信息以密码的形式编码在 DNA 分子上，表现为特定的核苷酸排列顺序，并通过 DNA 的复制由亲代传递给子代。在后代的生长发育过程中，遗传信息自 DNA 转录给 RNA，然后翻译成特异的蛋白质，以执行各种生命功能，使后代表现出与亲代相似的遗传性状，即遗传信息的表达。遗传信息从 DNA 到 RNA 再到蛋白质的传递规律，即称为生物遗传信息传递的"中心法则"。后来，发现某些病毒的遗传物质是 RNA，它们是通过 RNA 的复制遗传的，另外，在某些致癌 RNA 病毒中还发现 RNA 通过逆转录的方式将遗传信息传递给 DNA。这些发现进一步完善了中心法则。生物遗传信息传递的中心法则如图 8-1 所示。

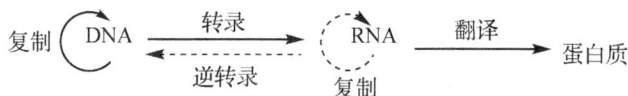

图 8-1　生物遗传信息传递的中心法则

第一部分　DNA 的生物合成

一、DNA 的半保留式复制

DNA 由两条螺旋盘绕的多核苷酸链组成，两条链通过碱基对之间的氢键连接在一起，所以这两条链是互补的。一条链上的核苷酸排列顺序决定了另一条链上的核苷酸排列顺序。由此可见，DNA 分子的每一条链都含有合成它的互补链所必需的全部遗传信息。美国科学家沃森(Watson)和英国科学家克里克(Crick)在提出 DNA 双螺旋结构模型时就推测出，在复制过程中碱基间氢键先断裂并使双链解开，然后每条链都可以作为模板，以三磷酸脱氧核苷为原料，按照碱基配对原则合成互补链(图 8-2)。在此过程中，每个子代分子的一条链来自亲代 DNA，另一条链则是新合成的，这种方式称为半保留复制。由于 DNA 分子这种特定的生物合成方式，保证了生物遗传信息由亲代向子代传递的准确性和稳定性。

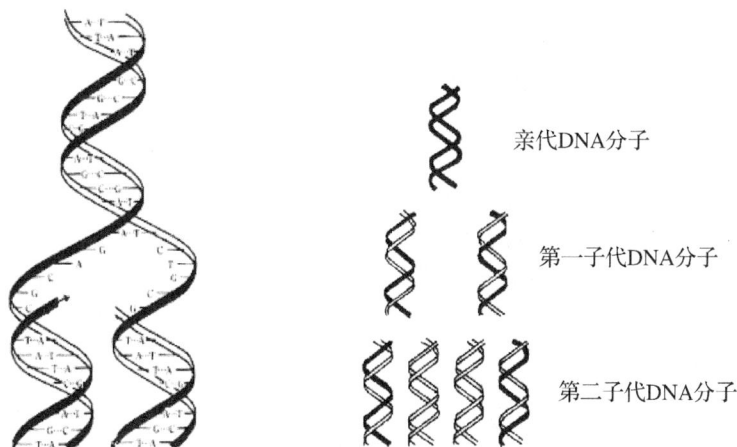

图 8-2　DNA 的半保留式复制

二、参与 DNA 复制的酶

DNA 复制的过程极其复杂和快速，包括超螺旋和双螺旋的解旋、复制的起始，链的延长、终止等，它的高效性和准确性源于许多酶与各种蛋白质因子的参与。

1. 拓扑异构酶和解链酶

拓扑异构酶是在复制时起着松弛 DNA 分子超螺旋结构的作用，暴露起始点处碱基，促进复制起始与延长。

解链酶是在复制过程中促使 DNA 双螺旋的氢键断裂，使 DNA 双链解开为单链的酶。解开 DNA 双链需由 ATP 水解供能，每解开 1 对碱基，需要 2 分子 ATP。

2. 单链 DNA 结合蛋白

被解链酶解开的两条 DNA 单链必须被单链 DNA 结合蛋白覆盖以避免再缔合成双链，从而阻止复性并保护单链 DNA 在复制过程中的稳定性，保持单链状态。

3. 引物酶

由于 DNA 聚合酶不能自己从头合成 DNA 链，在 DNA 复制过程中需要先合成一小段 RNA 片段作为引物，这种短 RNA 引物片段一般由 $5 \sim 10$ 个核苷酸构成。RNA 引物的 $3'$ 末端提供了由 DNA 聚合酶催化形成 DNA 分子第一个磷酸二酯键的位置，并引导 DNA 新链的合成。催化 RNA 引物合成的酶称为引物酶，它是一种特殊的 RNA 聚合酶。

4. DNA 聚合酶

DNA 聚合酶是以 DNA 单链为模板，催化 4 种脱氧核糖核苷酸与模板链的碱基互补配对，形成新的互补 DNA 链的主要酶，也叫 DNA 指导的 DNA 聚合酶。

原核生物的 DNA 聚合酶主要包括 DNA 聚合酶 I、DNA 聚合酶 II、DNA 聚合酶 III。大肠杆菌中 DNA 复制的主要过程靠 DNA 聚合酶 III 起作用，而 DNA 聚合酶 I 和 DNA 聚合酶 II 主要在 DNA 复制时校正和修复错配的碱基。

DNA 聚合酶的共同特点是：①需要 DNA 模板；②需要 RNA 作为引物，即 DNA 聚合酶不能从头催化 DNA 的起始；③催化 dNTP 在引物的 $3'$ 末端形成 $3',5'$-磷酸二酯键，使新链按 $5' \rightarrow 3'$ 的方向延长；④3 种 DNA 聚合酶都属于多功能酶，具有聚合、校对和外切等功能，在 DNA 复制和修复过程的不同阶段发挥作用。

5. DNA 连接酶

连接酶是在 DNA 合成中催化相邻的 DNA 片段之间形成 $3',5'$-磷酸二酯键，从而连接两个 DNA 片段，此酶催化需要 ATP 供能。

三、DNA 的复制过程

以亲代 DNA 为模板合成子代 DNA 的过程称为 DNA 的复制。DNA 的复制过程十分复杂，通常人为地把 DNA 复制的全部过程分为三个阶段：第一阶段为 DNA 复制的起始阶段，这个阶段包括起始与引物的形成；第二阶段为 DNA 链的延长，包括前导链及随从链的形成和切除 RNA 引物后填补其留下的空缺；第三阶段为 DNA 复制的终止阶段，主要是连接 DNA 片段形成完整的 DNA 分子。

1. 复制的起始

无论是原核生物还是真核生物，DNA 的复制都起始于一个特定的位点，称为起始位点。原核细胞 DNA 复制只有一个起始位点，真核细胞 DNA 复制有多个起始位点。在起始位点，首先起作用的是 DNA 拓扑异构酶和解链酶，它们松弛 DNA 超螺旋结构，解开一小段双链，并由 DNA 单链结合蛋白保护和稳定 DNA 的单链状态，形成复制点。这个复制点的形状像一个叉子，故称为复制叉。

当两股单链暴露出足够数量的碱基对时，在引物酶的作用下，以单链 DNA 为模板，以 4 种核糖核苷酸为原料，遵循碱基配对规律，按 5′→3′ 方向合成 RNA 引物。形成的 RNA 引物，为 DNA 链的合成提供了连接脱氧核苷酸的 3′-OH 末端。

2.DNA 链的延长

在细胞内，DNA 的两条链都可以作为模板，分别合成 2 对新的 DNA 子链。由于 DNA 的两条链是反向平行的，即一条链是 5′→3′ 方向，而另一条链是 3′→5′ 方向，DNA 聚合酶催化 DNA 链的合成只能沿着 5′→3′ 方向进行。这就很难理解 DNA 在复制时两条链如何能够同时作为模板合成其互补链。为了解决这个矛盾，1968 年日本科学家冈崎等提出了 DNA 的不连续复制模型，认为 3′→5′ 走向合成的 DNA 链实际上是由许多 5′→3′ 方向的 DNA 片段连接起来的。

解开双链以后，在 3′→5′ 方向的 DNA 模板链上可以顺利地按 5′→3′ 方向合成新的 DNA 链，这条连续合成的 DNA 新链称为前导链；另一条以 5′→3′ 方向的亲代 DNA 链为模板合成则是不连续的，不连续合成的 DNA 新链称为随从链。在随从链合成过程中，先形成较短的 DNA 片段，称为冈崎片段，然后在连接酶的作用下，将这些片段连接起来，形成完整的 DNA 链。冈崎片段的合成方向仍然是 5′→3′ 方向，反应直至下一个引物 RNA 的 5′-末端为止。在原核细胞中，每个冈崎片段约含 1 000～2 000 个核苷酸，真核细胞中约含 100～200 个核苷酸。

在一个复制叉内，两条新链的合成都是按照 5′→3′ 方向进行的，前导链是连续合成的，而随从链合成的是不连续的冈崎片段，DNA 的这种复制方式称为半不连续复制(图 8-3)。

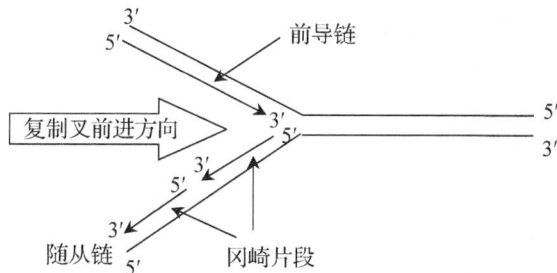

图 8-3　DNA 的半不连续复制

3.RNA 引物的水解

DNA 片段合成至一定长度后，链中的 RNA 引物即被核酸酶水解而切掉。此时出现的缺口由 DNA 聚合酶合成 DNA 填补。

4.DNA 分子的形成

随从链中相邻的两个 DNA 片段在 DNA 连接酶的作用下形成 3′,5-磷酸二酯键，连接起来形成长链，并与其对应的模板 DNA 链一起生成子代双螺旋 DNA，即完整的 DNA 分子。DNA 的复制过程如图 8-4 所示。

真核细胞与原核细胞的 DNA 复制方式基本相似，但有关的酶和某些复制细节有所区别。研究发现，真核细胞 DNA 的复制几乎是与染色质蛋白质(包括组蛋白和非组蛋白)的合成同步进行的。DNA 复制完成后，即配装成核内的核蛋白，组成染色质。

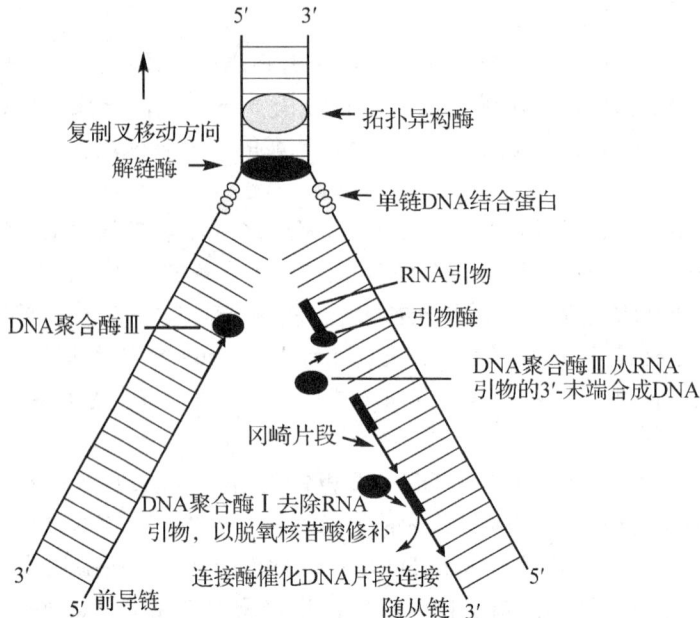

图 8-4 DNA 复制过程

DNA 复制过程十分准确，由此保证了遗传的稳定性。研究表明，DNA 自发突变的频率约为 10^{-9}，即每复制 10^9 个核苷酸只有 1 个碱基发生与原模板不配对的错误。DNA 复制的准确性有赖于 DNA 聚合酶的外切、校对功能。

当然，如果考虑到生物繁殖速率很快，所含 DNA 分子又很大，这种低频率的自发突变也会产生相当可观的变异现象。由此可见，变异和遗传的保守性是对立而又统一的自然规律，没有变异也就没有进化。

四、DNA 的损伤与修复

(一)DNA 的损伤

DNA 的复制可能发生自发突变，引起生物体的变异。除此之外，某些生物性因素，如 DNA 的重组、病毒的整合，理化因素如电离辐射、紫外线、化学诱变剂、致癌病毒等，也常能引起 DNA 分子的突变。

根据 DNA 分子的变化，突变常可分为以下 4 种类型。①点突变，DNA 分子中某一个碱基发生变化。②缺失，某一个碱基或一段核苷酶链从 DNA 大分子中丢失。③插入，一个原来不存在的碱基或一段原来不存在的核苷酸链插入到 DNA 分子中。④DNA 多核苷酸链的断裂，或两条链之间形成交联。缺失或插入突变都可能引起"移码"突变，即改变三联体密码的"阅读"方式，使合成蛋白质的结构发生改变。

DNA 的损伤可能导致生物体某些功能异常，造成疾病，甚至死亡。另外，人类可以利用 DNA 的突变而人工诱变 DNA，利于改造物种的性状。例如，人工诱变植物种子或细菌 DNA，改良品种，促进生产。通常条件下，生物体内有特定的修复机制使损伤的 DNA 得以修复，保证 DNA 遗传的稳定性。这种修复作用是生物体在长期进化过程中获得的一种保护功能。

（二）DNA 的修复

DNA 的损伤修复是通过一系列酶来完成的，这些酶可以除去 DNA 分子上的损伤，恢复 DNA 的正常结构。DNA 损伤的修复方式有切除修复、光修复、重组修复、SOS 修复等。下面以切除修复为例加以说明。

切除修复是动物体细胞修复 DNA 损伤的重要方式，可分为 4 个步骤：①由特异的核酸内切酶识别损伤部位，并将该处损伤的 DNA 单链切断；②切口处，在 DNA 聚合酶的作用下，以另一条正常的 DNA 链为模板，进行修复合成；③在酶的作用下，将损伤的片段切除；④用 DNA 连接酶将新合成的 DNA 链与原来的链连接而成正常的 DNA 大分子。

五、逆转录合成 DNA

遗传信息除由 DNA 复制进行传递外，某些病毒核酸以 RNA 为模板，根据碱基配对原则，按照 RNA 的核苷酸顺序合成 DNA。这一过程称为逆转录或反转录，催化此过程的 DNA 聚合酶叫作反转录酶，又称为 RNA 指导的 DNA 聚合酶。反转录酶不仅普遍存在于 RNA 病毒中，哺乳动物的胚胎细胞和正在分裂的淋巴细胞中也有反转录酶。

反转录酶的作用是以 dNTP 为底物，以 RNA 为模板，以 tRNA（主要是色氨酸 tRNA）为引物，在 tRNA 3'-OH 末端上，按 5'→3' 方向合成一条与 RNA 模板互补的 DNA 单链，这条 DNA 单链叫作互补 DNA（cDNA）。随后又在反转录酶的作用下，水解掉 RNA 链，再以 cDNA 为模板合成第二条 DNA 链。至此，完成由 RNA 指导的 DNA 合成过程。

携带反转录酶的病毒又称为反转录病毒，它侵入宿主细胞后先以病毒 RNA 为模板，在反转录酶催化下合成 DNA，随后这种 DNA 环化并整合到宿主细胞的染色体 DNA 中去，以原病毒的形式在宿主细胞中一代代传递下去。以后又发现许多反转录病毒基因组中都含有癌基因，如果由于某种因素激活了癌基因就可使宿主细胞转化为癌细胞。

第二部分　RNA 的生物合成

以 DNA 为模板合成 RNA 的过程称为转录。转录是生物界 RNA 合成的主要方式，是遗传信息由 DNA 向 RNA 传递的过程。催化转录过程的酶是 DNA 指导的 RNA 聚合酶（DDRP）。转录产生的产物是 RNA 前体，它们必须经过转录后的加工才能转变为成熟的 RNA，表现其生物活性。转录是生物体中 RNA 合成的主要方式。

一、转录作用的特点

转录合成 RNA 类似于 DNA 的复制，但是转录又具有其特点。

(1) 转录合成 RNA 也是 5'→3' 的方向，在 3'-OH 末端与加入的核苷酸形成磷酸二酯键。

(2) 对于一个基因组来说，转录只发生在一部分基因，而且每个基因的转录都受到相对独立的控制。

RNA 链的转录有选择性，起始于 DNA 模板链的一个特定的起点，并在另一个终点处终止，此转录区域称为转录单位。一个转录单位可以是一个基因，也可以是多个基因。基因是遗传物质的最小功能单位，相当于 DNA 的一个片段。

在转录过程中，两个互补的 DNA 链作用不同，一个作为模板负责指导转录合成 RNA，称为模板链；另一个是非模板链，或称编码链，在转录中起调节作用。模板链与编码链互补，模板链转录合成的 RNA 的碱基顺序与编码链的碱基顺序是一致的，只是 T 被 U 取代。需要注意的是，DNA 分子上的模板链和编码链是相对的，如某一基因以这条链为模板链，而另一基因则可能在该 DNA 分子的其他部位以另一条链为模板链。

（3）由于转录仅以一条 DNA 链的某区段为模板，因而称为不对称转录。

（4）转录时不需要引物，而且 RNA 链的合成是连续的。

二、DNA 指导的 RNA 聚合酶

真核和原核细胞内都存在有 DNA 指导的 RNA 聚合酶，它催化核糖核苷酸之间形成 $3',5'$ 磷酸二酯键，合成 RNA。

（一）原核生物 RNA 聚合酶（DDRP）

对大肠杆菌 RNA 聚合酶的研究较为清楚。DDRP 是一个结构复杂的酶，全酶由五个亚基（α、α′、β、β′、σ 亚基）组成，去掉 σ 亚基的部分称为核心酶，核心酶不具有起始合成 RNA 的能力，而只能使已经开始合成的 RNA 链延长，σ 亚基的功能是辨认转录起始点。

原核生物 RNA 聚合酶的特点是：①要求有完整的 DNA 双链或单链为模板；②以四种核苷三磷酸为原料，即 ATP、GTP、UTP 和 CTP；③不需要引物就能发动新链；④RNA 链的延长方向是 $5' \rightarrow 3'$，并遵循 DNA 与 RNA 之间的碱基配对原则，即 A＝U、T＝A、C＝G；⑤需要二价金属离子 Mg^{2+} 或 Mn^{2+}；⑥RNA 聚合酶缺乏 $3' \rightarrow 5'$ 外切酶活性，所以没有校正功能。

（二）真核生物 RNA 聚合酶

真核生物中已发现有 3 种 RNA 聚合酶，分别称为 RNA 聚合酶 I、RNA 聚合酶 II、RNA 聚合酶 III，它们专一性地转录不同的基因，转录产物也各不相同。RNA 聚合酶 I 催化生成 rRNA，存在于核仁中；RNA 聚合酶 II 催化生成 hnRNA，后者进一步加工生成 mRNA，存在于核质中；RNA 聚合酶 III 催化生成 tRNA，存在于核质中。

三、RNA 的转录过程

RNA 转录的主要过程可分为转录的起始、链的延长、链的终止 3 个阶段（图 8-5）。

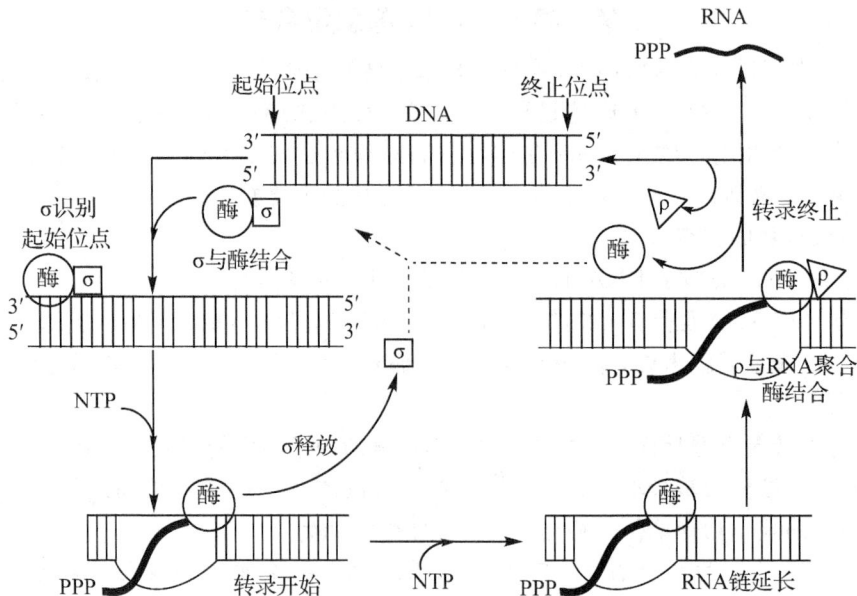

图 8-5　转录过程示意图

（一）转录起始

转录是从 RNA 聚合酶的 σ 亚基识别转录起始点开始的，这个部位称为启动子，又称启动基因。当 RNA 聚合酶的 σ 亚基识别到此位点时，全酶即与启动子结合形成启动复合物，启动复合物的形成使 DNA 分子结构松弛，解开一段 DNA 双链（10 多个碱基对），暴露出 DNA 模板。在 RNA 聚合酶 β 亚基催化下形成 RNA 的第一个磷酸二酯键。RNA 合成的第一个核苷酸总是 GTP 或 ATP，以 GTP 常见。当第一个核苷酸进入后，σ 亚基从全酶解离下来，脱落的 σ 亚基与另一个核心酶结合成全酶反复利用。

真核生物转录起始十分复杂，往往需要多种蛋白因子的协助。已经知道，在所有的细胞中有一类叫作转录因子的蛋白质分子，它们与 RNA 聚合酶 Ⅱ 形成转录起始复合物，共同参与转录起始的过程。

（二）RNA 链的延长（图 8-6）

RNA 的延长反应是由 RNA 聚合酶的核心酶催化的。核心酶沿模板 DNA 链向下游滑动，每滑动一个核苷酸的距离，则有一个核苷酸按 DNA 模板链的碱基互补关系进入模板，并与先前的核苷酸形成磷酸二酯键，如此一个接一个地延长下去，形成 RNA 链。RNA 链的合成方向也是按 5′→3′ 进行，随着核心酶的连续滑动，RNA 链继续延长，一旦转录酶经过以后，DNA 链即恢复双螺旋结构。

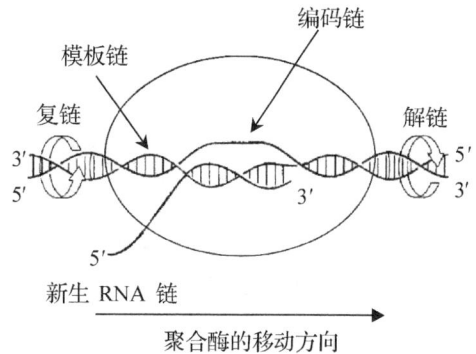

图 8-6　RNA 链的延长

（三）转录的终止

当核心酶滑到 DNA 模板的转录终止部位时，转录终止。

原核生物 RNA 转录终止位点附近一段特殊的 DNA 终止序列。提供转录终止信号有两种情况：一类是不依赖于蛋白质因子而实现的终止作用；另一类是依赖蛋白质因子才能实现终止作用。这种蛋白质因子称为释放因子，通常又称 ρ 因子。ρ 因子能识别 DNA 分子上的终止部位，使核心酶不能继续向前滑动，RNA 链则不能再延长。

当进入转录终止时，新合成的 RNA 链、核心酶以及 ρ 因子等从 DNA 模板上释放出来，完成了 RNA 的转录过程。

四、转录后的加工修饰

转录的 RNA 通常是不成熟的且无功能的 RNA 前体分子，因此，转录后常需要进行加工修饰，使之成为成熟的有活性的 RNA 分子，这一过程也称为 RNA 的成熟过程。各种 RNA 转录后加工修饰过程各有特点。

（一）mRNA 的加工修饰

原核生物细胞中没有核膜，转录与翻译是连续进行的，往往转录还未完成，翻译已经开始了，因此原核生物中转录生成的 mRNA 没有特殊加工修饰过程。而真核生物细胞转录后生成的 RNA 是一类相对分子质量大而且不均一的 RNA，这类 RNA 称核内不均一 RNA（hnRNA）。hnRNA 经加工修饰后成为有活性的 mRNA。mRNA 加工修饰过程主要包括剪接修饰、"首尾"修饰和碱基修饰几个过程。

1. 剪接修饰

转录生成的 hnRNA 在加工成为 mRNA 的过程中，有 $50\% \sim 70\%$ 的核苷酸链片段被切去。真核细胞基因是一种断裂基因，由几个编码区和非编码区组成。在结构基因中，具有编码活性的序列称为外显子；无表达活性、不能编码相应氨基酸的序列称为内含子。在转录过程中，外显子和内含子均转录到 hnRNA 中。在细胞核中切掉内含子部分再将各个外显子拼接起来称为剪接(图 8-7)。在剪接过程中需要有多种酶参与。由于剪接作用不同，相同的hnRNA 在不同组织的不同细胞中可以产生不同的 mRNA，可翻译成不同的蛋白质。

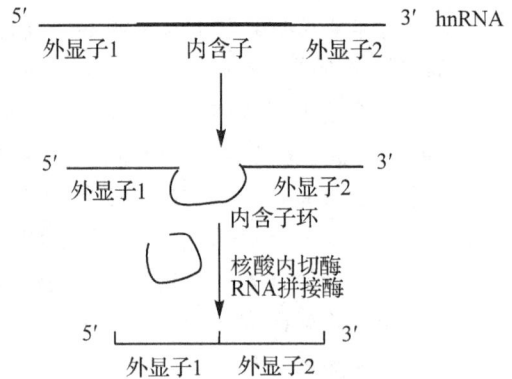

图 8-7　RNA 剪接示意图

2."首尾"修饰

真核细胞 mRNA 的 $5'$ 末端都有一个特殊结构，即 7-甲基鸟嘌呤核苷三磷酸，称为"帽"状结构。这个结构在初级转录产物 hnRNA 中不存在，需要在转录后的加工中加入。

大多数真核细胞 mRNA 都有 $3'$ 端的多聚腺苷酸(poly A)的尾巴，多聚腺苷酸尾巴大约为 200bp。多聚腺苷酸尾巴不是由 DNA 编码的，而是转录后加工上去的。其加工过程受核酸外切酶和 poly A 聚合酶催化，核酸外切酶切去 $3'$ 末端一些过剩的核苷酸，然后由 poly A 聚合酶识别 mRNA 的游离 $3'$-OH 端，并加上约 200 个多聚腺苷酸残基，形成多聚腺苷酸尾。多聚腺苷酸尾的有无与长短，是维持 mRNA 作为翻译模板的活性和增加 mRNA 稳定性的重要因素。

3. 碱基的修饰

mRNA 分子中含有少量的稀有碱基，如碱基的甲基化，它们也是转录后经过修饰而形成的。

(二)rRNA 加工修饰

原核生物 rRNA 转录后加工，包括以下几方面：①rRNA 前体被核酸酶剪切成一定长度的 rRNA 分子；②rRNA 在修饰酶催化下进行碱基修饰；③rRNA 与蛋白质结合形成核糖体的大、小亚基。

在真核细胞中除 5S rRNA，其他 rRNA 的转录以及前体的转录后加工和核糖体组装均在核仁中进行。真核细胞 45S rRNA 前体约含 14 000 个核苷酸残基，转录后加工包括核糖上的甲基化和一系列酶促裂解，最后生成 28S、5.8S 和 18S rRNA(图 8-8)。

(三)tRNA 加工修饰

tRNA 的加工成熟过程较为复杂，包括剪接修饰、核苷酸修饰与 $3'$ 末端连接-CCA 结构修饰等。

剪接修饰是在核酸内切酶和外切酶的作用下，切除 $5'$ 末端、$3'$ 末端的多余核苷酸和内含子，然后在拼接酶的作用下，将 tRNA 分子拼起来。$3'$ 末端-CCA 结构的形成是在核酸转移酶的作用下，以 CTP 和 ATP 为原料，在 $3'$ 末端除去个别碱基后，逐个接上 CCA 顺序的核苷酸，完成—CCA—OH 结构。核苷酸的修饰主要是形成一些稀有碱基，包括形成甲基

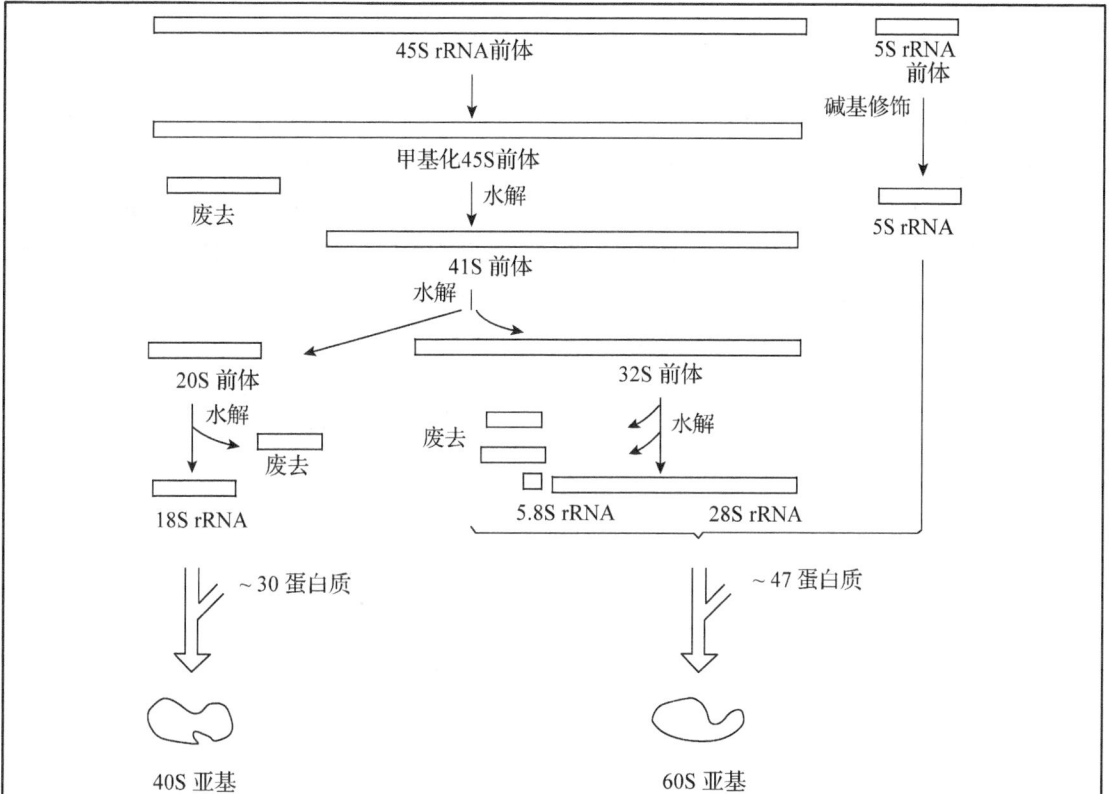

图 8-8　真核生物 rRNA 的加工修饰

嘌呤、二氢尿嘧啶（DHU）、次黄嘌呤核苷酸、假尿嘧啶核苷等。

五、RNA 的复制

某些病毒、噬菌体的遗传信息贮存在 RNA 分子中，当它们进入宿主细胞后，会产生一种特殊的 RNA 复制酶，这种酶叫作 RNA 指导的 RNA 聚合酶。在病毒 RNA 指导下合成新的 RNA，称为 RNA 的复制。RNA 复制酶具有很高的模板专一性，只识别病毒自身的 RNA，对寄主细胞或其他病毒的 RNA 均无反应。RNA 病毒的复制形式可以归纳为以下几类。

（1）含正链 RNA 的病毒侵入宿主细胞后，先合成复制酶及相关的蛋白，然后由复制酶以正链 RNA 为模板合成负链 RNA，再以负链 RNA 为模板合成新的病毒 RNA，后者与相应的蛋白质组装成病毒颗粒，如脊髓灰质炎病毒和大肠杆菌 Qβ 噬菌体等。

（2）含负链 RNA 病毒侵入宿主细胞后，借助病毒带入的复制酶合成正链 RNA，再以正链 RNA 为模板合成负链 RNA，同时由正链 RNA 合成病毒复制酶及相关蛋白，最终组装成新的病毒颗粒，如狂犬病病毒。

（3）含有双链 RNA 的病毒侵入宿主细胞后，在病毒复制酶的作用下，以双链 RNA 为模板进行不对称转录，合成正链 RNA，再以正链 RNA 为模板合成负链 RNA，形成病毒 RNA 分子，同时由正链 RNA 翻译出复制酶及相关蛋白，组装成新的病毒颗粒，如呼肠孤病毒。

（4）逆转录病毒含正链 RNA，在病毒特有的逆转录酶的催化下合成负链 DNA，再进一步生成双链 DNA（前病毒），然后由宿主细胞酶系统以负链 DNA 为模板合成病毒的正链 RNA，同时翻译出病毒蛋白和逆转录酶，组装成新的病毒颗粒。

第三部分 蛋白质的生物合成

蛋白质是生命活动的物质基础。蛋白质分子是由 20 种氨基酸组成的，在不同的蛋白质分子中，氨基酸有着特定的排列顺序，这种特定的排列顺序是由蛋白质编码基因中的碱基排列顺序决定的。基因的遗传信息在转录过程中从 DNA 转移到 mRNA，再由 mRNA 将这种遗传信息表达为蛋白质中氨基酸的顺序。mRNA 是蛋白质合成的直接模板，mRNA 是由 4 种核苷酸构成的多核苷酸，而蛋白质是由 20 种氨基酸构成的多肽，它们之间的信息传递就好像从一种语言翻译成另一种语言的情形，所以把以 mRNA 为模板合成蛋白质的过程称为翻译或转译。转录和翻译统称为基因表达。图 8-9 为翻译过程的基本原理示意图。

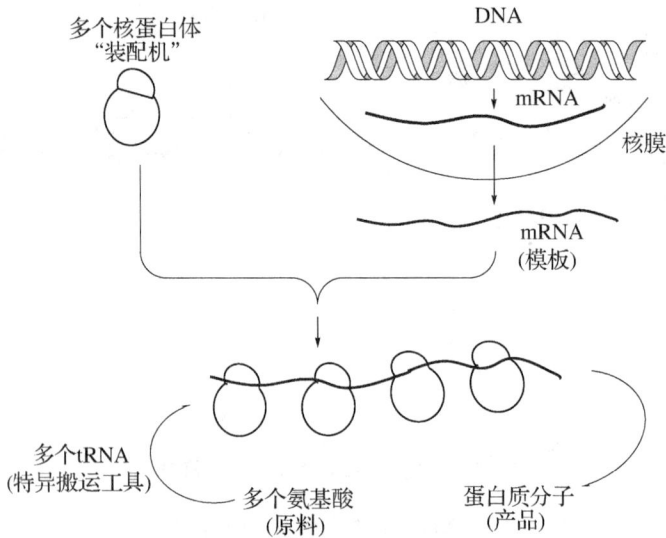

图 8-9 翻译过程的基本原理

一、蛋白质翻译系统的组成及其功能

蛋白质分子生物合成的过程也就是翻译的过程，需要 200 多种生物大分子参加，其中包括核糖体、mRNA、tRNA 及多种蛋白质因子。

(一)mRNA 是合成蛋白质的直接模板

mRNA 分子中的核苷酸排列顺序携带从 DNA 传递来的遗传信息，作为蛋白质生物合成的直接模板，决定蛋白质分子中的氨基酸排列顺序。不同的蛋白质有各自不同的 mRNA，在 mRNA 上除含有编码区外，两端还有非编码区。非编码区对于 mRNA 模板活性是必需的，特别是 $5'$ 端非编码区在蛋白质合成中被认为是与核糖体结合的部位。

mRNA 以 $5' \rightarrow 3'$ 方向，从 AUG 开始每三个连续的核苷酸编成一组，在蛋白质合成时代表一个氨基酸，称为密码子。在 mRNA 中，A、U、G、C 四种碱基每三个排列组合，可组成 64 种密码子。这些密码不仅代表了 20 种氨基酸，还决定了翻译过程的起始与终止位置。每种氨基酸至少有 1 种密码子，最多的有 6 种密码子。科学家们设计了十分出色的遗传学和生物化学实验，于 1966 年编排出了遗传密码表(表 8-1)。

表 8-1　遗传密码表

5′末端碱基	中间碱基				3′末端碱基
	U	C	A	G	
U	UUU 苯丙 UUC 苯丙 UUA 亮 UUG 亮	UCU 丝 UCC 丝 UCA 丝 UCG 丝	UAU 酪 UAC 酪 UAA 终止 UAG 终止	UGU 半胱 UGC 半胱 UGA 终止 UGG 色	U C A G
C	CUU 亮 CUC 亮 CUA 亮 CUG 亮	CCU 脯 CCC 脯 CCA 脯 CCG 脯	CAU 组 CAC 组 CAA 谷酰 CAG 谷酰	CGU 精 CGC 精 CGA 精 CGG 精	U C A G
A	AUU 异亮 AUC 异亮 AUA 异亮 ＊AUG 甲硫(起始)	ACU 苏 ACC 苏 ACA 苏 ACG 苏	AAU 天酰 AAC 天酰 AAA 赖 AAG 赖	AGU 丝 AGC 丝 AGA 精 AGG 精	U C A G
G	GUU 缬 GUC 缬 GUA 缬 GUG 缬	GCU 丙 GCC 丙 GCA 丙 GCG 丙	GAU 天冬 GAC 天冬 GAA 谷 GAG 谷	GGU 甘 GGC 甘 GGA 甘 GGG 甘	U C A G

注：氨基酸的每个密码子都是核苷酸的三联体，用核苷酸中的碱基符号(U、C、A、G)代表，表中左列为三联体中的第一个核苷酸，上行为第二个核苷酸，右列为第三个核苷酸。

遗传密码的特性可归纳为以下几点。

1. 起始密码与终止密码

AUG 是起始密码，代表合成肽链的第一个氨基酸的位置，它们位于 mRNA 5′末端，同时它也是甲硫氨酸的密码子。在原核生物中，肽链的起始氨基酸是甲酰甲硫氨酸(fMet)，即 N-甲酰甲硫氨酸。有一种特异携带 fMet 的 tRNA 来辨认起始密码子 AUG，有时候也辨认 GUG。AUG 或 GUG 前面的信号决定着它被读成起始信号，还是作为内部甲硫氨酸的密码子。真核生物的起始氨基酸是甲硫氨酸，起始密码子为 AUG。密码子 UAA，UAG，UGA 是肽链合成的终止密码，不编码任何氨基酸，它们单独或共同存在于 mRNA 3′末端。

2. 密码子不间隔性

绝大多数生物中的密码子是不间隔且是连续阅读的，即同一个密码子中的核苷酸不会被重复阅读。从起始码 AUG 开始，按 5′→3′方向阅读，3 个碱基代表 1 个氨基酸，密码子连续排列，直至终止密码子。如果在 RNA 中插入或缺失一个碱基就会造成这以后的所有密码子发生错读，合成的肽链中所代表的氨基酸也发生错误，这种现象称为移码。由于移码发生的突变称移码突变。

3. 密码的简并性

密码子共有 64 个，除 3 个终止密码子不编码氨基酸外，其余 61 个密码子负责编码 20种氨基酸，因此一种氨基酸会有几组密码子，或者几组密码子代表一种氨基酸的现象，这称为密码子的简并性。简并性主要是由于密码子的第三个碱基发生摆动现象形成的，也就是说密码子的专一性主要由前两个碱基决定，即使第三个碱基发生突变也能翻译出正确的氨基酸，这对于保证物种的稳定性具有一定意义。例如，GCU、GCC、GCA、GCG 都代表丙氨酸。

4. 密码的通用性

大量的实验证明生命世界从低等到高等，都使用一套密码，也就是说遗传密码在很长的进化时期中保持不变，因此这张密码表是生物界通用的。它充分证明了生物界是起源于共同的祖先，也是当前基因工程中能将一种生物的基因转移到另一种生物中去表达的原因。

5. 密码的兼职性

在 61 种密码子中，AUG 和 GUG 除作为肽链合成起始信号外，还分别负责编码肽链内部的甲硫氨酸和缬氨酸。也就是 AUG 和 GUG 同时具有两种功能，所以称为兼职。

(二)tRNA 是运载氨基酸和解读密码的工具

tRNA 在蛋白质生物合成过程中的作用主要是识别 mRNA 上的密码子和携带密码子所编码的氨基酸，并将其转移到核糖体中用于蛋白质的合成。每种氨基酸都有 2～6 种各自特异的 tRNA 转运，但每种 tRNA 只能转运一种特异的氨基酸。各种 tRNA 分子上有相应的氨基酸臂可与特异氨基酸结合，它们之间的特异性靠氨基酰 tRNA 合成酶来识别，每种氨基酸只有一种氨基酰 tRNA 合成酶。

tRNA 分子中反密码环上的反密码子与 mRNA 分子中的密码子按碱基配对原则形成氢键的过程叫作反密码。反密码过程实际上是 tRNA 与 mRNA 形成互补链的过程，即密码子第一、二、三碱基分别与反密码子的第三、二、一碱基相配对(图 8-10)。

在配对时密码子的头两个碱基是严格按碱基配对的原则为 tRNA 所识别的，但第三个碱基则不这样严格，而有一定的自由度，即密码子的第 3 位碱基与反密码子的第 1 位碱基配对时并不严格，称为摇摆性。例如，酵母丙氨酸 tRNA 的反密码子是 IGC，此 tRNA 能阅读 GCU、GCC 和 GCA 三个密码子；苯丙氨酸 tRNA 的反密码子为 GAA，它能阅读 UUU 和 UUC，但不能阅读 UUA 和 UUG。

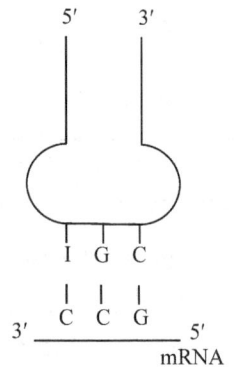

图 8-10　密码子和反密码子

(三)核糖体构成蛋白质合成场所

rRNA 与蛋白质构成的核糖体(图 8-11)是蛋白质合成的场所。核糖体可分为两类：一类附着于粗面内质网，主要参与白蛋白、胰岛素等分泌性蛋白质的合成；另一类游离于胞浆，主要参与细胞固有蛋白质的合成。任何生物的核糖体都是由大、小两个亚基组成。真核生物和原核生物核糖体中 rRNA 和蛋白质的组成见学习情境 2 中表 2-3。

核糖体的大小亚基以及它们的接合部位存在着许多与蛋白质合成有关的位点和结构域。小亚基上有供 mRNA 结合的位点，可容纳两个密码的位置。大亚基上有两个位点：

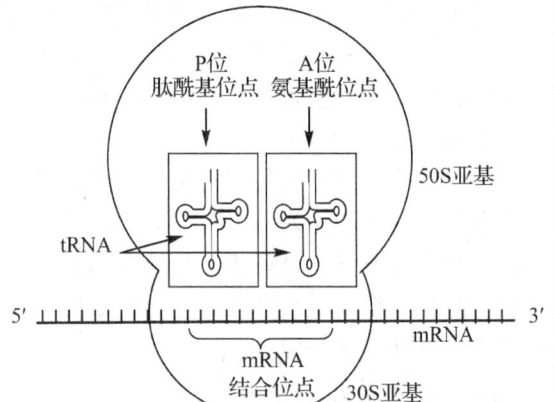

图 8-11　核糖体结构示意图

一个叫 P 位点，是 tRNA 携带多肽链占据的位点，又称为肽酰基位点；另一个叫 A 位点，是 tRNA 携带氨基酸占据的位点，又称为氨基酰位点。转肽酶位于两个位点之间，催化肽键的形成。肽链合成终止时，核糖体分离为大小亚基，释放多肽链。

(四)蛋白质生物合成的酶及其他因子

1. 蛋白质合成的酶

在蛋白质合成中起主要作用的酶有两种。①氨基酰-tRNA 合成酶，该酶存在于胞液中，主要催化氨基酸的活化反应。此酶的特异性很强，一种酶只能催化一种特定的氨基酸与一种特定的 tRNA 结合。②肽酰转移酶，也称转肽酶。该酶存在于核糖体大亚基上，其主要作用是催化"P"位点上肽酰 tRNA 的肽酰基转移至"A"位点上的氨基酰-tRNA 的 α-氨基处，催化酰基与 α-氨基结合形成肽键。

2. 合成原料与能量

自然界由 mRNA 编码的氨基酸共有 20 种，它们都是 α-氨基酸，只有 α-氨基酸能够作为蛋白质生物合成的直接原料。某些蛋白质分子还含有羟脯氨酸、羟赖氨酸、γ-羧基谷氨酸等，这些特殊氨基酸是在肽链合成后的加工修饰过程中形成的。在氨基酸活化与肽链合成过程中需要的能量由 ATP 和 GTP 提供。

3. 其他因子

在蛋白质合成过程中还需要许多重要的因子参与反应，如起始因子、延长因子、终止因子或释放因子等。此外，在蛋白质合成的各个阶段还需要某些无机离子，如 Mg^{2+} 等参与反应。

二、蛋白质生物合成的过程

简单地说，蛋白质的生物合成过程是按照 mRNA 上密码子的排列顺序，由肽链的氨基端(N 端)到羧基端(C 端)依次加上氨基酸的肽链延长过程。其合成过程主要分为：氨基酸活化、肽链合成的起始、肽链的延长和肽链的终止 4 个阶段。

(一)氨基酸的活化

氨基酸活化是使氨基酸的羧基与 tRNA 3′末端核糖上的 2′-羟基或 3′-羟基形成酯键，从而生成氨基酰-tRNA 的过程(图 8-12)。活化的过程是在氨基酰-tRNA 合成酶催化下，由 ATP 提供能量进行的。

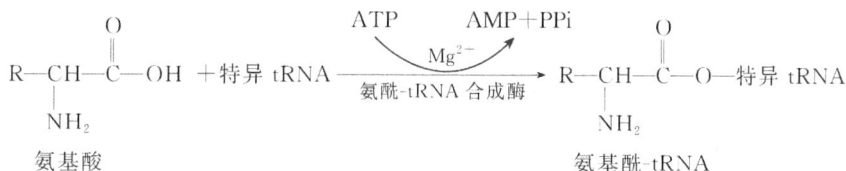

图 8-12　氨基酸的活化

具有高度特异性的氨基酰-tRNA 合成酶保证了翻译的准确无误。

(二)肽链合成的起始

原核生物蛋白质合成的起始是由 mRNA、核糖体的 30S 亚基和甲酰甲硫氨酰-tRNA 结合开始，到形成 70S 起始复合体结束。细菌合成蛋白质的起始氨基酸为甲酰甲硫氨酸 (fMet)，即甲硫氨酸活化后，再由特异的甲酰化酶催化，N^{10}-甲酰基四氢叶酸供给甲酰基形成。真核细胞中的起始氨基酸是甲硫氨酸。

30S 起始复合体的形成过程需要 GTP 和 3 种起始因子 IF-1、IF-2 和 IF-3。IF-3 有两种作用：一是促使 mRNA 与 30S 亚基的结合；二是防止 50S 亚基与 30S 亚基在没有 mRNA

的情况下结合成不起作用的 70S 复合体。IF-1 和 IF-2 的作用是促使 fMet-tRNA 与 mRNA-30S 亚基复合体的结合。在 fMet-tRNA 和 30S 亚基与 mRNA 结合时，除了 tRNA 用其反密码子识别 mRNA 上的起始密码子外，30S 亚基中的 16S rRNA 也有识别起始部位的作用，因为已发现在细菌 mRNA 起始密码子前面有一段核酸序列是与 16SrRNA 的一段序列配对的，这样保证了翻译由正确起始信号开始。

在 30S 起始复合体形成后便与 50S 亚基结合形成 70S 起始复合体，形成完整的蛋白质合成起始复合物。此过程需要 GTP 水解供能。在 70S 起始复合体中 fMet-tRNA 结合在核糖体的"P"位，而核糖体的"A"位空着。

(三)肽链的延长

从 70S 起始复合体形成到终止反应之前的过程，称为延长反应。它包括氨基酰-tRNA 进入"A"位、肽键的形成和移位 3 个过程，即进位、转肽、移位。

1. 氨基酰-tRNA 进入"A"位

延长阶段的第一步是氨基酰-tRNA 进入"A"位。而进入"A"位的氨基酰-tRNA 种类是由"A"位 mRNA 的密码子决定的。氨基酰-tRNA 进入"A"位需要延长因子 EF-Tu 转运，EF-Tu 能识别 tRNA 是否氨酰化，在细胞内只有氨酰化的 tRNA 才能与 EF-Tu 以及 GTP 形成三元复合物，从而保证了延长反应的顺利进行。

当氨基酰-tRNA-EF-Tu-GTP 复合物将氨基酰-tRNA 准确地置于"A"位并与 mRNA 结合时，伴随有 GTP 的水解，产生 EF-Tu-GDP，并从核糖体上解离下来。在另一个延长因子 EF-Ts 存在下，EF-Ts 与 EF-Tu-GDP 中的 GDP 交换而形成 EF-Ts-Tu 并释放出 GDP。然后 GTP 再与 EF-Ts-Tu 中的 Ts 交换，形成 EF-Tu-GTP，即可进入下一轮反应。值得注意的是 EF-Tu 不与 fMet-tRNA$_f$ 反应，因此起始 tRNA$_f$ 不能进入"A"位，这保证了内部 AUG 密码子不会被起始 tRNA$_f$ 所阅读。

2. 肽键的形成

当氨基酰-tRNA 占据"A"位后，原来结合在"P"位的 fMet-tRNA$_f$ 便将其活化的甲酰甲硫氨酸转移到"A"位的氨基酰-tRNA 的 α-氨基上，以肽键将两个氨基酸连结起来形成二肽酰基-tRNA(图 8-13)。催化此反应的酶是肽酰转移酶，它是 50S 亚基的一个组成部分。

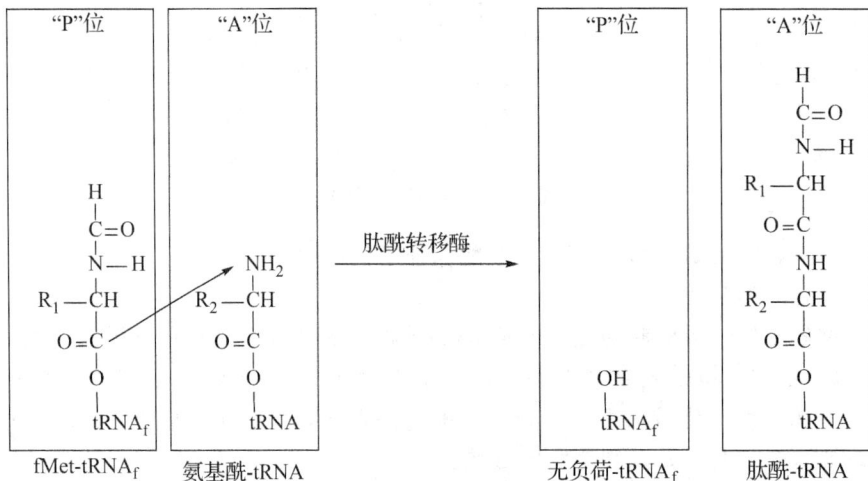

图 8-13 转肽反应

经转肽反应后，原来结合在"P"位的 tRNA 成为无负荷的 tRNA，而结合在"A"位的则是二肽酰基 tRNA，于是进入移位阶段。

3. 移位

在移位时发生三个移动：即"P"位释放出无负荷的 tRNA；肽酰-tRNA 从"A"位移到"P"位；mRNA 移动一个密码子的距离，下一个密码子进入核糖体，被下一个进入的氨基酰-tRNA 所阅读。

移位过程需要延长因子 EF-G（也叫移位酶）的推动，在移位过程中结合在 EF-G 上的 GTP 被水解为 GDP 和 Pi。GTP 的水解不是移位所必需的，它促使 EF-G 从核糖体上解离下来，并推动下一次的移位。移位后"A"位被空出，供下一个氨基酰-tRNA 结合，并重复以上过程，使肽链不断延长。

总的来说，肽链的延长过程包括：进位，即氨基酰-tRNA 按照碱基配对的原则，通过反密码子识别密码配对结合，进入"A"位点，参与因子是延长因子 EF-Tu、EF-Ts、GTP、氨基酰-tRNA；转肽，即肽酰基从"P"位点转移到"A"位点，形成肽键，肽链延长，需要肽酰转移酶催化，还需要 Mg^{2+} 和 K^+ 参与；移位，即在移位因子 EF-G 的作用下，核糖体沿 mRNA $5'$ → $3'$ 方向做相对移动，使原来在"A"位点的肽酰-tRNA 回到"P"位点，需要消耗 GTP。

（四）合成的终止

当 mRNA 的终止密码子（UAA、UGA 或 UAG）进入核糖体的"A"位时，由于它们不编码任何氨基酸，不被任何氨基酰-tRNA 所识别，所以没有氨基酰-tRNA 进入"A"位与之结合。同时，释放因子（RF）能够识别这些终止密码子，其中 RF-1 识别 UAG 和 UAA，RF-2 识别 UGA 和 UAA，所以释放因子结合到核糖体"A"位的终止密码子上。这种结合使核糖体肽酰转移酶的构象发生改变，转变为水解酶活性，即肽酰转移酶不再催化肽键的形成，而是催化"P"位上 tRNA 与肽链之间水解，于是肽链由核糖体上释放出来，肽链合成终止。

RF 具有依赖核糖体的 GTP 酶活性，催化 GTP 水解，使 RF 与核糖体解离。在核糖体释放因子（RF）作用下，mRNA 和 tRNA 也由核糖体上释放出来，70S 核糖体也解离为 30S 亚基和 50S 亚基，并可进行另一个蛋白质分子的合成。

三、翻译后的加工

新合成的肽链多数是没有生物活性的，必须经过加工才能成为有生物活性的蛋白质分子。例如，在细菌蛋白质中的起始氨基酸上的甲酰基由脱甲酰酶催化水解掉，有时还要由氨肽酶从 N 端切去一个或几个氨基酸。某些肽链中的两个半胱氨酸上的—SH 脱氢形成二硫键。某些氨基侧链需要修饰，如糖蛋白中的丝氨酸、天冬氨酸和苏氨酸的侧链上连接多糖等。有些肽链要经过蛋白酶的水解才能成为功能性蛋白质分子，如胰岛素原变成胰岛素等。

另外，蛋白质的空间结构是由一级结构中各个氨基酸侧链基团通过非共价键作用共同决定的，有了一定的一级结构便能自然折叠形成一定的空间结构。1965 年我国首先人工合成牛胰岛素后发现，当牛胰岛素的一级结构合成后，多肽链便自行折叠盘曲形成有一定空间结构的胰岛素分子，而且具有生物学活性。

第四部分　DNA 重组与基因体外表达技术

DNA 重组技术是利用多种限制性核酸内切酶和 DNA 连接酶等工具酶，以 DNA 为操作对象，在细胞外将来自原核或真核生物的 DNA 片段（或称为目的基因）和载体 DNA 连接，即进行 DNA 的重组，形成重组载体。然后将重组载体转入宿主细胞，形成重组细胞，并使外源基因DNA在宿主细胞中随细胞的繁殖而表达，最终获得基因表达产物或改变生物原有的遗传性状。DNA重组的产物是重组载体，由于重组载体转入宿主细胞后能复制、增殖和表达，因此将重组载体也称为"克隆"或"分子克隆"。

一、工具酶

DNA重组过程中所使用的酶类统称为工具酶，常用的工具酶有限制性核酸内切酶、DNA连接酶、DNA聚合酶、碱性磷酸酶、S1核酸酶、反转录酶、末端转移酶等。下面简要介绍几种重要的工具酶。

(一)限制性核酸内切酶

限制性核酸内切酶又称为限制性内切酶，是一类能识别双链DNA分子中某种特定核苷酸序列，并由此切割DNA双链结构的核酸内切酶，此类酶主要是从原核生物中分离纯化得到的。限制性内切酶的发现和应用，使DNA分子能很容易地在体外被切割和连接，因此被称为DNA重组技术中一把神奇的"手术刀"。

限制性内切酶的识别序列大部分具有纵轴对称结构，或称为回文序列。限制性内切酶在其识别序列内有特定的识别位点，切割DNA分子时能形成两种形式的末端，即平齐末端和黏性末端。平齐末端是限制性内切酶在识别序列的对称轴上切断，黏性末端是限制性内切酶在识别序列对称轴左右的对称点上交错切割，产生的末端存在短的互补序列。黏性末端突出的单链因部位不同可分为5′黏性末端和3′黏性末端两种。几种限制性内切酶的切割位点如图8-14所示。被同一种限制性内切酶切割的不同来源的DNA，由于其切口处具有互补的碱基序列，因此很容易互相黏合在一起，这个性质为不同来源的基因重组提供了极大的便利。

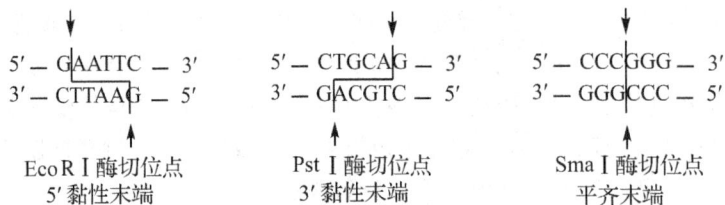

图8-14　限制性内切酶的切割位点

(二)DNA连接酶

DNA连接酶能在双链DNA分子中催化相邻的5′-磷酸基和3′-羟基间形成磷酸二酯键，使DNA单链缺口闭合。目前使用的DNA连接酶有两种，一种是大肠杆菌DNA连接酶，另一种是T_4 DNA连接酶。前者以NAD^+为辅助因子，能实现黏性末端DNA的连接；后者以ATP为辅助因子，黏性末端和平齐末端都能实现连接。

(三)碱性磷酸酶

碱性磷酸酶能催化DNA和RNA 5′-磷酸基水解，产生5′羟基末端。在DNA重组中，碱性磷酸酶用于切除载体5′端的磷酸基，减少载体的自身环化，提高重组DNA连接的效率。

二、载体和宿主细胞

(一)载体

载体是携带外源DNA片段进入宿主细胞进行复制扩增和基因表达的工具，其本身是DNA。载体根据其功能可分为三类：克隆载体、表达载体和穿梭载体。

（1）克隆载体以扩增外源 DNA 片段为目的的载体称为克隆载体，具有自我复制、克隆位点、筛选标记、分子质量小、拷贝数多等特点。

（2）表达载体是用来将克隆的外源基因在宿主细胞内增殖并表达蛋白质的载体。这类载体有很强的启动子和终止子，产生较稳定的 mRNA，以表达出外源基因编码的蛋白质。

（3）穿梭载体又称为双宿主载体，即可在两种不同的宿主中复制，多用于原核和真核细胞间遗传物质的转移。

常用的载体有质粒、噬菌体和病毒等，质粒是常用的载体。质粒是染色体外能自主复制的双链闭合环状 DNA 分子。常用的质粒多为来自大肠杆菌并经过改造的质粒，如 pBR322、pUC 系列、pSP 系列和 pGEM 系列等。质粒分子大小为 1～200kb，克隆外源 DNA 的片段较小，两种不同的质粒不能稳定地共存于同一宿主细胞内。用于 DNA 重组的质粒应具备一定的条件，如：能有效地独立自主复制；有可供筛选的标记；在外源基因插入部位同一种限制性内切酶只有一个位点；分子质量尽可能小且拷贝数多。

（二）宿主细胞

载体的宿主细胞应满足以下要求。①易于接受外源 DNA。②不含有限制性内切酶。③易于生长和筛选。④符合安全标准，在自然界不能独立生存，有缺陷性。常用的宿主细胞有大肠杆菌细胞、酵母细胞、哺乳动物细胞、昆虫细胞、植物细胞等。

三、DNA 重组的基本过程

DNA 重组的基本过程包括目的基因的制备、DNA 重组、DNA 重组体转入宿主细胞、重组体的筛选和鉴定、外源基因的表达等步骤。

（一）目的基因的获得方法

目的基因是指要研究的特定基因，可以是含目的基因的 DNA 片段，也可以是不含多余成分的纯基因。获得目的基因的方法主要有三种。

（1）从基因文库中筛选目的基因，基因文库是含有某种生物体全部基因随机片段的重组 DNA 克隆群体。根据实验目的可以从基因文库中调取目的基因。

（2）人工合成目的基因，对一个大的编码蛋白质的基因，一般要先逐个合成其特定的核酸序列片段，再通过 DNA 连接酶依次连接起来。

（3）反转录合成 cDNA：提取生物样本中的 mRNA，通过反转录酶合成 cDNA。

（二）DNA 的重组及转入宿主细胞

外源 DNA 片段与载体 DNA 的连接即获得重组体。用工具酶，通过切割、连接等获得重组 DNA。将 DNA 重组体导入宿主细菌细胞的过程称为转化；将以噬菌体、病毒为载体构建的重组体导入宿主细胞的过程称为转染；以噬菌体为媒介将外源 DNA 导入细菌的过程称为转导。例如，重组质粒 DNA 转化大肠杆菌主要用 CaCl 处理制备感受态细胞，重组质粒更易于进入菌体内实现质粒的克隆复制。CaCl 转化法具有转化效率高、快速、稳定、重复性好、受体菌广泛、便于保存等优点，是目前应用最广的方法。

（三）DNA 重组体的筛选和鉴定

从转化的细胞中筛选出含重组体的细胞并鉴定重组体的正确性是 DNA 重组的最后一步，主要根据重组体的表型进行转化细胞的筛选，重组体表型特征来自载体和插入的外源 DNA 两个方面。载体的表型主要指载体携带的遗传标志，包括抗药性标志、营养标志、报道基因等。抗生素抗性是生物对某种抗生素的耐受性，利用基因插入使抗性基因失活是常用的筛选方法。大多数质粒载体至少携带一个宿主细胞的抗生素抗性基因，如 amp^R、ter^R 等，这样重组分子转化的细菌被赋予了某些抗性，所以只有那些转化子才能在含有相应抗生素的培养基中生存。利用这种方法可对转化子进行阳性筛选。对筛选的阳性转化细胞鉴定的方法主要有核酸杂交、PCR、免疫学和核苷酸序列测定等。

（四）克隆基因的表达

克隆基因的表达系统有原核表达系统和真核表达系统。目前广泛采用的是原核表达系统，一般来说，外源基因都可在原核细胞中得到表达。但是真核基因在原核细胞中表达要构建一个合适的表达载体；编码基因要完整，没有插入序列；以融合蛋白形式表达，避免产物被细菌蛋白酶水解；保留信号肽序列以利于表达产物自细菌分泌到培养基中，便于产物的分离纯化。在实际操作中，应根据表达目的的不同，选择相应的表达策略。

酵母是单细胞真核生物，因其基因组小、世代间隔短、遗传背景清楚等特点常作为真核生物细胞结构和基因表达调节研究的对象，真核生物基因表达也以此为首选。酵母表达系统具有安全无毒、载体 DNA 容易导入、培养条件简单且适合高密度发酵培养、有良好的蛋白质分泌能力和类似高等真核生物蛋白质翻译后的加工修饰功能等特点，现已被广泛用来表达各种外源基因。

●●●●● **拓展阅读：   DNA 甲基化与表观遗传**

遗传性状是指由遗传因素所决定和控制的生物个体的特征或性质，这些特征或性质可以通过基因的遗传而在子代中延续。遗传性状可以是外部表现，如外貌、身高、眼颜色等，也可以是内部特征，如免疫系统、代谢能力、血型等。这些遗传性状由基因决定，而基因是 DNA 的一部分。

经典遗传学是指由于基因序列改变所引起的基因功能的变化，从而导致表型发生可遗传的改变；而表观遗传学则是指在基因的 DNA 序列没有发生改变的情况下，基因功能发生了可遗传的变化，并最终导致了表型的变化。

DNA 甲基化为 DNA 化学修饰的一种形式，能够在不改变 DNA 序列的前提下，改变遗传表现。DNA 甲基化是最早被发现、也是研究最深入的表观遗传调控机制之一。广义上的 DNA 甲基化是指 DNA 序列上特定的碱基在 DNA 甲基转移酶的催化作用下，以 S-腺苷甲硫氨酸(SAM)作为甲基供体，通过共价键结合的方式获得一个甲基基团的化学修饰过程。这种 DNA 甲基化修饰可以发生在胞嘧啶的 C^5 位、腺嘌呤的 N^6 位及鸟嘌呤的 G^7 位等位点。一般研究中所涉及的 DNA 甲基化主要是 5-甲基胞嘧啶，是目前发现的哺乳动物 DNA 甲基化的唯一形式。DNA 甲基化作为一种相对稳定的修饰状态，在 DNA 甲基转移酶的作用下，可随 DNA 的复制过程遗传给新生的子代 DNA，是一种重要的表观遗传机制。

一些研究表明，DNA 甲基化的差异与脑功能、肥胖和糖尿病等疾病的发生有关。具体来说，一些基因在胎儿生长期间是非常重要的，它们可以影响母亲和胎儿的胰岛素代谢。然而，某些环境因素(如营养、体重等)可以改变基因表达，而这些因素也会影响基因组的甲基化状态。因此，母亲的饮食和体重状态可能会影响胎儿基因的甲基化状态，从而导致妊娠糖尿病的发生风险增加。这个例子说明了 DNA、DNA 甲基化和遗传性状之间的关系，表明甲基化状态对遗传性状的表达有着重要的调控作用。

●●●● 材料设备清单

学习情境 8		核酸与蛋白质的生物合成		学时	6	
项目	序号	名称	作用	数量	使用前	使用后
所用设备、器具和材料	1	恒温培养箱	恒温培养细菌	1 台		
	2	恒温摇床	恒温摇动培养	1 台		
	3	小型高速离心机	离心分离样本	1 台		
	4	高压灭菌锅	灭菌	1 台		
	5	大肠杆菌 JMI09-pBR322-HBV	克隆质粒	1 mL		
	6	1.5 mL 离心管	盛装微量液体	10~20 个/组		
	7	微量移液器	定量吸取液体	3~4 个/组		

●●●● 作业单

学习情境 8	核酸与蛋白质的生物合成
作业完成方式	以学习小组为单位，课余时间独立完成，在规定时间内提交作业。
作业题 1	叙述 DNA 复制的方式和所需酶的特点？
作业解答	
作业题 2	叙述蛋白质合成的过程。
作业解答	
作业题 3	比较 DNA 复制和转录的异同点。
作业解答	

作业评价	班级		第　　组		组长签字			
	学号		姓名					
	教师签字		教师评分			日期		
	评语：							

● ● ● ● 学习反馈单

学习情境 8			核酸与蛋白质的生物合成
评价内容			评价方式及标准
	评价项目	评价方式	评价标准
知识目标达成度	任务点评量（60%）	学生自评与互评；教师评价	A. 任务点完成度 100%，正确率 95% 以上、笔记内容完整，书写清晰。
			B. 任务点完成度 90%，正确率 85% 以上、笔记内容基本完整，书写较清晰。
			C. 任务点完成度 80%，正确率 75% 以上、笔记内容较完整，书写较清晰。
			D. 任务点完成度 70%，正确率 65% 以上、笔记内容欠完整，书写欠清晰。
			E. 任务点完成度 60%，正确率 50% 以上、笔记内容不完整，书写不清晰。
	撰写小论文（20%）	学生自评与互评；教师评价	A. 论文中专业知识运用、分析、拓展全面，表述合理，结论正确。
			B. 论文中专业知识运用、分析、拓展基本全面，表述基本合理，结论正确。
			C. 论文中专业知识运用、分析、拓展较全面，表述较合理，结论正确。
			D. 论文中专业知识运用、分析、拓展欠全面，表述欠合理，结论基本正确。
			E. 论文中专业知识运用、分析、拓展不全面，表述模糊，结论不完整。
	考试评量（20%）	纸笔测试	以试卷形式评量，试卷满分 100 分，按比例乘系数。

			A. 实验操作熟练且规范，方法正确。
技能目标 达成度	实验基本 操作能力 （30%）	学生自评 与互评； 教师评价	B. 实验操作基本熟练且规范，方法正确。
			C. 实验操作较熟练且规范，方法正确。
			D. 实验操作欠熟练欠规范，方法基本正确。
			E. 实验操作不熟练，规范度欠佳，方法不准确。
	实验原理 掌握（30%）	学生自评 与互评； 教师评价	A. 实验原理清晰，解释合理。
			B. 实验原理基本清晰，解释基本合理。
			C. 实验原理较清晰，解释较合理。
			D. 实验原理欠清晰，解释欠合理。
			E. 实验原理模糊，解释牵强。
	技能拓展 与创新能 力（40%）	学生自评 与互评； 教师评价	A. 能正确完成临床案例分析和处理，能根据实际情况灵活变通。
			B. 基本能完成临床案例的分析和处理，能根据实际情况灵活变通。
			C. 能完成临床案例的分析和处理，但缺少完整性和统一性。
			D. 能完成临床案例的分析和处理，但需要教师指导。
			E. 不能完成临床案例的分析和处理，不能灵活变通。
素养目标 达成度	学习态度 及表现 （50%）	学生自评 与互评； 教师评价	A. 学习态度端正、积极参与课堂，小组合作意识强。
			B. 学习态度基本端正、积极参与课堂，小组合作意识强。
			C. 学习态度较端正、积极参与课堂，小组合作意识较强。
			D. 学习态度欠端正、不积极参与课堂，小组合作主动意识不强。
			E. 学习态度不端正、不积极参与课堂，小组合作主动意识不强。
	职业素养 （20%）	学生自评 与互评； 教师评价	A. 具有生物安全和动物福利意识，以畜牧业发展为目标。
			B. 基本具有生物安全和动物福利意识，基本以畜牧业发展为目标。

素养目标达成度	职业素养（20%）	学生自评与互评；教师评价	C. 生物安全和动物福利意识一般，基本以畜牧业发展为目标。
			D. 生物安全和动物福利意识不强，以畜牧业发展为目标不明确。
			E. 生物安全和动物福利意识差，不能以畜牧业发展为目标。
	综合素养（30%）	学生自评与互评；教师评价	A. 身心健康，有服务三农理念，有民族责任感和使命担当。
			B. 身心基本健康，有服务三农理念，有民族责任感和使命担当。
			C. 身心较健康，服务三农理念一般，有民族责任感和使命担当。
			D. 身心欠健康，服务三农理念欠佳，民族责任感和使命担当一般。
			E. 身心不健康，服务三农理念差，民族责任感和使命担当差。

综合评价

评量内容及评量分配	自评、组评及教师复评			合计得分
	学生自评（占10%）	小组互评（占20%）	教师评价（占70%）	
知识目标评价（50%）	满分：5 实得分：	满分：10 实得分：	满分：35 实得分：	满分：50 实得分：
技能目标评价（30%）	满分：3 实得分：	满分：6 实得分：	满分：21 实得分：	满分：30 实得分：
素养目标评价（20%）	满分：2 实得分：	满分：4 实得分：	满分：14 实得分：	满分：20 实得分：

反馈及改进

●思政拓展阅读    ●线上答题

学习情境 9

物质代谢的调节

●●●●● **学习任务单**

学习情境 9	物质代谢的调节	学　时	4
布置任务			
学习目标	【知识目标】 1. 了解机体代谢调节的一般情况和主要调节方式。 2. 掌握细胞水平的代谢调节类型；掌握激素对物质代谢的调节。 3. 理解饥饿、应激时机体整体水平的代谢调节。 【技能目标】 1. 能解释动物体各种物质代谢的主要调节方式。 2. 解释饥饿和应激时体内代谢的调节。 【素养目标】 1. 培养细致耐心、刻苦钻研的学习和工作作风；培养学生安全生产和公共卫生意识，做好自身安全防护。 2. 能够独立或在教师的引导下设计工作方案，分析、解决工作中出现的一般性问题。 3. 具有崇高的理想信念、强烈的社会责任感和团队奉献精神，理解并坚守职业道德规范，具备健康的身心和良好的人文素养。 4. 适应社会经济和现代农业发展需要，面向国家和行业需求，能及时跟踪动物医学及相关领域国内外发展现状和趋势。		
任务描述	利用所学生化专业知识，解决临床工作和生活中的实际问题，具体任务如下。 1. 举例叙述血糖浓度高时，体内酶调节的过程。 2. 解释说明应激状态下，体内糖、脂、蛋白质的代谢调节。		
提供资料	1. 学习任务单、任务资讯单、案例单、工作任务单、必备知识等。 2. 学期使用教材。 3. SPOC：		
对学生要求	1. 具有生物学基础知识；课前按任务资讯单认真准备，课上能认真完成各项工作任务，课后能总结提升。 2. 以学习小组为单位，展示学习成果，有团队协作能力，有创新意识，有一定的知识拓展能力。 3. 有良好的职业素养和服务畜牧业的理想。		

●●●● 任务资讯单

学习情境 9	物质代谢的调节
资讯方式	阅读学习任务单、任务资讯单和教材；进入相关网站，观看 PPT 课件、视频；图书馆查询；向指导教师咨询等。
资讯问题	1. 名词解释：酶水平调节；反馈调节；变构调节；共价修饰调节。 　　2. 简述糖、脂、蛋白质和核酸代谢的相互关系。 　　3. 动物体的代谢调节方式有哪几个层次？ 　　4. 阐述酶水平调节的方式和特点。 　　5. 试举例说明反馈调节方式。 　　6. 试举例说明变构调节的机理。 　　7. 细胞水平调节有哪几种方式？各有何特点？ 　　8. 举例说明激素怎样通过膜受体和细胞内受体调节细胞代谢。 　　9. 从物质代谢的角度，解释饥饿状态下机体代谢的调节。 　　10. 从物质代谢的角度，解释应激状态下机体代谢的调节。
资讯引导	1. 邹思湘. 动物生物化学[M]. 第五版. 北京：中国农业出版社，2013 　　2. 朱圣庚，徐长法. 生物化学[M]. 第 4 版. 北京：高等教育出版社，2016 　　3. 叶非，冯世德. 有机化学[M]. 第 2 版. 北京：中国农业出版社，2007 　　4. 中国大学 MOOC 网：

●●●● 案例单

学习情境 9	物质代谢的调节	学时	4
序号	案例内容	案例分析	
9.1	糖尿病患者，易并发酮症酸中毒。嘌呤代谢障碍会引起尿酸盐沉积于关节和肾脏，导致痛风。李华最近减肥，几乎不摄入糖和脂类，蛋白质的摄入量也有限，更多的摄入纤维素，虽然体重减轻，但出现疲劳、乏力、精神差等亚健康状态。试从物质代谢之间的关系分析上述情况的原因。	机体的糖、脂类、蛋白质与核酸代谢过程是相互促进和相互制约的。蛋白质和脂类代谢进行的程度取决于糖代谢进行的程度，当糖和脂类不足时，蛋白质的分解就增强，当糖多时又可减少脂类的消耗。如果饮食不均衡，代谢紊乱，机体会出现大量不完全代谢产物，引起机体异常表现。所以，动物和人都要均衡饮食，即使减肥也要在科学合理的指导下进行。	

工作任务单

学习情境 9	物质代谢的调节
项目	阐明物质代谢的相互关系

任务 1 说明草酰乙酸在物质代谢中的作用

根据前面所学糖、脂肪、蛋白质的代谢过程，说明草酰乙酸在物质代谢中的作用。

参考答案

1. 草酰乙酸在三羧酸循环中的作用。

草酰乙酸是三羧酸循环的起始物，与乙酰辅酶 A 缩合形成柠檬酸，从而开始三羧酸循环。草酰乙酸的量决定了细胞内三羧酸循环的速度，因此，糖代谢障碍时，三羧酸循环及脂的分解代谢不能顺利进行。

2. 草酰乙酸在糖异生中的作用。

在糖供应不足的情况下，草酰乙酸作为糖异生的原料，可以异生成葡萄糖，以补充血糖浓度。草酰乙酸在磷酸烯醇式丙酮酸羧激酶的催化下生成磷酸烯醇式丙酮酸，然后进入糖异生途径生成葡萄糖。丙酮酸、乳酸及生糖氨基酸等糖异生的原料必须转变为草酰乙酸再异生成糖。

3. 草酰乙酸与氨基酸代谢的关系。

草酰乙酸可以与氨基酸进行转氨基作用，生成天冬氨酸。此外，草酰乙酸还参与了核苷酸代谢，说明它在蛋白质和核酸的合成中扮演着重要角色。

4. 草酰乙酸与能量代谢的关系。

草酰乙酸参与乙酰辅酶 A 从线粒体转运至胞浆的过程，这与糖转变为脂的过程密切相关。此外，草酰乙酸还参与苹果酸—天冬氨酸穿梭，帮助胞浆内的 NADH 转运到线粒体，从而维持细胞的能量平衡。

除草酰乙酸外，如 6-磷酸葡萄糖、丙酮酸、乙酰 CoA、α-酮戊二酸、谷氨酸等这些中间代谢产物，在物质代谢中也有很重要的作用。由于它们各自的生理功能不同，在氧化供能上以糖和脂类为主，糖有氧氧化产生的能量是机体获能的主要来源。

任务 2 说明糖、脂类、蛋白质和核酸代谢的相互联系

根据前面所学糖、脂肪、蛋白质的代谢过程，说明糖、脂类、蛋白质和核苷酸代谢的相互联系。

参考答案

1. 蛋白质代谢与糖代谢的相互联系。

蛋白质在体内是能转变成糖的。许多生糖氨基酸脱氨基后生成的 α-酮酸在体内可转变为糖。糖代谢过程中，产生许多 α-酮酸，如丙酮酸、α-酮戊二酸、草酰乙酸等可通过氨基化作用或转氨基作用生成与其相对应的非必需氨基酸。必需氨基酸在体内无法合成，这是因为机体不能合成与它们相对应的 α-酮酸。因此，不能完全用糖来代替饲料中蛋白质的供应。相反，蛋白质在合成的时候消耗大量的能量，在一定程度上分解代替糖，这对动物本身而言是极不经济的。

2. 糖代谢与脂类代谢的相互联系。

大多数动物饲料是以糖为主，而不是脂肪，这充分说明动物体能将糖转变成脂肪。乙酰 CoA 是糖分解代谢的重要中间产物，也是合成脂肪酸与胆固醇的主要原料。糖分解的另一中间产物磷酸二羟丙酮是生成甘油的原料。所以，在人和动物体内糖可以合成脂肪及胆固醇。但是必需脂肪酸是不能在体内合成的，必须通过食物或饲料供给。

脂肪中的大部分成分是脂肪酸，脂肪酸经 β 氧化产生大量乙酰 CoA，但乙酰 CoA 不是糖异生的原料，通常进入三羧酸循环，被完全分解成 CO_2 和 H_2O；或在肝脏中转变为酮体被输出利用；或重新被利用合成脂肪。脂肪中的甘油可经磷酸化和脱氢氧化产生磷酸二羟丙酮，再沿糖的异生途径转变为糖，但甘油仅占脂肪分子中很少一部分，所以转变成糖是有限的。可见，人和动物体内要将脂肪转变为糖是比较困难。

糖与脂是人与动物的主要能源物质，它们的氧化供能都依赖于三羧酸循环，而且可以相互替代，互相制约。脂肪的氧化分解必须同时伴随糖的氧化分解，以补充三羧酸循环中的中间代谢物。脂肪酸分解代谢旺盛，可抑制葡萄糖氧化分解；葡萄糖利用率增高，又可抑制脂肪动员；如果脂肪酸氧化障碍，可加速糖的分解；葡萄糖的缺乏，又可加速脂肪动员。

3. 蛋白质代谢与脂类代谢的相互联系。

组成蛋白质的生糖氨基酸与生酮氨基酸，其对应的 α-酮酸，可进一步代谢转变成乙酰 CoA，然后用于脂肪酸或胆固醇的合成。此外，甘氨酸或丝氨酸等还可以合成胆胺与胆碱，所以氨基酸也是合成脂类的原料。

而脂肪转变成蛋白质是非常困难的。脂肪酸 β-氧化所产生的乙酰 CoA，虽然可进入三羧酸循环，循环的中间产物可以氨基化生成相应的氨基酸，但乙酰 CoA 进入三羧酸循环还必须要有草酰乙酸。因此，单纯依靠脂肪酸来合成氨基酸是极其有限的。脂肪的甘油部分可以转变成糖，进而生成一些非必需氨基酸。但是脂肪分子中甘油的含量较少，转变成氨基酸的量也是很有限的。总之，动物机体几乎不利用脂肪来合成蛋白质。

4. 核酸与糖、脂类和蛋白质代谢的相互联系。

生物体内的一切物质代谢活动都是在酶（绝大多数酶的化学本质是蛋白质）的催化作用下进行的。核酸作为遗传物质，控制并参与蛋白质的生物合成，可见，核酸直接或间接地参与了生物体的一切代谢过程。

体内许多游离核苷酸在代谢中也起着重要的作用，例如，ATP 是能量储存、转化和利用的重要物质，GTP 参与蛋白质的生物合成，UTP 参与糖原的生物合成，CTP 参与磷脂的生物合成，cAMP、cGMP 是生物体代谢过程中的调节物质。体内许多辅酶或辅基含有核苷酸组分，如 CoA、NAD^+、$NADP^+$、FAD 等。组成核苷酸的嘌呤和嘧啶的合成需要多种氨基酸的参与，组成核苷酸的糖基部分来源于磷酸戊糖。在核酸合成代谢过程中，同样需要各种酶的催化，并且需要许多蛋白因子参与；在核酸的分解过程中，其中间产物也参与三羧酸循环。

糖、脂类、蛋白质和核酸的代谢彼此相互影响、相互联系和相互转化，而这些代谢又以三羧酸循环为枢纽，循环的中间产物是各种代谢途径的重要且共同的中间产物。

必备知识

　　动物体是一个有机的整体，各种物质的代谢是密切联系、相互作用、相互制约又相互协调的，是一个完整、统一的过程。正常生理活动需要各种物质代谢相互配合协调完成，当生理条件改变时，各种物质代谢也会发生相应的改变。这主要是由于体内存在着一套精确的代谢调节机制，不断地调节各种物质代谢的强度、方向和速率。如果机体内环境的改变超过了机体调节能力，就会引起代谢异常或紊乱。因此，代谢调节能使生物体很好地适应生长发育的内部环境及其外部环境的变化。同时，代谢调节也是按照最经济的原则进行的，各种物质的代谢速率可根据机体的需要随时改变，使各种代谢产物不至于过剩或不足，也不会造成某些原料的累积或缺乏。

　　不同的生物代谢调节方式是不同的，越高级的生物代谢调节越复杂，越低级的生物代谢调节越简单。归纳起来，生物的代谢调节可在细胞水平、激素水平、神经水平 3 个不同水平上进行。通过细胞内代谢物浓度的变化，对酶的活性及含量进行调节，这种调节称为原始调节或细胞水平代谢调节。高等动物的内分泌细胞及内分泌器官分泌的激素可对其他细胞发挥代谢调节作用，这种调节称为激素水平的代谢调节。高等动物在中枢神经系统的控制下，或通过神经组织及其产生的神经递质对靶细胞直接产生影响，或通过控制激素的分泌调节细胞的代谢和功能，并通过多种激素的互相协调对机体代谢进行综合调节，这种调节称为整体水平的代谢调节。细胞水平调节是最基本、最原始的调节方式，激素水平调节和神经水平调节都是较高级的调节方式，但仍以细胞水平调节作为基础。

第一部分　物质代谢的联系

　　动物机体物质代谢的基本目的是以满足生长、发育和繁殖等基本生理功能的需要出发，产生 ATP、还原性辅酶（NADPH＋H$^+$）和为生物合成准备所需的小分子。

　　ATP 的产生需将能源物质如葡萄糖、脂肪酸氧化生成乙酰 CoA，后者进入三羧酸循环完全氧化分解产生 CO_2 并伴有 NADH＋H$^+$ 和 FADH$_2$ 的生成，这些氢和电子载体通过呼吸链传递给 O_2，生成 H_2O 并合成 ATP。糖酵解虽然产生少量 ATP，但反应时间短，在无氧状态下可以快速产生 ATP。ATP 水解时或其高能磷酸基团转移时能为肌肉收缩、物质运输、代谢信号放大和生物合成等提供所需能量，因此 ATP 被称为"通用能量货币"。

　　动物机体代谢过程中所产生的还原力 NADPH＋H$^+$，在脂肪酸、胆固醇和脱氧核糖核苷酸等生物合成中作为主要的氢和电子供体。该还原力主要来自磷酸戊糖途径，也可以通过线粒体中柠檬酸-丙酮酸循环产生。

　　各种物质代谢途径都会产生出用于构建比较复杂生物分子的小分子前体。例如，合成三酰甘油时所需的甘油骨架来自糖代谢途径的中间产物磷酸二羟丙酮；糖分解代谢中产生的 α-酮酸是合成非必需氨基酸碳骨架的来源；乙酰 CoA 不仅是大多数可供能的分子降解的共同中间产物，而且是合成脂肪酸和胆固醇的原料；琥珀酰 CoA 是三羧酸循环的中间产物，也是合成卟啉的前体之一；磷酸戊糖途径产生的磷酸核糖是核苷酸中糖的来源；氨基酸则是许多生物合成所需一碳基团的来源。

　　生物体内各种代谢途径不能孤立和分隔，一些共同的代谢中间物作为分支点把许多途径联系起来，通过一个复杂的网络交织在一起。三羧酸循环处于中心的位置，清楚地表明葡萄糖的有氧分解途径不仅是糖、脂、氨基酸和核苷酸等各种物质分解代谢的共同归宿，而且也是它们之间相互联系和转变的共同枢纽。动物机体主要营养物质之间的联系如图 9-1 所示。

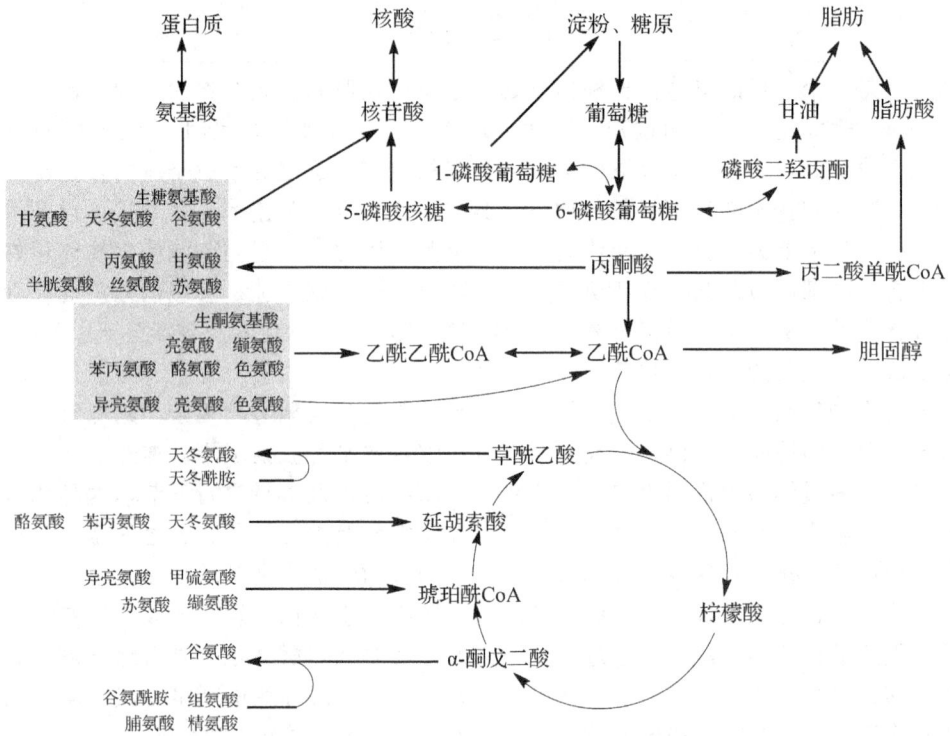

图 9-1　糖、脂、蛋白质的相互转化关系

第二部分　细胞水平的代谢调节

细胞水平的调节主要是通过细胞内代谢物质浓度的改变来调节某些酶促反应的速率，以满足机体的需要，所以细胞水平的调节也称为酶水平调节或分子水平调节。

细胞水平的调节主要包括酶的定位调节、酶活性的调节和酶含量的调节三种方式，其中以酶活性的调节最为重要。

一、酶的定位调节

在动物机体内，各种代谢途径都是由一系列酶催化的连续反应，每种酶在细胞内都有一定的位置。动物细胞的膜结构把细胞分为许多区域，称为酶的区室化，其结果是把不同代谢途径的酶都固定分布在不同的区域中，保证了不同代谢过程在细胞内的不同部位进行，避免造成物质代谢的混乱。此外，酶的这种区室化分布使酶、辅助因子和底物在细胞器内高度浓缩，从而加快代谢反应的速率。酶在细胞内的区室化分布如表 9-1 所示。

表 9-1　主要酶及代谢途径在细胞内的分布

细胞定位	主要酶及代谢途径
胞液	糖酵解途径、磷酸戊糖途径、糖原分解、脂肪酸合成、嘌呤和嘧啶的降解、肽酶、转氨酶、氨酰合成酶
线粒体	三羧酸循环、脂肪酸 β 氧化、氨基酸氧化、脂肪酸链的延长、尿素生成、氧化磷酸化作用
溶酶体	溶菌酶、酸性磷酸酶、水解酶，包括蛋白酶、核酸酶、葡萄糖苷酶、磷酸酯酶、脂肪酶、磷脂酶与磷酸酶

续表

细胞定位	主要酶及代谢途径
内质网	NADH 及 NADPH 细胞色素 C 还原酶、多功能氧化酶、6-磷酸葡萄糖磷酸酶、脂肪酶，蛋白质合成途径、磷酸甘油酯及三酰甘油合成、类固醇合成与还原
高尔基体	转半乳糖苷基及转葡萄糖糖苷基酶、5-核酸酶、NADH 细胞色素 C 还原酶、6-磷酸葡萄糖磷酸酶
过氧化体	尿酸氧化酶、D-氨基酸氧化酶、过氧化氢酶，长链脂肪酸氧化
细胞核	DNA 与 RNA 的合成途径

细胞为了使代谢快速而有效地进行，一些代谢途径的酶往往集中分布，形成多酶复合体，如丙酮酸脱氢酶复合体和 α-酮戊二酸脱氢酶复合体。还有些酶系在进化过程中由于基因的融合，形成了具有多种不同功能却只含有一条多肽链的酶，此称为多功能酶或串联酶，如脂肪酸合酶是一条多肽链，包括 7 种催化活性和 1 种酰基载体蛋白。多酶体系和多功能酶的出现，不但有助于代谢的顺利进行，还有助于代谢调控。生物体内存在的同工酶也在不同的组织、不同的细胞类型或同一细胞的不同细胞器中具有不同的质和量、不同的活性，在代谢途径中发挥着作用，调节代谢进行的方向。

二、酶活性的调节

物质代谢途径由一系列的酶促反应所组成，代谢速率的改变并不取决于代谢途径中全部酶活性的改变，而常常只取决于某些甚至某一个关键酶活性的变化。此酶通常是整条代谢途径中催化反应速度最慢的，催化是单向反应，其活性受底物、产物和多种代谢物或效应剂的调节，故又称调节酶、关键酶或限速酶（表 9-2），由此酶催化的反应称为限速反应。

表 9-2　主要代谢途径的限速酶

代谢途径	限速酶
糖酵解途径	己糖激酶、磷酸果糖激酶、丙酮酸激酶
磷酸戊糖途径	6-磷酸葡萄糖脱氢酶
三羧酸循环	柠檬酸合酶、异柠檬酸脱氢酶、α-酮戊二酸脱氢酶复合体
糖异生	丙酮酸羧化酶、磷酸烯醇式丙酮酸羧激酶、1,6-二磷酸果糖酶、6-磷酸葡萄糖酶
糖原合成	糖原合酶
糖原分解	糖原磷酸化酶
脂肪酸合成	乙酰 CoA 羧化酶
脂肪分解	三酰甘油脂肪酶（激素敏感性脂肪酸）
胆固醇合成	HMGCoA 还原酶
尿素合成	精氨酸代琥珀酸合成酶
血红素合成	ALA 合成酶

酶活性的调节是细胞中最快速、最经济的调节方式，通常在数秒或数分钟内即可实现。通过调节限速酶的活性而改变代谢途径的速率与方向是体内代谢快速调节的重要方式。下面介绍几种常见的酶活性调节途径。

（一）反馈调节

代谢途径的底物或终产物常影响催化该途径起始反应的酶活性，此调节方式称为反馈调节，它存在于所有的生物体中，是调节酶活性最精巧的方式之一。

反馈调节具有两种情况。一是终产物的积累抑制初始步骤的酶活性，使得反应减慢或停止，此种反馈称为负反馈或反馈抑制。负反馈既可使代谢产物的生成不至于过多，又可使能量得以有效利用，不至于浪费。例如，6-磷酸葡萄糖抑制己糖激酶以阻断糖酵解及糖的氧化，使 ATP 不至于产生过多，同时 6-磷酸葡萄糖又激活糖原合酶，使多余的磷酸葡萄糖合成糖原，能量得以有效储存。又如，ATP 可变构抑制磷酸果糖激酶Ⅰ、丙酮酸激酶及柠檬酸合成酶，阻断糖酵解、有氧氧化及三羧酸循环，使 ATP 的生成不致过多，避免浪费，还避免了产物过量生成对机体造成危害。

另一种反馈调节是代谢过程中某些中间产物可使本途径的前行酶活化，加速反应的进行，这种反馈称为正反馈或反馈激活。例如，在糖分解代谢中，当丙酮酸不能顺利通过乙酰 CoA 转变成柠檬酸进入三羧酸循环时，丙酮酸即可在丙酮酸羧化酶的催化下直接转变为草酰乙酸，这体现了乙酰 CoA 对丙酮酸羧化酶的反馈激活作用。

（二）变构调节

某些物质能与酶分子上的非催化部位特异地结合，引起酶蛋白分子构象的改变，从而改变酶的活性，这种现象称为酶的变构调节或称别位调节。受这种调节作用的酶称为别构酶或变构酶，能使酶发生变构效应的物质称为变构效应剂。如变构后引起酶活性的增强，则此效应剂称为激活变构剂或正效应物；反之则称为抑制变构剂或负效应物。变构调节在生物界普遍存在，它是动物体内快速调节酶活性的一种重要方式。

效应物一般是小分子的有机化合物，有的是底物，有的是非底物。在细胞内，变构酶的底物通常是它的变构激活剂，代谢途径的终产物通常是它的变构抑制剂。

酶的变构调节不需要能量，只是通过酶分子构象变化来调节酶的活性。变构酶分子都是多亚基的寡聚酶，分子中除了有催化中心外还有调节中心，后者又称为调节部位或别构中心，催化中心负责对底物分子的结合和催化，调节中心负责结合效应物，对催化中心的活性起调节作用。

例如，1,6-二磷酸果糖酶的变构调节。1,6-二磷酸果糖酶是由四个结构相同的亚基组成，每个亚基上既有催化部位也有调节部位。在催化部位上能结合一分子 1,6-二磷酸果糖（FDP），在调节部位上能结合一分子变构剂。AMP 是此酶的抑制变构剂。当酶处于紧密型（T 型）时，因其调节部位转至聚合体内部而难以与 AMP 结合，故对 AMP 不敏感而表现出较高的活性；在第一个 AMP 分子与调节部位结合后，T 型逐步转变成松弛型（R 型）、酶蛋白分子构象发生改变，调节部位相继暴露，与 AMP 的亲和力逐步增加，酶的活性逐渐减弱，这就是 1,6-二磷酸果糖酶由紧密型（高活性）变成松弛型（低活性）的变构过程。

抑制变构剂促进高活性型至低活性型的转变，激活变构剂则促进低活性型至高活性型的转变。这一变构过程是可逆的，如图 9-2 所示。

（三）共价修饰调节

有些酶分子肽链上的某些基团可在其他酶的催化下发生可逆的共价修饰，或通过可逆的氧化还原互变使酶分子的局部结构或构象产生改变，从而引起酶活性的变化，这种修饰调节作用称为共价修饰调节，被修饰的酶称为共价调节酶。目前已知共价修饰调节方式主

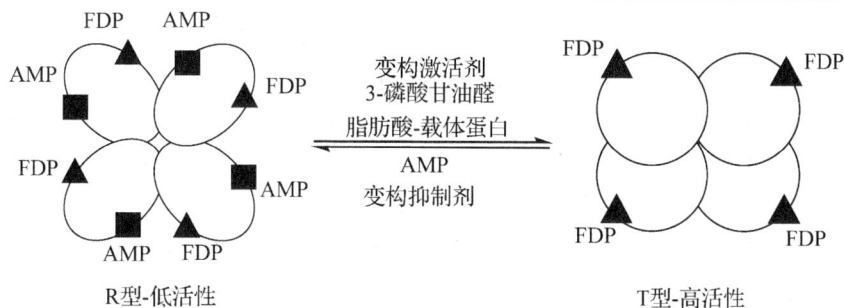

图 9-2　1,6-二磷酸果糖酶的变构过程

要有磷酸化与去磷酸化、腺苷酰化与去腺苷酰化、乙酰化与去乙酰化、尿苷酰化与去尿苷酰化、甲基化与去甲基化、—SH 基和—S— S—基互变等。其中最常见的是磷酸化与去磷酸化，这也是真核生物酶共价修饰调节的主要形式。

　　例如，动物细胞中的糖原磷酸化酶的调节(图 9-3)。该酶有 2 种形式，即有活性磷酸化酶 a 和无活性磷酸化酶 b。在磷酸化酶激酶催化下，磷酸化酶 b(二聚体)中每个亚基的 Ser 残基与 ATP 给出的磷酸基共价结合，从而使低活性的磷酸化酶 b 转变成高活性的磷酸化酶 a(四聚体)。磷酸化酶 a 在磷酸酶催化下，其中每个亚基的磷酸基可被水解除掉，从而使高活性的磷酸化酶 a 转变成无活性的磷酸化酶 b。

　　酶的共价修饰调节可在激素的作用下产生级联放大的效应，因此其催化效率较高；同时酶的共价修饰调节耗能少，是一种较经济有效的调节方式。

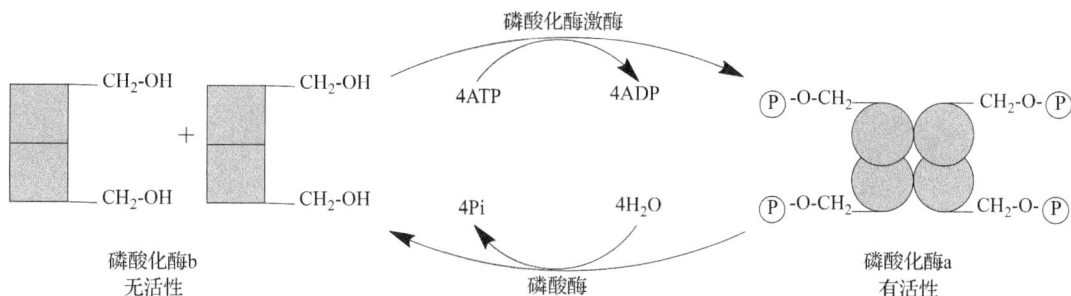

图 9-3　糖原磷酸化酶的共价修饰作用

三、酶含量的调节

　　酶含量的调节是通过改变酶的合成或降解速率以控制酶的绝对含量实现代谢调节的。但酶蛋白的合成与降解调节需要消耗能量，所需时间和持续时间都较长，故酶含量的调节属迟缓调节。

　　细胞内的酶活性一般与其含量呈正相关。酶本身作为一种蛋白质是其编码基因的表达产物，也处于不断地更新之中。酶蛋白的生物合成可在其基因的转录水平和翻译水平上调控，多种调节信号影响酶蛋白基因的表达。包括哺乳动物在内，已有许多证据显示，底物常能有效诱导代谢途径中关键酶的合成。至于酶蛋白在体内的降解速率可能不仅与组织蛋白酶的专一性有关，而且与环境中特异代谢物的浓度以及酶蛋白本身的结构有关，其降解调节机制尚待深入研究。

第三部分　激素对物质代谢的调节

激素是一类由特定的细胞合成并分泌的化学物质，它随血液循环至全身，作用于特定的靶组织或靶细胞，引起细胞物质代谢沿着一定的方向进行而产生特定生物学效应。激素能对特定的组织或细胞发挥作用，是由于该组织或细胞具有能特定识别和结合相应激素的受体。激素作为第一信使与受体结合后，使受体分子的构象发生改变而引起一系列生物学效应。按激素受体在细胞的不同部位，可将激素分为细胞膜受体激素和细胞内受体激素两类。

一、激素通过细胞膜受体的调节

激素通过细胞膜受体的调节作用通常通过靶细胞膜上的特异性 G 蛋白受体起作用，即激素到达靶细胞后，先与细胞膜上的特异性受体结合并激活 G 蛋白，G 蛋白再激活细胞内膜上的腺苷酸环化酶，活化后的腺苷酸环化酶可催化 ATP 转化为 cAMP，cAMP 作为激素的第二信使，再激活胞内的蛋白激酶 A（PKA），产生一系列的生理效应。这样，激素的信号通过一个酶促的酶活性的级联放大系统逐级放大，使细胞在短时间内作出快速应答反应。例如，肾上腺素作用于肌细胞受体导致肌糖原分解的过程（图 9-4），肾上腺素的信息经 cAMP 传达到细胞内，由 PKA 继续向下传递，使大量的磷酸化酶 b 转化为磷酸化酶 a 而活化，同时抑制糖原合酶 b（无活性）脱磷酸化转变为糖原合酶 a（有活性），结果可以在短时间内分解糖原，以适应动物在应激状态下能量的要求。

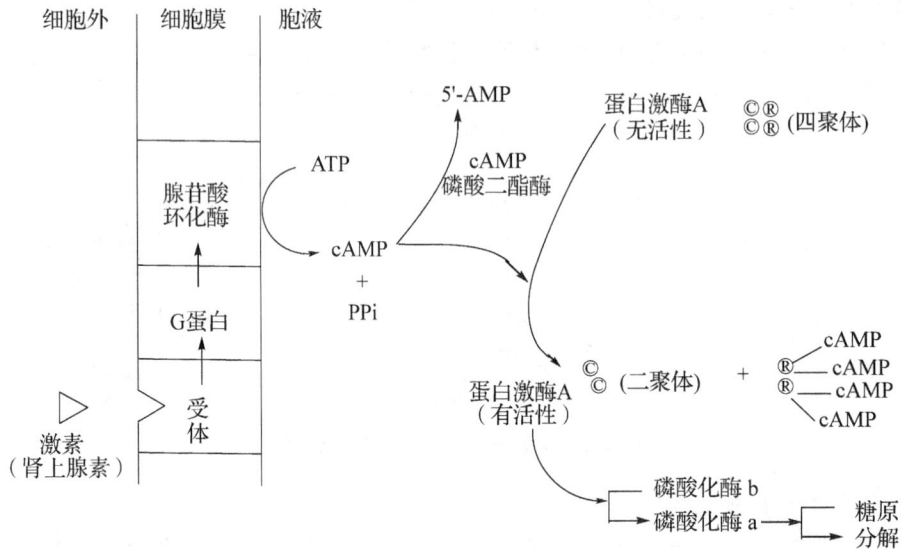

图 9-4　肾上腺素作用示意图

多数激素可以使 cAMP 的生产加速，少数激素则可以降低细胞内 cAMP 的浓度。胰高血糖素、促肾上腺皮质激素、甲状旁腺素、促甲状腺素、抗利尿激素以及儿茶酚胺类激素都属于胞外激素，都可以通过相应的受体激活靶细胞膜上的腺苷酸环化酶，通过细胞内的 cAMP 作为第二信使产生生理效应。

二、激素通过细胞内受体的调节

有一些脂溶性的激素，如固醇类激素、甲状腺素、前列腺素等，易于透过细胞膜进入细胞内，直接与胞质内或核内的特异性受体以非共价键进行可逆结合，形成激素—受体复合物使受体活化，活化后的受体可以作为因子影响 DNA 基因的表达，受该激素调节的基因表达产物(酶或者蛋白质)的量增多或减少,即产生相应的代谢效应。激素通过细胞内受体的调节途径如图 9-5 所示。

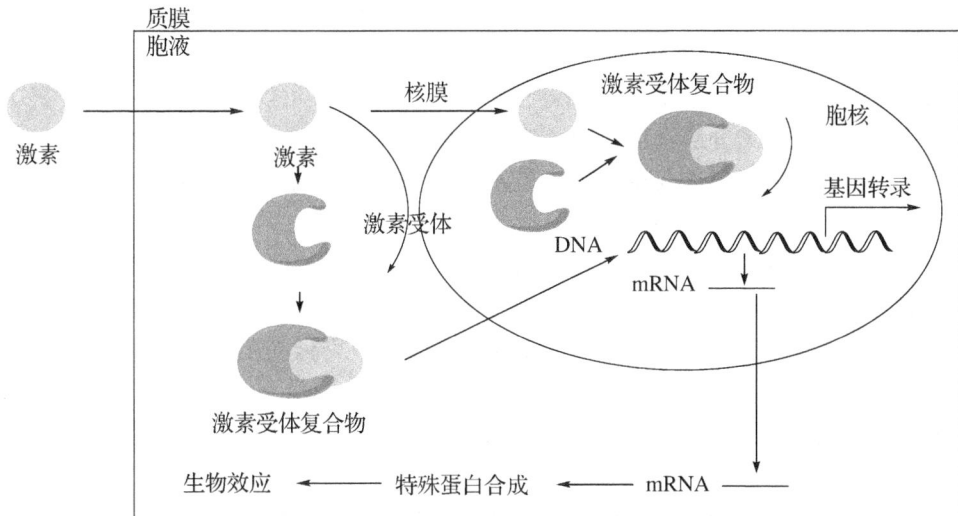

图 9-5　激素通过细胞内受体的调节途径

第四部分　整体水平的代谢调节

机体内各种组织器官和细胞在功能上处于一个严密的整体系统中。一个组织可以为其他组织提供底物,也可以代谢来自其他组织的物质。这些器官之间的相互联系是依靠神经—内分泌系统的调节来实现的。

机体外部和内部环境发生变化,首先作用于动物的中枢神经系统。中枢神经细胞受到刺激后,通过电的传导和神经递质(如乙酰胆碱、γ-氨基丁酸等)的释放,或者对效应器发挥直接的调节作用,或者促进和抑制某些激素的释放而间接调节代谢。神经和激素对于内外环境的改变十分敏锐,并根据这些改变来调节代谢过程,使机体成为一个整体。各个组织器官的代谢互相协调配合,以适应环境的变化。

下面以饥饿和应激为例,阐述动物机体整体水平的代谢调节。

一、饥饿的整体水平调节

在早期饥饿时,血糖浓度有下降趋势,这时肾上腺素和糖皮质激素的调节占优势,促进肝糖原分解和肝脏糖异生,在短期内维持血糖浓度的恒定,以满足脑组织和红细胞等重要组织对葡萄糖的需求。若饥饿时间继续延长,则肝糖原被消耗殆尽,这时糖皮质激素也参与发挥调节作用,促进肝外组织蛋白分解为氨基酸,便于肝脏利用氨基酸、乳酸和甘油等物质生成葡萄糖,这在一定程度上维持了血糖浓度的恒定。这时,脂肪代谢也加强,分解为甘油和脂肪酸,肝脏将脂肪酸分解生成酮体,酮体在此时是脑组织和肌肉等器官重要的能量来源。在饱食情况下,胰岛素发挥重要作用,它促进肝脏合成糖原和将糖转变为脂肪,抑制糖异生;胰岛素还促进肌肉和脂肪组织的细胞膜提高对葡萄糖的通透性,使血糖容易进入细胞,并被氧化利用。

二、应激的整体水平调节

应激是动物体受到一些诸如创伤、剧痛、冻伤、缺氧、中毒、感染,以及剧烈情绪激动等异乎寻常的刺激所作出一系列反应的"紧张状态"。应激伴有一系列神经—体液的改变，包括交感神经兴奋、肾上腺髓质和皮质激素分泌增加，血浆胰高血糖素和生长激素水平升高，胰岛素水平降低，糖、脂肪和蛋白质等物质代谢发生相应变化。总的特点是分解增加、合成减少。

应激时，糖代谢变化的主要表现为高血糖。应激时由于儿茶酚胺、胰高血糖素、生长激素、肾上腺糖皮质激素分泌增加和胰岛素的相对不足导致糖原分解和糖异生增强，使得血糖浓度升高，甚至可超过葡萄糖的肾阈而出现糖尿，这种现象被称为应激性高血糖或应激性糖尿。此时的血糖升高有利于保证脑和红细胞的能源供应。

应激时，脂肪代谢变化的主要表现为脂肪动员增加。由于肾上腺素、去甲肾上腺素、胰高血糖素等脂解激素增多，脂肪的动员与分解加强，因此血中游离脂肪酸和酮体有不同程度的增加，同时组织对脂肪酸的利用增强。例如，严重创伤后，机体所消耗的能量有 $75\%\sim95\%$ 来自脂肪的氧化。

应激时，蛋白质的分解代谢加强。由于肌肉组织蛋白质分解，丙氨酸等氨基酸的释放增加，为肝细胞糖异生提供原料，同时尿素合成增加，出现负氮平衡。应激情况下的蛋白质代谢既有破坏和分解的加强，又有合成的减弱，直至恢复期才逐渐恢复氮平衡。

上述这些代谢变化的防御意义在于为机体在"紧急情况"下提供足够的能量。但若应激状态持续时间长，则机体可因消耗过多能量而致消瘦和体重减轻。因此，在严重创伤或大手术后，给患者输入一定比例的胰岛素—葡萄糖—氯化钾溶液，可减少体内蛋白质的分解，防止负氮平衡。

●●●●● **拓展阅读：　甲状腺激素与能量代谢**

甲状腺是机体最大的内分泌腺。甲状腺分泌的甲状腺激素是调节机体新陈代谢和生长发育的重要激素。甲状腺激素由酪氨酸经碘化生成并储存于腺泡腔内，经甲状腺腺泡细胞摄取并释放进入血液发挥作用。

生理剂量的甲状腺激素可促进结构蛋白和功能蛋白的合成，有利于生长发育和调节机体的各种功能活动，而甲状腺激素过多时将促进蛋白分解，特别是外周组织蛋白的分解，分泌不足时则阻碍蛋白质合成。甲状腺激素能促进小肠黏膜吸收葡萄糖，增加肝糖原分解，使血糖升高；甲状腺激素还能增强肾上腺素、胰高血糖素、糖皮质激素和生长激素的升糖效应。同时，甲状腺激素又能促进糖异生和肝糖原合成，增加外周组织对糖的利用，使血糖下降。甲状腺激素能诱导脂肪组织中脂肪细胞的分化，促进脂肪积蓄；又能诱导多种脂肪代谢酶的合成，促进脂肪的氧化分解，释放脂肪酸和甘油。此外，它还能促进胆固醇的分解。可见，甲状腺激素对物质代谢的影响具有双向性，既可促进合成，又可促进分解。

甲状腺激素具有很强的产热效应。甲状腺激素可以与大部分细胞中线粒体上的受体结合，促使线粒体体积增大和数量增加，氧化磷酸化增强，提高基础代谢率，增加组织的耗氧量和产热量。有证据表明，1 mg 甲状腺激素可使机体增加大约 40 000 kJ 的产热量，基础代谢率提高近 30%。甲状腺激素还能促进糖的分解代谢和脂肪酸氧化，产生大量热量。所以，甲状腺激素的产热效应是多种机制共同作用的结果。

因此，甲状腺功能亢进的患者，表现为食欲旺盛，但会出现身体消瘦、体重减轻、乏力，并伴随多汗、发热。

●●●● 作业单

学习情境 9	物质代谢的调节			
作业完成方式	以学习小组为单位，课余时间独立完成，在规定时间内提交作业。			
作业题 1	叙述糖代谢途径中具有反馈调节的酶。			
作业解答				
作业题 2	叙述变构酶的结构特点和作用机理。			
作业解答				
作业题 3	叙述应激下，糖、脂、蛋白质的代谢调节。			
作业解答				
作业评价	班级		第 组	组长签字	
	学号		姓名		
	教师签字		教师评分	日期	
	评语：				

●●●● 学习反馈单

学习情境 9			物质代谢的调节
评价内容			评价方式及标准
	评价项目	评价方式	评价标准
知识目标达成度	任务点评量（60%）	学生自评与互评；教师评价	A. 任务点完成度 100%，正确率 95% 以上、笔记内容完整，书写清晰。
			B. 任务点完成度 90%，正确率 85% 以上、笔记内容基本完整，书写较清晰。
			C. 任务点完成度 80%，正确率 75% 以上、笔记内容较完整，书写较清晰。
			D. 任务点完成度 70%，正确率 65% 以上、笔记内容欠完整，书写欠清晰。
			E. 任务点完成度 60%，正确率 50% 以上、笔记内容不完整，书写不清晰。

知识目标 达成度	撰写小论 文（20%）	学生自评 与互评； 教师评价	A. 论文中专业知识运用、分析、拓展全面，表述合理，结论正确。
			B. 论文中专业知识运用、分析、拓展基本全面，表述基本合理，结论正确。
			C. 论文中专业知识运用、分析、拓展较全面，表述较合理，结论正确。
			D. 论文中专业知识运用、分析、拓展欠全面，表述欠合理，结论基本正确。
			E. 论文中专业知识运用、分析、拓展不全面，表述模糊，结论不完整。
	考试评量 （20%）	纸笔测试	以试卷形式评量，试卷满分100分，按比例乘系数。
技能目标 达成度	口头评量 （100%）	学生自评 与互评； 教师评价	A. 仪态大方，语言流畅清晰，观点正确。
			B. 仪态大方，语言较流畅清晰，观点正确。
			C. 仪态大方，语言基本流畅清晰，观点基本正确。
			D. 仪态拘谨，语言欠流畅欠清晰，观点基本正确。
			E. 仪态拘谨，语言不流畅不清晰，观点不正确。
素养目标 达成度	学习态度 及表现 （50%）	学生自评 与互评； 教师评价	A. 学习态度端正、积极参与课堂，小组合作意识强。
			B. 学习态度基本端正、积极参与课堂，小组合作意识强。
			C. 学习态度较端正、积极参与课堂，小组合作意识较强。
			D. 学习态度欠端正、不积极参与课堂，小组合作主动意识不强。
			E. 学习态度不端正、不积极参与课堂，小组合作主动意识不强。
	职业素养 （20%）	学生自评 与互评； 教师评价	A. 具有生物安全和动物福利意识，以畜牧业发展为目标。
			B. 基本具有生物安全和动物福利意识，基本以畜牧业发展为目标。
			C. 生物安全和动物福利意识一般，基本以畜牧业发展为目标。
			D. 生物安全和动物福利意识不强，以畜牧业发展为目标不明确。
			E. 生物安全和动物福利意识差，不能以畜牧业发展为目标。

素养目标 达成度	综合素养 （30%）	学生自评 与互评； 教师评价	A. 身心健康，有服务三农理念，有民族责任感和使命担当。
			B. 身心基本健康，有服务三农理念，有民族责任感和使命担当。
			C. 身心较健康，服务三农理念一般，有民族责任感和使命担当。
			D. 身心欠健康，服务三农理念欠佳，民族责任感和使命担当一般。
			E. 身心不健康，服务三农理念差，民族责任感和使命担当差。

综合评价

评量内容及 评量分配	自评、组评及教师复评			合计得分
	学生自评（占10%）	小组互评（占20%）	教师评价（占70%）	
知识目标评价 （50%）	满分：5 实得分：	满分：10 实得分：	满分：35 实得分：	满分：50 实得分：
技能目标评价 （30%）	满分：3 实得分：	满分：6 实得分：	满分：21 实得分：	满分：30 实得分：
素养目标评价 （20%）	满分：2 实得分：	满分：4 实得分：	满分：14 实得分：	满分：20 实得分：

反馈及改进

●思政拓展阅读　　　　　　　　●线上答题　

学习情境 10

血液生化与肝脏生化

●●●●● **学习任务单**

学习情境 10	血液生化与肝脏生化	学　时	4
布置任务				

学习目标	【知识目标】 1. 了解血液的化学组成；掌握血浆蛋白的种类、含量和代谢。 2. 掌握红细胞的代谢和血红蛋白的代谢；理解黄疸的机制。 3. 了解肝脏在物质代谢中的作用；掌握肝脏的生物转化作用及排泄功能。 【技能目标】 掌握血液生化样本的分离技术；掌握醋酸纤维薄膜电泳的基本原理和操作方法。 【素养目标】 1. 培养细致耐心、刻苦钻研的学习和工作作风；培养学生安全生产和公共卫生意识，做好自身安全防护。 2. 能够独立或在教师的引导下设计工作方案，分析、解决工作中出现的一般性问题。 3. 具有崇高的理想信念、强烈的社会责任感和团队奉献精神，理解并坚守职业道德规范，具备健康的身心和良好的人文素养。 4. 适应社会经济和现代农业发展需要，面向国家和行业需求，能及时跟踪动物医学及相关领域国内外发展现状和趋势。
任务描述	利用所学生化专业知识，解决临床工作和生活中的实际问题，具体任务如下。 1. 能解释不同类型黄疸的生化机制，初步判断病因。 2. 掌握胆汁酸的临床意义，学会检测胆汁酸的方法。
提供资料	1. 学习任务单、任务资讯单、案例单、工作任务单、必备知识等。 2. 学期使用教材。 3. SPOC：
对学生 要求	1. 具有生物学基础知识；课前按任务资讯单认真准备，课上能认真完成各项工作任务，课后能总结提升。 2. 以学习小组为单位，展示学习成果，有团队协作能力，有创新意识，有一定的知识拓展能力。 3. 有良好的职业素养和服务畜牧业的理想。

●　●　●　●　●　**任务资讯单**

学习情境 10	血液生化与肝脏生化
资讯方式	阅读学习任务单、任务资讯单和教材；进入相关网站，观看 PPT 课件、视频；图书馆查询；向指导教师咨询等。
资讯问题	1. 血浆蛋白如何分类？ 　　2. 简述血浆蛋白质的主要功能。 　　3. 简述成熟红细胞代谢的特点与生理意义。 　　4. 成熟红细胞抗氧化的机制有哪些？ 　　5. 简述血红蛋白的化学组成。 　　6. 血红蛋白合成的原料有哪些？其合成过程分哪几个阶段？ 　　7. 叙述血红蛋白的代谢过程。 　　8. 临床上黄疸的类型有哪些？引起不同类型黄疸的原因是什么？ 　　9. 何谓生物转化？有哪些反应类型？有何生理意义？ 　　10. 生物转化具有什么特点？ 　　11. 胆汁酸有哪些生理功能？ 　　12. 简述胆汁酸的代谢过程。 　　13. 举例说明肝脏的排泄功能。
资讯引导	1. 邹思湘. 动物生物化学[M]. 第五版. 北京：中国农业出版社，2013 　　2. 朱圣庚，徐长法. 生物化学[M]. 第 4 版. 北京：高等教育出版社，2016 　　3. 叶非，冯世德. 有机化学[M]. 第 2 版. 北京：中国农业出版社，2007 　　4. 中国大学 MOOC 网：

●　●　●　●　●　**案例单**

学习情境 10	血液生化与肝脏生化	学时	4
序号	案例内容		案例分析
10.1	1. 基本情况：流浪猫，1 岁，雌性，因精神不振前来就诊。 　　2. 体格检查：精神沉郁，可视黏膜发黄。 　　3. 血常规检查：白细胞总数升高，嗜中性粒细胞升高，单核细胞升高，嗜酸性粒细胞升高。 　　4. 血液生化检测：谷丙转氨酶稍升高，GGT 升高明显，总胆红素升高 3 倍，总蛋白、白蛋白和球蛋白均降低。 　　5. 粪便检查：见肝吸虫虫卵。 　　试分析动物黄疸的原因。		该病例血常规显示嗜酸性粒细胞升高，生化指标 GGT 升高，粪便检查有肝吸虫虫卵，所以诊断为肝吸虫寄生在胆管和胆道引起的胆汁排泄障碍，进而临床上出现黄疸。

10.2	1. 基本情况：犬，1岁，雌性。精神不振，食欲下降。之前治疗膀胱炎用过抗生素。 　　2. 体格检查：精神沉郁，可视黏膜发黄。 　　3. 血常规检查：白细胞总数升高，以中性粒细胞升高为主。红细胞总数、血红蛋白、红细胞压积均降低，红细胞平均体积增大。血涂片见多量网织红细胞和多染性大红细胞。提示再生性贫血。 　　4. 血液生化检测：谷丙转氨酶稍升高，总胆红素升高。其他未见明显异常。 　　试分析动物黄疸的原因。	该病例血液学检查结果存在溶血性贫血，即红细胞破坏过多，胆红素生成增多，超过了肝脏转化能力，引起血液总胆红素升高，临床上出现黄疸。 　　另外，贫血引起缺氧，肝细胞对缺氧敏感，导致肝细胞轻度损伤，表现为谷丙转氨酶升高。

● ● ● ● ● **工作任务单**

学习情境 10	血液生化与肝脏生化
项目 1	血液生化样本的制备

任务 1　采集血液样本

　　测定用的血液，多由静脉采集。一般在饲喂前空腹采取，因此时血液中化学成分含量比较稳定。采血时所用的针头、注射器、采血管要清洁干燥；让血液沿着管壁慢慢注入采血管中，以防溶血和产生泡沫。

任务 2　制备血清

　　由静脉采集的血液，注入清洁干燥的试管或离心管中。将试管放成斜面，让其自然凝固，一般经 3 h 血块自然收缩而析出血清；也可将血样放入 37℃ 恒温箱内，促使血块收缩，能较快地析出血清。为了缩短时间，也可用离心机分离（未凝或凝固后均可离心）。分离出的血清，用滴管移入另一试管中供测定用，如不及时使用，应贮于冰箱中。分离出的血清呈淡黄色，不应溶血。

任务 3　制备血浆

　　由静脉采集的血液，放入装有抗凝剂的采血管中，轻轻摇动，使血液与抗凝剂充分混合，以防小血块的形成。抗凝血可静置或离心沉淀分离（2 000 r/min，10 min），使血细胞下沉，上清液即为血浆。

　　血浆与血清成分基本相似，只是血清不含纤维蛋白原。

任务 4　钨酸法制备无蛋白血滤液

　　【工序 1】取 50 mL 锥形瓶 1 只，加入蒸馏水 7 份，用奥氏吸管吸取抗凝血 1 份，擦去管壁外血液，将吸管插入锥形瓶中水的底部，缓慢地放出血液。放完血液后，将吸管提高吸取上清液再吹入，反复洗涤 3 次。充分混合，使红细胞完全溶解。

　　【工序 2】加入 0.333 mol/L 硫酸溶液 1 份，随加随摇，充分混匀。此时血液由鲜红变成棕色，静置 5～10 min，使其酸化完全。

【工序 3】加入 10％钨酸钠溶液 1 份，边加边摇，血液由透明变成凝块状。振摇到不再产生泡沫为止。

【工序 4】放置数分钟后用定量滤纸过滤或离心除去沉淀，即得完全澄清的无蛋白血滤液，供测定用。

用此法制得的无蛋白血滤液为 10 倍稀释的血滤液。即每毫升血滤液相当于全血 0.1 mL，适用于葡萄糖、非蛋白氮、尿素氮、肌酸酐和氯化物等的测定。

任务 5　氢氧化锌法制备无蛋白血滤液

【工序 1】取干燥、洁净的 50 mL 锥形瓶 1 只，加入蒸馏水 7 份，取抗凝血 1 份放入锥形瓶中，反复吹打，使红细胞完全溶解。（操作同钨酸法）

【工序 2】再加入 10％硫酸锌溶液 1 份，混匀。

【工序 3】缓慢地加入 0.5 mol/L 氢氧化钠溶液 1 份，边加边摇，5 min 后用滤纸过滤或离心(2000 r/min，10 min)，除去沉淀，便得完全澄清的无蛋白血滤液。此液为 10 倍稀释的血滤液。

任务 6　三氯醋酸法制备无蛋白血滤液

准确吸取 10％三氯醋酸 9 mL 置于锥形瓶或大试管中，用奥氏吸管加入 1 mL 已充分混匀的抗凝血液。加时要不断摇动，使其均匀。静置 5 min，过滤或离心。除去沉淀，即得 10 倍稀释的透明清亮的无蛋白血滤液。

●注意事项

1. 制备无蛋白血滤液时，加样后，摇匀不应有泡沫，否则表明蛋白质沉淀不完全。

2. 所得的无蛋白血滤液均应是无色透明液体，若呈粉红色则表明蛋白质沉淀不完全。

●实验原理

1. 测定血液或其他体液的化学成分时，标本内蛋白质的存在，常常干扰测定，要避免蛋白质的干扰，常将其中的蛋白质沉淀除去，制成无蛋白血滤液，才能进行分析。例如，测定血液中的非蛋白氮、尿酸、肌酸等时，需先把血液制成无蛋白血滤液后，再进行分析测定。

2. 常用的无蛋白血滤液制备的方法有钨酸法、氢氧化锌法和三氯醋酸法，可根据不同的需要加以选择。下面分别介绍原理。

①钨酸法：钨酸钠与硫酸混合，生成钨酸和硫酸钠，反应如下：

$$Na_2WO_4 + H_2SO_4 \longrightarrow H_2WO_4 + Na_2SO_4$$

血液中蛋白质在 pH 小于等电点的溶液中可被钨酸沉淀，将沉淀液过滤或离心，上层清液即为无色而透明、pH 约等于 6 的无蛋白滤液，可供非蛋白氮、血糖、氨基酸、尿素、尿酸及氯化物等项测定使用。

②氢氧化锌法：血液中蛋白质在 pH 大于等电点的溶液中可用 Zn^{2+} 来沉淀。生成的氢氧化锌本身为胶体可将血中葡萄糖以外的许多还原性物质吸附而沉淀，将沉淀过滤或离心，即得完全澄清无色的无蛋白血滤液。此法所得滤液最适合做血液葡萄糖的测定(因为葡萄糖多是利用它的还原性来定量的)。但测定尿酸和非蛋白氮时含量降低，不宜使用此滤液。

③三氯醋酸法：三氯醋酸为一种有机强酸，能使血液中蛋白质变性而形成不溶的蛋白质沉淀。将沉淀过滤或离心，其上层清液即为无蛋白血滤液。此滤液呈酸性，常用来测定无机磷等。

3. 制备血浆和无蛋白血滤液时，需用抗凝剂以除去血液中钙离子或某些其他凝血因子，防止血液凝固。抗凝剂的种类很多，此外主要介绍生化测定中常用的抗凝剂的制备及抗凝效果。

①草酸钾（钠）是常用的抗凝剂之一，其优点是溶解度大，与血液混合后，迅速与血中钙离子结合，形成不溶的草酸钙，使血液不再凝固。

配制方法：通常先配成10％草酸钾或草酸钠溶液，然后吸取此液0.1 mL于试管中，转动试管，使其铺散在试管壁上，置80℃干燥箱内烘干，管壁呈白色粉末状，加塞备用。每管含草酸钾或草酸钠10 mg，可抗凝血液5 mL。

应用范围：适用于非蛋白氮、血糖等多种测定项目，但不适用于钾、钠和钙的测定；另外，草酸盐能抑制乳酸脱氢酶、酸性磷酸酶和淀粉酶，故使用时要注意。

② 草酸钾－氟化钠混合剂，血液内某些化学成分如血糖，离开机体后仍易被酶作用而影响测定结果。此混合剂可抑制糖酵解的酶，因而能防止血糖等物质的分解。

配制方法：称取草酸钾6 g、氟化钠3 g，加蒸馏水至100 mL，分装在试管内，每管0.25 mL。80℃烘干后加塞备用。每管含混合剂22.5 mg，可抗凝血液5 mL。

应用范围：适用于血糖的测定，因氟化钠能抑制脲酶活性，而不适用于脲酶法的尿素氮测定。

③肝素是一种较好的抗凝剂，因它对血中有机成分和无机成分的测定均无影响，其主要作用是抑制凝血酶原转变为凝血酶，使纤维蛋白原不能转化为纤维蛋白而凝血。

配制方法：将肝素配成1 mg/mL的水溶液，每管装0.1 mL，再横放蒸干，温度不超过50℃为宜，备用。每管可抗凝血液5～10 mL。市售肝素大多数为钠盐，可按10 mg/mL配制成水溶液。每管装0.1 mL，按上法烘干，可使5～10 mL血液不凝固。

应用范围：适用于血液有机物的测定，不适用于凝血酶原的测定。

④乙二胺四乙酸二钠盐（简称EDTANa₂），对血液中钙离子有很大的亲和力，能使钙离子络合而使血液不凝固。

配制方法：常配成40 mg/mL EDTANa₂的水溶液，每管分装0.1 mL，在80℃干燥箱内烘干备用。每管可抗凝血液5 mL。

应用范围：适用于多种生化分析，但不适用于血浆中含氮物质、钙及钠的测定。

项目2	血清蛋白醋酸纤维薄膜电泳

任务1 配制试剂

1. 巴比妥缓冲溶液(pH8.6)：巴比妥钠12.76 g、巴比妥1.68 g，蒸馏水加热溶解后再加水至1 000 mL。

2. 氨基黑10B染色液：氨基黑10B 0.5 g、甲醇50 mL、冰醋酸10 mL，蒸馏水40 mL溶解备用。

3. 漂洗液：95％乙醇45 mL、冰醋酸5 mL，蒸馏水50 mL混匀备用。

4. 其他试剂：丽春红S染色液、3％冰醋酸。

任务2 醋酸纤维薄膜电泳

【工序1】醋酸纤维薄膜为2 cm×8 cm的小片，在薄膜无光泽面距一端2.0 cm处用铅笔画一线，表示点样位置。将薄膜无光泽面向下，漂浮于巴比妥缓冲溶液液面上（缓冲溶液盛于培养皿中），使膜条自然浸湿下沉。

【工序 2】将充分浸透(膜上没有白色斑痕)的膜条取出,用滤纸吸去多余的缓冲溶液,把膜条平铺于平坦桌面上。吸取新鲜血清 $3\sim5\ \mu L$,涂于 $2.5\ cm$ 的载玻片截面处,或用载玻片截面在滴有血清的载玻片上蘸一下,使载玻片末端沾上薄层血清,然后以 $45°$ 角按在薄膜点样线上,移开载玻片。

【工序 3】电泳:将点样后的膜条置于电泳槽架上,放置时无光泽面(即点样面)向下,点样端置于阴极。槽架上以二层纱布做桥垫,膜条与纱布需贴紧,待平衡 5 min 后通电,电压为 10 V/cm(膜条与纱布桥总长度),电流为 $0.4\sim0.6$ mA/cm(膜条宽),通电 1 h 左右关闭电源。

【工序 4】染色:通电完毕后用镊子将膜条取出,直接浸于盛有氨基黑 10B(或丽春红 S)的染色液中,5 min 后取出,立即浸入盛有漂洗液的培养皿中,反复漂洗数次,直至背景漂净为止,用滤纸吸干薄膜。

【工序 5】定量:取试管 6 支,编好号码,分别用吸管吸取 0.4 mol/L 氢氧化钠 4 mL 于编号的试管中。剪开薄膜上各条蛋白色带,在空白部位剪一平均大小的薄膜条,将各条分别浸于上述试管内,不时摇动,使蓝色洗出,约 0.5 h 后,用分光光度计进行比色,波长 650 nm,以空白薄膜条洗出液为空白对照,读取清蛋白(A)、a_1-球蛋白、a_2-球蛋白、β-球蛋白、γ-球蛋白各管的光密度。

任务 3　结果计算

计算:$T_{总} = T(A) + T(\alpha_1) + T(\alpha_2) + T(\beta) + T(\gamma)$　(T 表示光密度)

各种蛋白质的质量分数为(ω 为质量分数):

$\omega(清蛋白) = [\ T(A)\ /\ T_{总}\ ] \times 100\%$

$\omega(\alpha_1\text{-球蛋白}) = [\ T(\alpha_1)\ /\ T_{总}\ ] \times 100\%$

$\omega(\alpha_2\text{-球蛋白}) = [\ T(\alpha_2)\ /\ T_{总}\ ] \times 100\%$

$\omega(\beta\text{-球蛋白}) = [\ T(\beta)\ /\ T_{总}\ ] \times 100\%$

$\omega(\gamma\text{-球蛋白}) = [\ T(\gamma)\ /\ T_{总}\ ] \times 100\%$

●实验原理

血清蛋白的 pI 都在 7.5 以下,在 pH 为 8.6 的巴比妥缓冲液中以负离子的形式存在,分子大小、形状也各有差异,所以在电场作用下,可在醋酸纤维薄膜上分离成清蛋白(A)、α_1-球蛋白、α_2-球蛋白、β-球蛋白、γ-球蛋白 5 条区带。电泳结束后,将醋酸纤维薄膜置于染色液,使蛋白质固定并染色,再脱色洗去多余染料,将经染色后的区带分别剪开,将其溶于碱液中,进行比色测定,计算出各区带蛋白质的质量分数。也可将染色后的醋酸纤维薄膜透明处理后在扫描光密度计上绘出电泳曲线,并可根据各区带的面积计算各组分的质量分数。

必备知识

第一部分　血液生化

血液是一种流体组织,在心血管系统中循环流动,发挥着重要的生理作用。血液是由液态的血浆与混悬在其中的有形成分组成。机体通过血液的循环流动,实现各器官组织间的联系,同时通过呼吸、消化、排泄等器官沟通机体与外界环境。

血液的成分比较复杂,其中含水量达 81%~86%,另外还含有小分子、生物大分子,以及有形成分。血液中的有形成分包括红细胞、白细胞和血小板。红细胞的化学成分最主要的是血红蛋白。白细胞的化学成分与一般的细胞大致相同，其中颗粒白细胞含有较丰富的溶酶体，借助溶酶体中的酶消化被白细胞吞噬的细菌。血小板内则富含具有收缩性能的蛋白质，它与血小板的凝血功能有密切关系。

用离心等方法将血液中的有形成分分离之后，剩下的液体称为血浆。血浆含水量达90%～93%，其余的主要成分是清蛋白和球蛋白。免疫球蛋白属于γ-球蛋白，血浆纤维蛋白原属于β-球蛋白，脂蛋白属于α-球蛋白或β-球蛋白。它们具有维持渗透压、防御和运输物质等多种生理功能。此外，血浆中还含有多种酶、营养物质以及含氮小分子。血浆中的小分子物质如氨基酸、核苷酸、尿素、尿囊素、肌酐酸、马尿酸、游离氨、嘌呤碱、嘧啶碱和尿酸等，统称为非蛋白含氮物。血浆成分的变化可以作为诊断疾病的指标。血液自然凝固之后经收缩渗出的淡黄色、透明、黏稠的液体称为血清，血清与血浆的区别在于没有纤维蛋白原。

一、血浆蛋白质的组成和功能

血浆蛋白质是血浆中含量最多的固体成分，是血浆中各种蛋白质的总称。用醋酸纤维薄膜分离血清蛋白质可得到清蛋白(A)、α-球蛋白、β-球蛋白、γ-球蛋白。用免疫电泳法或聚丙烯酰胺凝胶电泳法，可以分离出更多的蛋白质成分。

(一)清蛋白和球蛋白

血浆中含量最多的蛋白质是清蛋白和球蛋白。肝脏是合成血浆蛋白的主要器官。清蛋白几乎全部在肝脏中合成，α-球蛋白也主要在肝脏中合成，β-球蛋白和 γ-球蛋白则主要来源于浆细胞。清蛋白和球蛋白主要生理功能如下。

(1)维持血浆胶体渗透压：血浆蛋白质中，清蛋白的含量最高，约占血浆蛋白质总量的60%，而且相对分子质量较小，分子数目最多，故在维持血浆体渗透压方面起主要作用。血浆胶体渗透压是使组织间液回流入血管的主要力量。

(2)运输功能：血浆中一些不溶或难溶于水的物质在血液中运输时，都是通过与血浆蛋白质结合成为复合体进行的。例如，清蛋白与脂肪酸、胆红素及一些药物结合成为复合体，β-球蛋白和 γ-球蛋白中的一些蛋白质结合脂肪、磷脂、胆固醇及胡萝卜素，β-球蛋白中的金属结合蛋白结合铁、铜、锌等。血浆蛋白质与各种物质的结合，利于它们在血液中的运输，并且可以调节被运输物质的代谢。

(3)免疫功能：人和动物体内的抗体大部分是 γ-球蛋白，也有少部分是β-球蛋白。抗体能够同外源蛋白质或其他的抗原特异地结合并发生抗原—抗体反应，而使外源蛋白质失活，起到保护机体的作用。抗原抗体复合物还能激活补体系统，杀伤病原菌。

(4)缓冲作用：生理条件下，血浆的 pH 为 7.40 左右，血浆蛋白质的等电点大部分为pH4.0～6.0，故血浆蛋白质带负电荷，一部分以酸的形式存在，另一部分则形成弱酸盐，这两部分构成缓冲体系，对维持血浆正常 pH 起缓冲作用。

(5)其他作用：在人和动物体内，血浆蛋白质参与组织蛋白质的代谢，并同组织蛋白质保持平衡。另外，血浆蛋白质在体内分解产生的氨基酸参与氨基酸代谢，用于合成组织蛋白质、转变成其他含氮物质、异生为糖或氧化供能。

(二)纤维蛋白原与纤维蛋白溶解酶原

血浆中的纤维蛋白主要是在肝脏中合成的，含量只占血浆总蛋白质的 4%～6%。

当血液因血管受到物理损伤而渗出时，纤维蛋白原在一系列凝血因子和凝血酶的作用下，转变成纤维蛋白单体，许多纤维蛋白单体分子能自发地头尾相连，聚合成可溶性的纤维蛋白多聚体。这种不稳定的可溶性纤维蛋白多聚体，经纤维蛋白转谷氨酰胺酶(即凝血因子Ⅷa)的催化，互相交联生成稳定的不溶解的纤维蛋白。血浆中原本处于溶解状态的纤维蛋白原转变为不溶性的纤维蛋白，再与血浆中的红细胞、白细胞及血小板一起沉淀，从而使受损伤处局部产生凝血，防止大量出血，起到保护机体的作用。

在创伤修复时，纤维蛋白溶解酶原(简称纤溶酶原)在纤溶激活剂的作用下转变为纤溶酶，使不溶的纤维蛋白溶解以保证血液畅通。此外，血浆中还存在抗凝血物质及纤溶抑制剂。在不同的条件下，血浆的凝血和抗凝血作用分别在不同功能条件下对机体起保护作用。

(三)血浆中的酶

血浆中有相当一部分蛋白质发挥酶的催化作用，根据其来源，可将它们分为 3 类。

(1)细胞酶。这类酶存在于各组织的细胞中。当细胞破坏或更新时，常会有少量进入血液，如氨基转移酶、碱性磷酸酶、乳酸脱氢酶、磷酸化酶等。这些酶很少在血浆中发挥作用，当某些组织细胞损伤、细胞膜通透性改变或细胞内合成某些酶增加时，血浆中相应酶活性也发生变化，因此测定血中这些酶的活性，有助于脏器病变程度的诊断。

(2)外分泌酶。此类酶来源于外分泌腺，只有极少量溢入血液，如来自唾液腺和胰腺的淀粉酶、来自胃和胰腺的蛋白酶原、来自胰腺的脂肪酶等，它们在血浆中很少发挥作用。当腺体酶合成增加时，进入血液的酶量也相应增加。

(3)血浆功能性酶。如纤维酶原、凝血酶原、铜蓝蛋白、脂蛋白脂酶等，这些酶都有其特定的功能，大多由肝脏合成后释放入血液。当肝功能下降时，这些酶在血浆中的含量会降低。

二、血浆蛋白质的代谢与疾病的关系

血浆蛋白质和其他蛋白质一样，不断地进行新陈代谢，以保证足够的含量和代谢活性。血浆蛋白质的合成主要来源于肝脏和浆细胞，其分解代谢途径主要在消化道。70%的清蛋白会进入消化道分解成氨基酸，进入氨基酸代谢途径。血浆蛋白质很难通过肾脏的肾小球滤过，即使有小分子的蛋白质通过肾小球进入肾小球滤液中也会被近曲小管重吸收，因此，正常情况下尿液中不含蛋白质。肝脏和单核吞噬细胞系统可以通过吞噬或胞饮作用摄取血浆蛋白质，并由溶酶体将其分解。有很少一部分血浆蛋白质可以通过支气管和鼻黏膜分泌物、精液和阴道分泌物、乳汁、泪液和汗液等分泌物排出。

正常情况下，血浆蛋白质合成和分解的速度大致上是平衡的，因此血浆蛋白质的含量一般都稳定在一定范围之内。血浆蛋白质中以纤维蛋白原的再生速度为最快，球蛋白次之，清蛋白最慢。

在某些病理状态下，血浆蛋白质的含量，在临床上可作为疾病诊断的依据。除了脱水引起血浆清蛋白浓缩以外，其含量一般不会增加。临床常见清蛋白降低，其原因一方面是清蛋白合成速度下降。肝脏是合成清蛋白的主要器官，当肝脏处于某些病理状态或磷、氯仿中毒情况下，会影响肝脏合成清蛋白的能力，使其含量下降。另一方面是蛋白质的长期大量流失，某些肾脏疾病会引起肾小球通透性增加，造成蛋白质随尿液大量流失，因而导致血浆蛋白质含量下降。另外，长期营养不良也会引起动物体氮的负平衡，使清蛋白的合成受阻。

血浆球蛋白的异常通常表现为高球蛋白血症，在机体受细菌或病毒感染的情况下，由于机体免疫作用的结果，血浆球蛋白含量增加。在球蛋白中，α-球蛋白在一般疾病中其含量不会降低，而在感冒和创伤等情况下会升高。β-球蛋白的改变往往与脂蛋白代谢不正常有关。γ-球蛋白在感染时会升高，特别是细菌、原虫和肠道寄生虫感染时会升高，这是由于体内免疫球蛋白合成增多的结果。

三、成熟红细胞的代谢特点

红细胞的含水量为 $60\%\sim65\%$，比其他细胞少，固体物质主要是血红蛋白。红细胞中的酶有碳酸酐酶、过氧化氢酶、肽酶、胆碱乙酰转移酶、胆碱酯酶、糖酵解酶系以及与谷胱甘肽合成有关的酶系等。碳酸酐酶对血液运输二氧化碳起着很重要的作用；糖酵解酶系所催化的葡萄糖酵解作用是哺乳类动物红细胞取得能量的主要方式；胆碱乙酰转移酶和胆碱酯酶使红细胞保持一定量的乙酰胆碱，后者与红细胞膜的通透性有关，如果胆碱乙酰转移酶被抑制，红细胞膜会失去其选择通透性而引起溶血。

（一）能量代谢

哺乳动物成熟的红细胞内没有细胞核、线粒体、内质网和高尔基体，不能进行核酸、蛋白质和脂类的代谢，它缺乏完整的三羧酸循环酶系，也没有细胞色素电子传递系统。正常情况下红细胞耗氧量很低，它所需的能量几乎完全依靠葡萄糖酵解而取得。酵解产生的 ATP 主要用于维持细胞膜上的 Na^+-K^+-ATP 酶的运行。如 ATP 缺乏，则膜内外离子平衡失调，Na^+ 进入红细胞多于 K^+ 排出，结果使红细胞膨大成球状，最终细胞破裂引起溶血。此外，ATP 还用于膜脂与血浆脂的交换以更新膜脂。还有少量 ATP 用于合成脱氢酶的辅酶。而禽类的红细胞是有核的结构，它与一般细胞相似，主要通过糖的有氧分解取得能量。

哺乳动物成熟红细胞中没有糖原的储存，其从血液中摄取葡萄糖的方式是主动转运，进入红细胞的葡萄糖有 $90\%\sim95\%$ 沿酵解途径分解利用，$5\%\sim10\%$ 进入磷酸戊糖途径，还有少量进入糖醛酸循环和 2,3-二磷酸甘油酸支路。循环的红细胞每天利用葡萄糖约 25 g。

（二）磷酸戊糖途径

磷酸戊糖途径会产生大量的还原辅酶 $NADPH+H^+$，红细胞中葡萄糖经磷酸戊糖途径产生的 $NADPH+H^+$ 主要用于保护细胞及血红蛋白不受各种氧化剂的氧化，其作用主要是使氧化型谷胱甘肽（GSSG）还原为还原型谷胱甘肽（GSH）。

谷胱甘肽在红细胞内，含量较多，几乎全以还原型（GSH）形式存在。GSH 在细胞内能通过谷胱甘肽过氧化物酶还原体内生成的 H_2O_2，以消除 H_2O_2 对血红蛋白、含—SH 酶及膜上不饱和脂肪酸的氧化，它也能直接还原高铁血红蛋白，因而它能保护红细胞中酶、细胞膜及血红蛋白免受有害的氧化剂的损伤，维持红细胞的正常功能。当红细胞内产生少量 H_2O_2 时，GSH 在其过氧化物酶的作用下，使 H_2O_2 还原为 H_2O，而自身被氧化为氧化型谷胱甘肽（GSSG），后者又在谷胱甘肽还原酶作用下，由 $NADPH+H^+$ 供氢还原为 GSH，反应中的 $NADPH+H^+$ 来自磷酸戊糖途径。图 10-1 为谷胱甘肽的氧化与还原示意图。

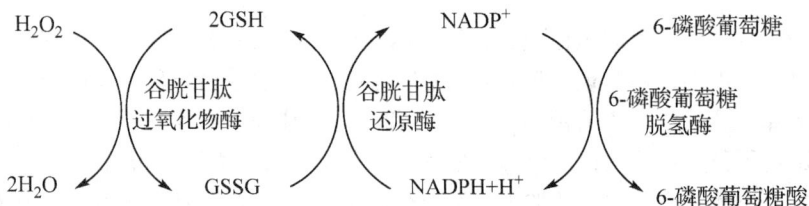

图 10-1　谷胱甘肽的氧化与还原

（三）2,3-二磷酸甘油酸支路

红细胞中，糖酵解产生的 1,3-二磷酸甘油酸有 $15\%\sim50\%$ 进入 2,3-二磷酸甘油酸支路。中间产物 1,3-二磷酸甘油酸在二磷酸甘油酸变位酶催化下生成 2,3-二磷酸甘油酸，后者又在 2,3-二磷酸甘油酸磷酸酶催化下脱去磷酸，生成 3-磷酸甘油酸。3-磷酸甘油酸沿酵解途径生成乳酸，把经 2,3-二磷酸甘油酸侧支循环途径称 2,3-二磷酸甘油酸支路(图 10-2)。当 2,3-二磷酸甘油酸生成量达一定程度时，会抑制变位酶活性，糖代谢仍主要按糖酵解进行。2,3-二磷酸甘油酸在红细胞中的浓度极高，大约与血红蛋白具有相同的浓度，它作为变构剂调节血红蛋白与氧的结合能力，因此在红细胞对氧的转运中起着调节剂的作用。

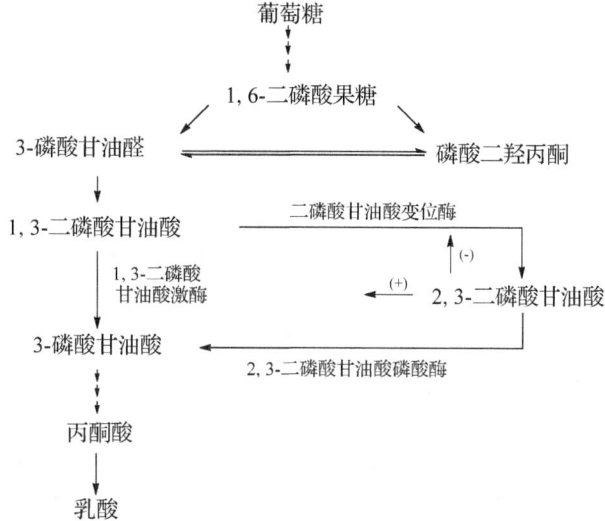

图 10-2　2,3-二磷酸甘油酸支路

(四)糖醛酸循环

此循环由葡萄糖开始，经葡萄糖醛酸等最后生成 5-磷酸木酮糖，后者与磷酸戊糖途径汇合。通过此途径可使 $NADPH+H^+$ 的氢转给 NAD^+ 生成 $NADH+H^+$，它对于维持红细胞中血红蛋白的还原状态有重要意义。糖醛酸循环如图 10-3 所示。

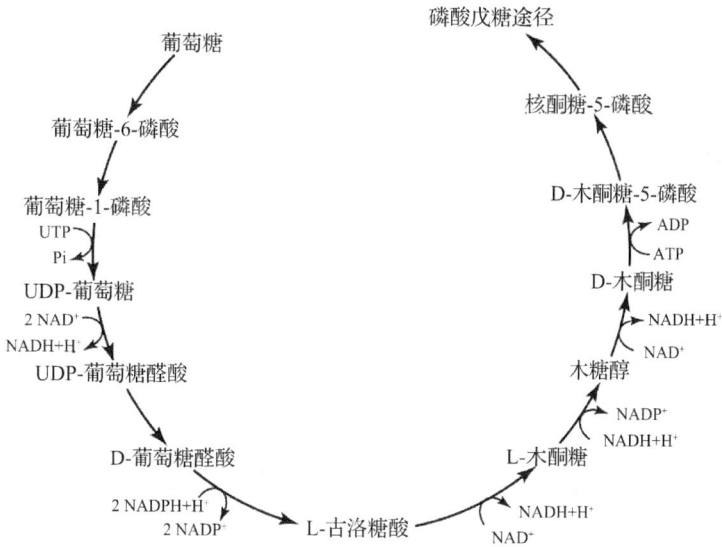

图 10-3　糖醛酸途径

四、血红蛋白的化学组成和性质

(一)血红蛋白的化学组成

血红蛋白(Hb)是红细胞中最主要的蛋白质，含量占红细胞蛋白质总量的 95% 以上。

血红蛋白是一种结合蛋白质，由珠蛋白和血红素组成。珠蛋白是由 2 个 α-亚基和 2 个 β-亚基组成的四聚体，每个亚基含有一分子亚铁血红素，故每个 Hb 分子由 4 条肽链和 4 分子亚铁血红素组成。

（二）血红蛋白的化学性质

1. 与氧的结合

一分子血红蛋白有 4 个血红素，能与 4 个氧分子结合，结合氧分子的血红蛋白叫氧合血红蛋白（HbO_2），血红素与氧的结合是二价铁与氧形成的配位结合。如果血红蛋白中的铁被氧化剂氧化为三价铁，则血红蛋白就失去了运输氧的能力，此时的血红蛋白被称为高铁血红蛋白（MHb）。

正常的红细胞代谢产物中会有少量氧化剂能把血红蛋白氧化为高铁血红蛋白，约占总量的 1%～2%，但红细胞有使高铁血红蛋白缓慢地还原为亚铁血红蛋白的能力，所以正常血中只有少量的高铁血红蛋白。据统计，在正常情况下红细胞内 MHb 的还原有多种机制，其中 NADH 还原酶催化的部分占 61%，抗坏血酸占 16%，GSH 占 12%，NADPH 还原酶占 5%。所以 MHb 主要靠 NADH 供氢还原，NADH 主要来自于糖醛酸循环。

当动物体摄入较多的氧化剂，使产生高铁血红蛋白的速度超过红细胞本身还原它的速度，则可出现高铁血红蛋白血症。据试验，高铁血红蛋白占总血红蛋白 10%～20% 时可引起中度发绀，无其他症状；占 20%～60% 时将出现一系列轻重不同的症状；占 60% 以上时可引起死亡。萝卜、白菜等的叶子中含有较多量的硝酸盐，如果保存不当或加工不善，在微生物的作用下，可将硝酸盐还原为亚硝酸盐。如给动物饲喂大量这种饲料，则可引起中毒，在养猪生产中常见到这样的事件发生。

2. 与二氧化碳结合

血红蛋白蛋白质部分的游离氨基与二氧化碳结合成碳酸血红蛋白（$HbCO_2$），然后运至肺部，排出体外。

$$Hb\text{-}HN_2 + CO_2 \rightleftharpoons Hb\text{-}NH\text{-}COOH$$

机体中，新陈代谢产生的 CO_2 约 18% 是通过碳酸血红蛋白的形式运送至肺部排出体外的，而大部分的 CO_2 是以碳酸氢盐形式运输。

3. 与一氧化碳结合

血红蛋白与一氧化碳作用生成碳氧血红蛋白（HbCO），一氧化碳也是通过配位键与二价铁结合。血红素不能同时结合氧和一氧化碳，一氧化碳与血红蛋白的结合能力大大超过了氧与血红蛋白的结合能力，是氧结合力的 200～300 倍，导致血红蛋白运输氧的能力下降，这就是一氧化碳中毒的实质。

五、血红蛋白的代谢

（一）血红蛋白的生物合成

血红蛋白是由珠蛋白与血红素组成的。珠蛋白合成与一般蛋白质生物合成相同。血红素是以琥珀酰 CoA、甘氨酸、Fe^{2+} 为原料，经一系列酶的作用，在红细胞的线粒体与胞液中合成。血红素的合成过程可以概括为 4 个阶段：①δ-氨基-γ-酮戊酸（ALA）的生成；②卟胆原的生成；③尿卟啉Ⅱ的生成；④血红素的生成。血红蛋白的合成过程如图 10-4 所示。

δ-氨基-γ-酮戊酸合成酶是反应中的限速酶，其活性和含量受血红蛋白的生成量及一些激素的调节。另外，当合成血红蛋白的原料铁缺乏时，会引起血红蛋白的合成障碍而导致缺铁性贫血。

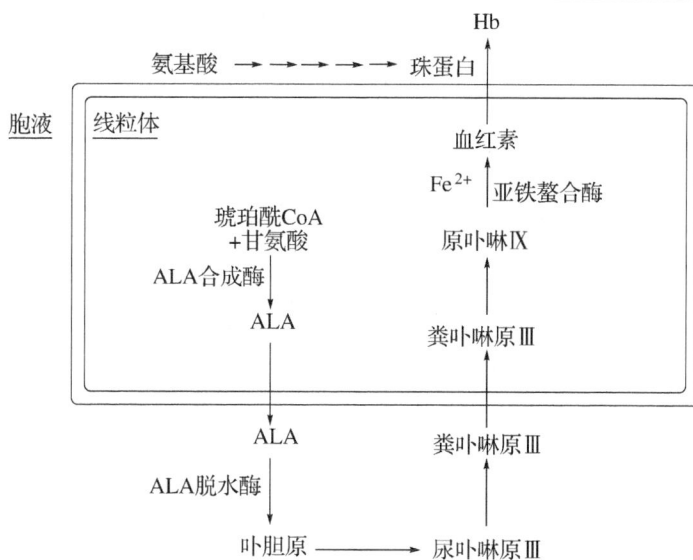

图 10-4　血红蛋白的生物合成概况

（二）血红蛋白的分解代谢

各种动物的红细胞平均寿命有所不同，马为 140～150 d，绵羊为 64～118 d，山羊约为 125 d，猪约为 62 d，犬约为 120 d，猫约为 90 d。动物体内每天有 1% 的红细胞衰老死亡，衰老的红细胞主要在脾脏、肝脏、骨髓的单核巨噬细胞系统中被破坏。红细胞破裂后，血红蛋白的辅基血红素被氧化分解为铁及胆绿素。脱下的铁几乎都变为铁蛋白储存，可重新被利用。胆绿素则被还原成胆红素，胆红素有毒性，特别对神经系统的毒性较大。

1. 胆红素的生成与转变

由血红蛋白分解产生的胆绿素经还原酶催化，被还原为胆红素。胆红素在水中溶解度很小，入血后立即与血浆白蛋白或珠蛋白结合成溶解度较大的复合体而运输。胆红素与蛋白质结合后可限制胆红素自由地通过各种生物膜，减少游离胆红素进入组织细胞产生毒性作用。这种与蛋白质结合的胆红素临床上称间接胆红素，又叫未结合胆红素。间接胆红素由于蛋白质分子大而不能通过肾脏从尿中排出。

间接胆红素随血液运至肝脏后，胆红素与蛋白分离后进入肝细胞，与 UDP-葡萄糖醛酸结合生成葡萄糖醛酸胆红素，临床上称为直接胆红素，又称结合胆红素，此反应是肝脏解毒作用的主要方式。直接胆红素溶解度较大，血液中如有直接胆红素，就可以通过肾脏从尿排出，使尿中出现胆红素，正常尿中没有胆红素。肝细胞产生的直接胆红素从肝细胞排入毛细胆管随胆汁排出。

随胆汁进入小肠的直接胆红素，经肠道细菌作用，先脱去葡萄糖醛酸，再经过逐步的还原过程转变为无色的尿胆素原和粪胆素原，统称为胆素原。大部分的胆素原在大肠下部被氧化成尿胆素及粪胆素，此为粪的颜色的重要来源。

在肠内，少部分胆素原可被吸收进入血液，经门静脉进入肝脏后有两条去路：一是转变为直接胆红素，并随胆汁重新进入小肠，此称为胆素原的肝肠循环；二是进入体循环，随血液循环运至肾脏而排出，此为尿中含有少量胆素原的来源。尿中的胆素原在空气中可被氧化而变成深黄色的尿胆素，成为尿的主要色素。血红蛋白的分解代谢概况如图 10-5 所示。

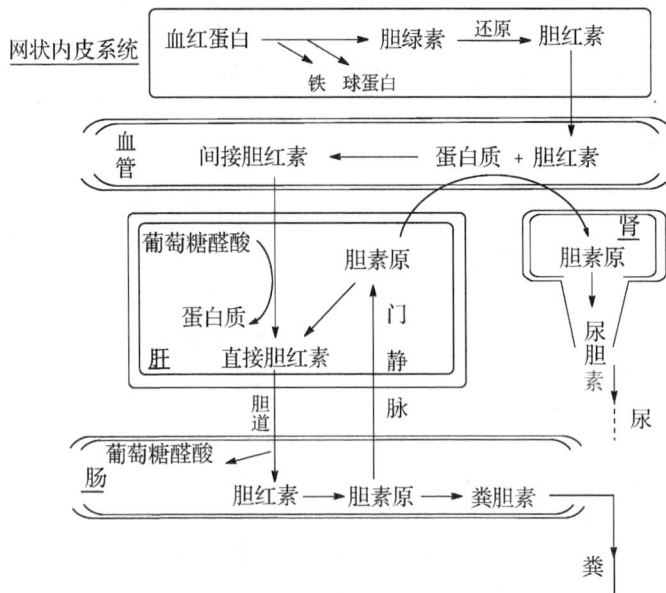

图 10-5 血红蛋白的分解代谢

2. 黄疸

黄疸是由于血液中胆红素量过多，而使可视黏膜被染黄的现象。直接胆红素一般不进入血液，间接胆红素进入血液后立即被肝处理而排入肠道，故血液中胆红素含量很低。在异常情况下，才出现黄疸。第一种为溶血性黄疸，是由于红细胞大量破坏产生过量的胆红素，超出了肝脏转化的能力，血液中间接胆红素升高；第二种为阻塞性黄疸，是由于胆红素去路不畅反流进入血液，血液中直接胆红素升高；第三种为实质性黄疸，是由于肝脏处理胆红素能力降低，血液中直接胆红素和间接胆红素都会升高。这三种情况都会引起血中胆红素增加，使动物临床上表现为可视黏膜黄染。

第二部分　肝脏生化

肝脏是动物体内最大的并具有多种代谢功能的重要器官之一，它参与机体内的分泌、排泄、解毒及各种营养物质代谢等过程，是机体内的综合"化工厂"。

一、肝脏的结构特点

肝脏是动物体内最大的实质性器官。肝脏在代谢中占有特别重要的地位，这与它的特殊结构分不开。它在解剖方面的最大特点是具有肝动脉和门静脉的双重血液供应，因此既可以通过肝动脉从体循环中获得充分的氧和各种代谢物质，与全身各组织进行物质交换；又能通过门静脉获得由消化道吸收进入体内的各种营养物质，加以储存、转变或利用。

肝脏有两条输出途径：一条是经肝静脉流进后腔静脉的血液循环通路；另一条是经胆道系统通向肠道的排出通路。因此，肝脏中的代谢产物除了进入血液外，部分产物可以随胆汁的分泌而进入肠道，并随粪便排出。

二、肝脏在物质代谢中的作用

（一）肝脏在糖代谢中的作用

肝脏不仅有非常活跃的糖的有氧及无氧分解代谢，而且也是进行糖异生、维持血糖稳定的主要器官。饱食状态下，肝很少将所摄取的葡萄糖氧化为二氧化碳和水，大量的葡萄糖被合成为糖原储存起来。肝脏中的糖原含量常随营养状况的不同而发生大幅度的变化，喂给动物富含糖类的饲料时，糖原含量甚至可超过肝脏总重量的 10%。在空腹状态下，肝糖原分解释放葡萄糖以补充血糖。饥饿时，肝糖原几乎被耗竭，糖原含量急剧下降到 1%以下，主要供中枢神经系统和红细胞利用。此时，糖异生便成为肝供应血糖的主要途径，正常饲养后肝糖原含量又恢复正常，而且恢复迅速。

（二）肝脏在脂类代谢中的作用

肝脏是脂肪酸 β 氧化的主要场所，不完全 β 氧化产生的酮体，可以为肝外组织提供容易利用的能源。对于禽类，肝脏是合成脂肪的主要场所。虽然家畜主要在脂肪组织内合成脂肪，但肝脏也能合成一定数量的脂肪，并且肝脏在体内脂类的转运中起重要的作用。如果脂肪的运入过多或运出障碍，则可能发生脂肪肝。血浆中的磷脂主要是由肝脏合成的，并且回到肝脏进行进一步的代谢转变。肝脏是胆固醇代谢转变的重要场所，肝脏内大部分胆固醇转变为胆汁酸盐进入小肠，促进脂类的消化吸收，一部分则随胆汁排出，这也是粪便中胆固醇的主要来源。

（三）肝脏在蛋白质合成中的作用

肝脏是蛋白质代谢最活跃的器官之一，其蛋白质的更新速度也最快。它不但合成本身的蛋白质，还合成大量血浆蛋白质，血浆中的全部白蛋白、部分的球蛋白和包括纤维蛋白原在内的多种凝血因子也都在肝脏中合成。所以肝脏功能不正常时，血浆白蛋白下降，会使白蛋白/球蛋白的比值下降，凝血因子的合成也减少，使血液凝固时间延长。蛋白质代谢的许多重要反应在肝脏中进行得非常活跃，如氨基酸的合成与分解、尿素的合成，几乎都在肝脏进行。

肝脏的蛋白质中含有较多的铁蛋白。铁蛋白含铁达 17%～23%，是体内储存铁的特殊形式。因此肝脏是机体内储存铁最多的器官。另外，很多蛋白质的降解也是在肝脏中完成的。

（四）肝脏在维生素代谢中的作用

肝脏是多种维生素（维生素 A、维生素 D、维生素 E、维生素 K、维生素 B_{12}）的储存场所，是人体内含维生素 A、维生素 K、维生素 B_1、维生素 B_2、维生素 B_5、维生素 B_{12}、泛酸和叶酸最多的器官。胡萝卜素可在肝脏（部分在肠上皮细胞）转变为维生素 A。肝脏几乎不储存维生素 D，但维生素 D_3 在肝脏经羟化反应转变为 25 -羟胆钙化醇。维生素 K 是肝脏合成凝血因子 V、Ⅶ、Ⅸ、Ⅹ 不可缺少的物质。除此之外，还有多种维生素在肝脏合成辅酶，如将维生素 PP 转变成 NAD^+ 及 $NADP^+$ 的组成成分，将泛酸转变成 CoA 的组成成分，将硫胺素合成焦磷酸硫胺素等。

（五）肝脏在激素代谢中的作用

多种激素在发挥其调节作用后，主要在肝中转化、降解或失去活性，这一过程称为激素的灭活。某些激素，如儿茶酚胺类、胰岛素、氢化可的松、醛固酮、抗利尿激素、雌激素、雄激素等，在肝脏不断被灭活，使这些激素在血中维持在一定的浓度范围内。一些类固醇激素可在肝内与葡萄糖醛酸或活性硫酸等结合后被灭活。

三、肝脏的生物转化作用

许多非营养物质，如代谢终产物、激素、药物、食品添加剂、防腐剂、色素、农药、毒物、肠道腐败物、化学防癌物等，进入体内经过肝脏代谢转变而改变其极性，使之成为容易排出的形式，然后再随尿或胆汁排出，此过程称为生物转化。生物转化作用的生物学意义：一是可使某些生物活性物质的活性降低或灭活，使有毒物质毒性降低或失去毒性，达到灭活或解毒的作用；二是可使非营养性物质极性增强，易于随尿或胆汁排泄，从而起到保护机体的作用。

肝脏生物转化作用有氧化反应、结合反应、还原反应、水解反应等多种方式。其中以氧化反应和结合反应方式最为重要。

（一）氧化反应

肠内腐败产生的有毒的胺类，如腐胺、尸胺等，被吸收后进入肝脏。大部分在肝脏中经胺氧化酶的催化，先被氧化成醛和氨，醛再氧化成酸，酸最后氧化成二氧化碳和水，氨则大部分在肝脏合成为尿素。

（二）结合反应

肝细胞内含有许多催化结合反应的酶类。凡含有羟基、羧基或氨基的药物、毒物或激素均可与葡萄糖醛酸、硫酸、谷胱甘肽、甘氨酸等发生结合反应，或进行酰基化和甲基化等反应。

1. 葡萄糖醛酸结合反应（图 10-6）

葡萄糖醛酸是由葡萄糖氧化产生的。肝细胞微粒体中含有非常活跃的 UDP-葡萄糖醛酸转移酶，它以尿苷二磷酸葡萄糖醛酸（UDPGA）为供体，催化葡萄糖醛酸基转移到多种含极性基团的化合物分子上。凡含有羟基、羧基或在体内氧化后成为有羟基、羧基的毒物，其中大部分是与葡萄糖醛酸结合而灭活的。例如，大肠内腐败产生的或由其他途径进入体内的酚类可与葡萄糖醛酸结合；许多药物，如乙酰水杨酸、吗啡、樟脑等，以及体内许多正常代谢产物，如胆红素、雌激素等，大部分都是通过与葡萄糖醛酸结合后排出体外的。葡萄糖醛酸结合反应是最为普遍的结合反应。

图 10-6　葡萄糖醛酸结合反应

2. 硫酸结合反应（图 10-7）

3-磷酸腺苷-5′-磷酰硫酸（PAPS）是硫酸供体，在肝细胞胞液硫酸基转移酶的催化下，将硫酸基转移到多种醇、酚或芳香族胺类分子上，生成硫酸酯化合物。大肠内腐败产生的或由其他途径进入体内的酚类也可与硫酸结合而解毒。

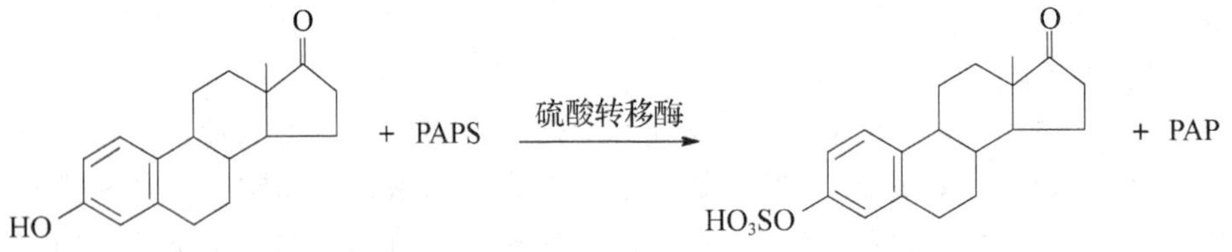

图 10-7　硫酸结合反应

色氨酸在大肠内腐败生成吲哚，被吸收入肝后，先被氧化成吲哚酚，再与"活性硫酸"或 UDP-葡萄糖醛酸作用而解毒。吲哚酚与"活性硫酸"作用生成吲哚硫酸，其钾盐吲哚硫酸钾，又名尿蓝母，从尿中排出。家畜在疝痛、便秘、消化不良等情况下，大肠内腐败加强，尿中的尿蓝母就显著增加，故检查尿中的尿蓝母有助于了解大肠内腐败的情况。

3. 酰基化反应（图 10-8）

在肝细胞胞液中含有乙酰化酶，催化乙酰基从乙酰 CoA 转移到芳香胺类化合物使其乙酰化而解毒。磺胺类药物的灭活多属此类方式。但应注意，磺胺类药物经乙酰化后，其溶解度反而降低，在酸性尿中容易析出，故在服用磺胺类药物时应服用适量的小苏打，以提高其溶解度。

图 10-8　酰基化反应

4. 甘氨酸结合反应（图 10-9）

大肠细菌对饲料残渣的作用可产生苯甲酸，苯甲酸可与甘氨酸结合生成马尿酸，然后经肾由尿排出，因此草食动物尿中含有较多的马尿酸。甘氨酸还与胆酸结合成甘氨胆酸，是胆汁的重要成分。

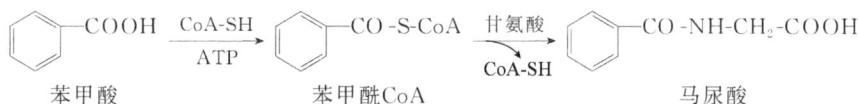

图 10-9　甘氨酸结合反应

5. 与甲基结合

少数含氨基、羟基及巯基的非营养物质可经甲基化而被代谢。与甲基的结合反应由甲基转移酶催化，这些酶存在于肝细胞微粒体及胞液部分，S-腺苷甲硫氨酸（SAM）是甲基的供体（图 10-10）。

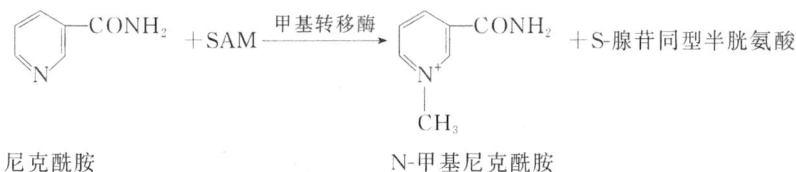

图 10-10　与甲基的结合反应

6. 谷胱甘肽结合反应

谷胱甘肽（GSH）在肝细胞胞液谷胱甘肽 S-转移酶催化下，可与许多卤代化合物和环氧化合物结合，生成含 GSH 的结合产物。此酶在肝中含量非常丰富，占肝细胞可溶性蛋白质的 3%。生成的谷胱甘肽结合物主要随胆汁排出体外，不能直接从肾排出。一些重金属离子也可与谷胱甘肽结合而排出。

除上述主要的反应方式外，体内一些微量的极毒的氢氰酸或氰化物可在体内变为毒性很低的硫氰酸及其盐而消除毒性；有些药物或毒物经过还原、水解等方式解毒；有些药物则是通过上述多种方式联合作用来达到解毒的目的。

四、肝脏的排泄功能

肝脏有一定的排泄功能，如胆色素、胆固醇、碱性磷酸酶、钙、铁等正常成分，可随胆汁排出体外。肝脏生物转化的产物，大部分随血液运至肾脏从尿排出，也有一小部分从胆汁排出。汞、砷等毒物进入体内后，一般先被保留在肝脏内，以防止向全身扩散，然后缓慢地随胆汁排出。一旦肝脏的排泄功能出现障碍时，由胆道排泄的药物或毒物有可能在体内蓄积从而引起中毒。

五、胆汁酸的代谢

（一）胆汁酸的代谢

胆汁酸分为初级胆汁酸和次级胆汁酸两类，它们都是由胆固醇转化而来的一类含有 24 个碳原子的类固醇酸。

1. 初级胆汁酸的合成

肝脏内的胆固醇约 80％在肝脏中转变为初级胆汁酸。胆固醇经 7-α-羟化酶催化成 7-α-羟胆固醇，然后再经加氢、羟化、侧链氧化、断链等过程，生成初级游离型胆汁酸，即胆酸和鹅脱氧胆酸。初级游离型胆汁酸生成后，再与甘氨酸或牛磺酸结合，生成初级结合型胆汁酸，这些物质常以钠盐或钾盐的形式存在，称为胆汁酸盐。

2. 次级胆汁酸的生成

肝脏合成的胆汁酸储存在胆囊中，随胆汁分泌进入肠道后，在小肠后段和大肠中受细菌的作用，其中结合型胆汁酸被水解脱去甘氨酸或牛磺酸，成为游离型胆汁酸，后者再进一步脱去 7-α-羟基，转变为次级胆汁酸。其中胆酸转变为脱氧胆酸，鹅脱氧胆酸转变为石胆酸。

3. 胆汁酸循环

胆汁酸随胆汁排入肠腔后，仅有小部分随粪便排出，绝大部分又被肠壁重新吸收再利用。结合型胆汁酸主要在回肠处通过主动吸收经门静脉进入肝脏；游离型胆汁酸则主要在小肠及大肠处通过被动吸收经门静脉进入肝脏。在肝内，游离型胆汁酸再与甘氨酸或牛磺酸结合成结合型胆汁酸，与重吸收的结合型胆汁酸一起再经胆道排入肠腔。胆汁酸在肠肝之间的这种往复循环过程称为胆汁酸的肠肝循环。胆汁酸的肠肝循环具有重要意义，它能够使有限的胆汁酸最大限度地反复利用，促进脂类的消化吸收。

(二)胆汁酸的生理功能

胆汁酸的主要功能是促进脂类物质的消化与吸收。胆汁酸是良好的乳化剂，能使脂类乳化以扩大脂肪和脂肪酶的接触面，增进脂肪酶与肠激酶的活性，加速脂类的消化吸收。胆汁酸盐与一脂酰甘油、脂肪酸、胆固醇、磷脂、脂溶性维生素等组成混合微团，有利于脂类物质通过肠黏膜表面水层，促进脂类吸收，再形成乳糜微粒进入血液。

胆汁酸的代谢直接影响胆固醇的代谢。胆固醇不易溶于水，在胆汁中，胆固醇与胆汁酸盐、卵磷脂组成可溶性混合微团，有利于胆固醇及体内其他脂溶性物质溶于胆汁，经胆道排出。

● ● ● ● ● **拓展阅读： 血液中的胆汁酸**

肝细胞会一直合成新的胆汁酸，经由毛细胆管到大一点的胆管，再到胆囊，再到总胆管而排到十二指肠中，其中 90％～95％的胆汁酸会被重吸收进入门脉而又回到肝脏，此正常的路径会一直循环。正常来说只有小于 1％的胆汁酸会逃脱肝脏而进入全身血液循环。如果胆管、或胆总管、或肠道堵塞时，胆汁中的胆汁酸会蓄积，并且回到血液里，所以会呈现血中胆汁酸浓度上升。

造成血中胆汁酸浓度上升的原因：一个就是肝细胞的功能不良，肝细胞无法将重吸收回肝脏的胆汁酸摄入肝细胞内，因而导致胆汁酸进入全身血液循环而浓度升高；另外一个就是胆道的阻塞，不论小胆管、大胆管、十二指肠的堵塞，都会使得胆汁酸无法下排而堆积，并且扩散回血液里面去，造成血液里面的胆汁酸浓度上升；还有一个原因是门静脉的分流，因为门静脉分流时胆汁酸的肝肠循环就会很少，使得大部分肠道重吸收进入门静脉的胆汁酸逃脱肝脏而直接进入全身血液循环，特别是在饭后更会呈现非常高的胆汁酸浓度，这个原因造成胆汁酸浓度的上升是最高的。

●●●●● 材料设备清单

学习情境 10		血液生化与肝脏生化		学时		4
项目	序号	名称	作用	数量	使用前	使用后
所用设备、器具和材料	1	离心机	分离样本成分	1 台		
	2	奥氏吸管	定量吸取液体	2~3 个/组		
	3	锥形瓶	盛装液体	2~3 个/组		
	4	吸管	定量吸取液体	2~3 个/组		
	5	滤纸	过滤溶液	2~3 张/组		
	6	离心管	盛装液体	10 个/组		
	7	漏斗	转移液体	2~3 个/组		
	8	电泳仪	分离样本成分	1 台		
	9	抗凝血	实验样本	10 mL		

●●●●● 作业单

学习情境 10	血液生化与肝脏生化
作业完成方式	以学习小组为单位，课余时间独立完成，在规定时间内提交作业。
作业题 1	叙述血浆蛋白的组成及其功能。
作业解答	
作业题 2	简述红细胞的代谢及其抗氧化机制。
作业解答	
作业题 3	临床上如何区分黄疸的类型？胆汁酸的临床意义如何？
作业解答	

作业评价	班级		第　　　组	组长签字		
	学号		姓名			
	教师签字		教师评分		日期	
	评语：					

●●●● 学习反馈单

学习情境 10			血液生化与肝脏生化
评价内容			评价方式及标准
知识目标达成度	评价项目	评价方式	评价标准
	任务点评量（60%）	学生自评与互评；教师评价	A. 任务点完成度100%，正确率95%以上、笔记内容完整，书写清晰。
			B. 任务点完成度90%，正确率85%以上、笔记内容基本完整，书写较清晰。
			C. 任务点完成度80%，正确率75%以上、笔记内容较完整，书写较清晰。
			D. 任务点完成度70%，正确率65%以上、笔记内容欠完整，书写欠清晰。
			E. 任务点完成度60%，正确率50%以上、笔记内容不完整，书写不清晰。
	撰写小论文（20%）	学生自评与互评；教师评价	A. 论文中专业知识运用、分析、拓展全面，表述合理，结论正确。
			B. 论文中专业知识运用、分析、拓展基本全面，表述基本合理，结论正确。
			C. 论文中专业知识运用、分析、拓展较全面，表述较合理，结论正确。
			D. 论文中专业知识运用、分析、拓展欠全面，表述欠合理，结论基本正确。
			E. 论文中专业知识运用、分析、拓展不全面，表述模糊，结论不完整。
	考试评量（20%）	纸笔测试	以试卷形式评量，试卷满分100分，按比例乘系数。

技能目标达成度	实验基本操作能力（30%）	学生自评与互评；教师评价	A. 实验操作熟练且规范，方法正确
			B. 实验操作基本熟练且规范，方法正确。
			C. 实验操作较熟练且规范，方法正确。
			D. 实验操作欠熟练欠规范，方法基本正确。
			E. 实验操作不熟练，规范度欠佳，方法不准确。
	实验原理掌握(30%)	学生自评与互评；教师评价	A. 实验原理清晰，解释合理。
			B. 实验原理基本清晰，解释基本合理。
			C. 实验原理较清晰，解释较合理。
			D. 实验原理欠清晰，解释欠合理。
			E. 实验原理模糊，解释牵强。
	技能拓展与创新能力(40%)	学生自评与互评；教师评价	A. 能正确完成临床案例分析和处理，能根据实际情况灵活变通。
			B. 基本能完成临床案例的分析和处理，能根据实际情况灵活变通。
			C. 能完成临床案例的分析和处理，但缺少完整性和统一性。
			D. 能完成临床案例的分析和处理，但需要教师指导。
			E. 不能完成临床案例的分析和处理，不能灵活变通。
素养目标达成度	学习态度及表现（50%）	学生自评与互评；教师评价	A. 学习态度端正、积极参与课堂，小组合作意识强。
			B. 学习态度基本端正、积极参与课堂，小组合作意识强。
			C. 学习态度较端正、积极参与课堂，小组合作意识较强。
			D. 学习态度欠端正、不积极参与课堂，小组合作主动意识不强。
			E. 学习态度不端正、不积极参与课堂，小组合作主动意识不强。
	职业素养（20%）	学生自评与互评；教师评价	A. 具有生物安全和动物福利意识，以畜牧业发展为目标。
			B. 基本具有生物安全和动物福利意识，基本以畜牧业发展为目标。

素养目标达成度	职业素养（20%）	学生自评与互评；教师评价	C. 生物安全和动物福利意识一般，基本以畜牧业发展为目标。
			D. 生物安全和动物福利意识不强，以畜牧业发展为目标不明确。
			E. 生物安全和动物福利意识差，不能以畜牧业发展为目标。
	综合素养（30%）	学生自评与互评；教师评价	A. 身心健康，有服务三农理念，有民族责任感和使命担当。
			B. 身心基本健康，有服务三农理念，有民族责任感和使命担当。
			C. 身心较健康，服务三农理念一般，有民族责任感和使命担当。
			D. 身心欠健康，服务三农理念欠佳，民族责任感和使命担当一般。
			E. 身心不健康，服务三农理念差，民族责任感和使命担当差。

综合评价				
评量内容及评量分配	自评、组评及教师复评			合计得分
	学生自评（占10%）	小组互评（占20%）	教师评价（占70%）	
知识目标评价（50%）	满分：5 实得分：	满分：10 实得分：	满分：35 实得分：	满分：50 实得分：
技能目标评价（30%）	满分：3 实得分：	满分：6 实得分：	满分：21 实得分：	满分：30 实得分：
素养目标评价（20%）	满分：2 实得分：	满分：4 实得分：	满分：14 实得分：	满分：20 实得分：

反馈及改进

●思政拓展阅读    ●线上答题

课程量化评价单

纸笔考试各单元配分表

教材内容 （考试范围）		学习情境 1～2	学习情境 3	学习情境 4	学习情境 5～7	学习情境 8～10	合计
教学时间（课时数）		16	8	6	30	14	74
占分 比例	理想％	22	10	8	40	20	100
	实际％	22	10	8	40	20	100

纸笔考试双向细目表

教学目标		1.0 记忆		2.0 理解		3.0 运用		4.0 分析		5.0 评价		6.0 创造		合计	
教材内容	试题形式	配分	题数	配分	题数	配分	题数	配分	题数	配分	题数	配分	题数	配分	题数
CP1 学习情境 1～2	判断题			2	1									2	1
	选择题	4	2	2	1	2	1			2	1			10	5
	简答题			5	1									5	1
	叙述题							5	1					5	1
	综合题														
	小计	4	2	9	3	2	1	5	1	2	1			22	8
CP2 学习情境 3	判断题	2	1											2	1
	选择题	2	1	2	1	2	1	2	1					8	4
	简答题														
	叙述题														
	综合题														
	小计	4	2	2	1	2	1	2	1					10	5
CP3 学习情境 4 生物氧化	判断题														
	选择题			2	1	2	1	2	1	2	1			8	4
	简答题														
	叙述题														
	综合题														
	小计			2	1	2	1	2	1	2	1			8	4

续表

教学目标		1.0 记忆		2.0 理解		3.0 运用		4.0 分析		5.0 评价		6.0 创造		合计	
教材内容	试题形式	配分	题数	配分	题数	配分	题数	配分	题数	配分	题数	配分	题数	配分	题数
CP4 学习情境5~7	判断题	2	1	2	1									4	2
	选择题	2	1	2	1	2	1							6	3
	简答题			5	1			5	1					10	2
	叙述题									10	1			10	1
	综合题											10	1	10	1
	小计	4	2	9	3	2	1	5	1	10	1	10	1	40	9
CP5 学习情境8~10	判断题	2	1											2	1
	选择题			2	1	2	1	2	1	2	1			8	4
	简答题			5	1			5	1					10	2
	叙述题														
	综合题														
	小计	2	1	7	2	2	1	7	2	2	1			20	7
配分合计	判断题	6	3	4	2									10	5
	选择题	8	4	10	5	10	5	6	3	6	3			40	20
	简答题			15	3			10	2					25	5
	叙述题							5		10	1			15	2
	综合题											10	1	10	1
	合计	14	7	29	10	10	5	21	6	16	4	10	1	100	33

注：1. 试题形式指填空题、选择题、判断题、简答题、计算题、分析题、综合应用等形式。

2. 试卷结构应包含主观题和客观题，具体题型由制定人确定，题型不得少于4种。

3. 每项配分值为本项所含小题分数的和。

4. 本表各项目视教学目的、实际教学及命题需要可进行适当调整。